PALÉONTOLOGIE FRANÇAISE

DATES DE LA PUBLICATION

Feuilles 1-3 Planches 1-12	Novembre 1885.
Feuilles 4-6 Planches 13-24	Janvier 1886.
Feuilles 7-9 Planches 25-36	Avril 1886.
Feuilles 10 et 11 Planches 37-48	Avril 1886.
Feuilles 12 et 13 Planches 49-60	Juillet 1886.
Feuilles 14 et 15 Planches 61-72	Novembre 1886.
Feuilles 16 et 17 Planches 73-84	Décembre 1886.
Feuilles 18-20 Planches 85-96	Janvier 1887.
Feuilles 21-23 Planches 97-108	Mars 1887.
Feuilles 24-26 Planches 109-120	Juin 1887.
Feuilles 27-29 Planches 121-132	Octobre 1887.
Feuilles 30-32 Planches 133-144	Décembre 1887.
Feuilles 33-34 Planches 145-146	Avril 1888.
Feuilles 35 et 36 Planches 157-168	Mai 1888.
Feuilles 37 et 38 Planches 169-180	Octobre 1888.
Feuilles 39-40 Planches 181-192	Janvier 1889.
Feuilles 41 et 42 Planches 193-200	Février 1889.

Corbeil. — Imprimerie Crété.

PALÉONTOLOGIE FRANÇAISE

OU

DESCRIPTION

DES FOSSILES DE LA FRANCE

continuée

PAR UNE RÉUNION DE PALÉONTOLOGISTES

SOUS

LA DIRECTION D'UN COMITÉ SPÉCIAL

1re Série. — **ANIMAUX INVERTÉBRÉS**

TERRAIN TERTIAIRE

TOME I

ÉCHINIDES ÉOCÈNES

Familles des Spatangidées, des Brissidées, des Échinonéidées
et des Cassidulidées *pars*

PAR

G. COTTEAU

CORRESPONDANT DE L'INSTITUT

TEXTE

PARIS

G. MASSON, ÉDITEUR

LIBRAIRE DE L'ACADÉMIE DE MÉDECINE

120, Boulevard Saint-Germain, en face de l'École de Médecine

1885-1889

PALÉONTOLOGIE
FRANÇAISE

TERRAIN ÉOCÈNE

ÉCHINIDES

Les Echinides font partie de la classe des Échinodermes et prennent place entre les Holoturides d'un côté et les Stellérides de l'autre. L'enveloppe qui les entoure n'est point, comme dans les Mollusques, une simple coquille destinée à recouvrir ou à protéger l'animal; c'est un véritable squelette intimement lié aux organes essentiels, qui pour la plupart affleurent à la surface du test et en modifient la structure.

Nous ne voulons pas entrer dans les détails très compliqués de l'organisation des Échinides ; ce serait sortir du cadre qui nous est tracé. Nous essayerons seulement, dans un aperçu rapide, d'indiquer leurs principaux caractères et de fixer par cela même le sens et la valeur des termes employés dans nos descriptions.

Le test des Échinides est globuleux, discoïde ou ovale, quelquefois transversalement elliptique, convexe ou déprimé, composé de plaques polygonales presque toujours juxtaposées, rigides et soudées plus ou moins intimement, quelquefois, mais beaucoup plus rarement, légèrement imbriquées, et dans ce dernier cas flexibles, s'affaissant sur elles-mêmes, lorsque l'animal est sorti de l'eau. Les plaques qui constituent le test des Échinides forment ordinairement dix rangées, dites *ambulacraires*, et dix rangées de plaques *interambulacraires*, disposées deux à deux et alternant entre elles. Les plaques ambulacraires renferment près de leurs bords des pores qui livrent passage à des tentacules tubuleux très extensibles, munis de ventouses à leur partie supérieure et servant non seulement à la respiration, mais encore à la locomotion. Ces pores, désignés sous le nom de *pores ambulacraires*, éprouvent, dans leur structure et leur disposition, suivant les familles et les genres, des modifications plus ou moins profondes; elles constituent les *zones porifères* séparées par la *zone interporifère*, et forment dans leur ensemble une aire ambulacraire. Les pores dont se composent les zones porifères, tantôt sont *simples*, c'est-à-dire disposés sur une seule ligne plus ou moins droite, tantôt *bigéminés*, c'est-à-dire rangés sur deux lignes, souvent disposés par *triples paires obliques*, ou en *arc de cercle;* quelquefois ils sont *conjugués*, c'est-à-dire inégaux et unis par un sillon, et les aires ambulacraires affectent alors, à la face supérieure, une forme *pétaloïde* ou *subpétaloïde*. Autour du péristome, les pores prennent un aspect particulier: tantôt ils se maintiennent simples du sommet à la base; souvent ils se resserrent et se multiplient près de la bouche; quelquefois ils sont logés dans des dépressions appelées *phyllodes*, et dont la réunion autour du péristome prend le nom de *floscelle*. Le test des échinides est partout recouvert d'une membrane mince qui se prolonge sur les divers appendices, et concourt à leur accroissement.

Les organes de la nutrition et de la digestion comprennent, chez les Échinides, une bouche, un tube digestif, un anus. La bouche s'ouvre à la face inférieure, et son pourtour, de forme très variable, s'appelle *péristome;* elle est fermée par une membrane lisse ou écailleuse qui offre elle-même un petit orifice central, auquel aboutit le pharynx. La bouche est munie ou non d'un *appareil masticatoire ;* cet appareil, formé le plus souvent de pièces nombreuses et compliquées, est supporté à l'intérieur par des arcades solides ou *auricules.* Le tube digestif présente à sa partie supérieure le pharynx, qu'entourent les organes masticatoires lorsqu'ils existent, et qui communique à l'œsophage, auquel fait suite l'intestin. Ce dernier, reconnaissable à son aspect plus dilaté, décrit à l'intérieur du test plusieurs circonvolutions et se termine par l'anus, fermé comme la bouche par une membrane ouverte à peu près au milieu et garnie de petites plaques calcaires. Le pourtour de l'anus prend le nom de *périprocte.* Si le péristome s'ouvre constamment à la face inférieure, il n'en est pas de même du périprocte, dont la position est très variable et qui occupe tous les points intermédiaires entre le sommet et le péristome.

Le système nerveux apparaît sous la forme de filets blancs et déliés qui tapissent la paroi interne du test et les principaux organes. On a constaté également, entre les différentes pièces de l'appareil masticatoire, l'existence d'un cercle nerveux ou anneau pentagonal; c'est de ce centre que partent, au nombre de cinq, les nerfs ocellaires qui viennent aboutir extérieurement à de petites plaques perforées, dites *plaques ocellaires,* placées au sommet de chacune des aires ambulacraires et faisant partie de l'appareil apical. Les pores dont ces plaques sont munies prennent le nom de *pores ocellaires*. Bien que l'extrémité de ces nerfs ocellaires ne présente, suivant M. Valentin, ni cristallin ni corps lenticulaire, ils sont cependant considérés par presque tous les auteurs comme correspondant, chez les Échinides, aux organes de la vision.

Les organes de la reproduction sont représentés, à la partie supérieure du test, par cinq *plaques génitales*, placées au sommet des plaques interambulacraires, munies de *pores génitaux* dont le nombre est variable et qui aboutissent, à l'intérieur du test, aux glandes génitales en grappe. Ces glandes ont l'aspect de rayons de couleur rougeâtre et se tuméfient considérablement, quand arrive au printemps le moment de la reproduction. Les plaques génitales alternent plus ou moins régulièrement avec les plaques ocellaires, et leur ensemble constitue l'*appareil apical*. C'est autour de cet appareil que le test prend son accroissement et que naissent successivement les plaques ambulacraires et interambulacraires. Parmi les plaques génitales, l'une d'elles diffère essentiellement des autres ; elle est ordinairement plus grande et criblée de petits trous qui lui donnent un aspect spongieux; c'est la *plaque madréporiforme* ou *madréporide*, qui joue un rôle important dans l'organisation des Échinides, et correspond à un canal aquifère, mettant en rapport l'intérieur des aires branchiales avec le liquide ambiant. Le madréporide, tantôt réduit à une simple déchirure, comme dans certains genres de *Salénidées*, tantôt placé sous l'extrémité externe de la plaque génitale, ou envahissant plusieurs plaques, ainsi que cela a lieu chez certaines espèces de *Discoidea*, de *Micropedina*, etc., ne fait défaut chez aucun des Échinides proprement dits. Il sert à déterminer rigoureusement leur orientation et à fixer leur position normale, de manière à distinguer de suite le côté droit du côté gauche, la face antérieure de la face postérieure. La difficulté existe surtout pour les Échinides réguliers dont la forme est circulaire, et qui se composent de cinq zones ambulacraires et de cinq zones interambulacraires parfaitement identiques et alternant entre elles. Le madréporide nous fournit, pour trancher cette difficulté, un point de repère précieux. Il faut d'abord fixer quelle est la position normale des Échinides irréguliers : chez les *Spatangidées*, qu'on s'accorde à considérer comme les plus élevés de la série, cette station est déterminée par la forme allongée et bilatérale du test et par la position relative du péristome qui s'ouvre en dessous, en avant, et du périprocte qui est situé dans la région postérieure. L'appareil apical présente à sa partie antérieure une plaque ocellaire à laquelle correspond l'aire ambulacraire impaire; à droite, en avant, se montre la plaque génitale madréporiforme ; en arrière s'étend l'aire interambulacraire impaire, dans laquelle est situé le périprocte. Cette disposition de l'aire ambulacraire impaire, du péristome, du périprocte et de la plaque madréporiforme, non seulement est propre aux *Spatangidées*, mais nous la retrouvons chez tous les Échinides irréguliers ; quelle que soit leur forme, allongée, circulaire, ou transversalement elliptique, il est toujours facile de les orienter : il s'agit de placer à droite le madréporide, en avant l'aire ambulacraire impaire, en arrière l'aire interambulacraire dans laquelle s'ouvre le périprocte. Ces caractères ont une constance remarquable et sont liés trop intimement à l'organisation des Échinides pour ne pas conserver dans toute la série le même rôle et la même importance. La station normale des Échinides réguliers doit être déterminée d'après les mêmes principes. Chez ces derniers, le périprocte étant central et directement opposé au péristome ne peut venir en aide, mais la plaque madréporiforme, que nous savons toujours placée antérieurement et sur la droite, ne suffit-elle pas pour déterminer, en avant, l'aire ambulacraire impaire, en arrière l'aire interambulacraire impaire qui correspond à celle où s'ouvre le périprocte chez les Échinides irréguliers, et fixer ainsi, d'une manière certaine, la station normale? L'arrangement tout particulier que présente l'appareil apical des *Salénidées*, — chez lesquelles le périprocte, bien que circonscrit, comme dans tous les Échinides réguliers, par les plaques apicales, offre cependant une tendance à devenir excentrique, — confirme entièrement cette manière de voir, ainsi que nous l'avons démontré, dès 1861.

L'étude de l'appareil apical est d'une grande valeur pour la distinction des familles, des genres et même des espèces. Chez les Échinides irréguliers surtout, il éprouve de profondes modifications : il est *compacte*, lorsque les plaques ocellaires et génitales se groupent autour de la plaque madréporiforme, qui se prolonge toujours dans ce cas au centre de l'appareil; il est *allongé* quand les plaques ocellaires et génitales, directement superposées, se touchent par le milieu ; il est *subcompacte*, quand les plaques antérieures seulement sont groupées autour de la plaque madréporiforme et que les plaques postérieures se touchent par le milieu. L'appareil est *disjoint*, lorsque les deux plaques ocellaires postérieures sont séparées du sommet par un nombre plus ou moins grand de *plaques complémentaires* et reportées en arrière avec les deux aires ambulacraires postérieures.

Le test des Echinides est recouvert de *tubercules* très variables dans leur nombre, leur taille et leur disposition. Chaque tubercule se compose d'un *mamelon* plus ou moins saillant, lisse ou perforé au sommet, crénelé ou dépourvu de crénelures à la base. Autour du mamelon s'étend une zone annulaire plus ou moins déprimée, plus ou moins large, qu'on désigne sous le nom de *scrobicule.* Les tubercules sont *principaux* ou *secondaires* suivant leur taille, suivant la place qu'ils occupent sur le test; ils sont accompagnés de *granules* et de *verrues* de même nature que les tubercules, mais beaucoup plus petits, presque toujours lisses et très souvent perforés. Les granules qui entourent les scrobicules forment un cercle plus ou moins complet qu'on appelle *cercle scrobiculaire.* La zone qui sépare les rangées de tubercules, couverte le plus souvent de granules, de verrues et même de petits tubercules, est la *zone miliaire.*

Aux tubercules adhèrent des *radioles* ou piquants dont la forme est aussi variée que les ornements qui les recouvrent; ils sont utiles pour la séparation des genres et des espèces. Ordinairement très petits et assez uniformes chez les Échinides irréguliers, les radioles atteignent de très fortes dimensions chez les Échinides réguliers, affectent des formes souvent fort bizarres et fournissent d'excellents caractères. Il ne faut pas cependant exagérer l'importance des radioles pour la distinction des espèces, car chez un même individu les radioles varient suivant la place qu'ils occupent sur le test. Chaque radiole se compose à la partie supérieure d'une *tige* très délicatement ornementée, d'une *collerette* plus ou moins longue, d'un *bouton* de forme conique, surmonté d'un *anneau* saillant et strié, et se termine par une *facette articulaire* lisse ou crénelée.

Chez certains Échinides irréguliers de la famille des *Spatangidées*, des *Brissidées* et des *Échinocorydées*, existent des bandelettes qui s'étendent sur diverses parties du test, lisses en apparence, mais en réalité couvertes de petits granules fins, serrés, homogènes, auxquels adhèrent de très petits radioles ; ces bandelettes prennent le nom de *fascioles*. Le fasciole est *péripétale* lorsqu'il circonscrit les aires ambulacraires, *interne* quand il forme une sorte d'anneau elliptique dans l'intérieur de l'étoile ambulacraire, *latéral* lorsqu'il se détache du fasciole péripétale, derrière les aires ambulacraires antérieures et contourne les côtés pour aller passer sous l'aréa anale, *marginal* lorsqu'il se prolonge sur tout ou partie de l'ambitus, *sous-anal* quand il contourne le plastron et forme un écusson sous l'aréa anale, *anal* lorsqu'il décrit, autour de l'anus, un anneau plus ou moins complet. Très constant dans certains genres, le fasciole, chez quelques autres, s'atrophie, se réduit à de légères amorces et semble même parfois disparaître complètement. Lorsque le fasciole est mal circonscrit, peu distinct, envahi çà et là par les granules, il prend le nom de fasciole *diffus* (M. Pomel).

Nous ne parlerons que pour mémoire des *pédicellaires*, appendices plus ou moins grêles, flexibles, filiformes, terminés par des pinces, organes de préhension et probablement de protection, qui jouent assurément un rôle important dans l'organisation des Échinides, mais qui ne sauraient nous intéresser, car ils ont disparu complètement chez les espèces fossiles.

Signalons encore les *fossettes*, les *impressions* qui existent parfois sur les bords suturaux et sont employées pour la distinction de certains genres.

La classification des Échinides a été, dans ces dernières années, l'objet de nombreuses études, et de profondes modifications ont été apportées par quelques auteurs, notamment par M. Pomel, tout récemment, dans la *Classification générale des Échinides vivants* et *fossiles*. Ce n'est pas ici le lieu d'examiner et de discuter ce travail, dont nous reconnaissons l'importance et la valeur, mais qui cependant ne nous satisfait pas complètement. Nous continuerons donc, sauf quelques légères modifications, à suivre notre ancienne classification; elle nous paraît plus simple, plus naturelle, plus facile à saisir, et elle a pour nous cet avantage d'être, dans ses grandes lignes, la même que celle que nous avons adoptée jusqu'ici dans nos précédents ouvrages sur les Échinides.

ÉCHINIDES IRRÉGULIERS.

Pores ambulacraires pétaloïdes, apétaloïdes ou simples, tantôt identiques dans les cinq aires ambulacraires, tantôt présentant, dans l'aire ambulacraire antérieure, une structure différente. Tubercules plus ou moins développés, en général petits et épars, pourvus de radioles aciculés. Péristome s'ouvrant en dessous, ordinairement excentrique en avant, placé quelquefois au milieu de la face inférieure, muni ou non d'un appareil masticatoire. Périprocte non opposé au péristome, existant toujours en dehors de l'appareil apical, tantôt à la face supérieure, tantôt sur le bord postérieur, tantôt en dessous. Appareil apical composé de cinq plaques ocellaires, et de quatre ou cinq plaques génitales perforées ; la plaque génitale postérieure, correspondant à l'aire interambulacraire postérieure, manque souvent ou est remplacée par une plaque imperforée. Dans certains genres, quelques-uns des autres pores oviducaux s'atrophient et disparaissent. Plaque madréporiforme, toujours plus grande que les autres, invariablement située à droite en avant, se prolongeant plus ou moins au centre de l'appareil et s'étendant quelquefois en arrière. Fascioles apparents dans un grand nombre de genres.

En 1867, nous divisions les Échinides réguliers en sept familles. Les travaux publiés depuis cette époque, les découvertes qui ont été faites et ont augmenté dans une si grande proportion le nombre des types connus, nous engagent à subdiviser quelques-unes de nos familles. Nous en admettons aujourd'hui treize, dont voici les caractères distinctifs :

Pores ambulacraires pétaloïdes ; aires ambulacraires paires à fleur de test ; aire ambulacraire antérieure différente des autres par sa forme et par la structure de ses pores, à fleur de test ou logée dans un sillon. Péristome excentrique en avant, dépourvu de mâchoires. Appareil apical traversé par la plaque madréporiforme qui se prolonge en arrière. — SPATANGIDÉES.

Pores ambulacraires pétaloïdes ; aires ambulacraires paires logées dans une excavation plus ou moins accusée; aire ambulacraire impaire différente des autres par sa forme et la structure de ses pores, à fleur de test ou placée dans un sillon. Péristome excentrique en avant, dépourvu de mâchoires. Appareil apical tantôt traversé par la plaque madréporiforme, tantôt compacte. BRISSIDÉES.

Pores ambulacraires pétaloïdes; aires ambulacraires paires plus ou moins flexueuses, à fleur de test; aire ambulacraire impaire différente des autres par sa forme et la structure de ses pores, à fleur de test ou placée dans un sillon. Péristome excentrique en avant, dépourvu de mâchoires. Appareil apical compacte. ECHINOSPATANGIDÉES.

Pores ambulacraires simples, souvent réduits à un seul pore; aires ambulacraires paires non pétaloïdes, à fleur de test; aire ambulacraire impaire paraissant semblable aux autres. Péristome excentrique en avant, dépourvu de mâchoires. POURTALÉSIDÉES.

Pores ambulacraires apétaloïdes; aires ambulacraires paires à fleur de test; aire ambulacraire impaire quelquefois différente des autres par sa forme, la structure de ses pores. Péristome excentrique en avant, dépourvu de mâchoires. ÉCHINOCORYDÉES.

Pores ambulacraires apétaloïdes, subvirgulaires, paraissant simples; aires ambulacraires à fleur du test; aire ambulacraire impaire quelquefois distincte des autres par la forme et la structure de ses pores. Péristome subcentral, dépourvu de mâchoires. COLLYRITIDÉES.

Pores ambulacraires simples; aires ambulacraires paires à fleur de test; aire ambulacraire impaire semblable aux autres. Péristome central oblique, allongé, dépourvu de mâchoires. ÉCHINONÉIDÉES.

Pores ambulacraires pétaloïdes et apétaloïdes; aires ambulacraires presque toujours à fleur de test; aire ambulacraire impaire semblable aux autres, quelquefois différente par sa forme. Péristome subcentral, dépourvu de mâchoires. CASSILUDÉES.

Pores ambulacraires pétaloïdes; aires ambulacraires paires à fleur de test; aire ambulacraire semblable aux autres par la structure de ses pores, quelquefois différente par sa forme. Péristome subcentral, muni de mâchoires. CONOCLYPÉIDÉES.

Pores pétaloïdes; aires ambulacraires largement développées, semblables entre elles, à fleur de test. Péristome s'ouvrant au fond d'une dépression pentagonale, muni de mâchoires robustes pivotant sur des auricules. CLYPÉASTROIDÉES.

Pores pétaloïdes; aires ambulacraires semblables entre elles, à fleur de test. Péristome au niveau de la face inférieure, entouré d'une rosette buccale, muni de mâchoires plates, s'appuyant contre les auricules. SCUTELLIDÉES.

Pores pétaloïdes ou apétaloïdes; aires ambulacraires à fleur de test. Péristome dépourvu de rosette, muni de petites mâchoires. FIBULARIDÉES.

Pores ambulacraires simples; aires ambulacraires à fleur de test, semblables entre elles. Péristome central, décagonal, muni de mâchoires et d'auricules. PYGASTÉRIDÉES.

En groupant ainsi les familles dont se composent les Échinides irréguliers, nous tenons compte de la présence ou de l'absence d'un appareil masticatoire. Nous n'avons jamais mis en doute la valeur de ce caractère; il nous a paru seulement qu'il ne fallait pas en exagérer l'importance, et qu'il n'y avait pas lieu d'abandonner la grande division adoptée depuis si longtemps des Échinides irréguliers ou *exocycles* et des Échinides réguliers ou *endocycles*, basée sur la position du périprocte, tantôt placé en dehors de l'appareil apical, et tantôt renfermé au milieu des plaques qui constituent cet appareil, caractère de premier ordre et toujours facile à constater.

Les familles que nous avons ajoutées à celles que nous avions précédemment admises correspondent aux tribus ou sous-tribus établies par quelques auteurs. Nous avons pensé qu'elles avaient des caractères assez nettement circonscrits pour former de véritables familles. Jusqu'ici, du reste, nous n'avons admis dans notre classification ni *tribus*, ni *sous-tribus*, ni *sous-genres*. Nous croyons que ces coupes secondaires, alors surtout qu'on leur donne des noms particuliers, ne font que compliquer et embarrasser la nomenclature. On comprend parfaitement que, dans une même famille, on groupe ensemble un certain nombre de genres qui ont entre eux des affinités plus ou moins étroites; on comprend qu'on divise ces genres en plusieurs sections, et qu'on réunisse les espèces présentant un ensemble de caractères qui les rapprochent; mais nous ne voyons pas l'utilité d'assigner à ces subdivisions des noms qu'il sera plus tard difficile de leur conserver. La nomenclature, tout en la réduisant à son expression la plus simple, est déjà assez surchargée de noms, sans qu'il faille encore en ajouter d'autres qui nous paraissent tout à fait superflus. Il en est de même de l'espèce. Assurément elle présente souvent des variétés et même des sous-variétés qu'il est utile de signaler et de décrire, mais que nous nous garderons bien de désigner sous des noms particuliers qui encombreraient sans nécessité la synonymie déjà si longue et si difficile à retenir. Le genre, l'espèce, voilà les seuls termes de la nomenclature binominale ; ce sont les seuls que nous ayons employés jusqu'ici et dont nous continuerons à nous servir.

Ire Famille. — SPATANGIDÉES (pars), d'Orbigny.

Spatangoides (pars), Agassiz et Desor, 1847 ; Desor, 1856.
Spatangidées (pars), d'Orbigny, 1853 ; Wright, 1853 ; Cotteau, 1869 ; de Loriol, 1873 ; Zittel, 1880 ; Pomel, 1884.

Pores ambulacraires pétaloïdes ; aires ambulacraires paires circonscrites, à fleur de test. Aire ambulacraire impaire toujours différente des autres par la forme et la structure de ses pores. Tubercules inégaux, scrobiculés, perforés, tantôt lisses, tantôt finement crénelés. Péristome excentrique en avant, labié, dépourvu de mâchoires. Périprocte ovale, s'ouvrant à la face postérieure. Appareil apical remarquable par le prolongement de la plaque madréporiforme en arrière des plaques génitales et ocellaires ; la plaque génitale postérieure manque. Fascioles variant suivant les genres et quelquefois faisant défaut. Radioles inégaux, les uns très petits, fins et serrés ; les autres beaucoup plus longs, aciculés.

Rapports et différences. — La famille des *Spatangidées*, telle que nous la comprenions autrefois, était beaucoup plus nombreuse. Nous en avons démembré les *Brissidées*, qui s'en distinguent par leurs aires ambulacraires paires moins étalées et situées dans des excavations plus ou moins prononcées. La famille des *Spatangidées* s'éloigne également de la famille des *Pourtalésidées*, qui renferme presque exclusivement des genres découverts à de grandes profondeurs, de forme étrange et dont les pores simples paraissent quelquefois réduits à un seul sur chaque plaque. La famille des *Spatangidées* comprend seize genres, dont voici les caractères opposables :

A. Fascioles distincts.

a. Fasciole sous-anal, sans autre fasciole.

b. Zone porifère antérieure des aires ambulacraires paires antérieures non atrophiée.

c. Gros tubercules fortement scrobiculés.

e. Gros tubercules épars dans toutes les aires. — SPATANGUS, Klein.

ee. Gros tubercules faisant défaut dans l'aire interambulacraire postérieure. — MARETIA, Gray.

cc. Point de gros tubercules scrobiculés.

e. Absence de protubérances buccales. — LONCOPHORUS, Dames.

ee. Protubérances buccales. — LEIOSPATANGUS, Mayer.

bb. Zone porifère antérieure des aires ambulacraires paires antérieures atrophiée. — ATELOSPATANGUS, Koch.

aa. Fasciole péripétale.

b. Fasciole péripétale avec fasciole sous-anal.

c. Aires ambulacraires pétaliformes, étalées, à fleur de test. — EUSPATANGUS, Agassiz.

cc. Aires ambulacraires allongées, linéaires, quelquefois un peu déprimées. — PLAGIOBRISSUS, Agassiz,

bb. Fasciole péripétale, sans fasciole anal. — HYPSOSPATANGUS, Pomel.

aaa. Fasciole interne.

b. Fasciole interne, avec fascioles péripétale et sous-anal. — BREYNIA, Desor.

bb. Fascioles interne et sous-anal; pas de fasciole péripétale.

c. Fasciole interne coupant l'extrémité supérieure des aires ambulacraires paires.

e. Aires ambulacraires recourbées; tubercules avec ampoules internes. — LOVENIA, Desor.

ee. Aires ambulacraires étoilées; tubercules sans ampoules internes. — SARCELLA, Pomel.

cc. Fasciole interne coupant aux deux tiers les aires ambulacraires paires; protubérances buccales.

e. Pas de gros tubercules à la face supérieure. — GUALTIERIA, Desor.

ee. Gros tubercules à la face supérieure. — TUBERASTER, Gauthier.

bbb. Fascioles interne, anal et sous-anal; pas de fasciole péripétale. — ECHINOCARDIUM. Gray.

B. Fascioles nuls.

a. Aires ambulacraires à fleur de test, les antérieures presque transverses ; pas de gros tubercules ; forme déprimée. — LEIOPNEUSTES, Cotteau.

aa. Aires ambulacraires paires étoilées : quelques gros tubercules à la face supérieure ; forme subconique. — BRISSOLAMPAS, Pomel.

La famille des *Spatangidées* n'existait ni à l'époque jurassique ni à l'époque crétacée; elle commence à se montrer dans les couches éocènes, et aujourd'hui encore elle est répandue dans la plupart de nos mers.

1er genre. — SPATANGUS, Klein, 1734.

Spatangus (pars), Klein, 1734.

Spatangus, Agassiz, 1840; Agassiz et Desor, 1847 ; Desor, 1858; Pomel, 1868 et 1883 ; de Loriol, 1875 ; Zittel, 1879; Cotteau, 1880.

Test de grande et moyenne taille, cordiforme, arrondi et plus ou moins échancré en avant, renflé en dessus, presque plan en dessous, tronqué et subacuminé en arrière. Sommet ambulacraire central ou excentrique en avant. Sillon antérieur plus ou moins profond. Aire ambulacraire impaire différente des autres, composée de pores très petits, disposés par paires obliques ; aires ambulacraires paires pétaloïdes, superficielles, effilées à leur extrémité, à peu près égales ; zones porifères un peu déprimées ; les pores sont le plus souvent atrophiés dans la zone porifère antérieure des aires ambulacraires paires. Tubercules inégaux, les uns petits, plus ou moins abondants, épars sur toute la face supérieure, un peu plus développés à la face inférieure ; les autres beaucoup plus gros, plus visiblement mamelonnés, crénelés, perforés et scrobiculés, plus rares, groupés surtout dans les aires interambulacraires. Péristome excentrique en avant, semilunaire, fortement labié. Périprocte ovale, ouvert au sommet de la face postérieure. Appareil apical très peu étendu, muni de quatre pores génitaux ; plaque madréporiforme rejetée en arrière. Fasciole sous-anal ; point de fasciole péripétale.

Rapports et différences. — Le genre *Spatangus* est parfaitement caractérisé par son aspect cordiforme, par ses gros tubercules épars sur les aires interambulacraires, aussi bien sur l'aire postérieure que sur les autres, par son péristome excentrique en avant et muni d'une lèvre saillante, par son fasciole sous-anal. Le genre le plus voisin est le genre *Maretia*, dont il diffère, comme nous le verrons plus tard, par la présence de gros tubercules sur l'aire interambulacraire postérieure. Voisin également du genre *Hypsospatangus*, Pomel, il s'en éloigne par l'absence de fasciole péripétale et la présence d'un fasciole sous-anal.

Le genre *Spatangus*, très anciennement connu, comprenait un grand nombre de types qui en ont été successivement démembrés; il commence à se montrer dans le terrain tertiaire éocène, où il est très rare; il se multiplie à l'époque miocène, et existe encore dans les mers actuelles. La seule espèce que nous décrivons provient du terrain éocène de la France et de la Belgique.

N° 1. — **Spatangus pes equuli**, Le Hon, 1861.

Pl. 1.

Pas de poulain, Burtin, *Oryctographie de Bruxelles*, p. 97, pl. VII, 1784.

Spatangus, n. sp., Galeotti, *Mém. sur la constit. géognost. de la province de Brabant*, p. 191, 1837.

Hemiaster Cosoni, Sorignet, *Oursins fossiles de deux arrondiss. du dép. de l'Eure*, p. 56, 1850.

Hemispatangus Cosoni, Desor, *Synopsis des Échin. foss.*, p. 418, 1858.

Spatangus pes equuli, Lehon *in* Nyst, *Note sur deux espèces encore peu connues et inédites de Radiaires du genre Spatangus*, Bull. de la Soc. paléont. de Belgique, t. I, p. 164, 1861.

Spatangus Galeotti, Nyst, *id.*, p. 164, 1861.

Hemispatangus Cosoni, Dujardin et Hupé, *Hist. nat. des Zooph. Échinod.*, p. 601, 1862.

Spatangus pes equuli, Le Hon, *Terrains tertiaires de Bruxelles*, Bull. Soc. géol. de France, 2e sér., t. XIX, p. 814 et 825, 1862.

— — Nyst *in* Dewalque, *Prod. d'une descript. géol. de la Belgique*, p. 408, 1868.

— — Vincent, *Note sur la faune bruxellienne des environs de Bruxelles*, Annales de la Soc. malacol., t. X, p. 31, 1875.

Spatangus pes equuli, Cotteau, *Descript. des Échin. tertiaires de la Belgique*, p. 72, pl. VI, fig. 4-10, 1880.

— — Cotteau, *Note sur les Échin. tertiaires de la Belgique*, p. 1, Comptes rendus des séances de l'Acad. des sc., 1880.

— — Cotteau, *Note sur les Échin. des terrains tertiaires de la Belgique*, Bull. de la Soc. géol. de France, 3e sér., t. IX, p. 215, 1881.

— — Mourlon, *Géol. de la Belgique*, t. II, p. 190, 1881.

Espèce de taille moyenne, cordiforme, arrondie et échancrée en avant, acuminée et subtronquée en arrière. Face supérieure haute, renflée, subhémisphérique, régulièrement bombée, ayant sa plus grande épaisseur au point qui correspond au sommet. Face inférieure tout à fait plane, tranchante et carénée sur les bords. Face postérieure très courte, subanguleuse, tronquée verticalement. Sommet subcentral ? Sillon antérieur étroit, long, profondément excavé, entamant fortement l'ambitus, et se prolongeant en se creusant et s'élargissant jusqu'au péristome. Aire ambulacraire impaire droite, formée de pores simples et très petits ; aires ambulacraires paires pétaloïdes, à fleur de test, ouvertes tout en se resserrant un peu à l'extrémité, inégales, les antérieures un peu plus longues et un peu plus droites que les postérieures ; zones porifères étroites, composées de pores petits, inégaux, unis par un sillon, disposés par paires obliques et espacées ; zones porifères antérieures moins développées que les zones postérieures. Tubercules très inégaux, les uns petits et serrés, les autres beaucoup plus gros, saillants, mamelonnés, crénelés et fortement scrobiculés, se montrant le plus souvent vers la suture des plaques interambulacraires, notamment aux approches de l'ambitus. Ces plaques sont sensiblement renflées et donnent au test un aspect subcostulé très remarquable. De petites verrues se mêlent aux tubercules et remplissent l'espace intermédiaire. Péristome excentrique en avant, semicirculaire, labié, s'ouvrant à la base du sillon profond qui entoure l'ambitus. Périprocte ovale, peu développé, placé près du bord inférieur.

Hauteur, 26 millimètres; diamètre antéro-postérieur, 34 millimètres ; diamètre transversal, 26 millimètres.

Rapports et différences. — Les exemplaires que nous avons sous les yeux sont tous mal conservés et incomplets ; cependant l'ensemble de leurs caractères ne nous laisse aucun doute sur leur identité avec le *Spatangus pes equuli*, de l'étage bruxellien et laekenien de la Belgique. Cette curieuse espèce ne saurait effectivement être confondue avec aucune autre ; elle se distingue nettement de ses congénères par sa forme élevée, hémisphérique, quelquefois subconique, par sa face inférieure plane et tranchante sur les bords, par son sillon antérieur très profond, caréné, échancrant l'ambitus fortement excavé en dessous, par la disposition de ses tubercules interambulacraires, par son périprocte placé très bas et par ses plaques interambulacraires renflées. La structure du sillon antérieur rapproche cette espèce du *Maretia Heberti*, que nous décrirons plus loin, mais elle s'en éloigne par sa forme générale subconique, au lieu d'être déprimée, par ses aires ambulacraires plus grêles, par ses tubercules autrement disposés et par ses plaques interambulacraires renflées. Malgré la ressemblance du sillon antérieur, ce sont deux types tout à fait distincts.

Histoire. — L'abbé Sorignet a fait connaître cette

espèce en 1850, sous le nom d'*Hemiaster Cosoni;* malheureusement, il ne l'a pas figurée, et n'a donné qu'une description très incomplète; aussi, bien qu'il soit plus récent, nous avons cru devoir conserver à l'espèce le nom de *pes equuli* que Le Hon lui a attribué, en 1861, et sous lequel elle a été décrite et figurée, en 1880.

LOCALITÉS. — Fours (Eure). Très rare. Éocène moyen. Institut catholique (Coll. Sorignet).

LOCALITÉS AUTRES QUE LA FRANCE. — Chapelle Saint-Laurent, Schaererbeck, Bruxelles; Gottecrain (Louvain). Bruxellien et laekenien.

EXPLICATION DES FIGURES. — Pl. 1, fig. 1, *S. pes equuli*, vu de côté; fig. 2, face supérieure; fig. 3, face inférieure; fig. 4, autre exemplaire, vu de côté; fig. 5, aire ambulacraire paire antérieure grossie; fig. 6, plaques interambulacraires grossies; fig. 7, tubercules de la face inférieure grossis.

Résumé géologique sur les Spatangus.

Le terrain éocène de la France ne nous a fourni qu'une seule espèce de *Spatangus*, *S. pes equuli;* il y a lieu d'en ajouter une seconde, provenant du terrain éocène du Vicentin, *S. euglyphus*, Laube.

Spatangus euglyphus, Laube, 1868. — *Spatangus Desmaresti*, Schauroth, *Verzeichniss der Veistener. im Herz. nat. zu Coburg*, p. 192, 1865. — *Euspatangus ornatus*, Schauroth, *id.*, p. 192, 1865. — *Spatangus euglyphus*, Laube, *Echinod. des vicentinischen Tertiär.*, p. 35, pl. VI, fig. 5, 1868. — *Id.*, Dames, *Die Echiniden der vicent. und veron. Tertiär.*, p. 83, 1877. Espèce de taille moyenne, subcirculaire, échancrée en avant, subtronquée en arrière, renflée et subconique en dessus, presque plane en dessous, à l'exception de l'aire interambulacraire impaire qui est légèrement renflée. Sommet ambulacraire presque central. Sillon antérieur distinct, entamant assez fortement l'ambitus. Aires ambulacraires pétaloïdes, à fleur de test, les aires antérieures très divergentes, les postérieures un peu plus courtes, plus arquées, les unes et les autres fermées à leur extrémité. Gros tubercules épars, assez abondants, occupant toutes les aires interambulacraires, formant, à la face supérieure, sur chaque plaque, des séries horizontales assez régulières. Péristome semicirculaire, excentrique en avant. Périprocte s'ouvrant au fond d'une dépression anale qui paraît très accentuée. Murana, Monteviale, etc. Éocène.

2e genre. — MARETIA, Gray, 1855.

Spatangus (pars), Desmarets, 1836; Agassiz et Desor, 1847; Sorignet, 1850; Forbes, 1852; Pictet, 1857; Dewalque, 1868.
Hemispatangus, Desor, 1857; Dujardin et Hupé, 1864; Pomel, 1868 et 1883; Zittel, 1879.
Maretia, Gray, 1855; Cotteau, 1880.

Test de taille moyenne, cordiforme, dilaté et plus ou moins échancré en avant, subacuminé et tronqué en arrière, ordinairement plane en dessus. Sommet apical excentrique en avant. Aire antérieure différente des autres, formée de pores petits, espacés; aires ambulacraires paires pétaloïdes, étalées, allongées, à fleur de test, subacuminées à leur extrémité. Tubercules de deux sortes, les uns petits, serrés, épars, augmentant sensiblement de volume à la face inférieure, les autres beaucoup plus gros, fortement scrobiculés, peu abondants, espacés, limités à la partie antérieure, ne se montrant jamais sur l'aire interambulacraire postérieure. Plastron très large et lisse à la face inférieure. Péristome excentrique en avant, faiblement labié, semilunaire. Périprocte arrondi, un peu ovale, s'ouvrant au sommet de la face postérieure. Appareil apical petit, compacte, muni de quatre pores génitaux. Point de fasciole péripétale. Fasciole sous-anal très difficile à distinguer, souvent incomplet.

Rapports et différences. — Ce genre a été démembré des *Spatangus*, dont il se distingue par l'absence de gros tubercules dans la région postérieure. Les *Euspatangus* se rapprochent de notre genre, mais ils s'en éloignent par un fasciole péripétale qui limite, vers le pourtour, les gros tubercules de la face supérieure.

Ainsi que l'a reconnu M. A. Agassiz, le genre *Hemispatangus* doit être réuni au genre *Maretia*, plus ancien de quelques années et dont il ne diffère par aucun caractère important. Certaines espèces de *Maretia* fossiles paraissent dépourvues de fasciole sous-anal, et nous avions pensé un instant à conserver pour ces espèces le nom d'*Hemispatangus*. Nous y renonçons quant à présent. Chez les véritables *Maretia* fossiles, le fasciole est souvent très vague, mal conservé, difficile à saisir, et le plus souvent, il est impossible de reconnaître si l'exemplaire qu'on examine est muni d'un fasciole. Le genre *Hemispatangus* ne saurait donc être maintenu dans la méthode.

Le genre *Maretia* commence à se montrer dans le terrain tertiaire éocène; il persiste à l'époque miocène, et existe dans les mers actuelles.

N° 2. — **Maretia Des Moulinsi** (1863), Cotteau, 1885.

Pl. 2, fig. 1-6.

Euspatangus Des Moulinsi, Cotteau, *Échin. foss. des Pyrénées*, p. 148, pl. VII, fig. 11, 1863.

— — Pellat, *Note sur les falaises de Biarritz*, Bull. Soc. géol. de France, 2e sér., t. XX, p. 678, 1863.

— — Jacquot, *Descript. géol. des falaises de Biarritz, Bidart.*, etc., p. 40, Actes de la Soc. linn. de Bordeaux, t. XXV, 1864.

— — Laube, *Echinodermen des vicentinischen Tertiärgebieten*, p. 54, 1862.

— — Comte de Bouillé, *Paléont. de Biarritz*, p. 40 et 55, Soc. des sciences, lettres et arts de Pau, 1875-76.

Espèce de taille moyenne, allongée, échancrée en avant, rétrécie et subacuminée en arrière. Face supérieure médiocrement renflée, latéralement déclive, amincie sur les bords, subcarénée dans le tiers du diamètre antéro-postérieur. Face inférieure presque plane, présentant en arrière un renflement qui correspond à l'aire interambulacraire impaire. Sommet ambulacraire excentrique en avant. Sillon antérieur nul près du sommet, large et apparent vers l'ambitus. Aires ambulacraires paires pétaloïdes, étroites, effilées et fermées à leur extrémité, les antérieures très divergentes, sans affecter cependant une disposition horizontale, les postérieures plus allongées, plus droites, formant entre elles un angle plus aigu; zones porifères un peu déprimées, aussi larges que l'intervalle qui les sépare, composées de pores inégaux, unis par un sillon, alternant avec des côtes saillantes et granuleuses. Petits tubercules inégaux, épars, se montrant de préférence sur les bords du sillon antérieur, au milieu de l'aire interambulacraire impaire et à la face inférieure. Gros tubercules assez abondants, crénelés, perforés, fortement scrobiculés, descendant jusqu'à l'ambitus, occupant, à la face supérieure, les deux aires interambulacraires paires antérieures et moitié des deux aires interambulacraires paires postérieures. Péristome semicirculaire, excentrique en avant. Périprocte assez grand, s'ouvrant au sommet de la face inférieure.

Hauteur, 11 millimètres; diamètre antéro-postérieur, 32 millimètres; diamètre transversal, 27 millimètres.

Individu de taille plus forte : hauteur inconnue; diamètre antéro-postérieur, 42 millimètres ; diamètre transversal, 39 millimètres.

Rapports et différences. — C'est à tort que dans l'origine nous avons placé cette espèce parmi les *Euspatangus :* l'absence bien constatée de fasciole péripétale, la présence de gros tubercules descendant jusqu'à l'ambitus, nous engagent à la réunir au genre *Maretia.* Voisine du *M. grignonensis*, elle nous a paru en différer par plusieurs caractères : sa forme est plus allongée, moins fortement échancrée en avant, moins dilatée, plus anguleuse et plus acuminée en arrière ; sa face supérieure est plus déclive sur les côtés et présente une carène plus prononcée. Cette espèce offre également beaucoup de ressemblance avec l'*Euspat. rostratus*, du terrain nummulitique de l'Inde, qui pourrait bien, comme l'espèce de Biarritz, appartenir au genre *Maretia* (1). L'*Eusp. ros-*

(1) D'Archiac et Jules Haime, *Description des animaux fossiles du groupe nummulitique de l'Inde*, p. 218, pl. xv, fig. 3, *a*, *b*.

tratus est plus ovoïde, plus épais sur les bords; ses gros tubercules sont plus nombreux et occupent entièrement les deux aires interambulacraires paires postérieures.

LOCALITÉ. — La Goureppe près Biarritz (Basses-Pyrénées). Rare. Éocène supérieur.

Collection du Cte de Bouillé, ma collection.

EXPLICATION DES FIGURES. — Pl. 2, fig. 1, *Maretia Des Moulinsi*, de ma collection, vu de côté; fig. 2, face supérieure; fig. 3, face antérieure; fig. 4, face postérieure; fig. 5, autre exemplaire, de taille plus forte, vu sur la face supérieure; fig. 6, face inférieure.

N° 3. — **Maretia Pellati** (1863), Cotteau, 1835.

Pl. 2, fig. 7-11.

Hemispatagus Pellati, Cotteau, *Échin. foss. des Pyrénées*, p. 150, 1863.

— — Pellat, *Note sur les falaises de Biarritz*, Bull. Soc. géol. de France, 2e sér., t. XX, p. 678, 1863.

— — Jacquot, *Descript. géol. des falaises de Biarritz, Bidart*, etc., p. 52, 1864.

— — Comte de Bouillé, *Paléont. de Biarritz*, p. 7, 1873. Comptes rendus des travaux du Congrès sc. de France (trente-neuvième sess. à Pau).

Espèce de très petite taille, allongée, subcordiforme, échancrée en avant, rétrécie, subacuminée et verticalement tronquée en arrière. Face supérieure renflée, saillante et carénée dans le sens du diamètre antéro-postérieur, déclive sur les côtés. Face inférieure très plate, anguleuse et tranchante sur les bords. Sommet ambulacraire excentrique en avant. Sillon antérieur étroit vers le sommet, s'élargissant vers l'ambitus qu'il échancre profondément, nul en dessous. Aires ambulacraires paires pétaloïdes, étroites, fermées à leur extrémité ; aires antérieures divergentes, sans occuper cependant une position horizontale ; aires ambulacraires postérieures un peu plus droites et plus allongées ; zones porifères plus larges que l'intervalle qui les sépare, composées de pores inégaux, espacés, unis par un sillon alternant avec une petite côte granuleuse. La zone antérieure des aires ambulacraires paires est plus ou moins atrophiée aux approches du sommet. Petits tubercules très peu développés, épars ; granulation intermédiaire fine, serrée, abondante, homogène. Gros tubercules crénelés, perforés, profondément scrobiculés, très rares ; on en compte trois, quatre, cinq au plus de chaque côté, placés surtout dans la partie antérieure. Péristome étroit, semilunaire, assez éloigné du bord antérieur. Périprocte ovale, s'ouvrant au sommet de la face postérieure. Fasciole non distinct.

Hauteur, 7 millimètres; diamètre antéro-postérieur, 16 millimètres ; diamètre transversal, 13 millimètres.

Rapports et différences. — Le *M. Pellati* se distingue des espèces que nous connaissons par sa petite taille, sa face supérieure renflée et carénée, par sa face inférieure plane, anguleuse et presque tranchante sur les bords, par son sillon antérieur profondément accusé près de l'ambitus, par ses tubercules très gros, fortement scrobiculés, rares à la face supérieure, plus abondants en dessous, dans la région inframarginale. Le *M. Pellati*, par sa forme générale, se rapproche du *M. Des Moulinsi;* il s'en distingue par sa taille beaucoup plus petite, par sa face supérieure plus renflée et plus saillante, par son sillon antérieur plus étroit et plus anguleux, par ses aires ambulacraires moins développées, par ses gros tubercules beaucoup plus rares.

Localité. — Biarritz, au pied du phare, près du châlet de l'Empereur (Basses-Pyrénées). Très rare. Éocène supérieur.

Collection Pellat, Cte de Bouillé, Degrange-Touzin, ma collection.

Explication des figures. — Pl. 2, fig. 7, *M. Pellati*, vu de côté; fig. 8, face supérieure; fig. 9, face inférieure; fig. 10, face postérieure; fig. 11, portion de la face supérieure grossie.

N° 4. — **Maretia grignonensis** (Desmarets), Cotteau, 1880.

Pl. 3 et pl. 4.

Spatangus grignonensis,	Desmarets *in* Des Moulins, *Tableaux synonymiques*, p. 390, 1836.
Spatangus Omalii,	Galeotti, *Mémoire sur la constitution géologique de la province de Brabant*, p. 191, pl. suppl., fig. 1, 1837.
Spatangus grignonensis,	Agassiz, *Catal. syst. Ectyp. foss. Echin. Musei Neocomensis*, p. 2, 1840.
— —	Agassiz et Desor, *Catal. rais. des Échin.*, p. 114, 1847.
? *Spatangus Archiaci*,	Agassiz et Desor, *id.*, p. 114, 1847.
Spatangus grignonensis,	Graves, *Essai sur la topog. géogn. du dép. de l'Oise*, p. 686, 1867.
— — (pars),	Bronn, *Index paleontol.*, p. 1159, 1848.
Spatangus Omalii,	Bronn, *id.*, p. 1160.

Spatangus grignonensis,	Sorignet, *Oursins foss. de deux arrondissements du dép. de l'Eure*, p. 47, 1850.
— —	D'Orbigny, *Prod. de paléont. strat.*, t. II, p. 398, 1850.
Spatangus Omalii,	Forbes in Lyell, *On tertiary strata of Belgium and French Flander*, Proced. of the geol. Society, t. VIII, p. 342, pl. VIII, fig. 7, *a*, *b*, 1852.
— —	Forbes, *Monog. of the Echinids of the British tertiaries*, p. 28, pl. III, fig. 9, 1852.
— —	Le Hardy de Baulieu et Toilliez *Mémoires sur les terrains tertiaires de la Belgique et de la Flandre française* (traduct. du Mém. de Lyell), Ann. des travaux publics de Belgique, p. 138, pl. x, fig. *a*, *b*, 1876.
Hemispatangus grignonensis,	Desor, *Synopsis des Échin. foss.* p. 416, 1857.
Hemispatangus Archiaci,	Desor, *id.*, p. 416, 1857.
Spatangus Omalii,	Pictet, *Traité de paléont.*, 2e éd., t. IV, p. 200, 1857.
Hemispatangus grignonensis,	Pictet, *id.*, p. 200, 1857.
Spatangus Omalii,	Lehon, *Terrains tertiaires de Bruxelles*, Bull. Soc. géol. de France, 2e sér., t. XIX, p. 814 et 827, 1862.
Hemispatangus grignonensis,	Dujardin et Hupé, *Hist. nat. des Zooph. Échinod.*, p. 601, 1862.
Hemisputangus Archiaci,	Dujardin et Hupé, *id.*, p. 601, 1862.
Spatangus Omaliusi,	Dewalque, *Prod. d'une descript. géol. de la Belgique*, p. 408, 1868.
— —	Vincent, *Les faunes bruxelliennes et laekeniennes de Dieghem*, Mém. Soc. malacol. de Belgique, t. VII, p. 11, 1872.

Spatangus Omaliusi,	Vincent et Th. Lefèvre, *Note sur la faune lackeniennes de Laeken, de Jette et de Wemmel, id.*, p. 73 et 75, 1872.
— —	Vincent, *Préliminaires d'une notice sur les fossiles de l'ass. sup. du syst. yprésien*, Bull. Soc. malacol., pl. LXXXVI, 1872.
— —	Vincent, *Note sur la faune bruxellienne des environs de Bruxelles*, Mém. de la Soc. malacol. de Belgique, t. X, p. 31, 1875.
Marctia grignonensis,	Cotteau, *Descript. des Échin. tertiaires de la Belgique,* p. 75, pl. VI, fig. 11-18, 1880.
— —	Cotteau, *Note sur les Échin. des terrains tertiaires de la Belgique*, p. 1, Comptes rendus des séances de l'Acad. des sc., 1880.
— —	Cotteau, *Note sur les Échin. des terrains tertiaires de la Belgique*, Bull. de la Soc. géol. de France, 3e sér., t. IX, p. 215, 1881.
—	Mourlon, *Géol. de la Belgique*, t. II, p. 180 et 191, 1881.
—	Nœtling, *Ueber das Alter der Samländischen tertiär Formation*, Zeitsch. der Deutschen geol. Gesell., p. 688, 1882.

Espèce de taille moyenne, cordiforme, échancrée en avant, fortement dilatée au milieu. Face supérieure plus ou moins renflée, subgibbeuse en avant, légèrement carénée dans la région postérieure, déclive sur les côtés, tronquée verticalement en arrière. Face inférieure tout à fait plane, carénée et tranchante à l'ambitus. Sommet ambulacraire très excentrique en avant. Sillon antérieur presque nul vers le sommet, un peu renflé sur les bords, s'élargissant au pourtour qu'il échancre d'une manière très sensible, cessant à quelque distance du péristome. Aire ambulacraire impaire formée de pores simples, très petits, disposés par paires obliques et espacées. Aires ambulacraires paires pétaloïdes, ouvertes à leur extrémité, très légèrement flexueuses, les antérieures écartées, presque droites, les postérieures arquées et un peu arrondies au sommet ; zones porifères déprimées, composées de pores inégaux, les externes un peu plus allongés que les autres, unis par un sillon et séparés par une bande de test oblique et granuleuse. Dans les aires ambulacraires paires antérieures, la zone porifère antérieure est moins large que l'autre, et les pores sont en partie atrophiés aux approches du sommet. La zone interporifère est très étroite et couverte de petits granules. Dans les aires ambulacraires paires postérieures, les zones porifères sont égales, et la zone interporifère est relativement plus large. Petits tubercules épars, inégaux, augmentant de volume sur le bord du sillon antérieur, à la partie supérieure des aires interambulacraires, dans la région infra-marginale et sur le milieu de l'aire interambulacraire postérieure. De gros tubercules crénelés et perforés, entourés de scrobicules larges et profonds, existent à la face supérieure, dans les deux aires interambulacraires antérieures et dans la première moitié des deux aires postérieures. Granules intermédiaires fins, serrés, homogènes. La face inférieure est en partie occupée par un large plastron, presque lisse ou finement granuleux, tuberculeux à la base, qui correspond aux deux aires ambulacraires postérieures et à l'aire interambulacraire impaire. Péristome très excentrique en avant, semi-lunaire, labié, s'ouvrant à fleur de test. Périprocte assez grand, irrégulièrement arrondi, placé au sommet de la face postérieure. Appareil apical étroit, granuleux, muni de quatre pores génitaux très ouverts et de cinq petites plaques ocellaires. Fasciole sous-anal flexueux, finement granuleux, difficile à distinguer.

Un exemplaire du Lackenien supérieur de Wemmel (Belgique), faisant partie du musée de Bruxelles, présente, adhérents au test, une grande quantité de petits radioles : ils sont grêles, cylindriques, très allongés, recourbés, lisses en apparence et variant dans leur longueur, suivant la grosseur des tubercules sur lesquels ils sont placés. La tête est marquée par un léger renflement ; ils diffèrent peu par leur structure et leur aspect des radioles du *Maretia planulata*, espèce voisine, vivant actuellement dans la mer des Indes.

Hauteur, 12 millimètres; diamètre antéro-postérieur, 26 millimètres; diamètre transversal, 25 millimètres.

Individu de grande taille : hauteur 17 millimètres 1/2 ; diamètre antéro-postérieur, 46 millimètres ; diamètre transversal, 44 millimètres.

Le *M. grignonensis*, assez abondant dans le bassin de Paris, offre plusieurs variations, non seulement dans sa taille, mais dans sa forme plus ou moins allongée, dans sa face supérieure tantôt déprimée, tantôt renflée et déclive en forme de toit. Les aires ambulacraires paires antérieures, quelquefois presque transverses, se relèvent un peu dans certains exemplaires. Le nombre des gros tubercules scrobiculés varie également : le plus souvent ils ne dépassent pas le milieu des aires interambulacraires paires postérieures ; parfois cependant un ou plusieurs tubercules isolés se montrent en dehors de cette limite.

Rapports et différences. — Cette espèce se rapproche du *M. Hoffmanni*, du terrain pliocène de Bunde ; elle s'en distingue cependant très nettement par sa forme plus allongée, plus acuminée en arrière, par sa face supérieure beaucoup moins renflée, moins saillante en forme de toit, par ses aires ambulacraires moins larges et sensiblement plus allongées ; ce sont deux types différents, qui du reste appartiennent à deux horizons stratigraphiques bien distincts.

Histoire. — Des Moulins, d'après les indications fournies par Desmarets, a mentionné pour la première fois cette espèce, en 1836, dans les tableaux synonymiques. Ce n'est qu'en 1837 que Galeotti a décrit et figuré le *Spatangus Omalii*, identique par tous ses caractères à l'espèce du bassin parisien. Le nom de *grignonensis*, plus ancien d'une année, devait lui être préféré. L'*Hemispatanges Archiaci*, d'après la courte diagnose donnée par Desor, me paraît une simple variété du *M. grignonensis*.

Localités. — Grignon, Saint-Gervais près Magny (Seine-et-Oise) ; Parnes, Chaumont, Liancourt, Tancrou, Bezons, Gypseuil, Hénonville (Oise) ; Fours, Fontenay, Civières (Eure) ; Chenet, Laon (Aisne). Assez rare. Éocène moyen (calcaire grossier).

École des mines de Paris, collection de la Sorbonne, collection du Dr Besançon ; ma collection.

Localités autres que la France. — Saint-Josse ten-Nood (province de Brabant). Ypresien supérieur. — Groenendael, Schaerbeck, Etterbeck, Rouge-Cloître. Bruxellien. — Saint-Gilles, Dieghem, avenue Louise, Lede (Alost).

Laekenien. — Wemmel. Wemmelien. — Graas Izuhren (Hongrie).

Explication des figures. — Pl. 3, fig. 1, *M. grignonensis*, des sables moyens de Lefayel, de ma collection, vu de côté ; fig. 2, face supérieure ; fig. 3, face inférieure ; fig. 4, face postérieure ; fig. 5, autre exemplaire, de la collection de l'École des mines, vu sur la face supérieure ; fig. 6, portion de la face supérieure, grossie. — Pl. 4, fig. 1, autre exemplaire de grande taille, de Saint-Gervais près Magny, de la collection de la Sorbonne, vu de côté ; fig. 2, face supérieure ; fig. 3, face postérieure ; fig. 4, portion de la face inférieure grossie, prise autour du péristome, sur un exemplaire de Boursaut, de ma collection.

N° 5. — **Maretia calvimontana**, Cotteau, 1885.

Pl. 5, fig. 1-3.

Espèce de taille moyenne, subcordiforme, échancrée en avant, dilatée au milieu, paraissant subacuminée en arrière. Face supérieure uniformément renflée, subdéclive en avant, non carénée dans la région postérieure. Face inférieure plane, tranchante sur les bords. Sommet ambulacraire un peu excentrique en avant. Sillon antérieur large, atténué, plus accusé au fur et à mesure qu'il se rapproche de l'ambitus. Aire ambulacraire impaire composée de pores petits, simples, disposés par paires obliques et espacées. Aires ambulacraires paires pétaloïdes, resserrées et à peine ouvertes à leur extrémité, subflexueuses ; les antérieures se relèvent un peu ; les postérieures forment un angle beaucoup plus aigu.

Dans les aires ambulacraires paires antérieures, les zones porifères sont inégales, et la zone antérieure est beaucoup plus étroite que l'autre, surtout aux approches du sommet. Dans les aires postérieures, les zones sont égales et de même largeur à peu près que la zone interporifère. Les aires ambulacraires sont un peu déprimées, et les zones porifères, composées de pores inégaux, transversalement ovales, unis par un sillon et séparés par une bande de test finement granuleuse. Petits tubercules épars, inégaux, plus développés sur le bord du sillon ambulacraire et au milieu de l'aire interambulacraire impaire; quelques-uns, visiblement scrobiculés, crénelés et perforés, tendent à se confondre avec les gros tubercules qui sont cependant plus saillants, plus développés, plus largement scrobiculés, et se montrent seulement sur les deux aires interambulacraires antérieures. Des tubercules assez gros se retrouvent à la face inférieure; ils sont plus serrés, diminuent de volume en se rapprochant du bord, et occupent tout l'espace compris entre l'ambitus et le large plastron qui s'étend au milieu de la face inférieure. Granules intermédiaires abondants, serrés, fins, homogènes. Péristome semi lunaire, excentrique en avant. Périprocte inconnu. Appareil apical petit, granuleux, muni de quatre pores génitaux largement ouverts. Fasciole non visible.

Hauteur, 12 millimètres? diamètre antéro-postérieur, 34 millimètres? diamètre transversal, 32 millimètres.

Rapports et différences. — Nous ne connaissons de cette espèce qu'un exemplaire très incomplet; il nous a paru cependant pouvoir être décrit et constituer une espèce nouvelle qui se rapproche du *M. grignonensis*, mais s'en distingue d'une manière positive par son aspect moins cordiforme, par sa face supérieure moins renflée, par son sommet moins excentrique en avant, par son sillon antérieur plus atténué, par ses aires interambulacraires paires antérieures moins transverses et un peu plus obliques, par ses gros tubercules moins saillants, moins fortement scrobiculés et répandus sur les deux aires interambulacraires.

LOCALITÉS. — Chaumont (Oise). Très rare. Éocène moyen (calcaire grossier inférieur).

Collection de la Sorbonne.

EXPLICATION DES FIGURES. — Pl. 5, fig. 1. *M. calvimontana*, vu de côté ; fig. 2, face supérieure ; fig. 3, portion de la face supérieure grossie.

N° 6. — **Maretia Heberti**, Cotteau, 1885.

Pl. 5, fig. 4-8.

Espèce de taille moyenne, cordiforme, fortement échancrée en avant, dilatée au milieu, un peu acuminée en arrière. Face supérieure déclive, médiocrement renflée, subgibbeuse en avant, déclive et non carénée en arrière. Face inférieure tout à fait plane, tranchante sur les bords, déprimée seulement en avant du péristome. Sommet ambulacraire un peu excentrique en avant. Sillon antérieur apparent dès le sommet, se creusant et s'élargissant jusqu'à l'ambitus qu'il entame très profondément ; un peu rétréci vers le pourtour, il s'agrandit et se creuse jusqu'au péristome. Aire ambulacraire impaire formée de pores simples, très petits, disposés par paires obliques. Aires ambulacraires paires pétaloïdes, à peine flexueuses, les antérieures presque droites, les postérieures plus arquées; dans les aires ambulacraires paires antérieures la zone porifère antérieure est plus large que l'autre; dans les aires postérieures, les deux zones porifères paraissent égales, mais la zone interporifère est sensiblement plus développée. Petits tubercules inégaux, épars, augmentant de volume sur le bord du sillon antérieur et autour du sommet. Gros tubercules visiblement crénelés et perforés, saillants, scrobiculés, abondants, épars, inégaux, occupant les deux aires interambulacraires paires. Des tubercules assez volumineux se montrent également à la face inférieure, mais ils sont plus serrés et un peu moins gros et s'étendent de chaque côté d'un large plastron granuleux. Granules intermédiaires fins, serrés, homogènes. Périprocte excentrique en avant, semi-circulaire, un peu labié, s'ouvrant à la base du sillon antérieur. Le périprocte, l'appareil apical et le fasciole anal ne sont pas visibles dans les exemplaires que nous avons sous les yeux.

Hauteur, 11 millimètres 1/2; diamètre antéro-postérieur, 36 millimètres? Diamètre transversal, 37 millimètres.

Individu jeune : hauteur, 9 millimètres; diamètre antéro-postérieur, 20 millimètres; diamètre transversal, 20 millimètres 1/2.

Rapports et différences. — Cette espèce ne saurait être confondue avec le *M. grignonensis;* elle s'en distingue par son aspect plus circulaire, par sa face supérieure subgibbeuse en avant, oblique et déprimée en arrière, par sa face inférieure encore plus plane et plus tranchante sur les bords, par ses gros tubercules moins développés, moins profondément scrobiculés, plus saillants, plus nombreux et occupant presque entièrement les deux aires interambulacraires antérieures, mais surtout par son sillon antérieur commençant au sommet, rétréci vers l'ambitus, beaucoup plus fortement excavé en avant du péristome.

Localité. — La Mortagne (Oise). Assez commun. Éocène moyen (calcaire grossier).

Collection de la Sorbonne.

Explication des figures. — Pl. 5, fig. 4, *M. Heberti*, vu de côté; fig. 5, face supérieure; fig. 6, autre exemplaire plus petit, vu sur la face supérieure; fig. 7, autre exemplaire de taille plus forte, vu sur la face supérieure; fig. 8, autre exemplaire, vu sur la face inférieure.

N° 7. — **Maretia integer** (Sorignet), Cotteau, 1885.

Spatangus integer, Sorignet, *Oursins foss. de deux arrond. du dép. de l'Eure*, p. 49, 1850.

Hemispatangus integer, Desor, *Synopsis des Échin. foss.*, p. 417, 1858.

— —, Dujardin et Hupé, *Hist. nat. des zooph. Échin.*, p. 601, 1862.

L'exemplaire unique qui a servi à établir cette espèce n'ayant pas été retrouvé, nous devons nous borner à reproduire la description donnée par l'abbé Sorignet :

« Le test est d'une minceur extrême, subcirculaire, arrondi en avant. La face supérieure n'est pas déprimée en toit. Le sillon antérieur est si superficiel qu'il n'échancre pas sensiblement l'ambitus ; on dirait une simple bande lisse. Sommet ambulacraire excentrique en avant. Les deux aires interambulacraires antérieures paraissent beaucoup plus tuberculeuses que les autres. Les tubercules de l'ambitus sont nombreux, saillants et inégaux. Ambulacres pétaloïdes. Zones interporifères ouvertes. Pores conjugués. Dans les ambulacres pairs antérieurs, ce sont les zones porifères postérieures qui sont le plus arquées ; c'est le contraire dans les ambulacres postérieurs. Cette espèce n'est connue que par un seul exemplaire détruit en partie, et en partie recouvert par la pierre. »

« Diamètre antéro-postérieur, 24 millimètres ; diamètre transverse, 17 millimètres ; hauteur, 9 millimètres. »

« Localité. — Fours (Eure). Très rare. Calcaire grossier (Éocène moyen). »

Résumé géologique sur les Maretia.

Le terrain éocène de la France nous a offert six espèces de *Maretia :*

Quatre espèces ont été rencontrées dans l'Éocène moyen : *M. grignonensis, calvimontana, Heberti* et *integer*.

Deux espèces, *M. Des Moulinsi* et *Pellati*, appartiennent à l'Éocène supérieur.

Trois espèces éocènes du genre *Maretia* ont été signalées en dehors de la France.

Maretia depressa (Dubois), Cotteau, 1885. — *Spatangus depressus*, Dubois, *Voyage au Caucase*, série géol., pl. 1, fig. 16. — *Id.*, Agassiz et Desor, *Catal. rais. des Échinides*, p. 114, 1848. — *Hemispatangus depressus*, Desor, *Synopsis des Échin. foss.*, p. 417, 1858. — *Id.*, Lartet, *Géologie de la Palestine*, Ann. des sc. géol., t. III, p. 84, 1872. — *Id.*, de Loriol, *Monog. des Échinides contenus dans les couches numm. de l'Égypte*, p. 135, pl. XI, fig. 6, 1880. Petite espèce orbiculaire, un peu rétrécie en arrière, tronquée verticalement sur la face postérieure. Face supérieure peu élevée, uniformément convexe. Sommet ambulacraire très excentrique en avant. Aire ambulacraire impaire placée dans un sillon très large, à peine indiqué à la face supérieure, mais échancrant un peu le bord. Aires ambulacraires paires antérieures étroites, grêles, transverses. Aires ambulacraires postérieures moins divergentes, notablement plus longues et aussi plus larges, tout à fait droites, fermées et arrondies à leur extrémité. Périprocte ovale, longitudinal, grand, acuminé, occupant presque toute la troncature de la face postérieure. Gros tubercules saillants, scrobiculés, médiocrement développés, épars sur les quatre aires interambulacraires paires, descendant jusqu'au pourtour, sans trace de fasciole; diffère de l'*Hemis. grignonensis* par son aire interambulacraire impaire non carénée, par ses aires ambulacraires et par son sillon continu, non caréné. Environs de Thèbes (Égypte) (M. Delanoue). Éocène. Muséum de Paris (coll. d'Orbigny).

Maretia pendulus (Agassiz), Cotteau, 1885. — *Spatangus pendulus*, Agassiz et Desor, *Catal. rais. des Échinides*, p. 114, 1847. — *Hemispatangus pendulus*, Desor, *Synops. des Échinides foss.*, p. 417, 1858. — *Id.*, Lartet, *Géologie de la Palestine*, Ann. des sc. géol., t. III, p. 84, 1872 — *Id.*, de Loriol, *Monog. des Échinides contenus dans les couches numm. de l'Égypte*, p. 133, pl. XI, fig. 7, 1880. Espèce de taille moyenne, ovale, déprimée, non échancrée, mais un peu anguleuse en avant, rétrécie en arrière. Face supérieure très plate, un peu renflée, mais non carénée dans la région postérieure. Face inférieure presque plane, sauf à l'extrémité de l'aire interambulacraire postérieure qui est très bombée. Sommet ambulacraire excentrique en avant. Aire ambulacraire impaire tout à fait superficielle, sans trace de sillon. Aires ambulacraires paires antérieures régulièrement transverses; aires ambulacraires postérieures beaucoup plus longues que les antérieures, rapprochées, effilées, un peu arquées en dehors et à leur extrémité. Tubercules peu distincts à la face supérieure, assez gros et largement scrobiculés dans les aires interambulacraires paires; les tubercules de la face inférieure sont bien apparents, non scrobiculés, écartés. Péristome assez grand, éloigné du bord. Périprocte très large, piriforme, acuminé au sommet, s'ouvrant au sommet de la face postérieure, de manière à se trouver presque supérieur. Aucune trace de fasciole. Sinaï (M. Lefebvre). Muséum de Paris (galerie zoologique).

Maretia sambiensis (Beyrich), Nœtling, 1883. — *Spatangus sambiensis*, Beyrich, *Karsten and von Dechen, Archiv für mineral. geol. und Berghau*, t. XXII, p. 1, 1848. — *Hemipatagus regiomontanus*, Mayer, *Faunula der Sammlandes, Vierteljatersschift der Naturf. Gessell.* in *Zurich*, vol. V, 1860. — ? *Id.*, Mayer, *Faunula von Kleinkuhren*, *id.*, t. VI, p. 119, 1861. — *Maretia sambiensis*, Nœtling, *Ueber das Alter der samländischen Tertiär Format.*, *in Zeitschrift der deutschen, geol. Gessell*, p. 688, 1883. Espèce de taille assez forte, ovale, cordiforme, échancrée en avant, subacuminée en arrière, uniformément bombée en dessus, un peu gibbeuse sur les bords du sillon antérieur, plane en dessous. Pétales ambulacraires largement étalés, très effilés à leur extrémité. Gros tubercules bien développés, mais très rares. Péristome presque central. Kleinkuhren. Éocène supérieur.

Ces trois dernières espèces élèvent à neuf le nombre des *Maretia* éocènes.

3e Genre. — EUSPATANGUS, Agassiz, 1847.

Spatangus (pars). Defrance, 1827; Des Moulins, 1837; d'Archiac, 1846.
Euspatangus. Agassiz, 1847; Desor, 1858; Cotteau, 1865; Pomel, 1868; de Loriol, 1875; Zittel, 1879.

Test de taille moyenne, allongé, subcordiforme, ovale, plus ou moins déprimé en dessus, presque plan en dessous, tronqué et subacuminé en arrière. Sommet ambulacraire peu excentrique. Sillon antérieur médiocrement accusé. Aire ambulacraire impaire différente des autres, formée de pores très petits, peu distincts et disposés par paires espacées. Aires ambulacraires paires pétaloïdes, étalées, à fleur de test; les deux zones antérieures se réduisent souvent, aux approches du sommet, à de petits pores simples et à peine visibles. Tubercules de deux natures : les uns très gros, mamelonnés, perforés, crénelés, fortement scrobiculés, couvrent la face supérieure, à l'exception de l'aire interambulacraire impaire qui en est dépourvue, et sont parfaitement limités par le fasciole péripétale ; les autres, beaucoup plus petits et accompagnés de granules très fins, sont épars sur toute la surface du test. Péristome excentrique en avant, transversal, labié. Périprocte ovale, s'ouvrant à la face postérieure. Appareil apical peu étendu, compacte, muni de quatre pores génitaux très rapprochés; le corps madréporiforme occupe le milieu et se prolonge en arrière. Fasciole péripétale étroit, circonscrivant les aires ambulacraires. Fasciole sous-anal cordiforme.

Rapports et différences. — Les *Euspatangus* ont été démembrés des vrais *Spatangus;* ils en diffèrent par la présence d'un fasciole péripétale limitant les gros tubercules de la face supérieure, et par leur aire interambulacraire postérieure dépourvue de gros tubercules. Voisins des *Maretia*, les *Euspatangus* s'en distinguent par leur fasciole péripétale.

Le genre *Euspatangus* commence à se montrer à l'époque éocène, où il atteint le maximum de son développement; il existe encore à l'époque miocène et n'a plus qu'un seul représentant à l'époque actuelle, *Euspatangus Valenciennesi*, Agassiz, des mers australiennes.

N° 8. — **Euspatangus ornatus** (Defrance), Agassiz, 1867.

Pl. 6, 7, 8 et 9.

Spatangus ornatus, Defrance *in* Brongniart, *Géol. des env. de Paris*, p. 86 et 389, pl. v, fig. 6, 1827.
— — Deslongchamps, *Encycl. méth.*, p. 687, 1824.
— — Goldfuss, *Petrefacta Mus. univers. reg. borrus. Mus. bonn.*, t. I, p. 152, pl. xlvii, fig. 2 *a*, *b*, *c*, 1826.
— — Defrance, *Spatangus*, Dict. sc. nat., t. L, p. 95, 1827.
— — Blainville, *Zooph.*, Dict. sc. nat., t. LX, p. 136, 1830.
— — Grateloup, *Mém. de géo-zoologie sur les oursins foss.*, p. 72, Actes Soc. linn. de Bordeaux, t. VIII, 1836.
— — Des Moulins, *Études sur les Échin.*, p. 392, 1837.
— — Agassiz, *Catal. syst. Ectyp. foss. Echinod. Mus. neocom.*, p. 2, 1840.
— *tuberculatus*, Agassiz, *id.*, p. 2, 1840.

Spatangus ornatus,	Deshayes *in* Lamarck, *Hist. nat. des anim. sans vert.*, 2e édit., t. III, p. 332, 1840.
— —	D'Archiac, *Descript. des foss. numm. des env. de Bayonne*, Mém. Soc. géol. de France, 2e sér., t. II, p. 202, 1846.
Euspatangus ornatus.	Agassiz et Desor, *Catal. rais. des Échin.*, p. 115, 1847.
Spatangus ornatus,	Bronn, *Index paleont.*, p. 1160, 1848.
— *tuberculatus*,	Bronn, *id.*, p. 1161, 1848.
Euspatangus ornatus,	Kœchlin Schlumberger, *Note sur les foss. de Biarritz*, Bull. Soc. géol. de France, 2e sér., t. XII, p. 1237, 1855.
— —	Delbos, *Essai d'une descript. géol. du bassin de l'Adour*, p. 317, 1855.
— —	Leymerie et Cotteau, *Catal. des Échin. foss. des Pyrénées*, Bull. Soc. géol. de France, 2e sér., t. XIII, p. 337, 1856.
— —	Pictet, *Traité de paléont.*, 2e édit., t. IV, p. 201, 1857.
— —	Desor, *Synops. des Échin. foss.*, p. 413, 1858.
— —	Dujardin et Hupé, *Hist. nat. des zooph. échinod.*, p. 601, 1862.
— —	Cotteau, *Échin. foss. des Pyrénées*, p. 147, 1863.
— —	Pellat, *Note sur les falaises de Biarritz*, Bull. Soc. géol. de France, 2e sér., t. XX, p. 678, 1863.
— —	Jacquot, *Descript. géol. des falaises de Biarritz, Bidart*, etc., p. 40, Actes de la Soc. linnéenne de Bordeaux, t. XXV, 1864.
— —	Laube, *Echinod. des Vicentinischen Tertiärgebietes*, p. 54, 1878.
— —	Toramelli, *Atti del Reale Istituto veneto*, t. III, 4e sér., p. 974, 1873-1874.
— —	Comte de Bouillé, *Paléont. de Biarritz et de quelques autres loc. des Basses-Pyrénées*, p. 11 et suiv., 1873.

Euspatangus ornatus,	Comte de Bouillé, *Paléont. de Biarritz*, p. 43, Soc. des sciences, lettres et arts de Pau, 1875-1876.
— —	Dames, *Die Echiniden der Vicentinischen und Veronesischen Tertiäerablagerungen*, p. 78, 1877.
— —	Bittner, *Beiträge zur Kenntniss alttertiärer Echinidenfaunen der Südalpen*, p. 28, 1880.

M. 26., M. 27.

Espèce de taille assez forte, ovale, oblongue, très légèrement échancrée en avant, un peu acuminée en arrière. Face supérieure déprimée, uniformément renflée, déclive sur les côtés. Face inférieure presque plane, un peu creusée autour du péristome, renflée, subcarénée dans l'aire interambulacraire postérieure. Face postérieure rentrante et obliquement tronquée. Sommet ambulacraire excentrique en avant. Sillon antérieur presque nul vers le sommet, un peu plus accentué aux approches de l'ambitus qu'il entame légèrement, vaguement renflé sur les bords. Aire ambulacraire impaire droite, aiguë près du sommet, s'élargissant insensiblement, finement granuleuse, formée de pores petits, simples, logés dans des fossettes circulaires qui s'espacent en s'éloignant du sommet. Aires ambulacraires paires pétaloïdes, à fleur de test, subflexueuses, acuminées et fermées à leur extrémité, les antérieures fortement divergentes, presque horizontales, les autres beaucoup plus rapprochées et formant un angle aigu. Zones porifères un peu déprimées, moins larges que l'intervalle qui les sépare, composées de pores inégaux unis par un sillon profond qui alterne avec une petite bande de test saillante et granuleuse.

Les zones porifères antérieures, aux approches du sommet, sont plus étroites, et les pores, en partie atrophiés, deviennent très petits. Tubercules de deux natures : les plus gros, limités aux aires interambulacraires antérieures de la face supérieure, sont très développés, assez abondants, mamelonnés, perforés, crénelés, profondément scrobiculés, épars et parfaitement circonscrits par le fasciole péripétale. Les autres sont beaucoup plus petits et se montrent, à la face supérieure, dans l'aire interambulacraire postérieure, dans la région antérieure, sur les bords du sillon antérieur, à la face inférieure ; ils sont disposés en séries obliques, homogènes, très régulières et recouvrent tout l'espace qui est en dehors de l'aire ambulacraire antérieure et des deux aires ambulacraires postérieures. Cet espace paraît lisse, mais en réalité est recouvert de granules fins et serrés. Péristome excentrique en avant, semi-circulaire, labié. Périprocte assez grand, subcirculaire, placé à la partie supérieure de la face postérieure. Appareil apical compact, étroit, granuleux, muni de quatre pores génitaux; la plaque madréporiforme se prolonge en arrière; les petites plaques ocellaires se groupent autour de l'appareil et sont visiblement perforées. Fasciole péripétale très distinct, resserré, à peine flexueux, entourant tous les gros tubercules et passant à l'extrémité des aires ambulacraires paires. Fasciole sous-anal entourant l'écusson anal, un peu plus large que le fasciole péripétale.

Hauteur, 22 millimètres; diamètre antéro-postérieur, 56 millimètres : diamètre transversal, 47 millimètres.

Variété circulaire : hauteur, 19 millimètres; diamètre antéro-postérieur, 46 millimètres; diamètre transversal, 47 millimètres.

Variété de grande taille : hauteur, 30 millimètres ; diamètre antéro-postérieur, 84 millimètres ; diamètre transversal 75 millimètres.

Cette espèce présente quelques variations qu'il importe de signaler : la plupart des exemplaires sont allongés, ovales, et le diamètre antéro-postérieur est beaucoup plus long que le diamètre transversal. Il n'en est pas toujours ainsi ; chez certains exemplaires, les deux diamètres sont à peu près égaux, et le test prend un aspect arrondi, subcirculaire, très remarquable. Les gros tubercules de la face supérieure varient également dans leur aspect, dans leur nombre et leur grosseur, mais ces différences ont relativement peu d'importance, et la physionomie générale de l'espèce est toujours à peu près la même. Une variété, cependant, paraît plus tranchée et plus constante que les autres, et ce n'est pas sans quelque hésitation que nous la réunissons au type. C'est la variété qu'on rencontre, à un niveau stratigraphique inférieur, à La Gourèpe (rocher du Goulet) : sa taille est plus forte, sa forme générale plus dilatée, plus arrondie en avant, et son sillon antérieur plus atténué n'entame point l'ambitus ; les aires ambulacraires antérieures sont plus droites, moins flexueuses ; les aires ambulacraires postérieures sont relativement plus longues, moins arrondies, plus effilées ; les gros tubercules sont plus nombreux, surtout dans les aires interambulacraires antérieures, et descendent plus bas, ainsi que le fasciole qui les circonscrit. Ces différences impriment à cette variété un facies qui la fait facilement reconnaître ; elles ne nous ont pas paru suffisantes pour établir une espèce nouvelle.

Rapports et différences. — L'*E. ornatus*, très commun à Biarritz et répandu dans toutes les collections, sera toujours facilement reconnaissable à sa taille assez forte, à sa forme déprimée, à son sillon antérieur vaguement indiqué, à ses aires ambulacraires larges et flexueuses, à ses gros tubercules abondants, fortement scrobiculés, descendant plus ou moins bas, toujours nettement circonscrits par un étroit fasciole.

Histoire. — Très anciennement connue, cette belle espèce a été, dans l'origine, désignée sous le nom de *Spatangus ornatus*, qu'elle a conservé longtemps. C'est en 1847 qu'Agassiz, la séparant avec raison du genre *Spatangus*, en a fait le type du genre *Euspatangus*, que les auteurs ont adopté.

Localités. — Lou Cout, roches Saint-Martin, Basta, promontoire de la Talaye, Roche Percée, côtes des Basques, etc. Niveau supérieur de Biarritz. La Gourèpe. Niveau inférieur de Biarritz (Basses-Pyrénées) ; Préhac (Landes). Ascrot, en face de Puget-Téniers (Alpes-Maritimes). Commun. Éocène supérieur (zone inférieure et supérieure). Couches à *Euspatangus ornatus* et à *Serpula spirulæa.*

École des mines de Paris, Muséum de Paris (collection d'Orbigny), collection de la Sorbonne (M. Hébert). Institut catholique. Collection Pellat, de Bouillé, Croizier, Boreau, Degrange-Touzin, Collot, Gauthier, Peron, ma collection.

Localités autres que la France. — Montserrat (province de Barcelone) ; Saint-Michel du Fay, Vich (Catalogne). Vicentin (Italie).

Explication des figures. — Pl. 6, fig. 1, *E. ornatus*, de la Roche Percée près Biarritz, de ma collection, vu de côté ; fig. 2, face supérieure ; fig. 3, face inférieure ; fig. 4, face postérieure ; fig. 5, appareil apical et aire amlacraire antérieure grossis, pris sur un exemplaire de la collection de M. Pellat; fig. 6, gros tubercules grossis, pris sur un autre exemplaire de la collection de M. Pellat. — Pl. 7, fig. 1, *E. ornatus*, variété de forme circulaire, de la Roche Percée près Biarritz, de ma collection, vu sur la face supérieure; fig. 2, péristome grossi; fig. 3, portion de la face inférieure, grossie; fig. 4, plaque ambulacraire prise à la face inférieure, grossie. — Pl. 8, fig. 1, *E. ornatus*, variété de la Gourèpe près Biarritz, de ma collection, vu sur la face supérieure; fig. 2, aire ambulacraire postérieure grossie; fig. 3, autre exemplaire, variété de la Gourèpe près Biarritz, de la collection de M. Pellat, vu de côté; fig. 4, face supérieure; fig. 5, portion de la face inférieure grossie. — Pl. 9, fig. 1, autre exemplaire, variété gibbeuse, de la collection de M. Degrange-Touzin, vu de côté; fig. 2, face supérieure; fig. 3, autre exemplaire de très grande taille, de la collection de M. Degrange-Touzin, vu sur la face inférieure.

N° 9. — **Euspatangus Duvali**, Desor, 1847.

Pl. 10.

Euspatangus Duvali, Agassiz et Desor, *Catal. rais. des Échin.*, p. 116, 1847.

— — Desor, *Synopsis des Échin. foss.*, p. 414, 1858.

— — Dujardin et Hupé, *Hist. nat. des Zooph. Échinod.*, p. 601, 1862.

Espèce de taille moyenne, allongée, ovale, arrondie en avant, à peine acuminée en arrière. Face supérieure déprimée, plus épaisse et subcarénée dans la région postérieure. Face inférieure presque plane, légèrement creuse autour du péristome, renflée dans l'aire interambulacraire impaire. Face postérieure verticalement tronquée. Sommet ambulacraire excentrique en avant. Sillon antérieur nul, sans aucune trace de dépression vers l'ambitus ou dans la région inframarginale. Aire ambulacraire impaire composée de pores très petits, simples, placés dans des fossettes circulaires, profondes. Aires ambulacraires paires pétaloïdes, étalées, à fleur de test, fermées et rétrécies à leur extrémité, les antérieures très divergentes, presque horizontales, les postérieures plus allongées, plus rapprochées l'une de l'autre, formant entre elles un angle aigu. Zones porifères déprimées, formées de pores très inégaux, les externes allongés, les internes arrondis, unis par un sillon, séparés par de petites bandes de test finement granuleuses ; la zone porifère antérieure, aux approches du sommet, se rétrécit et se compose de pores en partie atrophiés ; la zone interporifère s'effile, et dans sa plus grande largeur est plus développée que les zones porifères qui la circonscrivent. Gros tubercules abondants, mamelonnés, crénelés, perforés et fortement scrobiculés, parfaitement circonscrits par le fasciole péripétale occupant la face supérieure, à l'exception de l'aire interambulacraire impaire, qui en est dépourvue. Petits tubercules inégaux, épars, mêlés aux gros tubercules, abondants surtout sur les bords de l'aire ambulacraire, sur le milieu de l'aire interambulacraire postérieure et occupant la face inférieure à l'exception des zones ambulacraires qui paraissent lisses. Granules intermédiaires nombreux, très fins, disposés souvent en un cercle délicat autour de chaque tubercule. Péristome excentrique en avant, tout en étant sensiblement éloigné du bord, semicirculaire, labié. Périprocte grand, ovale, à fleur de test, placé au sommet de la face postérieure. Appareil apical petit, granuleux, muni de quatre pores génitaux largement ouverts; la plaque madréporiforme, comme dans toutes les espèces du genre, paraît se prolonger au delà de l'appareil. Fasciole péripétale non flexueux, très étroit, déprimé, descendant assez bas; fasciole sous-anal entourant l'écusson.

Hauteur, 13 millimètres; diamètre antéro-postérieur, 38 millimètres; diamètre transversal, 32 millimètres.

Rapports et différences. — Cette jolie espèce rappelle l'*E. ornatus;* elle s'en distingue par sa face postérieure tronquée plus verticalement, par son ambitus plus régulièrement ovale, par l'absence complète de sillon antérieur, par son aire ambulacraire impaire formée de plaques plus longues et de pores beaucoup plus espacés, par ses aires ambulacraires postérieures relativement plus étendues, par ses gros tubercules plus abondants, moins développés et descendant plus bas.

Localité. — Chauny (Aisne). Très rare. Éocène moyen (calcaire grossier).

Collection de la Sorbonne.

Explication des figures. — Pl. 10, fig. 1, *E. Duvali*, vu de côté; fig. 2, face supérieure; fig. 3, face inférieure; fig. 4, région anale; fig. 5, sommet apical et aires ambulacraires grossis; fig. 6, pores ambulacraires fortement grossis.

N° 10. — **Euspatangus Croizieri**, Cotteau, 1885.

Pl. 11.

Espèce de petite taille, oblongue, ovale, très arrondie en avant, tronquée en arrière. Face supérieure uniformément bombée, ayant sa plus grande hauteur dans la région postérieure. Face inférieure pulvinée, renflée sur les bords. Sommet ambulacraire très excentrique en avant. Sillon antérieur tout à fait nul. Aire ambulacraire impaire étroite, aiguë, composée de pores simples, petits et rapprochés les uns des autres, s'élargissant un peu vers l'ambitus, sans présenter cependant aucune trace de dépression. Aires ambulacraires paires pétaloïdes, effilées et fermées à leur extrémité, inégales, les antérieures très divergentes, presque horizontales, les postérieures plus longues, plus arquées, formant un angle aigu. Zones porifères à fleur de test, composées de pores inégaux, les externes allongés, les internes arrondis, unis par un sillon, séparés par de petites bandes granuleuses. Les zones porifères antérieures sont moins larges que les autres aux approches du sommet et formées de pores plus petits, mais non atrophiés. Gros tubercules mamelonnés, perforés, crénelés et fortement scrobiculés, inégaux, occupant les aires interambulacraires antérieures et paraissent limités par un fasciole péripétale. Petits tubercules très inégaux, mêlés aux autres, abondants surtout dans la région antérieure ; granulation intermédiaire plus ou moins serrée, se groupant en cercle autour des plus gros tubercules. Péristome excentrique en avant, semicirculaire. Périprocte allongé, ovale, s'ouvrant au sommet de la face postérieure. Appareil apical étroit, carré, compacte, muni de quatre pores génitaux largement ouverts, les deux antérieurs plus rapprochés que les deux autres. Fascioles non distincts.

Hauteur, 12 millimètres ; diamètre antéro-postérieur, 22 millimètres ; diamètre transversal, 17 millimètres.

Nous rapportons à cette espèce une variété recueillie également à Saint-Palais par M. Degrange-Touzin ; elle diffère du type par sa forme un peu moins arrondie en avant, sans trace cependant de sillon antérieur, par sa taille plus forte et encore plus allongée ; mais la structure des aires ambulacraires est la même, ainsi que le nombre et la disposition des tubercules. A cette espèce nous réunissons encore, mais avec quelque doute, un autre exemplaire provenant également de la collection de M. Degrange-Touzin et rencontré par lui à Saint-Palais dans la même couche ; il ne se rapproche du type que par l'absence complète de sillon antérieur ; il s'en éloigne par sa forme beaucoup moins allongée, subcirculaire, par ses aires ambulacraires paraissant moins effilées et moins arquées en arrière. La conservation de cet échantillon, que nous avons fait figurer, laisse du reste beaucoup à désirer, et lorsque cette variété sera mieux connue, on devra peut-être y voir une espèce distincte.

Rapports et différences. — Cette jolie espèce se distingue nettement de ses congénères par sa forme ovoïde, arrondie en avant, subtronquée en arrière, par sa face supérieure uniformément renflée, très épaisse sur les bords, par sa face inférieure plane, légèrement pulvinée. Nous avions pensé d'abord que cette espèce, dont nous ne connaissons que deux exemplaires, était un individu jeune du

Gualtieria Orbignyi, qu'on rencontre assez abondamment à Saint-Palais, au même niveau. Ce rapprochement ne nous paraît pas possible. Notre espèce diffère essentiellement des *Gualtieria* par la structure de ses aires ambulacraires droites, divergentes, non flexueuses, composées de pores homogènes, et par la présence, dans les aires interambulacraires paires, de gros tubercules qui font défaut chez les *Gualtieria*. Nous ne saurions admettre que l'âge apporte de si profondes modifications dans les caractères d'une même espèce, et, tant que nous n'aurons pas des exemplaires intermédiaires et formant passage, nous conserverons les deux types.

Localité. — Saint-Palais (Charente). Très rare. Éocène moyen.

Collections Croizier, Degrange-Touzin.

Explication des figures. — Pl. 11, fig. 1, *E. Croizieri*, de la collection de M. Croizier, vu de côté ; fig. 2, face supérieure ; fig. 3, face inférieure ; fig. 4, sommet apical et aires ambulacraires grossis ; fig. 5, autre exemplaire, de la collection de M. Degrange-Touzin, vu de côté ; fig. 6, face supérieure ; fig. 7, région anale ; fig. 8, autre exemplaire, de la coll. de M. Degrange-Touzin, vu de côté, fig. 9, face supérieure ; fig. 10, face inférieure.

N° 11. — **Euspatangus Degrangei**, Cotteau, 1885.

Pl. 12.

Espèce de taille moyenne, oblongue, ovale, arrondie en avant, paraissant subtronquée en arrière. Face supérieure déprimée, épaisse sur les bords. Face inférieure plane. Sommet ambulacraire très excentrique en avant.

Sillon antérieur nul, même aux approches du sommet ou du péristome. Aire ambulacraire impaire droite, aiguë à la partie supérieure, composée de pores simples, petits, assez espacés, disposés par paires obliques. Aires ambulacraires paires un peu déprimées, pétaloïdes, longues, sans être effilées, fermées à leur extrémité, les antérieures très divergentes, les postérieures un peu plus longues, plus arquées, formant un angle aigu. Zones porifères à fleur de test, composées de pores inégaux, les externes allongés, les internes plus arrondis, subvirgulaires, unis par un sillon. Dans les aires ambulacraires paires antérieures, les zones porifères antérieures sont un peu moins larges que les autres près du sommet, et formées de pores plus petits mais non atrophiés. Gros tubercules mamelonnés, perforés, crénelés et fortement scrobiculés, inégaux, très abondants, occupant les aires interambulacraires antérieures, limités par un fasciole péripétale très distinct. Petits tubercules très inégaux, quelquefois aussi développés que les gros tubercules, nombreux surtout dans la région antérieure, sur les bords et dans la région inframarginale, se montrant également, mais beaucoup plus rares, à la face supérieure, sur le milieu de l'aire interambulacraire postérieure. Granulation intermédiaire fine, inégale, plus ou moins serrée. Péristome excentrique en avant, labié, semicirculaire, s'ouvrant à fleur de test. Appareil apical étroit, compacte, muni de quatre pores génitaux largement ouverts, les deux antérieurs plus rapprochés que les deux autres. Fasciole péripétale étroit, non sinueux, limitant les aires ambulacraires et les gros tubercules.

Hauteur, 17 millimètres; diamètre antéro-postérieur, 38 millimètres; diamètre transversal, 33 millimètres 1/2.

Rapports et différences. — Cette espèce est parfaitement caractérisée par sa forme oblongue, arrondie en avant, sans trace de sillon antérieur, par sa face supérieure plane et épaisse sur les bords, par ses aires ambulacraires paires légèrement déprimées, par ses gros tubercules abondants, inégaux, assez médiocrement développés, tendant quelquefois à se confondre avec les plus gros des petits tubercules, par son fasciole étroit et à peine sinueux. L'espèce dont l'*E. Degrangei* se rapproche le plus est l'*E. Croizieri*, de Saint-Palais ; notre espèce s'en distingue par sa taille plus forte, par sa face supérieure plus plane, tout en étant très épaisse sur les bords, par ses aires ambulacraires moins effilées, par ses gros tubercules plus abondants et plus serrés.

Localité. — Blaye près de la citadelle (Gironde). Rare. Éocène moyen.

Collection Degrange-Touzin.

Explication des figures. — Pl. 12, fig. 1, *E. Degrangei*, vu de côté ; fig. 2, face supérieure ; fig. 3, face inférieure ; fig. 4, sommet apical et aires ambulacraires grossis ; fig. 5, tubercules et fasciole pris à la face supérieure, grossis ; fig. 6, tubercules pris à la face inférieure, grossis.

N° 12. — **Euspatangus Vasseuri**, Cotteau, 1885.

Pl. 13, Pl. 14, fig. 1 et 2.

Euspatangus, sp. (*ornatus affinis*), Vasseur, *Recherches géol. sur les terr. tert. de la France occid.*, p. 140, 1881.

Espèce de taille moyenne, oblongue, allongée, un peu échancrée en avant, subacuminée et légèrement tronquée en arrière. Face supérieure peu élevée, uniformément bombée, subdéclive sur les côtés, arrondie au pourtour, ayant sa plus grande épaisseur dans la région postérieure. Face inférieure presque plane, renflée dans l'aire interambulacraire impaire. Face postérieure tronquée, légèrement rentrante. Sommet ambulacraire très excentrique en avant. Sillon antérieur nul près du sommet, large et très vaguement accusé vers l'ambitus. Aire interambulacraire impaire droite, aiguë à sa partie supérieure, composée de pores petits, simples, espacés, rangés par paires obliques placées dans des fossettes. Les plaques ambulacraires sont hautes, granuleuses, bien développées. Aires ambulacraires paires largement pétaloïdes, à fleur de test, inégales, les antérieures très divergentes, acuminées à leur extrémité et beaucoup plus courtes que les autres, les postérieures plus droites, plus arquées, formant un angle aigu. Zones porifères composées de pores inégaux, les externes allongés, les internes plus arrondis, unis par un sillon profond, séparés par de petites bandes de test saillantes et granuleuses. Dans les aires ambulacraires paires antérieures, les zones porifères antérieures sont un peu moins larges que les autres et composées de pores plus petits, sans être atrophiés ; la zone interporifère est un peu plus large que les zones porifères qui la circonscrivent. Gros tubercules mamelonnés, perforés, crénelés, fortement scrobiculés, abondants, occupant les aires interambulacraires antérieures, limités par un fasciole péripétale très distinct. Petits tubercules inégaux, beaucoup moins développés que les autres, si ce n'est sur le bord des aires ambulacraires, à la face inférieure. Granulation intermédiaire fine, serrée, abondante. Péristome excentrique en avant, à fleur de test, ne paraissant pas labié, semicirculaire. Appareil apical étroit, compacte, muni de quatre pores génitaux. Fasciole péripétale étroit, non sinueux, limitant les aires ambulacraires et les gros tubercules. Fasciole sous-anal bien visible dans un de nos exemplaires.

Hauteur, 20 millimètres; diamètre antéro-postérieur, 46 millimètres; diamètre transversal, 38 millimètres.

Rapports et différences. — Cette espèce offre assurément quelque ressemblance avec l'*E. ornatus;* elle nous a paru cependant s'en distinguer par sa taille moins forte, par son sommet ambulacraire un peu plus excentrique en avant, par son sillon antérieur encore plus atténué, par ses aires ambulacraires plus inégales, les antérieures relativement plus courtes, les postérieures plus étroites et plus allongées, par ses gros tubercules plus nombreux. Notre espèce offre également quelques rapports avec l'*E. Tournoueri*, mais cette dernière espèce se reconnaîtra toujours facilement à sa forme moins allongée, à son sillon antérieur moins accusé, à ses aires ambulacraires moins développées, à ses gros tubercules moins nombreux, moins apparents et plus inégaux; ce sont deux types voisins, mais cependant bien différents.

Localité. — Les Rochettes près Soullans (Vendée). Rare. Éocène moyen.

Collection de la Sorbonne (M. Vasseur).

Explication des figures. — Pl. 13, fig. 1, *E. Vasseuri,* vu de côté; fig. 2, face supérieure; fig. 3, face inférieure; fig. 4, fragment montrant une portion de la face supérieure; fig. 5, le même grossi. — Pl. 14, fig. 1, autre exemplaire vu sur la face antérieure; fig. 2, aire ambulacraire grossie.

N° 13. — **Euspatangus subovatus** (Sorignet), Cotteau, 1885.

Pl. 14, fig. 3-6.

Macropneustes subovatus, Sorignet, *Oursins foss. de deux arrondiss. du départ. de l'Eure*, p. 49, 1850.

— — Desor, *Synopsis des Échin. foss.*, p. 410, 1858.

— — Dujardin et Hupé, *Hist. nat. des Zooph. Échinod.*, p. 607, 1862.

Espèce de taille assez forte, oblongue, arrondie en avant, subacuminée en arrière. Face supérieure renflée, uniformément bombée, déclive sur les côtés. Face inférieure presque plane. Sommet ambulacraire un peu excentrique en avant. Le sillon antérieur, l'aire ambulacraire impaire et les aires ambulacraires paires antérieures ne sont pas visibles dans l'exemplaire unique que nous avons sous les yeux; on reconnaît seulement que celles-ci étaient très étroites à leur partie supérieure. Aires ambulacraires postérieures pétaloïdes, légèrement déprimées, droites, arquées, très longues, fermées et un peu acuminées à leur extrémité. Zones porifères larges, formées de pores inégaux, les externes étroits, allongés, subvirgulaires, les internes plus courts et plus ovalaires, unis par un sillon, séparés par de petites bandelettes plates et granuleuses. La zone interporifère est relativement très étroite surtout aux approches du sommet. Gros tubercules relativement peu développés et cependant mamelonnés, crénelés, perforés, visiblement scrobiculés, rares, espacés, placés de préférence à la partie supérieure des plaques interambulacraires. Petits tubercules épars, inégaux, apparents surtout à la face inférieure, dans la région inframarginale, et sur la face supérieure, au milieu de l'aire interambulacraire postérieure. Le péristome, le périprocte, l'appareil apical ne sont pas conservés dans notre exemplaire; le fasciole péripétale est très peu distinct.

Hauteur, 27 millimètres? Diamètre antéro-postérieur, 55 millimètres.

Rapports et différences. — Nous ne connaissons de cette espèce qu'un exemplaire très incomplet, et s'il n'avait servi de type à une espèce décrite par l'abbé Sorignet et mentionnée depuis par Desor, nous n'aurions pas voulu en donner la description et des figures nécessairement insuffisantes. Tel qu'il est, cependant, l'*E. subovatus* se distingue de ses congénères par son sommet très peu excentrique en avant, par l'étroitesse de ses aires ambulacraires aux approches du sommet, par ses aires ambulacraires postérieures étroites, effilées, très longues, par ses gros tubercules relativement peu développés, espacés et groupés au sommet des plaques.

Localité. — Saint-Gervais près Magny (Seine-et-Oise). Rare. Eocène moyen.

Institut catholique de Paris (collection Sorignet).

Explication des figures. — Pl. 14, fig. 3, *E. subovatus*, vu sur la face supérieure; fig. 4, aire ambulacraire postérieure grossie; fig. 5, plaques interambulacraires grossies; fig. 6, portion du test vue de côté.

N° 14. — **Euspatangus Prevosti** (Desor), Cotteau, 1885.

Pl. 15.

Macropneustes Prevosti, Desor, *Synopsis des Échin. foss.*, p. 412, 1858.

— — Dujardin et Hupé, *Hist. nat. des Zooph. Échinod.*, p. 607, 1862.

Espèce de taille moyenne, subcordiforme, légèrement échancrée en avant, subacuminée en arrière. Face supérieure très haute, renflée, subdéprimée au sommet, un peu carénée dans la région postérieure, presque verticale à l'ambitus. Sommet ambulacraire excentrique en avant. Sillon antérieur nul près du sommet, large et plus accentué vers l'ambitus, se prolongeant jusqu'au péristome. Aire ambulacraire impaire aiguë à sa partie supérieure, s'élargissant au fur et à mesure qu'elle se rapproche de l'ambitus, composée de pores petits, simples, rangés par paires obliques. Aires ambulacraires paires pétaloïdes, à fleur de test, longues, étroites, fermées à leur extrémité, les antérieures un peu moins allongées que les autres, très divergentes sans être horizontales, les postérieures plus arquées. Zones porifères à fleur de test, formées de pores inégaux, les externes ovales, virgulaires, unis par un sillon aux pores internes qui sont plus arrondis. La zone porifère est un peu plus large que la zone interporifère. Gros tubercules peu nombreux, assez développés, probablement comme toujours mamelonnés, crénelés et perforés, occupant les aires interambulacraires antérieures, limités par un fasciole péripétale distinct.

Petits tubercules inégaux, disséminés un peu partout, laissant lisses à la face inférieure l'aire ambulacraire antérieure et les deux aires ambulacraires postérieures, se montrant çà et là à la face supérieure, au milieu de l'aire interambulacraire postérieure. Granulation fine, abondante, plus ou moins serrée. Péristome excentrique en avant, semicirculaire, ne paraissant pas labié. Périprocte ovale, acuminé à sa partie supérieure, s'ouvrant au sommet de la face postérieure. Fasciole péripétale limitant les aires ambulacraires et les gros tubercules, étroit, visible seulement sur certains points. Fasciole sous-anal vaguement indiqué.

Hauteur, 28 millimètres ; diamètre antéro-postérieur, 44 millimètres ; diamètre transversal, 37 millimètres.

Individu de taille plus petite : hauteur, 24 millimètres diamètre antéro-postérieur, 35 millimètres ; diamètre transversal, 28 millimètres.

Rapports et différences. — Cette espèce ne saurait être confondue avec aucune autre ; elle se distingue de ses congénères par sa taille élevée, épaisse, renflée et cependant déprimée en dessus, par son aspect cordiforme, légèrement échancré en avant, subacuminé en arrière, subcaréné dans la région postérieure, par ses aires ambulacraires horizontales sans être divergentes, les postérieures un peu plus longues que les autres, par ses gros tubercules relativement peu nombreux, peu développés et très inégaux.

L'exemplaire le plus anciennement connu et le mieux conservé de ceux que nous connaissons provient de la collection Brongniart et appartient aujourd'hui à la Sorbonne ; il a été recueilli à Montmartre, dans les couches inférieures. C'est à tort que cet échantillon portait, dans la collection Brongniart, le nom de *Spatangus Parkinsoni*, espèce bien différente, faisant partie du genre *Schizaster*.

Localités. — Montmartre (Seine); Argenteuil (Seine-et-Oise); Ludes (Marne). Très rare. Base de l'Éocène supérieur, marnes à *Pholadomia ludensis*.

Collection de la Sorbonne (Brongniart et coll. Hébert); École des mines de Paris (collection Michelin); collection du Dr Bezançon.

Explication des figures. — Pl. 15, fig. 1, *E. Prevosti*, de la collection de la Sorbonne, vu de côté; fig. 2, face supérieure; fig. 3, face inférieure; fig. 4, région anale; fig. 5, autre exemplaire, de la collection de l'École des mines de Paris, vu sur la face supérieure; fig. 6, autre exemplaire, de la collection du docteur Bezançon, vu sur la face supérieure.

N° 15. — **Euspatangus gibretensis**, Tournouer, 1883.

Pl. 16.

Euspatangus gibretensis, Tournouer in coll., 1883.

Espèce de taille assez forte, oblongue, dilatée, à peine un peu émarginée en avant, subacuminée et tronquée en arrière. Face supérieure uniformément bombée, légèrement carénée dans la région postérieure, déclive sur les côtés et en avant. Face inférieure presque plane, épaisse et arrondie sur les bords, renflée dans l'aire interambulacraire postérieure. Sommet ambulacraire excentrique en avant. Sillon antérieur nul à sa partie supérieure, très large et très atténué vers l'ambitus. Aire ambulacraire impaire non visible dans nos exemplaires. Aires ambulacraires paires pétaloïdes, acuminées et fermées à leur extrémité, inégales, les antérieures très divergentes, presque horizontales, un peu plus courtes que les aires postérieures qui descendent très bas. Zones porifères bien accentuées, composées de pores presque égaux, les externes plus ouverts et plus allongés que les autres qui sont tout à fait ronds. Zone interporifère un peu plus large que les zones porifères. Gros tubercules bien développés, nombreux, occupant les aires interambulacraires paires. Le test est un peu usé et ne permet pas de distinguer les petits tubercules et les granules, si ce n'est, cependant, à la face inférieure dont ils occupent comme toujours la plus grande partie, laissant lisses l'aire ambulacraire antérieure, les aires ambulacraires postérieures et le sommet de l'aire interambulacraire postérieure. Péristome excentrique en avant, mais assez éloigné du bord, semicirculaire. Périprocte elliptique, acuminé à sa partie supérieure, placé au sommet de la face postérieure. Appareil apical étroit, compacte, muni de quatre pores génitaux, les deux antérieurs plus rapprochés que les autres. Fasciole péripétale sinueux, circonscrivant nettement les aires ambulacraires et les gros tubercules.

Hauteur, 24 millimètres 1/2; diamètre antéro-postérieur, 50 millimètres; diamètre transversal, 44 millimètres.

Rapports et différences. — Cette espèce a quelque ressemblance avec certains exemplaires de l'*E. ornatus*; elle nous a paru en différer par sa forme plus ovale et plus renflée, par son sommet ambulacraire moins excentrique en avant, par ses aires ambulacraires antérieures moins flexueuses, plus étendues, plus régulièrement acuminées à leur extrémité, par ses aires ambulacraires postérieures plus longues et plus droites, par ses gros tubercules plus nombreux et descendant plus bas, par sa face inférieure plus bombée et plus arrondie sur les bords. L'*E. gibretensis* rappelle également l'*E. Jouanneti*, mais cette dernière espèce, dont la forme est plus large et plus dilatée, a son sommet ambulacraire beaucoup moins excentrique en avant, ses aires ambulacraires paires antérieures moins acuminées et ses aires ambulacraires postérieures moins longues et plus droites, ses gros tubercules moins développés, moins nombreux et moins serrés. Les deux espèces occupent du reste un horizon distinct.

Localité. — Gibret (Landes). Très rare. Éocène moyen.

Institut catholique de Paris (collection Tournouer).

Explication des figures. — Pl. 16, fig. 1, *E. gibretensis* vu de côté; fig. 2, face supérieure; fig. 3, face inférieure; fig. 4, aire ambulacraire paire antérieure grossie; fig. 5, aire ambulacraire paire postérieure grossie.

N° 16. — **Euspatangus Jacquoti**, Cotteau, 1885.

Pl. 17, fig. 1-5.

Espèce de moyenne taille, allongée, un peu émarginée en avant, subtronquée en arrière. Face supérieure déprimée, légèrement renflée dans la région postérieure. Face inférieure presque plane. Sommet ambulacraire excentrique en avant. Sillon antérieur nul à la face supérieure, très atténué et vaguement indiqué vers l'ambitus, disparaissant de nouveau à la face inférieure. Aire ambulacraire impaire étroite près du sommet, s'élargissant un peu en se rapprochant du péristome, composée de pores simples, petits, d'abord assez serrés, puis plus espacés, disposés par paires obliques. Aires ambulacraires paires pétaloïdes, inégales, les antérieures très divergentes, presque horizontales, très étroites et cependant ouvertes à leur extrémité, les postérieures un peu plus étendues, arquées. Zones porifères formées de pores presque égaux, les externes un peu plus allongés, les internes plus ovales. La zone interporifère est plus étroite que chacune des zones porifères. Le test est usé et ne permet pas de distinguer les tubercules et les granules. Péristome excentrique en avant, à fleur de test, semicirculaire, muni d'une lèvre légèrement saillante. Périprocte elliptique, acuminé à sa partie supérieure, placé au sommet de la face postérieure. Fasciole péripétale non distinct.

Hauteur, 13 millimètres; diamètre antéro-postérieur, 38 millimètres; diamètre transversal, 31 millimètres 1/2.

Rapports et différences. — Ce n'est pas sans hésitation que nous plaçons cette espèce dans le genre *Euspatangus;* sa conservation laisse beaucoup à désirer, et sa face supérieure usée et déprimée ne laisse voir ni tubercules ni fasciole. Nous avons cru, cependant, devoir la décrire et la figurer, car elle se distingue des autres espèces du genre par sa forme très déprimée, dilatée en avant, verticalement tronquée en arrière, par ses aires ambulacraires très étroites, effilées, sans être fermées à l'extrémité, par sa face inférieure tout à fait plane. Il se pourrait que cette espèce, en raison de la forme de ses aires ambulacraires, appartînt au genre *Hypsospatangus*, Pomel.

Localité. — Buanes près Saint-Sever (Landes). Rare. Éocène moyen (calcaire à Miliolites).

École des mines de Paris (collection Jacquot).

Explication des figures. — Pl. 17, fig. 1, *E. Jacquoti*, de la collection de l'École des mines, vu de côté; fig. 2, face supérieure; fig. 3, face inférieure; fig. 4, aire ambulacraire impaire grossie; fig. 5, aire ambulacraire paire antérieure grossie.

N° 17. — **Euspatangus elongatus**, Agassiz, 1847.

Pl. 17, fig. 6 et 7; Pl. 18, fig. 1-4.

Spatangus elongatus,	Agassiz, *Catal. syst. Ectyp. foss. Echinod. Mus. neocom.*, p. 2, 1840.
— —	Sismonda, *Mem. geo-zool. sugli Echin. foss. del cont. de Nizza*, p. 35, pl. 11, fig. 1, 1843.
Euspatangus elongatus,	Agassiz et Desor, *Catal. rais. des Échin.*, p. 116, 1847.
Spatangus elongatus,	Bronn, *Index paleont.*, p. 1159, 1848.
Euspatangus elongatus,	Sismonda *in* Bellardi, *Catal. rais. des foss. numm. du comté de Nice*, Mém, Soc. géol. de France, 2e sér., t. IV, p. 268, 1852.
— —	Desor, *Arch. des sc. phy. et nat. de Genève*, t. XXIV, p. 143, 1853 (de Loriol).
— —	Desor, *Actes de la Soc. helv. des sc. nat.*, 38e session, Porrentruy, p. 272, 1853 (de Loriol).
— —	Bellardi, *Catal. des foss. numm. de l'Égypte*, Mém. acad. de Turin, 2e sér., t. XV, p. 30, 1854.
— —	Pictet, *Traité de paléont.*, 2e éd., t. IV, p. 600, 1857.
— —	Desor, *Synops. des Échinides foss.*, p. 414, 1858.

Euspatangus elongatus,	Dujardin et Hupé, *Hist. nat. des Zooph. Échinod.*, p. 600, 1862.
— —	Ooster, *Synops. des Échinides foss. des Alpes Suisses*, p. 116, pl. XXIX, fig. 6, 1865.
Euspatangus ornatus, (non Agassiz)	Ooster, *id.*, p. 116, pl. XXIX, fig. 3-5 (4?), 1875.
Euspatangus elongatus,	Pavay, *Kolozsvar Geologiaja*, p. 93, 1871.
— —	Lartet, *Essai sur la géol. de la Palestine*, p. 84, Ann. des sc. géol., t. III, 1872.
— —	de Loriol, *Descript. des Échinides tertiaires de la Suisse*, p. 128, pl. XXII, fig. 1-3, 1875.

X. 86.

Comme tous les échinides tertiaires recueillis à la Palarea près Nice, les exemplaires que nous avons sous les yeux sont très mal conservés, et la description que nous allons donner de cette espèce, ainsi que des deux suivantes, sera nécessairement incomplète.

Espèce de taille assez forte, allongée, arrondie et légèrement échancrée en avant, dilatée, subacuminée en arrière. Face supérieure déprimée. Face inférieure presque plane, un peu renflée dans l'aire interambulacraire postérieure. Sommet ambulacraire excentrique en avant. Sillon antérieur échancrant à peine l'ambitus, paraissant nul aux approches du sommet et du péristome. Aires ambulacraires paires très écartées, presque transverses. Aires postérieures plus longues, plus rapprochées. Gros tubercules assez nombreux, inégaux, fortement scrobiculés, occupant les aires interambulacraires paires. Péristome paraissant éloigné du bord. Fasciole péripétale à peine apparent. La face inférieure présente quelques traces de fasciole sous-anal.

Hauteur, 17 millimètres; diamètre antéro-postérieur, 52 millimètres; diamètre transversal, 39 millimètres.

Rapports et différences. — Par sa taille et sa forme allongée, cette espèce se distingue des *Euspatangus* que nous connaissons; elle offre quelques rapports avec l'*E. ornatus*, mais elle s'en éloigne par ses aires postérieures plus allongées, par ses gros tubercules un peu moins développés. Le type de l'espèce provient des Alpes vaudoises. Les échantillons des Alpes maritimes, que nous a très aimablement communiqués le conservateur du Musée de Turin, nous semblent bien, malgré leur mauvaise conservation, se rapporter, ainsi du reste que l'avait pensé avant nous Desor, aux exemplaires décrits et figurés par M. de Loriol.

Localité. — Palarea (Alpes-Maritimes). Rare. Éocène moyen.

Musée de Turin.

Localités autres que la France. — Cordaz, Esserts près Anzeindaz, Dent de Morcles (Alpes vaudoises). — Guggisgrat, Neiderhorn près Beatenberg (Alpes bernoises). Nummulitique (bartonien).

Explication des figures. — Pl. 17, fig. 6, *E. elongatus*, du Musée de Turin, vu de côté; fig. 7, le même, vu sur la face supérieure. — Pl. 18, fig. 1, fragment de l'*E. elongatus*, du musée de Turin, vu de côté; fig. 2, face supérieure; fig. 3, face inférieure; fig. 4, aire ambulacraire paire postérieure et gros tubercules grossis.

N° 18. — **Euspatangus minimus,** Sismonda, 1852.

Pl. 18, fig. 5-7.

Euspatangus minimus, Sismonda *in* Bellardi, *Catal. rais. des foss. numm. du comté de Nice,* Mém. Soc. géol. de France, 2e sér., t. IV, p. 268, pl. XXI, fig. 11, 1852.

En présence de la figure que Sismonda (*loc. cit.*) a donnée de cette espèce, nous comprenons parfaitement que Desor et les auteurs venus ensuite n'en aient pas tenu compte, car le dessin est tout à fait fruste et aucun des caractères qui peuvent distinguer cette espèce de ses congénères n'est visible. Nous avons sous les yeux cet exemplaire type. Assurément sa conservation laisse beaucoup à désirer ; il présente, cependant, un ensemble de détails, signalés déjà par M. de Sismonda dans sa description, qui ne laissent aucun doute sur la place générique qu'il doit occuper et les différences qui l'éloignent des autres *Euspatangus.*

Espèce de très petite taille, subcordiforme, élargie en avant, rétrécie en arrière. Face supérieure uniformément bombée, mais peu élevée. Face inférieure déprimée en avant, renflée dans l'aire interambulacraire postérieure. Sillon antérieur nul à la face supérieure, échancrant très légèrement le bord antérieur. Aires ambulacraires à peine visibles. Gros tubercules assez nombreux, inégaux, paraissant cantonnés dans les aires interambulacraires antérieures. Tubercules fins et serrés à la face inférieure, laissant les aires ambulacraires presque nues. Péristome excentrique en avant, semicirculaire, un peu déprimé.

Périprocte s'ouvrant sur la face postérieure qui est tronquée presque verticalement. Les fascioles ne sont pas visibles.

Hauteur, 11 millimètres; diamètre antéro-postérieur, 24 millimètres; diamètre transversal, 22 millimètres 1/2.

RAPPORTS ET DIFFÉRENCES. — Par sa petite taille, par sa forme subcirculaire et subacuminée en arrière, par sa face postérieure renflée et subtronquée, cette espèce se distingue nettement de ses congénères.

LOCALITÉ. — Roque-Esteron (Alpes-Maritimes). Très rare. Éocène moyen.

Musée de Turin.

EXPLICATION DES FIGURES. — Pl. 18, fig. 5, *E. minimus*, du Musée de Turin, vu de côté; fig. 6, face supérieure; fig. 7, face inférieure.

N° 19. — **Euspatangus navicella**, Agassiz, 1847.

Pl. 19.

Euspatangus navicella, Agassiz et Desor, *Catal. rais. des Échinides*, p. 116, 1847.

— — Sismonda *in* Bellardi, *Catal. rais. des foss. numm. du comté de Nice*, Mém. Soc. géol. de France, 2e sér., t. IV, p. 267, pl. XXI, fig. 8 et 9, 1851.

— — Pictet, *Traité de paléont.*, 2e éd., t. IV, p. 201, 1857.

— — Desor, *Synops. des Échinides foss.*, p. 414, 1858.

— — Dujardin et Hupé, *Hist. nat. des Zooph. Échinod.*, p. 600, 1862.

Espèce très allongée, arrondie et un peu émarginée en avant, subacuminée en arrière. Face supérieure déprimée. Face inférieure presque plane, légèrement renflée dans l'aire interambulacraire postérieure. Sommet ambulacraire excentrique en avant. Sillon antérieur atténué, apparent à la face supérieure surtout vers l'ambitus, se prolongeant vaguement jusqu'au péristome. Aires ambulacraires étroites, les antérieures très divergentes, presque transverses, les postérieures plus longues, plus rapprochées, plus arquées, acuminées à leur extrémité. Gros tubercules inégaux, assez abondants, placés sur les quatre aires interambulacraires antérieures. A la face inférieure, les tubercules sont fins, serrés et ne laissent de libre que l'espace occupé par les aires ambulacraires. Péristome semicirculaire, très excentrique en avant, un peu éloigné du bord. Périprocte s'ouvrant au sommet de la face postérieure qui est subtriangulaire. Les fascioles ne sont pas apparents.

Hauteur?... diamètre antéro-postérieur, 40 millimètres; diamètre transversal, 27 millimètres.

Individu jeune : hauteur, 12 millimètres; diamètre antéro-postérieur, 34 millimètres ; diamètre transversal, 23 millimètres.

Rapports et différences. — Cette espèce est très voisine de l'*E. elongatus*, qu'on rencontre dans la même couche : elle s'en distingue par sa taille plus petite, relativement plus étroite et plus allongée, par ses aires ambulacraires très étendues et moins larges. Notre description et les figures que nous avons données sont faites d'après les exemplaires du musée de Turin, qui portent le nom de *navicella* et paraissent avoir servi de type à l'espèce; ils diffèrent cependant des figures publiées par Bellardi à l'appui de sa description, représentant un individu plus arrondi, plus ovoïde et sans aucune trace de sillon anal. L'original de cette figure n'a pas été retrouvé, et le dessin pourrait bien n'être pas très exact. Les exemplaires du Musée de Turin nons semblent différents des échantillons de Suisse, qu'Agassiz et Desor, et plus récemment M. de Loriol, ont réunis à l'*E. navicella;* ils sont beaucoup moins allongés, plus larges, plus renflés, plus arrondis en avant, sans trace à la face supérieure du sillon antérieur. C'est un type distinct qui ne saurait être réuni aux échantillons de la Palarea, désignés dans le Musée de Turin sous le nom de *navicella*. Déjà, du reste, M. de Loriol n'admettait qu'avec doute l'identité des deux espèces. Nous donnons le nom d'*E. Lorioli* aux échantillons décrits et figurés par Ooster, et plus tard par M. de Loriol.

Localité. — Palarea (Alpes-Maritimes). Rare. Éocène moyen.

Musée de Turin (collection Sismonda).

Explication des figures. — Pl. 19, fig. 1, *E. navicella*, du musée de Turin, vu sur la face supérieure ; fig. 2, autre exemplaire, du musée de Turin, vu sur la face inférieure ; fig. 3, autre exemplaire, du musée de Turin, vu sur la face inférieure ; fig. 4, autre exemplaire, de la collection de l'École des mines de Paris, vu de côté ; fig. 5, face supérieure ; fig. 6, face inférieure.

N° 20. — **Euspatangus biarritzensis**, Cotteau, 1885.

Pl. 21.

Macropneustes, sp. n. Comte de Bouillé, *Paléont. de Biarritz*, p. 70, 1876.

Espèce de taille assez forte, allongée, arrondie et à peine émarginée en avant, un peu rétrécie en arrière, Face supérieure épaisse, renflée, assez uniformément bombée, ne paraissant pas carénée dans la région postérieure. Face inférieure presque plane, formant saillie dans l'aire interambulacraire impaire. Sommet ambulacraire légèrement excentrique en avant. Sillon antérieur presque nul à la face supérieure, large et plus sensible vers l'ambitus, paraissant se prolonger jusqu'au péristome. Aires ambulacraires paires pétaloïdes, effilées, à peu près fermées à leur extrémité, les antérieures très divergentes, presque transverses, les postérieures plus allongées et plus arquées. Zones porifères déprimées, composées de pores presque égaux, unis par un sillon profond, séparés par de petites côtes granuleuses. Gros tubercules peu abondants, saillants, crénelés, finement mamelonnés, perforés, entourés d'un scrobicule superficiel, espacés, épars, apparents principalement sur les aires interambulacraires paires, beaucoup plus rares sur l'aire interambulacraire postérieure. Granules intermédiaires très nombreux, épars, serrés, inégaux, remplissant tout l'espace intermédiaire. Au-dessus du bord, vers l'ambitus et à la face inférieure, les tubercules sont homogènes et pressés les uns contre les autres. Le péristome, le périprocte, l'appareil apical, sont mal conservés dans l'exemplaire unique que nous avons sous les yeux. Fasciole péripétale et sous-anal peu apparents.

Hauteur, 31 millimètres; diamètre, 63 millimètres ; diamètre transversal, 58 millimètres.

Rapports et différences. — Cette espèce, dont nous n'avons qu'un seul exemplaire très écrasé, chez lequel cependant les principaux caractères sont visibles, offre quelque ressemblance avec l'*E. ornatus;* elle en diffère d'une manière positive par son aspect moins cordiforme, par sa face supérieure plus élevée, par son sillon antérieur plus sensible vers l'ambitus, par ses aires ambulacraires plus transverses, plus flexueuses, par ses gros tubercules relativement moins développés, plus abondants, descendant plus bas, se montrant également sur l'aire interambulacraire impaire, où ils sont rares et espacés. Ce n'est pas sans quelque doute que nous réunissons cette espèce aux *Euspatangus*. Ses gros tubercules abondants, peu volumineux, dépassant en avant çà et là le fasciole péripétale, visibles sur l'aire interambulacraire postérieure, la rapprochent des *Hypsospatangus*; elle s'en éloigne par ses gros tubercules interambulacraires bien limités en arrière par le fasciole péripétale et par la présence, à la face postérieure, d'un fasciole sous-anal (1).

LOCALITÉ. — Handia près Biarritz (Basses-Pyrénées). Très rare. Éocène supérieur.

Collection du comte de Bouillé.

EXPLICATION DES FIGURES. — Pl. 21, fig. 1, *H. biarritzensis*, vu de côté ; fig. 2, face supérieure ; fig. 3, face inférieure ; fig. 4, aire ambulacraire paire antérieure et tubercules grossis ; fig. 5, portion de fasciole et tubercules grossis.

Résumé géologique sur les Euspatangus.

Le terrain jurassique de la France renferme treize espèces d'*Euspatangus*.

Dix espèces ont été recueillies dans l'Éocène moyen : *E. Duvali*, *Croizieri*, *Degrangei*, *Vasseuri*, *subovatus*, *gibretensis*, *Jacquoti*, *elongatus*, *navicella* et *minimus*.

(1) Ce fasciole a peut-être été un peu accentué par le dessinateur fig. 1 et 3 ; il nous a paru cependant qu'il en existait quelques traces.

Trois espèces seulement, *E. ornatus*, *biarritzinsis* et *Prevosti*, appartiennent à l'Éocène supérieur.

Le *Synopsis des Échinides fossiles* de Desor mentionne huit espèces éocènes d'*Euspatangus*. Sur ce nombre, quatre espèces ont été décrites plus haut, *E. ornatus*, *Duvali*, *navicella* et *elongatus*. Une cinquième espèce, signalée comme provenant du calcaire grossier de Paris, *E. nummulinus*, n'a pu être retrouvée, et nous devons nous borner à en reproduire la courte diagnose. Les trois autres espèces, *E. veronensis*, *patellaris* et *rostratus* ont été rencontrées en dehors du terrain éocène de la France.

Euspatangus nummulinus, Agassiz, 1847, *in* Agassiz et Desor, *Catal. rais. des Échinides*, p. 115. — *Id.* Desor, *Synopsis des Échin. foss.*, p. 414, 1858. — *Id.*, Dujardin et Hupé, *Hist. nat. des zooph. Échinod.*, p. 690, 1862. Petite espèce ovale, déprimée, à tubercules peu nombreux. Le fasciole péripétale est plus rapproché du bord que dans l'*E. ornatus*. Calcaire grossier de Parnes. Éocène moyen. Musée d'Avignon.

Euspatangus veronensis (Mérian), Agassiz, 1847. — *Spatangus veronensis*, Mérian *in* Agassiz, *Catal. syst. Ectyp. foss. Echinod. Mus. neocom.*, p. 2, 1840. — *Euspatangus veronensis*, Agassiz *in* Agassiz et Desor, *Catal. rais. des Échinides*, p. 116, 18.7. — *Id.*, Desor, *Synopsis des Échinides foss* , p. 414, 1858. — *Id.*, Dames, *Die Echiniden der vicentinischen und veron. Tertiärablag.*, p. 77, pl. X, fig. 4, et pl, XI, fig. 1, 1877. Espèce de grande taille, allongée, renflée, subcylindrique, arrondie en avant, subacuminée en arrière. Aire interambulacraire postérieure saillante en dessous. Sommet ambulacraire excentrique en avant. Sillon antérieur tout à fait nul. Aires ambulacraires paires antérieures presque transverses, acuminées à leur extrémité, les postérieures un peu plus longues. Zone interporifère plus large que les zones porifères. Gros tubercules abondants, inégaux, médiocrement développés. Péristome semicirculaire, excentrique en avant. Fasciole péripétale large et apparent. Vérone. Éocène supérieur. Musée de Zurich, École des mines de Paris, ma collection.

Euspatangus patellaris, d'Archiac, 1850, *Hist. des progrès de la géol.*, t. III, p. 251. — *Id.*, d'Archiac et Jules Haime, *Descript. des animaux foss. du groupe numm. de l'Inde*, p. 217, pl. XV, fig. 6 *a*, *b*, 1853. — *Id.*, Desor, *Synops. des Échin. foss.*. p. 415, 1858. — *Id.*, Dujardin et Hupé, *Hist. nat. des zooph. Échinod.*, p. 600, 1862. Espèce de taille moyenne, très déprimée, ovalaire, arrondie et non échancrée en avant. Sommet ambulacraire presque central, un peu rejeté en avant. Sillon nul. Aires ambulacraires paires antérieures écartées, moins développées que les postérieures. Zone interporifère plus large que les zones porifères. Gros tubercules abondants, s'étendant jusqu'au bord, garnissant toute la face supérieure, à l'exception des aires ambulacraires et de l'aire interambulacraire impaire. Fasciole péripétale presque marginal. Chaîne d'Hala (Sind). Éocène.

Euspatangus rostratus, d'Archiac, 1850, *Hist. des progrès de la géol.*, t. III, p. 251, 1880. — *Id.*, d'Archiac et J. Haime, *Descript. des animaux foss. du groupe numm. de l'Inde*, p. 218, pl. XV, fig. 3 *a*, *b*, 1853. — *Id.*, Desor, *Synops. des Échinides foss.*, p. 416, 1868. — *Id.*, Dujardin et Hupé, *Hist. nat. des zooph. Échinod.*, p. 600, 1862. — *Id.* Duncan et Sladen, *Monog. of the foss. Echinod. of Sind*, p. 240, Pl. XXXVIII, fig. 15-18, 1884. Espèce de petite taille, allongée, subovalaire, légèrement échancrée en avant, subacuminée et tronquée en arrière. Aires ambulacraires paires antérieures presque transverses, beaucoup plus étroites et plus courtes que les aires postérieures. Gros tubercules abondants, s'étendant, comme dans l'espèce précédente, jusqu'au bord, occupant les quatre aires ambulacraires paires. Périprocte subovalaire, anguleux en dessus, s'ouvrant au sommet de la face postérieure. Fasciole peu distinct, paraissant très rapproché du bord. Chaîne d'Hala (Sind). Éocène.

Euspatangus? avellana, d'Archiac, 1853. — *Brissus? avellana*, d'Archiac, *Hist. des progrès de la géol.*, t. III, p. 251, 1850. — *Euspatangus avellana*, d'Archiac, *Descript. des animaux foss. du groupe numm. de l'Inde*, p. 218, pl. XV, fig. 8*a*, *b*, 1853. — *Id.*, Duncan et Sladen, *Monog. of the foss. Echinoid. of Sind*, p. 235, pl. XXXVIII, fig. 8-13, 1882. Espèce de petite taille, remarquable par sa forme renflée, ovoïde, arrondie en avant et en arrière. Sommet ambulacraire excentrique en avant. Aire ambulacraire impaire très peu distincte, simplement indiquée par une légère dépression. Aires ambulacraires paires antérieures presque transverses, les postérieures plus longues. Gros tubercules paraissant disséminés un peu partout. Fasciole non distinct. Nous laissons provisoirement cette petite espèce dans le genre *Euspatangus* où l'a placée d'Archiac, bien qu'elle paraisse s'en éloigner par la présence de gros tubercules dans l'aire interambulacraire impaire. Chaîne d'Hala (Sind). Éocène.

Euspatangus formosus, de Loriol, 1863, *Descript. de deux Échin. numm. d'Égypte*, Mém. Soc. de phys. et d'hist. nat. de Genève, t. XVIII, 1re part., p. 4, pl. 1, fig. 1. — *Id.*, Fraas, *Aus dem Orient*, p. 270, 1867. — *Id.*, Lartet,

Essai sur la géol. de la Palestine, Ann. Sc. géol., t. III, p. 84, 1872. — *Euspatangus microtuberculatus*, Dames, *Die Echiniden der vicentin. und verones. Tertiärablag.*, p. 76 pl. VI, fig. 4, 1877. — *Euspatangus formosus*, de Loriol, *Monog. des Échin. numm. de l'Égypte*, Mém. Soc de phys. et hist. nat. de Genève, t. XXVIII, 1re partie, p. 136 und 146, pl. XI, fig. 2-4, 1880. — *Id.*, de Loriol, *Eocæne Echinoideen aus Ægypten und der libyschen Wüste*, p. 53, pl. XI, fig. 5-6, 1881. Espèce de taille assez forte, déprimée, largement ovale, légèrement échancrée en avant, un peu rétrécie et subtronquée en arrière, régulièrement convexe, marquée, de chaque côté du sillon antérieur, d'une carène parfois assez prononcée, subconvexe en dessous, renflée en arrière sur le plastron, un peu déprimée autour du péristome. Sommet ambulacraire excentrique en avant. Aires ambulacraires paires très développées, descendant presque jusqu'au pourtour, les antérieures très divergentes, les postérieures plus arquées et un peu plus longues. Gros tubercules abondants, scrobiculés, inégaux, épars, limités par le fasciole péripétale. Péristome assez éloigné du bord antérieur, muni d'une lèvre saillante. Périprocte très large, très ouvert, piriforme. M. de Loriol réunit à cette espèce l'*Eusp. microtuberculatus*, Dames, dont les caractères lui paraissent identiques. Environs de Thèbes (Delanoue); Mokattam près le Caire; Aradj ; San-Giovanni Ilarione. Eocène. Muséum de Paris (collection d'Orbigny), collections de Loriol, Gauthier.

Euspatangus minutus, Laube, 1868, *Echinod. der vicentinischen Tertiärgeb.*, p. 35, pl. VI, fig. 4. — *Id.*, Dames, *Die Echiniden der vicentin. und verones. Tertiärablag.*, p. 81, pl. VIII, fig. 3, 1877. Espèce de petite taille, un peu plus longue que large, émarginée en avant, arrondie et subtronquée en arrière, assez uniformément bombée en dessus. Sommet ambulacraire excentrique en avant. Sillon antérieur large, apparent, renflé et subcaréné sur les bords. Aires ambulacraires paires acuminées à leur extrémité, les antérieures très divergentes, les postérieures plus arquées et un peu plus longues. Gros tubercules bien distincts, mais très rares. Péristome assez rapproché du bord, labié, semicirculaire. Fasciole péripétale très apparent. Laverda, Trinita près Monticchio Maggiore. Eocène.

Euspatangus tuberosus, Fraas, 1867, *Geologisches aus dem Orient, Würtemb. nat. Jahr.*, p. 279, pl. VI, fig. 8, 1867. — *Id.*, L. Lartet, *Essai sur la géol. de la Palestine*, Ann. Soc. géol., t. III, p. 84. 1872. — *Id.*, de Loriol, *Monogr. des Échin. numm. de l'Égypte*, Mém. Soc. de phys. et hist. nat. de Genève, t. XXVII, 1re part., p. 141, pl. XI, fig. 5, 1880. On ne connaît qu'un fragment de cette espèce qui était de grande taille. Une seule aire ambulacraire, paraissant être l'antérieure degauche, est conservée ; elle n'est pas très large et son extrémité est effilée et fermée; les zones porifères sont étroites, à peine arquées, et composées de paires de pores serrées. Les pores de chaque paire sont unis par un sillon profond ; les aires interambulacraires paires sont garnies de gros tubercules fortement scrobiculés. Les fascioles ne sont pas visibles et ce n'est qu'avec doute que les auteurs ont laissé cette espèce parmi les *Euspatangus;* elle nous paraît plutôt appartenir au genre *Sarsella*, Pomel. Ouadi-el-Tih près du Caire. Éocène. Musée de Stuttgard.

Euspatangus carinatus, Cotteau, 1873, *Échinides nouveaux ou peu connus*, 1re sér., p. 175, pl. XXIV, fig. 5

et 6, 1873. Espèce de taille assez forte, allongée, fortement échancrée en avant, étroite et subacuminée en arrière, haute, renflée et subgibbeuse dans la région antérieure, très déclive sur les côtés et dans la région postérieure qui est un peu carénée et s'abaisse en forme de toit, presque plane en dessous. Sommet ambulacraire très excentrique en avant. Sillon antérieur large, profond, anguleux, caréné sur les bords. Aires ambulacraires paires antérieures étroites, presque transverses, recourbées en forme de feuilles. Aires postérieures à peu près de même longueur, mais affectant une forme beaucoup plus lancéolée. Gros tubercules épars, abondants, bien développés. Péristome excentrique en avant, semilunaire. Périprocte ovale, anguleux, s'ouvrant près du bord, à la face postérieure. Fascioles non distincts. Cette espèce, par sa forme renflée, gibbeuse en avant et déclive sur les côtés, se distingue de tous les *Euspatangus* que nous connaissons. M. Pomel a cru devoir faire de cette espèce le type du genre *Cardiopatagus*, que nous n'avons point adopté. Les aires ambulacraires paires antérieures ne sont pas, comme paraît le croire M. Pomel, déprimées en gouttière aiguë, mais à fleur de test, de même que les aires postérieures. La forme étrange de cette espèce, la profondeur du sillon antérieur, l'aspect arrondi des aires ambulacraires antérieures paires et leur zone porifère antérieure en partie atrophiée, ne nous paraissent pas offrir des caractères suffisants pour motiver l'établissement d'une coupe générique nouvelle qui, en tous cas, devrait prendre place parmi les *Spatangidées* et non parmi les *Brissidées* à aires ambulacraires déprimées. Origine inconnue. Éocène. Ma collection.

Euspatangus Haynaldi (Pavay), Hofmann, 1879. — *Macropneustes Haynaldi*, Pavay, *Geologie Klausenb. und seiner Umgebung*, p. 55, pl. XI, fig. 1-9, 1873. — *Euspatangus Haynaldi*, Hofmann, *Special-Aufnahme földt Köslöny*, Bd. IX, p. 247, 1879. — *Id.*, Koch, *Die alttertiären Echiniden Siebenburgens*, p. 54, pl. VII, fig. 5 *a-e*, 1885. Espèce de taille moyenne, subcirculaire, légèrement échancrée en avant, subtronquée et un peu rentrante en arrière, très médiocrement renflée en dessus, presque plane en dessous, à l'exception de l'aire interambulacraire postérieure qui est renflée et saillante. Sommet ambulacraire excentrique en avant. Sillon apparent, se prolongeant jusqu'aux approches du péristome. Aires ambulacraires paires antérieures acuminées et fermées à leur extrémité, transverses, moins longues que les aires postérieures qui sont plus arquées et descendent jusqu'au bord. Gros tubercules épars, peu abondants, bien développés, se montrant également dans l'aire interambulacraire postérieure. Péristome excentrique en avant, labié, transverse. Périprocte ovale, s'ouvrant au sommet de la face postérieure. Fasciole péripétale bien distinct, à peine flexueux, très rapproché du bord. Fasciole sousanal elliptique. Szt Lásztó in Siebenbürgen. Rare. Éocène.

Euspatangus Antillarum, Cotteau, 1875, *Description des Échin. tert. des îles Saint-Barthélemy et Anguilla*, p. 43, pl. VII, fig. 7-11, 1875. Espèce de petite taille, allongée, arrondie et subdilatée en avant, plus étroite et tronquée en arrière, un peu renflée en dessus, épaisse sur les bords, presque plane en dessous. Sommet ambulacraire très excentrique en avant. Aires ambulacraires paires inégales, fermées à leur extrémité, les antérieures transverses, les postérieures plus longues, très arquées. Gros tubercules inégaux, scrobiculés, épars, moins abondants et un peu moins développés dans l'aire ambulacraire postérieure. Péristome subcirculaire, excentrique en avant. Périprocte ovale, s'ouvrant au sommet de la face postérieure. Fasciole péripétale et fasciole sous-anal apparents seulement sur quelques points. Ile Saint-Barthélemy. Éocène. Musées de Stockholm et d'Upsal, ma collection.

Euspatangus Clevei, Cotteau, 1875, *Description des Échin. tert. des îles Saint-Barthélemy et Anguilla*, p. 44, pl. VIII, fig. 1-4. Espèce de taille assez forte, arrondie et un peu dilatée en avant, étroite et tronquée en arrière, épaisse et renflée en dessus, légèrement déclive dans la région antérieure, subcarénée dans la région postérieure. Sommet ambulacraire excentrique en avant. Sillon antérieur très atténué, presque nul. Aires ambulacraires paires larges, pétaloïdes, subflexueuses, fermées à leur extrémité, inégales, les antérieures non transverses, un peu arquées, les postérieures plus longues que les autres, formant entre elles un angle aigu. Gros tubercules abondants, inégaux, épars, médiocrement développés, presque aussi nombreux dans l'aire interambulacraire postérieure que dans les autres. Péristome étroit, labié, transverse, excentrique en avant. Voisine de la précédente, cette espèce s'en distingue par sa taille plus forte, par sa face supérieure plus renflée et subcarénée, par ses aires ambulacraires plus larges et un peu arquées, par ses tubercules de la face supérieure plus abondants et relativement moins développés. Ile Saint-Barthélemy. Éocène. Collection du docteur Cleeve.

Euspatangus grandiflorus, Cotteau, 1875, *Description*

des Échin. tert. des îles Saint-Barthélemy et Anguilla, p. 45. Espèce de grande taille, allongée, un peu resserrée en avant, haute, épaisse, renflée, légèrement carénée dans la région postérieure, presque plane en dessous. Sommet ambulacraire un peu excentrique en avant. Sillon antérieur nul près du sommet, d'autant plus prononcé qu'il se rapproche du bord, entamant fortement l'ambitus. Aires ambulacraires paires très larges, presque fermées à leur extrémité, inégales, les antérieures un peu arquées en se rapprochant du sommet, les postérieures à peine un peu plus longues, moins écartées et formant entre elles un angle aigu. Dans les aires ambulacraires paires antérieures, la zone porifère antérieure est arrondie et les pores deviennent très petits surtout près du sommet. Gros tubercules peu nombreux, épars, inégaux, moins développés qu'ils ne le sont ordinairement; quelques-uns se montrent dans l'aire interambulacraire postérieure. Ile Saint-Barthélemy. Très rare. Éocène. Collection du docteur Cleeve.

Euspatangus dalmatinus, Bittner, 1880, *Beiträge zur Kenntniss alttertertiären Echiniden Faunen der Subalpen*, p. 27, pl. VII, fig. 6. Espèce de grande taille, allongée, arrondie et faiblement échancrée en avant, plus étroite et tronquée subverticalement en arrière, haute et renflée en dessus, presque plane en dessous. Sommet ambulacraire un peu excentrique en avant. Sillon antérieur large, atténué. Aires ambulacraires longues, un peu renflées, acuminées et presque fermées à leur extrémité, les aires antérieures transverses, les postérieures un peu plus longues et plus arquées. Gros tubercules paraissant presque égaux et uniformément répandus sur les cinq aires interambulacraires. Péristome excentrique en avant, mais cependant éloigné du bord, semicirculaire. Périprocte ovale, très grand, s'ouvrant à la face postérieure. Fasciole distinct, non flexueux, placé à une certaine distance du bord. Voisine de l'*E. veronensis*, cette espèce s'en distingue par son sillon antérieur plus prononcé, plus évasé et échancrant le bord, par ses aires ambulacraires moins flexueuses, par ses tubercules plus gros et plus uniformes. Lesina. Rare. Éocène.

Euspatangus libycus, de Loriol, 1881, *Eocæne Echinoideen aus Ægypten und der libyschen Wüste,* p. 52, pl. XI, fig. 4, 1881. Espèce de moyenne taille, allongée, arrondie et échancrée en avant, obliquement déclive et subtronquée en arrière, bombée en dessus, carénée dans la région postérieure, plane en dessous à l'exception de l'aire interambulacraire impaire qui est renflée et carénée au milieu. Sommet ambulacraire excentrique en avant. Sillon antérieur distinct. Aires ambulacraires paires étroites, ouvertes à leur extrémité, les aires antérieures transverses, les aires postérieures plus arquées et plus longues. Gros tubercules abondants, inégaux, médiocrement développés, faisant défaut dans l'aire ininterambulacraire impaire. Péristome semicirculaire, excentrique en avant, assez éloigné du bord. Périprocte allongé, piriforme, s'ouvrant au sommet de la face postérieure. Fasciole péripétale presque marginal. El Guss Abu Said (Libysche Stufe). Rare. Éocène.

M. de Loriol, parmi les Échinides d'Egypte et de Libye, décrit, sous le nom d'*E. Cotteaui*, une espèce qui, tout en présentant les caractères des véritables *Euspatangus*, s'en éloigne par ses aires ambulacraires paires déprimées. Cette espèce très intéressante nous paraît appartenir à notre famille des *Brissidées*, et M. Pomel en a fait avec raison le type du genre *Plesiospatangus*.

Euspatangus crassus, Hoffmann, 1879, *Földt Kozl.* Bd. IX, p. 255. — *Id.*, Koch, *Die alttertiären Echiniden Siebenbürgens*, p. 58, pl. VIII, fig. *a-d*, 1885. Espèce de taille moyenne, ovale, arrondie et à peine émarginée en avant, épaisse, renflée en dessus, remarquable en dessous par le développement de l'aire interambulacraire postérieure. Sommet ambulacraire presque central, un peu rejeté en avant. Sillon antérieur très atténué, presque nul. Aires ambulacraires paires largement étalées, fermées à leur extrémité, les antérieures divergentes sans être transverses, les postérieures plus arquées et plus allongées. Gros tubercules abondants, épars, médiocrement développés, parfaitement limités par le fasciole péripétale, nuls ou à peu près dans l'aire interambulacraire postérieure. Péristome semicirculaire, excentrique en avant. Périprocte allongé, piriforme, s'ouvrant au sommet de la face postérieure. Fascioles bien distincts. Voisine de certaines variétés de l'*E. formosus*, cette espèce s'en distingue par sa plus grande épaisseur, son sillon antérieur moins accusé, ses gros tubercules plus nombreux et relativement moins volumineux. Zsibó. Éocène. Sieb. Mus.

Euspatangus transilvanicus, Hoffmann, 1879, *Földt Kozl.*, Bd. IX, p. 248. —*Id.*, Koch, *Die alttertiären Echiniden Siebürgens*, p. 62, pl. VII, fig. 6 *a-b* et 7 *a-c*, 1885. Espèce de taille moyenne, un peu plus longue que large, arrondie et très faiblement émarginée en avant, rétrécie et subtronquée en arrière, épaisse sur les bords, uniformément bombée en dessus, remarquable en dessous par le renflement de l'aire interambulacraire postérieure. Sommet ambulacraire excentrique en avant. Sillon antérieur très atténué, presque nul. Aires ambulacraires paires médiocrement développées, les antérieures courtes, flexueuses, arrondies, tout à fait divergentes, presque transverses, les aires postérieures plus droites, plus longues, plus arquées. Gros tubercules assez abondants, paraissant disposés en séries concentriques, faisant complètement défaut dans l'aire interambulacraire postérieure. Péristome excentrique en avant. Périprocte petit, ovale, piriforme, s'ouvrant au sommet de la face postérieure. Fasciole péripétale distinct, relativement éloigné du bord. Zsibó. Rare. Éocène. Kgl. ung. geol. Anst.

Euspatangus gibbosus, Hoffmann, 1879, *Földt Kozl.*, Bd. IX, p. 248. — *Id.*, Koch, *Die alttertiären Echiniden Siebürgens*, p. 64, pl. VII, fig. *a-d*, 1885. Espèce de petite taille, allongée, arrondie et un peu émarginée en avant, subacuminée en arrière, haute et renflée en dessus, subcarénée dans la région postérieure, épaisse sur les bords, plane en dessous à l'exception de l'aire interambulacraire postérieure qui est saillante. Sommet excentrique en avant. Sillon antérieur large, évasé, un peu renflé sur les bords, très atténué vers l'ambitus. Aires ambulacraires paires inégales, les aires antérieures courtes, larges, flexueuses, presque transverses, les aires postérieures plus droites, plus longues, très sensiblement arquées. Gros tubercules assez abondants, bien développés, parfaitement limités par le fasciole péripétale, faisant complètement défaut dans l'aire interambulacraire postérieure. Péristome petit, semicirculaire, labié, excentrique en avant, éloigné du bord. Périprocte ovale, piriforme, acuminé au sommet. Fasciole péripétale bien distinct, éloigné du bord surtout en arrière. Voisine de l'*E. rostratus*, d'Archiac, cette espèce en diffère par sa forme moins acuminée en arrière, par ses aires ambulacraires moins grêles et plus larges, par son périprocte beaucoup moins grand. Gegend. Rare. Éocène. Kgl. ung. geol. Anst.

Euspatangus Pavayi, Koch, 1885, *Die alttertiären Echiniden Siebürgens*, p. 67, pl. VIII, fig. 3 *a-e* et fig. 4 *a-d*. Espèce de taille moyenne, arrondie et un peu émarginée en avant, rétrécie et subtronquée en arrière, renflée en dessus, épaisse sur les bords, presque plane en dessous, à l'exception de l'aire interambulacraire postérieure qui fait saillie. Sommet ambulacraire excentrique en avant. Sillon antérieur très atténué, évasé, vaguement caréné sur les bords. Aires ambulacraires paires inégales, les aires antérieures subflexueuses, transverses, les postérieures plus larges, plus longues, plus arquées, formant, à leur partie supérieure, un angle très aigu. Gros tubercules nombreux, inégaux, épars, faisant défaut dans l'aire interambulacraire postérieure. Péristome semicirculaire, excentrique en avant, cependant assez éloigné du bord, semilunaire. Périprocte ovale, s'ouvrant au milieu de la face postérieure. Fasciole péripétale relativement éloigné du bord, surtout en arrière. Klausenburg, Hója, etc. Éocène. Sieb. Mus.; Kgl. ung. geol. Anst.

Euspatangus pulchellus (Herklotz), Cotteau, 1885, *Spatangus pulchellus, Herklots, Fossiles de Java, Échinod.*, p. 12, pl. IV, fig. 7, 1856. Espèce de petite taille, assez haute et de forme arrondie. Sommet ambulacraire excentrique en avant. Sillon antérieur nul. Aires ambulacraires pétaloïdes, fermées, inégales, les antérieures presque transverses, les postérieures plus allongées et plus arquées. Tubercules inégaux, les uns plus gros, crénelés et perforés, peu nombreux, ne dépassant pas l'extrémité des aires ambulacraires, les autres plus petits et clairsemés, augmentant en nombre et en grandeur vers la périphérie et sur les bords du sillon ambulacraire. Péristome excentrique en avant. Cette espèce, bien que le fasciole péripétale ne soit pas visible, nous a paru appartenir au genre *Euspatangus*. Tjidamar (Java). Éocène.

Euspatangus eximius (Bohm), Cotteau, 1885. — *Spatangomorpha eximior*, Bohm, *Tertiäre Foss. von der Insel Madura*, p. 11, pl. III, fig. 1 et 2, pl. IV, fig. 1, 1883. Espèce de taille moyenne, allongée, ovale, arrondie et un peu émarginée en avant, subacuminée en arrière, médiocrement renflée en dessus. Sommet ambulacraire excentrique en avant. Sillon antérieur large, atténué. Aires ambulacraires paires pétaloïdes, larges, aiguës à leur extrémité, inégales, les antérieures très flexueuses, puis s'écartant et devenant presque transverses, les postérieures plus longues, plus arquées. Zone interporifère large. Gros tubercules de la face supérieure très apparents, scrobiculés, abondants, recouvrant les quatre aires interambulacraires paires, ne dépassant pas l'extrémité des aires ambulacraires limitées par un fasciole péripétale. Cette curieuse espèce forme un type nettement tranché ; elle ne nous a pas paru, cependant, devoir être séparée du genre *Euspatangus*, dont elle présente les caractères essentiels. Sepocloc (Madura). Éocène.

Euspatangus cordiformis, Duncan et Sladen, 1884, *Monog. of the foss. Echinodea of Sind*, p. 238, pl. XXXVIII, fig. 14. — Espèce de taille assez forte, allongée, émarginée en avant, subcordiforme, un peu rétrécie en arrière. Sommet ambulacraire excentrique en avant. Sillon antérieur largement évasé, entamant l'ambitus. Aires ambulacraires paires relativement étroites, paraissant ouvertes à leur extrémité, très inégales, les antérieures un peu recourbées, presque transverses, les aires postérieures beaucoup plus longues, plus arquées et subflexueuses. Gros tubercules descendant très bas, faisant défaut dans l'aire interambulacraire postérieure, limités par le fasciole péripétale. Dharan près de Laki. Rare. Éocène.

Si nous ajoutons aux treize espèces de la France les vingt et une que nous venons de passer en revue, nous aurons un total de trente-quatre espèces d'*Euspatangus* aujourd'hui connues.

4e Genre. — HYPSOSPATANGUS, Pomel, 1883.

Macropneustes (pars), Agassiz in Agassiz et Desor 1847; Desor 1858; Laube 1860; de Loriol, 1880 et 1881; Kock, 1885.
Hypsospatangus. Pomel, 1883.

Test de taille variable, quelquefois très volumineux, allongé, subcordiforme, plus ou moins renflé, presque plan en dessous. Sommet ambulacraire à peine excentrique, toujours un peu rejeté en avant. Sillon antérieur médiocrement accusé. Aire ambulacraire différente des autres, formée de pores très petits, à peine distincts, très rapprochés et disposés par paires espacées. Aires ambulacraires paires pétaloïdes, allongées, à fleur de test; les zones antérieures des aires ambulacraires paires antérieures se réduisent souvent, aux approches du sommet, à de petits pores simples. Tubercules de deux natures : les uns gros, scrobiculés, crénelés et perforés, épars sur toute la face supérieure, aussi bien dans l'aire interambulacraire postérieure que dans les aires antérieures; les autres plus petits et serrés à la face inférieure, dans la région inframarginale et sur le plastron. Péristome excentrique en avant, semi-circulaire. Périprocte ovale, piriforme, s'ouvrant au sommet de la face postérieure. Appareil apical peu étendu, compacte, muni de quatre pores génitaux très rapprochés; la plaque madréporifome traverse le milieu de l'appareil et se prolonge en arrière. Fasciole péripétale étroit, plus ou moins flexueux.

Rapports et différences. — Le genre *Hypsospatangus* a été établi par M. Pomel en 1883, et renferme des espèces que la plupart des auteurs ont confondues aves les *Macropneustes*, mais qui s'en distinguent par leurs aires ambulacraires à fleur de test et non logées dans des excavations. En 1875, dans nos *Échinides tertiaires des îles Saint-Barthélemy et Anguilla*, page 38, nous avons pensé déjà qu'il existait dans le genre *Macropneustes* d'Agassiz, deux types distincts, le premier comprenant les espèces à aires ambulacraires excavées et le second consacré aux espèces à aires ambulacraires superficielles. Seulement oubliant que le véritable type des *Macropneustes* était, pour Agassiz, le *M. Deshayesi*, dont les aires ambulacraires sont excavées, nous avions créé pour ces espèces le nom de *Peripneustes*, réservant, pour les espèces à aires ambulacraires superficielles, le nom de *Macropneustes*. C'était de notre part une erreur que nous nous empressons de reconnaître, et que M. Pomel a fait cesser, en maintenant le genre *Macropneustes* pour les espèces à aires ambulacraires excavées, et en désignant les autres sous le nom *Hypsospatangus*. Les *Hypsospatangus* sont voisins des *Euspatangus ;* ils en diffèrent par leurs gros tubercules apparents dans l'aire interambulacraire impaire et moins nettement limités par le fasciole péripétale souvent vague et atténué ; ils s'en éloignent également par l'absence de fasciole sous-anal.

Les *Hypsospatangus* commencent à se montrer à l'époque éocène et persistent dans le terrain miocène.

N° 21. — **Hypsospatangus Bouillei**, Cotteau, 1885.

Pl. 20.

Espèce de taille moyenne, allongée, arrondie et un peu échancrée en avant, légèrement rétrécie en arrière. Face supérieure épaisse, renflée, obliquement déclive dans la région postérieure. Face inférieure presque plane, à peine bombée dans l'aire interambulacraire impaire. Sommet ambulacraire excentrique en avant. Sillon antérieur presque nul à la face supérieure, large et évasé vers l'ambitus, se prolongeant jusqu'au péristome. Aires ambulacraires paires à fleur de test, étroites, sublinéaires, presque partout de la même largeur, ouvertes à leur extrémité, les antérieures divergentes, paraissant aussi longues que les aires postérieures qui sont sensiblement plus arquées. Zones porifères droites, formée de pores égaux, transverses, ovalaires, unis par un sillon. Zone interporifère très peu développée, finement granuleuse, moins large que l'une des zones porifères. Gros tubercules peu nombreux, saillants, crénelés, perforés, entourés d'un scrobicule assez large, mais presque superficiel, épars, occupant les cinq aires interambulacraires et ne paraissant pas exister en dehors du fasciole. Autres tubercules petits et inégaux à la face supérieure, plus nombreux et plus serrés en dessous, dans la région intra-marginale et sur le plastron interambulacraire. Péristome excentrique en avant, semi-circulaire, fortement labié. Fasciole péripétale étroit, flexueux, limitant les aires interambulacraires.

Hauteur, 26 millimètres? Diamètre antéro-postérieur, 53 millimètres; diamètre transversal, 46 millimètres.

Rapports et différences. — Nous ne connaissons de cette espèce qu'un seul exemplaire assez mal conservé, et cependant il nous a paru se distinguer nettement des espèces voisines par sa face supérieure épaisse et renflée, par sa face inférieure presque plane en dessous, par son sillon antérieur évasé vers l'ambitus, par ses aires ambulacraires presque droites, ouvertes à leur extrémité et relativement très étroites, par ses tubercules peu abondants, espacés, occupant les cinq aires interambulacraires et qu'un fasciole anguleux circonscrit nettement, par son péristome muni d'une lèvre saillante.

Localité. — Lou-Couf près de Biarritz (Basses-Pyrénées). Très rare. Éocène supérieur.

Coll. du Comte de Bouillé.

Explication des figures. — Pl. 20, fig. 1, *H. Bouillei* vu de côté; fig. 2, face supérieure; fig. 3, face inférieure; fig. 4, portion de l'aire ambulacraire grossie; fig. 5, péristome et portion du plastron grossis.

Résumé géologique sur les Hypsospatangus.

Nous ne connaissons jusqu'ici, en France, qu'une seule espèce appartenait au genre *Hypsospatangus H. Bouillei*, provenant de l'éocène supérieur. En dehors de cette espèce, nous rapportons à ce genre six espèces éocènes recueillies dans d'autres régions.

Hypsospatangus Hantkeni (Pavay), Cotteau, 1885. —

Macropneustes Hantkeni, Pavay, *Les Échinides foss. des couches argil et marn. des envir. de Budapest*, p. 170, pl. XII[b], fig. 1-4, 1871. Espèce de gande taille, ovale, médiocrement renflée en dessus, arrondie sur les bords, plane en dessous, pulvinée dans les aires interambulacraires. Sommet ambulacraire légèrement excentrique en avant. Sillon antérieur nul. Aires ambulacraires superficielles, allongées, les antérieures presque transverses, les postérieures plus rapprochées et plus étendues. Gros tubercules crénelés, perforés, scrobiculés, épars, abondants, descendant en avant plus bas que le fasciole péripétale. Péristome excentrique en avant, semi-lunaire, labié. Périprocte elliptique, longitudinal, s'ouvrant à la face postérieure. Bude (Hongrie). Rare. Éocène supérieur.

Hypsospatangus Ammon (Desor), Pomel, 1883. — *Macropneustes Ammon*, Desor *in* Agassiz et Desor, *Catal. rais. des Échinides*, p. 115. — *Id.*, Desor, *Synops. des Échinides foss.*, p. 441, 1858. — *Id.*, Dujardin et Hupé, *Hist. nat. des Zooph. Échinod.*, p. 607, 1862. — *Id.*, de Loriol, *Monog. des Échin. contenus dans les couches numm. de l'Égypte*, p. 71, pl. X, fig. 2, 1880. Espèce de grande taille, arrondie, un peu plus longue que large, largement échancrée en avant, haute, renflée, hémisphérique en dessus, presque plane en dessous. Sommet ambulacraire excentrique en avant. Sillon antérieur atténué à la face supérieure, plus large et plus accusé vers l'ambitus. Aires ambulacraires paires allongées, descendant très bas, ouvertes à leur extrémité, les aires postérieures plus longues et plus arquées que les autres. Zones interporifères relativement très larges. Gros tubercules inégaux, épars couvrant toute la face supérieure. Fasciole péripétale non flexueux, placé très bas. Périprocte piriforme. Goblet

Medinet (Delanoue). Égypte (Lefebvre). Éocène. Muséum de Paris (galerie zoologique et collection d'Orbigny).

Hypsospatangus Lefebvrei (P. de Loriol), Cotteau, 1886. — *Macropneustes Lefebvrei*, P. de Loriol, *Monog. des Échinides contenus dans les couches numm. de l'Égypte*, p. 131, pl. IX, fig. 7-9, 1880. — *Id.*, P. de Loriol, *Eocæne Echinoideen aus Ægypten und der Libyschen Wüste*, p. 50, pl. XI, fig. 2 et 3, 1881. Espèce de petite taille, ovale, allongée, un peu tronquée et légèrement échancrée en avant, uniformément convexe en dessus, presque plane en dessous, à l'exception du plastron qui est renflé et partagé par une carène saillante à son extrémité. Sommet ambulacraire excentrique en avant. Sillon antérieur nul à la face supérieure, s'évasant et s'accentuant un peu en se rapprochant de l'ambitus. Aires ambulacraires paires larges, effilées, tout à fait à fleur de test, les aires antérieures transverses, les postérieures beaucoup plus longues, plus arquées, arrondies à leur base. Gros tubercules relativement peu développés, espacés, épars sur les cinq aires interambulacraires, paraissant limités par un fasciole à peine distinct. Péristome éloigné du bord. Périprocte grand, ovale, acuminé au sommet. Égypte (Lefebvre). Environs de Thèbes (Delanoue). Eocène moyen. Muséum de Paris.

Hypsospatangus antecedens (Bittner), Cotteau, 1886. — *Macropneustes antecedens*, Bittner, *Beiträge zur Kenntniss alttertiärer Echiniden Faunen der Südalpen*, p. 26, 1880. Espèce de taille assez forte, oblongue, dilatée et à peine émarginée en avant, sensiblement rétrécie en arrière, renflée et uniformément bombée en dessus, arrondie sur les bords, presque plane en dessous, offrant seulement un renflement sur l'aire interambulacraire postérieure.

Sommet ambulacraire excentrique en avant. Sillon antérieur presque nul, entamant très faiblement l'ambitus. Aires ambulacraires paires superficielles, non linéaires, paraissant un peu saillantes par suite de la dépression des zones porifères, rétrécies et presque fermées à leur extrémité, inégales, les postérieures un peu plus longues que les autres, sans que cependant la différence soit bien apparente. Gros tubercules abondants, épars, paraissant disséminés sur toute la face supérieure, limités par le fasciole peripétale. Périprocte ovale, assez étendu. Monte Granella. Rare. Eocène.

Hypsospatangus Hofmanni (Kock), Cotteau, 1886. — *Macropneustes Hofmanni*, Koch, *Die alttertiären Echiniden Siebenbürgens*, p. 51, pl, VIII, fig. 1 *a-d*, 1885. Espèce de grande taille, allongée, ovale, tronquée et un peu échancrée en avant, rétrécie et obliquement rentrante en arrière, haute et renflée en dessus, presque plane en dessous. Sommet subcentral, un peu rejeté en avant. Sillon antérieur presque nul à la face supérieure, à peine sensible à l'ambitus. Aires ambulacraires largement développées, à fleur de test, les aires antérieures très divergentes, les postérieures plus longues, plus flexueuses, plus rapprochées. Gros tubercules médiocrement développés, abondants, se montrant sur toute la face supérieure. Péristome excentrique en avant, éloigné du bord. Fasciole péripétale bien distinct, à peine flexueux, placé très bas. Nordl. von Varajó, Djalu Ruptie, etc. Eocène. Kgl. ung. geol.; A , Sieb. Mus.

Hypsospatangus speciosus (Duncan et Sladen), Cotteau, 1886 — *Macropneustes speciosus*, Duncan et Sladen, *Monog. of the foss. Echinoidea of Sind*, p.229, pl. XXXVIII, fig. 1-5, 1884. Espèce de taille assez forte, allongée, subémarginée en avant, un peu rétrécie et arrondie en arrière, régulièrement convexe en dessus, presque plane en dessous. Sommet ambulacraire excentrique en avant. Sillon antérieur très atténué. Aire ambulacraire impaire étroite. Aires ambulacraires paires très longues, à fleur de test, légèrement bombées en raison de la dépression des zones porifères, inégales, les antérieures presque horizontales, les postérieures beaucoup plus étendues, plus arquées et descendant très bas. Zone interporifère relativement large. Gros tubercules abondants, formant des séries régulières sur le bord des plaques, limités par un fasciole péripétale placé à peu de distance de l'ambitus. Dháram près Laki. Couches de Khirthar. Éocène. Coll. du Geological Survey.

Hypsospatangus rotundus (Duncan et Sladen), Cotteau, 1886.—*Macropneustes rotundus*, *Monog. of the foss. Echinoidea of Sind*, p. 232, pl. XXXVIII, fig. 6 et 7, 1884. Espèce de taille moyenne, arrondie et à peine émarginée en avant, un peu rétrécie en arrière, renflée sur les bords, régulièrement convexe en dessus. Sommet ambulacraire excentrique en avant. Sillon antérieur atténué, largement évasé. Aires ambulacraires paires à fleur de test, relativement assez courtes, plus pétaloïdes que dans les autres espèces du genre, paraissant légèrement bombées en raison de la dépression des zones porifères. Zone interporifère très étroite. Gros tubercules largement développés, proéminents, placés en rangées régulières sur le bord des plaques, moins nombreux cependant que dans l'espèce précédente. Teyón (ou Tiyun) à l'est de Chorla, couches de Khirthar. Éocène. Coll. du Geological Survey.

Hypsospatangus Meneghini (Desor), Pomel, 1884. — *Macropneustes Meneghini*, Desor, *Synopsis des Échin. foss.*,

p. 411, 1857. — *Id.*, Dujardin et Hupé, *Hist. nat. des Zooph. Échinod.*, p. 607, 1862. — *Breynia carinatæformis*, Schauroth, *Verzeichniss der Versteinerungen im Herzogl. natural. zu Coburg*, p. 194, pl. XIII, fig. 3, 1865. — *Macropneustes Meneghini*, Laube, *Ein Beitrag zur Kenntniss der Echinodermen der vicent. Tertiär.*, p. 32, pl. VII, fig. 1, 1862. — *Id.*, Tournouër, *Recensement des Échinod. de l'étage du calcaire à astéries*, p. 37, 1870. — *Id.*, Dames, *Die Echiniden der vicent. and veron. Tertiär.*, p. 72, 1877. Espèce de grande taille, subcordiforme, arrondie et dilatée en avant, rétrécie en arrière, haute et très renflée à la face supérieure, dans la région antérieure, fortement déclive dans la partie postérieure, arrondie sur les bords, très légèrement bombée en dessous. Sommet subcentral, un peu rejeté en avant. Sillon antérieur presque nul, émarginant à peine le bord. Aires ambulacraires longues, superficielles, inégales, les antérieures très divergentes, les postérieures plus étendues. Zone interporifère plus large que les zones porifères. Gros tubercules abondants, disséminés sur toute la face supérieure, non parfaitement limités par le fasciole péripétale qui n'est pas sinueux. Péristome excentrique en avant, mais éloigné du bord, semilunaire, fortement labié. Monte Spiado, Monte Carriole, Monte Viale, Monte Pulgo, Monte Castellara, près Castel Gomberto, etc. Assez commun. Eocène supérieur ou miocène.

Ce n'est qu'avec doute que nous mentionnons cette espèce dans le terrain éocène du Vicentin. En France où elle est rare, elle n'a été recueillie que dans le terrain miocène inférieur, et M. Tournouër (*loc. cit.*) pense qu'elle occupe le même horizon dans le Vicentin, à la partie supérieure du grand groupe de Castel Gomberto.

5e Genre. — SARSELLA, Pomel, 1883.

Breynia (pars), D'Archiac et Haime, 1852 ; Desor, 1858 ; Cotteau, 1863.
Lovenia (pars), Cotteau, 1877.
Sarsella Pomel, 1883.

Test de taille variable, allongé, subcordiforme, plus ou moins renflé, arrondi en avant, plan en dessous, subacuminé et tronqué en arrière. Sommet apical subcentral, ordinairement un peu rejeté en avant. Sillon antérieur large, presque nul. Aire ambulacraire impaire différente des autres, formée de pores très petits, simples et espacés. Aires ambulacraires paires arquées, subtriangulaires, cunéiformes, divergentes en étoile ; zones porifères divisées en deux parties par un fasciole interne : dans l'une de ces parties, la plus courte, située en dedans du fasciole et se prolongeant jusqu'à l'appareil apical, les zones sont composées de pores microscopiques et à peine visibles ; tandis que dans la seconde partie, en dehors du fasciole interne, elles sont formées de pores très apparents, arrondis ou oblongs, unis par un sillon. Tubercules inégaux, les uns très gros, mamelonnés, perforés, non crénelés ou marqués seulement de très légères crénelures, profondément scrobiculés, peu abondants et disposés sans ordre, à la face supérieure, sur les aires interambulacraires paires ; les autres très petits, abondants, serrés, homogènes, un peu plus développés à la face inférieure. Péristome excentrique en avant, transversal, labié. Périprocte ovale, piriforme, s'ouvrant au sommet de la face postérieure. Appareil apical compact, remarquable par l'étendue de la plaque madréporiforme se prolongeant en arrière de l'appareil. Quatre pores génitaux très rapprochés. Deux fascioles, l'un interne, ovale, placé autour du sommet et partageant les quatre aires ambulacraires paires, le second sous-anal.

Rapports et différences. — Le genre *Sarsella*, récemment établi par M. Pomel, a beaucoup de rapports avec les *Lovenia;* il s'en rapproche par sa physionomie générale, par la forme de ses aires ambulacraires et la disposition de ses fascioles, mais il s'en distingue, d'une manière très nette, par ses gros tubercules dépourvus, à l'intérieur, des ampoules si caractéristiques du genre *Lovenia ;* il s'en distingue également par son périprocte s'ouvrant au sommet d'une aréa plane et lisse, et non dans une large et profonde excavation. M. Pomel insiste sur la différence existant dans la forme des aires ambulacraires qui, chez les *Lovenia*, s'arrondissent latéralement et prennent l'aspect d'un croissant, tandis que dans les *Sarsella*, elles divergent en étoile. Nous n'attachons que peu d'importance à ce caractère, car cette disposition des aires ambulacraires est assez variable ; souvent dans une même espèce, notamment chez le *S. sulcata*, l'un des types du genre, les zones porifères externes des aires ambulacraires ont une tendance plus ou moins prononcée à s'arrondir en forme de croissant. La différence essentielle entre les deux genres, et elle est importante, réside dans la présence ou l'absence d'ampoules à la base interne des tubercules, et nous avons pu nous assurer que le test du *S. sulcata* n'en présentait aucune trace à l'intérieur. Par la structure de ses aires ambulacraires et la présence, autour du sommet, d'un fasciole interne, le genre *Sarsella* se rapproche des

Echinocardium ; il s'en éloigne par sa forme toute différente, par ses aires ambulacraires moins nettement triangulaires, par ses tubercules beaucoup plus gros, non crénelés et plus fortement scrobiculés ; il en diffère également par l'absence de fasciole anal. Certaines ressemblances existent entre les *Sarsella* et les *Breynia*, mais ce dernier genre sera toujours reconnaissable à la présence d'un fasciole péripétale.

Le genre *Sarsella* commence à se montrer à l'époque éocène ; il existe également dans le terrain miocène, avec lequel il disparaît.

N° 22. — **Sarsella sulcata** (Haime), Pomel, 1883.

Pl. 22, 23 et 24, fig. 1-3.

Breynia sulcata, D'Archiac et Haime, *Descript. des animaux foss. du groupe numm. de l'Inde*, p. 216, 1853.
— Leymerie et Cotteau, *Catal. des Échin. foss. des Pyrénées*, Bull. Soc. géol. de France, 2e sér., t. XIII, p. 338, 1856.
— Desor, *Synopsis des Échin. foss.*, p. 409, 1858.
— Dujardin et Hupé, *Hist. nat. des Zooph. Échinod.*, p. 601, 1861.
— Cotteau, *Échinides foss. des Pyrénées*, p. 146, 1863.
Lovenia sulcata, Cotteau, *Descript. de la faune des terr., tertiaires de la Corse*, p. 329, 1877.
Sarsella sulcata, Pomel, *Classific. et génér. des Échin. vivants et foss.*, p. 28, 1883.

Espèce de taille assez forte, oblongue, allongée, arrondie et échancrée en avant, acuminée et tronquée en arrière. Face supérieure médiocrement renflée, subdéclive sur les côtés, un peu gibbeuse en avant, légèrement carénée dans la région postérieure, ayant sa plus grande hauteur en arrière du sommet apical. Face inférieure tout à fait plane, tranchante sur les bords. Face postérieure tronquée, un peu rentrante. Sommet apical excentrique en avant. Sillon antérieur presque nul à la face supérieure, fortement renflé sur les bords, entamant assez profondément l'ambitus et se prolongeant, vague et atténué, jusqu'au péristome. Aire ambulacraire impaire droite, aiguë à la partie supérieure, finement granuleuse, s'élargissant un peu vers l'ambitus, formée de pores simples disposés par paires obliques, placés dans de petites fossettes, d'autant plus espacés qu'ils s'éloignent davantage du sommet. Aires ambulacraires paires pétaloïdes, subtriangulaires, acuminées et fermées à leur extrémité, inégales, les antérieures presque droites en avant et recourbées en arrière, les postérieures plus arquées et plus longues. Zones porifères réduites, à leur partie supérieure, à des pores très petits, atrophiés, à peine visibles jusqu'au fasciole interne, composées au contraire, en dehors du fasciole, de pores très apparents, transversalement ovales, unis par un sillon profond, séparés par des bandelettes saillantes et granuleuses. Zone interporifère subacuminée, finement granuleuse, plus large que les zones porifères. Gros tubercules très développés, saillants, mamelonnés, perforés, présentant la trace de quelques crénelures, très fortement scrobiculés, occupant les deux aires interambulacraires antérieures et la moitié des aires interambulacraires postérieures. Petits tubercules souvent marqués de fines crénelures, se montrant à la face supérieure dans la région antérieure, sur les bords du sillon ambulacraire, au milieu de l'aire interambulacraire postérieure, et couvrant la face inférieure, à l'exception des aires ambulacraires et de la partie supérieure de l'aire interambulacraire impaire. Une granulation fine, serrée, homogène, garnit l'espace intermédiaire ; à la face inférieure, les granules sont plus espacés, moins apparents et subscrobiculés. Péristome excentrique en avant, semicirculaire, un peu déprimé, fortement labié. Périprocte ovale, placé au sommet de la face postérieure, assez grand, elliptique dans le sens du diamètre antéro-postérieur. Appareil apical étroit, carré, compacte, granuleux, muni de quatre pores génitaux ; la plaque madréporiforme se prolonge au delà de l'appareil comme une lame aiguë. Fasciole interne bien distinct, anguleux en arrière, passant derrière l'appareil et formant une double branche qui remonte sur les bords du sillon antérieur et se ferme carrément en avant, à une certaine distance de l'ambitus. Fasciole sous-anal.

Hauteur, 23 millimètres ; diamètre antéro-postérieur, 58 millimètres ; diamètre transversal, 48 millimètres.

Exemplaire de taille beaucoup plus petite : hauteur, 14 millimètres ; diamètre antéro-postérieur, 37 millimètres ; diamètre transversal, 33 millimètres.

Rapports et différences. Le *S. sulcata* ne saurait être confondu avec les espèces que nous connaissons : ses gros tubercules fortement scrobiculés, la disposition de son fasciole, la stucture de ses aires ambulacraires, la forme de son sillon antérieur qui entame assez profondément l'ambitus, le rapprochent du *Lovenia histrix* ; il s'en distingue par son aspect plus dilaté, moins acuminé en arrière, par sa face supérieure plus sensiblement carénée dans la région postérieure, par ses aires ambulacraires paires plus largement développées, par ses gros tubercules plus nombreux et plus serrés, par son péristome moins large et plus fortement labié, par son périprocte placé au sommet d'une aréa plane et lisse.

L'espèce qui nous occupe ne peut être confondue avec le *L. Forbesi*, Duncan, provenant du mont Gambier (Australie). Cette dernière espèce s'en éloigne par sa taille plus petite, plus uniformément bombée, par son sillon antérieur plus atténué, par ses aires ambulacraires paires moins larges, plus grêles, plus effilées.

Localité. — Biarritz (Lon Jargin) (Basses-Pyrénées). Rare. Éocène supérieur.

École des mines de Paris (collection Michelin); Institut catholique de Paris (collection Tournouër), collection du comte de Bouillé, Degrange-Touzin, ma collection.

Explication des figures. — Pl. 22, fig. 1, *S. sulcata*, de la collection de l'Institut catholique de Paris (Tournouër), vu de côté; fig. 2, face supérieure; fig. 3, face inférieure; fig. 4, plaques interambulacraires de la face supérieure, grossies; fig. 5, fasciole sous-anal et plastron grossis. — Pl. 23, fig. 1, *S. sulcata*, de la collection du comte de Bouillé, vu sur la face supérieure; fig. 2, le même, vu sur la face anale; fig. 3, face supérieure grossie. — Pl. 24, fig. 1, autre exemplaire, de taille plus petite, de ma collection, vu de côté; fig. 2, face supérieure; fig. 3, tubercules de la face inférieure grossis.

N° 23. — **Sarsella Sorigneti**, Cotteau, 1886,

Pl. 24, fig. 4-7.

Spatangus Archiaci, (non Agassiz) Sorignet, *Oursins foss. de deux arrond. du départ. de l'Eure*, p. 48, 1850.

Espèce de taille assez forte, élevée, oblongue, arrondie en avant, subacuminée en arrière. Face supérieure très peu élevée, déprimée, non carénée en dessus, non déclive sur les côtés. Face inférieure plane. Sommet presque central, un peu rejeté en avant. Le sillon antérieur et l'aire ambulacraire impaire ne sont pas conservés dans notre unique exemplaire. Aires ambulacraires paires pétaloïdes, longues, effilées, les antérieures subtriangulaires, presque horizontales en avant, arquées en arrière, les postérieures plus droites et moins larges. Zones porifères formées de pores allongés, presque égaux, les extérieurs un peu plus étroits que les autres, unis par un sillon A quelque distance du sommet, à partir du fasciole interne qui n'est pas visible, mais devait exister dans notre exemplaire, comme chez tous les *Sarsella*, les pores s'atrophient et sont réduits à de petits pores simples, à peine distincts. Gros tubercules saillants, mamelonnés, perforés, ne paraissant pas crénelés, très fortement scrobiculés, occupant les aires interambulacraires antérieures et descendant jusqu'à l'ambitus, au nombre de ving-huit ou trente dans une aire interambulacraire paire postérieure. Dans la région infra-marginale, les petits tubercules sont très fins et très serrés. Le péristome, le périprocte, l'appareil apical et les fascioles ne sont pas conservés dans l'exemplaire unique et fort incomplet que nous décrivons.

Hauteur, 15 millimètres? Diamètre antéro-postérieur, 50 millimètres; diamètre transversal, 48 millimètres.

Rapports et différences. — Nous ne connaissons de cette espèce qu'un fragment, et nous ne l'aurions certainement ni décrit, ni figuré, si cet échantillon n'appartenait à un genre très rare à l'époque éocène, et ne constituait une espèce particulière, non encore décrite. Voisine du *S. sulcata*, elle en diffère par sa forme plus oblongue, par sa face supérieure plus déprimée, non carénée dans la région postérieure, par son sommet apical moins excentrique en avant, par ses aires ambulacraires paires plus allongées, moins larges et plus grêles, par ses gros tubercules plus nombreux et descendant plus près de l'ambitus.

L'abbé Sorignet a rapporté avec un point de doute l'exemplaire que nous venons de décrire au *Spatangus Archiaci* et en a donné une courte diagnose. Nous n'avons pu retrouver l'*Hemispatangus* (*Maretia*) *Archiaci*, recueilli, dans le calcaire grossier, à Ouchy-le-Château et faisant partie de la collection d'Archiac; aussi nous ignorons si le rapprochement établi par l'abbé Sorignet est exact. Dans le doute, nous avons préféré abandonner le nom d'*Archiaci* et donner à l'espèce celui de *Sorigneti*.

Localité. — Fours (Eure). Très rare. Éocène moyen.

Institut catholique de Paris (Collection Sorignet).

Explication des figures. — Pl. 24, fig. 4, fragment du *S. Sorigneti*, vu de côté; fig. 5, face supérieure; fig. 6, portion de test prise au pourtour, grossie; fig. 7, portion de la face supérieure grossie.

Résumé géologique sur les Sarsella.

Deux espèces de *Sarsella* ont été rencontrées en France : l'une. *S. Sorigneti*, appartient à l'éocène moyen, et l'autre, *S. sulcata*, à l'éocène supérieur.

Indépendamment de ces espèces, nous en signalerons deux autres en dehors de la France.

Sarsella vicentina (Dames), Cotteau, 1886. — *Breynia vicentina*, Dames, *Die Echiniden der vicent. und veron. Tertiär.*, p. 71, pl. VII, fig. 7, 1877. Espèce de taille moyenne, plus longue que large, un peu rétrécie, et échancrée en avant, dilatée au milieu, subacuminée et tronquée en arrière, carénée en dessus dans la région postérieure. Sommet ambulacraire excentrique en avant. [Sillon antérieur bien accusé surtout près du bord. Aires ambulacraires paires subtriangulaires, les antérieures presque transverses, les postérieures plus longues. Gros tubercules abondants, fortement scrobiculés, descendant jusqu'au bord. Ce dernier caractère et l'absence de fasciole nous engagent à reporter cette espèce parmi les *Sarsella ;* elle est du reste très voisine du *S. sulcata* par sa taille, par sa forme générale, par son sillon antérieur, par la disposition de ses aires ambulacraires, par la carène qui partage, à la face supérieure, l'aire interambulacraire postérieure, par la troncature de la région anale ; elle en diffère, cependant, par sa forme plus régulièrement ovale, par ses gros tubercules plus nombreux à la face supérieure ; peut-être les deux espèces devaient-elles être réunies. Saint-Giovani Ilarione, monte Zugiello près Montecchia. Rare. Éocène.

Sarsella Suessi (Bittner), Cotteau, 1886. — *Lovenia* (*Hemipatagus*) *Suessi*, Bittner, *Beiträge Zur Kenntniss alttertiärer Echiniden Faunen des Sudälpen*, p. 65, pl. IV, fig. 6. Espèce de taille moyenne, allongée, rétrécie et échancrée en avant, dilatée au milieu, subacuminée et tronquée en arrière, renflée en dessus surtout dans la région postérieure, qui est un peu carénée, presque plane en dessous. Sommet ambulacraire excentrique en avant. Sillon antérieur large, renflé sur le bord, entamant fortement l'ambitus. Aires ambulacraires paires atrophiées aux approches du sommet, presque égales. Gros tubercules épars, peu abondants, profondément scrobiculés, descendant jusqu'au bord. Péristome semicirculaire, excentrique en avant. Périprocte situé au sommet de la face postérieure, au-dessus d'une aréa lisse un peu déprimée. Comme la précédente, cette espèce nous a paru appartenir au genre *Sarsella*, Pomel ; elle est voisine également du *S. sulcata*, dont elle diffère par sa forme plus anguleuse, par ses aires ambulacraires paires moins triangulaires, par son aréa anale plus déprimée. Roveredo. Rare. Éocène.

6e Genre. — GUALTIERIA, Desor, 1847.

Gualtieria, Agassiz et Desor, 1847; Desor, 1858 ; Cotteau, 1883 ; Pomel, 1883.

Test de taille moyenne, oblong, arrondi en avant, subtronqué en arrière, presque plan en dessous. Sommet apical subcentral, un peu rejeté en avant. Sillon antérieur nul. Aire ambulacraire impaire différente des autres, formée de pores très petits, simples et espacés. Aires ambulacraires paires allongées, pétaloïdes, subflexueuses, à fleur de test. Zones porifères composées de pores arrondis ou oblongs, unis par un sillon profond, coupées en deux parties par un fasciole interne. Dans l'une de ces parties, de beaucoup la plus étendue, située en dedans du fasciole et se prolongeant jusqu'à l'appareil apical, les zones sont formées de pores serrés, pétaloïdes, s'ouvrant dans des sillons allongés, tandis que, dans la seconde partie, beaucoup plus courte et en dehors du fasciole interne, les pores sont plus espacés et placés au fond de cavités ovalaires. La zone porifère antérieure des aires ambulacraires paires antérieures devient très étroite près du sommet et se réduit à de petits pores simples et en partie atrophiés. Quelques tubercules assez gros, espacés, visiblement scrobiculés, se montrent çà et là sur la face supérieure, notamment dans les aires interambulacraires paires. D'autres tubercules plus petits, inégaux, existent çà et là à la face supérieure, et sont surtout très abondants, sur la face inférieure. Granules intermédiaires peu nombreux, épars. Péristome s'ouvrant en avant, mais loin du bord, entouré de gros plis et de bourrelets dans les intervalles desquels se trouvent les pores ambulacraires. Appareil apical compacte, étroit, granuleux, muni de quatre pores génitaux; plaque madréporiforme se prolongeant au delà de l'appareil. Fascioles interne et sous-anal.

Rapports et différences. — Le genre *Gualtieria*, parfaitement caractérisé par la structure de ses aires ambulacraires que traverse, au quart environ de leur étendue, un fasciole interne, et par les protubérances toutes particulières qui entourent le péristome et se prolongent, à la face inférieure, sur les aires ambulacraires postérieures, ne saurait être confondu avec aucun de ses congénères.

Ce genre est propre jusqu'ici au terrain tertiaire éocène.

N° 24. — **Gualtieria Orbignyi**, Agassiz, 1847.

Pl. 25 et 26.

Gualtieria orbignyana, Agassiz et Desor, *Catal. rais. des Échin.*, p. 116, pl. XVI, fig. 11, 1847.
— — D'Archiac, *Descript. des foss. du groupe numm.*, Mém. Soc. géol. de France, 2e sér., t. III, p. 424, 1848.
— — D'Orbigny, *Prod. de paléont. strat.*, t. II, p. 330, 1854.
— — Desor, *Synopsis des Échin. foss.*, p. 406, pl. XLII, fig. 8-11, 1858.
— — Dujardin et Hupé, *Hist. nat. des Zooph. Échinod.*, p. 601, 1862.
— — Taramelli, *Atti del reale Istituto Veneto*, p. 978, 1873-1884.
— — Bittner, *Beiträge zur Kenntniss alttertiären Echiniden Faunen der Südalpen*, p. 25, 1880.
Gualtieria Orbignyi, Cotteau, *Échinides jurass., crét., éoc. du sud-ouest de la France*, p. 185, Ann. de la Soc. du sc. nat. de la Rochelle, 1883.
— — Cotteau, *Échinides du terr. éoc. de Saint-Palais*, p. 32, pl. VI, fig. 67-71, Ann. sc. géol., XVI, 4 art., n°, 4, 1883.
— — Cotteau, *sur les Échin. du terr. éoc., de Saint-Palais*, Comptes-rendus des séances de l'Acad. des sciences, 1884.

Espèce de taille moyenne, ovoïde, allongée, arrondie et non échancrée en avant, un peu plus étroite et tronquée en arrière. Face supérieure uniformément bombée, presque partout de la même hauteur, plus élevée cependant dans la région postérieure, qui s'abaisse légèrement vers le périprocte et est ensuite verticalement tronquée, ayant la plus grande largeur à peu près au milieu de sa longueur. Face inférieure presque plane, renflée vers l'extrémité de l'aire interambulacraire impaire. Sommet ambulacraire subcentral, un peu rejeté en avant. Sillon antérieur presque nul, marqué seulement de quelques protubérances vagues et atténuées. Aire ambulacraire impaire droite, très étroite à sa partie supérieure, s'élargissant en se rapprochant de l'ambitus, formée de pores simples, très petits, disposés par paires obliques, d'autant plus espacées qu'elles s'éloignent davantage du sommet. Aires ambulacraires paires longues, pétaloïdes, très flexueuses, à fleur de test, de dimension à peu près égale, les postérieures moins flexueuses, plus droites et plus arquées que les autres. Zones porifères larges, accentuées, composées de pores arrondis, écartés, presque égaux, disposés deux à deux dans des sillons étroits et profonds. Aux trois quarts environ de leur étendue, les aires ambulacraires sont traversées par un fasciole interne, et les pores qui se trouvent en dehors du fasciole s'ouvrent dans des sillons plus accusés, de forme ovalaire, et plus espacés; la zone interporifère est assez large, granuleuse et se rétrécit au fur et à mesure que l'aire ambulacraire s'éloigne du sommet. Aux approches de l'appareil apical, les zones porifères externes des aires ambulacraires paires antérieures s'atrophient et ne sont plus composées que de petits pores simples, microscopiques, identiques à ceux de l'aire ambulacraire impaire. Autour du péristome, les pores s'ouvrent au milieu de gros plis saillants, inégaux, irréguliers, correspondant aux sutures des plaques, se prolongeant sur les aires ambulacraires, notamment sur les aires postérieures. De petits pores simples, disposés deux à deux, logés au fond de dépressions apparentes, se montrent à l'ambitus postérieur et forment, à droite et à gauche, une courbe dans l'intérieur du fasciole sous-anal. Tubercules de deux natures : les plus gros, visiblement crénelés, perforés et scrobiculés, sont épars à la face supérieure; les autres, plus petits, inégaux, se mêlent aux tubercules principaux, se montrent sur le bord du sillon antérieur, remplissent la région supramarginale et occupent une grande partie de la face inférieure. Péristome transversal, subcirculaire, muni de grosses protubérances. Périprocte ovale, un peu allongé, s'ouvrant au sommet de la face postérieure. Appareil apical compacte, pentagonal, granuleux ; quatre pores génitaux largement ouverts, les deux antérieurs plus rapprochés que les autres; plaque madréporiforme se prolongeant en arrière, fortement resserrée par les plaques génitales. Fasciole interne coupant les aires ambulacraires aux trois quarts de leur longueur. Fasciole sous-anal transversalement elliptique, largement développé.

Hauteur, 25 millimètres; diamètre antéro-postérieur, 48 millimètres; diamètre transversal, 38 millimètres.

Individu plus jeune : hauteur, 21 millimètres; diamètre antéro-postérieur, 38 millimètres et demi; diamètre transversal, 31 millimètres.

Rapports et différences. — Cette curieuse espèce sera toujours facilement reconnaissable à sa forme ovoïde, tronquée en arrière, à son sillon antérieur nul, à la structure et à la disposition de ses aires ambulacraires coupées aux deux tiers par un fasciole interne, aux protubérances très accentuées qui entourent le péristome, à ses gros tubercules épars sur la face supérieure.

Localité. — Saint-Palais (Charente-Inférieure). Assez commun. Éocène moyen.

Muséum de Paris (collection d'Orbigny); collection de M. Hébert; collections de Loriol, Croizier, Degrange-Touzin, ma collection.

Explication des figures. — Pl. 25, fig. 1, *Gualtieria Orbignyi,* du Muséum de Paris (collection d'Orbigny), vu de côté; fig. 2, face supérieure; fig. 3, région antérieure; fig. 4, portion de la face supérieure grossie. — Pl. 26, fig. 1, autre exemplaire, de ma collection, vu sur la face inférieure; fig. 2, région anale; fig. 3, portion de la face inférieure grossie; fig. 4, tubercules interambulacraires pris sur la face inférieure, grossis.

N° 25. — **Gualtieria Heberti**, Vasseur, 1881.

Pl. 27 et 28.

Gualtieria Heberti, Vasseur, *Recher. géol. sur les terr. tertiaires de la France occid.*, Ann. des sc. géol., t. XIII, 1881.

Espèce de taille moyenne, presque aussi large que longue, arrondie et non échancrée en avant, tronquée verticalement en arrière. Face supérieure plus ou moins renflée, uniformément déclive sur les côtés, ayant sa plus grande hauteur et sa plus grande largeur au point qui correspond au sommet apical. Face inférieure presque plane. Sommet ambulacraire presque central, un peu rejeté en avant. Sillon antérieur nul, très vaguement indiqué vers l'ambitus. L'aire ambulacraire antérieure n'est qu'en partie conservée dans nos exemplaires; elle se compose, aux approches du pourtour, de pores très petits, espacés, rangés par paires obliques, s'ouvrant sur des plaques très hautes et granuleuses. L'appareil apical et les aires ambulacraires paires postérieures font défaut dans nos exemplaires. Les aires ambulacraires paires antérieures sont très flexueuses, presque transverses, subtriangulaires, fortement acuminées à leur extrémité; les zones porifères se composent de pores arrondis, à peu près égaux, unis par un sillon profond, séparés par de petites bandelettes saillantes. Aux trois quarts au moins de leur étendue, les aires ambulacraires sont traversées par un fasciole interne; les pores qui se trouvent en dehors de ce fasciole sont plus espacés sans être beaucoup plus apparents, et sont placés dans des dépressions ovalaires, au lieu d'être allongées. Autour du péristome, les pores ambulacraires s'ouvrent au milieu de gros plis saillants, inégaux, correspondant aux sutures des plaques et se prolongeant sur les aires ambulacraires notamment, sur les aires postérieures. De petits pores simples, disposés deux à deux, logés au fond de dépressions apparentes, se montrent à l'ambitus postérieur et forment, à droite et à gauche, une courbe dans l'intérieur du fasciole sous-anal. La face supérieure étant mal conservée, les gros tubercules se distinguent à peine; les autres, inégaux, épars, se montrent principalement sur le bord du sillon antérieur; ils remplissent en lignes horizontales la région supramarginale et occupent une grande partie de la face inférieure. Péristome transversal, semicirculaire, excentrique en avant et cependant éloigné du bord, muni de grosses protubérances; deux d'entre elles, beaucoup plus saillantes et d'un aspect tuberculeux, existent au-dessus du péristome. Périprocte subcirculaire, un peu allongé dans le sens du diamètre antéro-postérieur, placé au sommet de la face postérieure. Appareil apical inconnu. Fasciole interne coupant les aires ambulacraires aux trois quarts de leur longueur. Fasciole sous-anal transversalement elliptique, largement développé.

M. Vasseur a recueilli à Bergon le moule intérieur de cette espèce; il présente bien les caractères du type : forme très peu allongée, dilatée, arrondie en avant, tronquée carrément et verticalement en arrière. La face supérieure paraît moins renflée et plus uniformément déprimée. Les protubérances si remarquables que présente le test autour du péristome, sont complètement superficielles et n'ont par conséquent laissé aucune trace sur le moule intérieur.

Hauteur, 28 millimètres; diamètre antéro-postérieur, 48 millimètres; diamètre transversal, 45 millimètres.

Individu de taille plus petite : hauteur, 16 millimètres? diamètre antéro-postérieur, 30 millimètres; diamètre transversal, 27 millimètres.

Rapports et différences. — Bien que cette espèce nous soit imparfaitement connue, nous n'hésitons pas à la séparer du *G. Orbignyi ;* elle s'en distingue d'une manière positive par sa forme moins allongée, moins ovoïde, beaucoup plus large et tronquée plus carrément à la face postérieure, par sa face supérieure plus haute, plus renflée, plus régulièrement déclive en avant et sur les côtés, par son sommet plus excentrique en avant, par ses aires ambulacraires paraissant un peu plus grêles, par ses protubérances du péristome encore plus accentuées.

Localités. — Les Rochettes près Soullan (Vendée); Bergon (Loire-Inférieure). Rare. Éocène moyen.

Collection de la Sorbonne (M. Vasseur).

Explication des figures. — Pl. 27, fig. 1, *G. Heberti*, vu

de côté ; fig. 2, face supérieure ; fig. 3, portion de la face inférieure grossie ; fig. 4, tubercules pris sur la face inférieure, grossis. — Pl. 28, fig. 1, exemplaire de petite taille, vu sur la face postérieure ; fig. 2, face inférieure ; fig. 3, portion de la face inférieure grossie ; fig. 4, région anale grossie ; fig. 5, moule intérieur du *G. Heberti*, vu de côté ; fig. 6, face inférieure.

Résumé géologique sur les Gualtieria.

Les deux espèces qui ont été recueillies dans le terrain éocène de la France, *G. Orbignyi* et *Heberti* proviennent l'une et l'autre de l'éocène moyen.

Deux autres espèces ont été rencontrées en dehors de la France :

Gualtieria ægrota, Dames, 1877, *Die Echiniden der vicent. und veron. Tertiär.*, p. 71, pl. VII, fig. 6, 1877. Espèce de petite taille, allongée, ovoïde, médiocrement renflée, arrondie en avant, un peu rétrécie en arrière. Sommet ambulacraire presque central, légèrement rejeté en avant. Sillon antérieur nul, marqué vers l'ambitus par une dépression à peine sensible. Aires ambulacraires paires partagées, aux deux tiers de leur étendue, par un fasciole circulaire. Tubercules fins, serrés, homogènes à la face supérieure. Cette espèce, bien qu'appartenant certainement au genre *Gualtieria*, diffère essentiellement du *G. Orbignyi* par sa taille plus petite, par sa forme plus ovoïde, par ses aires ambulacraires beaucoup moins flexueuses, par son fasciole plus régulièrement circulaire. San-Giovani. Éocène.

Gualtieria Damesi, Koch, 1885, *Die alttertiären Echi-*

niden Siebenbürgens, p. 49, pl. VII, fig. 2 *a-c* et 3 *a-d*. Espèce de petite taille, subcordiforme, un peu échancrée et rétrécie en avant, subacuminée en arrière, haute, renflée, tout en étant déprimée en dessus. Sommet ambulacraire presque central, un peu rejeté en avant. Sillon antérieur accusé. Aires ambulacraires paires subflexueuses, les aires antérieures un peu plus longues que les postérieures, coupées aux deux tiers par le fasciole interne, qui est régulièrement circulaire. Péristome excentrique en avant, entouré de protubérances, les deux antérieures plus saillantes que les autres. Périprocte petit, arrondi. Cette espèce, par son aspect cordiforme, se distingue nettement des *G. Orbignyi* et *ægrota*. Saint-Laszló. Éocène. Sieb. Mus.; Kgl. ung. geol. Anst..

7e Genre. — ECHINOCARDIUM, Gray, 1825.

Echinocardium, Gray, 1825; Desor, 1858; A. Agassiz, 1872; de Loriol, 1875; Cotteau, 1877; Zittel, 1879; Pomel (pars), 1883.
Amphidetus, L. Agassiz, 1836; Agassiz et Desor, 1857; Pomel (pars), 1883.
— Forbes, 1861.
Echinospatangus, Breynius, 1732; Pomel (pars), 1883.

Test de taille moyenne, renflé, subcordiforme, arrondi et plus ou moins échancré en avant, tronqué et subacuminé en arrière. Sommet ambulacraire subcentral, un peu rejeté en arrière. Sillon antérieur plus ou moins profond. Aire ambulacraire impaire différente des autres, formée tantôt de pores transverses, nombreux, disposés très irrégulièrement deux à deux, et tantôt de pores très petits, rangés par paires écartées. Aires ambulacraires paires assez médiocrement développées, triangulaires, acuminées à leur extrémité, divisées en deux parties par un fasciole interne ; dans l'une de ces parties située en dedans du fasciole, les zones porifères se composent de pores microscopiques, à peine visibles, se prolongeant jusqu'à l'appareil apical. Dans la seconde partie, en dehors du fasciole, elles sont formées de pores arrondis, subvirgulaires, beaucoup plus apparents. Tubercules crénelés, perforés, très variables dans leur taille et leur disposition, tantôt presque nuls à la face supérieure et tantôt asssez nombreux, toujours abondants à la face inférieure. Granulation intermédiaire serrée et homogène. Péristome excentrique en avant, transversal, labié. Périprocte ovale, ouvert au sommet de la face postérieure. Appareil apical petit, muni de quatre pores génitaux; plaque madréporiforme se prolongeant fortement en arrière. Fasciole interne. Fasciole anal et fasciole sous-anal, tantôt unis, tantôt indépendants.

Rapports et différences. — Le genre *Echinocardium* ne saurait être confondu avec aucun autre. Par son fasciole interne il se rapproche des *Gualtieria*, mais il s'en distingue par ses fascioles anal et sous-anal et l'absence de protubérances autour du péristome ; il est également voisin du genre *Breynia* qui, comme lui, est muni d'un fasciole interne et d'un fasciole sous-anal, mais il en diffère par l'absence de fasciole péripétale et la présence d'un fasciole anal. M. Pomel subdivise le genre *Echinocardium* en trois genres : *Echinospatangus*, *Echinocardium* et *Amphidetus*. Ces coupes génériques sont établies d'après la profondeur du sillon antérieur, d'après l'étendue du fasciole interne, la présence de gros tubercules plus ou moins nombreux à la face supérieure, d'après la disposition du fasciole sous-anal, tantôt indépendant et tantôt uni au fasciole anal. Ce sont des différences, excellentes pour la distinction des espèces, mais qui nous paraissent insuffisantes comme caractères génériques. Nous avons sous les yeux un *Echinocardium* nouveau, désigné par M. Gauthier sous le nom de *tuberculatum*, muni d'un sillon très apparent et de gros tubercules nombreux à la face supérieure, tenant le milieu entre les *Echinospatangus* et les *Echinocardium* de M. Pomel.

Assurément le nom *Echinospatangus*, Breynius, remontant à 1732, est plus ancien que celui d'*Echinocardium*, Gray, datant 1825; mais d'Orbigny ayant appliqué depuis longtemps le premier de ces noms à l'une des espèces comprises dans le même type générique par Breynius, il ne peut, suivant nous, recevoir aujourd'hui une autre application.

Le genre *Echinocardium* commence à se montrer à l'époque éocène, où il est extrêmement rare. Un peu plus abondant dans le terrain miocène, il atteint à l'époque actuelle le maximum de son développement; il est surtout très nombreux dans les mers d'Europe.

N° 26. — **Echinocardium subcentrale** (Agassiz), Desor, 1858.

Pl. 29, fig. 1.

Amphidetus subcentralis, Agassiz *in* Agassiz et Desor, *Catal. rais., des Échinides*, p. 118, 1867.

— — D'Archiac, *Descrip. des foss. du groupe numm.*, Mém. Soc. géol. de France, 2e sér., t. III, p. 424, pl. XI, fig. 3, 1848.

Amphidetus subcentralis,	D'Orbigny, *Prod. de paléont. strat.*, t. II, p. 330, 1850.
— —	Pictet, *Traité de paléont.*, 2e éd., t. IV, p. 202, 1857.
Echinocardium subcentrale,	Desor, *Synopsis des Échin. foss.*, p. 408, 1858.
— —	Dujardin et Hupé, *Hist. nat. des Zooph. Échin.*, p. 602, 1862.
— —	Cotteau, *Échin. jurass., crét., éoc. du sud-ouest de la France*, p. 184, Ann. Soc. des sc. nat. de la Rochelle, 1883.
— —	Cotteau, *Échin. du ter. éoc. de Saint-Palais*, Ann. Sc. géol., t. XVI, art. n° 2, p. 30, 1884.
— —	Cotteau, *sur les Échin. du ter. éoc. de Saint-Palais*, Comptes rendus des séances de l'Académie des sc., 1884.

Le seul exemplaire connu de cette espèce a été décrit et figuré par d'Archiac. N'ayant pu nous procurer cet échantillon unique, nous nous bornons à reproduire la figure donnée par l'auteur (*loc. cit.*, pl. XI, fig. 3) et la courte description qui accompagne cette figure : « Le disque supérieur est complètement enveloppé dans la roche ; le disque inférieur, le seul par conséquent qui puisse être décrit, permet de supposer que cet échinide est ovalaire, très déprimé et que sa face inférieure est légèrement convexe. La bouche, subcentrale, plus rapprochée du centre que dans les autres espèces, a les bords brisés ; les aires ambulacraires qui y aboutissent sont formées de séries de pièces irrégulières qui, en se joignant à d'autres dans le voisinage de la bouche, l'entourent ainsi que d'une sorte de plastron. Ces plaques offrent quelques pores allongés, placés irrégulièrement et plus nombreux autour de l'ouverture buccale; elles sont presque lisses dans cette partie, mais vers les bords, des tubercules granuleux paraissent à leur surface; ces derniers, fort nombreux et très régulièrement espacés, sont disposés symétriquement dans les aires interambulacraires.

Hauteur présumée en arrière du sommet, 18 millimètres; diamètre antéro-postérieur, 55 millimètres; diamètre transversal, 43 millimètres.

Rapports et différences. — Cette espèce paraît se distinguer des autres *Echinocardium* fossiles que nous connaissons par sa grande taille, par sa forme allongée, par son péristome rapproché du centre.

Localité. — Saint-Palais (Charente-Inférieure). Très rare. Éocène moyen.

Collection d'Archiac.

Explication des figures. — Pl. 29, fig. 1, *E. subcentrale*, vu sur la face inférieure (figure copiée, d'Arch., *Descr. Échin. du groupe numm.*, pl. XI, fig. 3).

8e Genre. — LEIOPNEUSTES, Cotteau, 1885.

Liopatagus, Pomel (non Mayer), 1868.

Test de taille assez forte, allongé, subcordiforme, ovale, à peine échancré en avant, subacuminé en arrière, très médiocrement renflé en dessus, presque plan en dessous. Sillon antérieur très atténué. Aire ambulacraire impaire distincte des autres, formée de pores très petits, peu apparents. Aires ambulacraires paires longues, linéaires, à fleur de test. Tubercules plus ou moins développés, paraissant identiques sur toutes les aires. Péristome labié, excentrique en avant, éloigné du bord. Périprocte largement ouvert, transverse, situé à l'extrémité de la face postérieure. Fascioles nuls ou très peu distincts.

Rapports et différences. — Les espèces rapportées au genre *Leiopneustes* avaient été placées dans le genre *Brissus* et dans le genre *Macropneustes;* elles s'en distinguent nettement par leurs aires ambulacraires superficielles, par leurs tubercules homogènes et par l'absence présumée de fascioles; aussi est-ce avec raison que M. Pomel a établi pour ces espèces une coupe générique nouvelle. Seulement M. Pomel a donné à ce genre le nom de *Liopatagus*, que nous ne pouvons conserver dans la méthode, ce même nom ayant été employé antérieurement, en 1860, par M. Mayer, de Zurich, pour désigner un genre tout à fait différent (1).

Nous ne connaissons que deux espèces du genre *Leiopneustes*, appartenant l'une et l'autre à l'époque éocène, *L. antiquus* et *L. Fischeri*. La première seule a été rencontrée en France.

N° 27. — **Leiopneustes antiquus** (Agassiz), Cotteau, 1886.

Pl. 29, fig. 2-4.

Brissus antiquus, Agassiz *in* Agassiz et Desor, *Catal. raison. des Échinides*, p. 120. 1847.

— Cotteau, in Leymerie et Cotteau, *Catal. des Échinod. foss. des Pyrénées*, Bull. Soc.

(1) Mayer, *Faunula der Samländes*, *Vierteljahrsschrift der Naturf. Gesellschaft in Zurich*, 1860. — Nöthling, *Ueber das Alter der Samländischen tertiärformation*, *in Zeitschrift der deutschen Geol. Gesellsch*, 1883.

géol. de France, 2e sér., t. XIII, p. 339, 1856.

Brissus antiquus Pictet, *Traité de paléont.*, 2e édit., t. IV, p. 203, 1857.

— Desor, *Synopsis des Échin. foss.*, p. 405, 1858.

— Dujardin et Hupé, *Hist. nat. des Zooph. Échin.*, p. 606, 1862.

— Cotteau, *Échinides foss. des Pyrénées*, p. 140, 1863.

Brissus depressus, Cotteau, *id.*, p. 140, pl. VII, fig. 10, 1863.

Espèce de taille assez grande, allongée, ovale, arrondie et légèrement émarginée en avant, un peu rétrécie en arrière. Face supérieure peu élevée, uniformément bombée. Face inférieure plane. Sommet ambulacraire excentrique en avant. Sommet antérieur nul près du sommet, large et très atténué vers l'ambitus. Aire ambulacraire antérieure droite, formée de pores très petits, non distincts dans nos exemplaires. Aires ambulacraires paires pétaloïdes, à fleur de test, linéaires, ovales à leur extrémité, inégales ; les antérieures sont presque transverses, aiguës à leur partie supérieure ; la zone porifère postérieure est légèrement recourbée. Les aires ambulacraires postérieures sont plus longues, plus droites, plus aiguës, et la zone interporifère est relativement plus étroite. La face supérieure, bien qu'elle soit très fruste et presque à l'état de moule intérieur, présente çà et là les traces de quelques tubercules assez gros, épars sur chacune des aires interambulacraires. Le péristome, le périprocte, l'appareil apical, ne sont pas conservés dans les deux exemplaires que nous avons sous les yeux. A la face inférieure du plus petit, on reconnaît la place du péristome, qui devait être labié et excentrique en avant, bien qu'éloigné du bord. Aucune apparence de fasciole.

Individu de grande taille (*Brissus antiquus*) : hauteur, 19 millimètres ; diamètre antéro-postérieur, 73 millimètres ; diamètre transversal, 70 millimètres ?

Individu de petite taille (*Brissus depressus*) : hauteur, 16 millimètres ; diamètre antéro-postérieur, 45 millimètres ? diamètre transversal, 38 millimètres.

Rapports et différences. — Cette espèce, par sa forme générale ovale et déprimée, par ses aires ambulacraires paires superficielles et allongées, par l'absence de fasciole, nous a paru se distinguer des autres *Spatangidées ;* elle offre quelque ressemblance avec le *Leiopneustes Fischeri* (*Macropneustes*, de Loriol), du terrain nummulitique d'Égypte ; elle en diffère par son sommet plus excentrique en avant, par ses aires ambulacraires plus inégales, plus étroites, plus allongées. Notre *Brissus depressus*, bien qu'il diffère du *L. antiquus* par sa taille beaucoup plus petite, par ses aires ambulacraires paires antérieures plus nettement transverses, nous a paru appartenir à la même espèce.

Localités. — Aurignac près Bagnères de Bigorre (Hautes-Pyrénées) ; Bize (Aude). Très rare. Éocène moyen.

Musée de Bordeaux (Coll. des Moulins), Musée de Toulouse (Coll. Leymerie).

Explication des figures. — Pl. 29, fig. 2, *L. antiquus*, du Musée de Bordeaux, vu de côté ; fig. 3, face supérieure ; fig. 4, individu plus jeune, type du *Brissus depressus*, du Musée de Toulouse, vu sur la face supérieure.

Le genre *Leiopneustes* renferme une seconde espèce, du terrain nummulitique d'Égypte, dont voici la diagnose :

Leiopneustes Fischeri (P. de Loriol), Cotteau, 1886. *Macropneustes Fischeri*, P. de Loriol, *Monog. des Échin. contenus dans les couches numm. de l'Égypte*, p. 74, pl. IX, fig. 10, 1880. — Espèce régulièrement ovale, allongée, arrondie et, un peu échancrée en avant, très déprimée, légèrement renflée en arrière. Sommet subexcentrique en avant. Aires ambulacraires antérieures paires très divergentes, dirigées un peu en avant, à fleur de test, longues, larges, non fermées. Aires ambulacraires postérieures beaucoup plus longues. Zone interporifère plus large que l'une des zones porifères. Tubercules peu développés, inégaux, très clairsemés sur les cinq aires interambulacraires. Périprocte grand, ovale, transverse, tronquant l'extrémité de la face postérieure. Au-dessous du périprocte, une dépression s'étend vers la face inférieure. Çà et là, on distingue des traces du fasciole, qui était très marginal. Environs de Thèbes, Égypte (Delanoue). Rare. Éocène. Muséum de Paris (coll. d'Orbigny).

2e Famille. — BRISSIDÉES, Cotteau.

Spatangoïdes (pars), Agassiz et Desor, 1847 ; Desor, 1856.
Spatangidées (pars), D'Orbigny, 1853 ; Wright, 1853 ; Cotteau,
— 1869 ; P. de Loriol, 1873 ; Zittel, 1880 ; Pomel, 1883.

Pores ambulacraires pétaloïdes. Aires ambulacraires paires circonscrites, situées à la face supérieure dans des dépressions plus ou moins profondes. Tubercules inégaux, scrobiculés, perforés, finement crénelés. Péristome excentrique en avant, le plus souvent labié, dépourvu de mâchoires. Périprocte ovale, s'ouvrant à la face postérieure ; plaque madréporiforme tantôt traversant l'appareil apical et se prolongeant en arrière des plaques génitales et ocellaires, tantôt limité à la région antérieure de l'appareil apical. Fascioles variant suivant les genres et quelquefois faisant défaut. Radioles fins, longs, serrés, crénelés.

Rapports et différences. — La famille des *Brissidées*, que nous avons cru devoir séparer des *Spatangidées*, en diffère par ses aires ambulacraires moins étalées et situées dans des excavations plus ou moins prononcées. La famille des *Echinospatangidées* s'en distingue également facilement par ses aires ambulacraires superficielles et toujours plus ou moins flexueuses.

La famille des *Brissidées* comprend trente-six genres dont voici les caractères opposables.

A. Plaque madréporiforme traversant l'appareil apical et se prolongeant en arrière.
  a. Gros tubercules associés à d'autres tubercules plus petits.
    b. Fasciole péripétale indépendant du fasciole sous-anal.
      c. Fasciole péripétale circonscrivant les gros tubercules de la face supérieure.
        d. Aires ambulacraires paires antérieures arrondies. — Brissospatangus, Cotteau.
        dd. Aires ambulacraires paires antérieures non arrondies.

e. Aires ambulacraires pétaloïdes. — PLESIOSPATANGUS, Pomel.

ee. Aires ambulacraires linéaires. — CIONOBRISSUS, Agassiz.

cc. Fasciole péripétale ne circonscrivant pas les gros tubercules de la face supérieure.

d. Aire interambulacraire postérieure garnie de gros tubercules. — MACROPNEUSTES, Agassiz.

dd. Aire interambulacraire postérieure dépourvue de gros tubercules. — TROSCHELIA, Duncan et Sladen.

bb. Fasciole péripétale relié au fasciole sous-anal. — KLEINIA, Gray.

aa. Tubercules inégaux, mais homogènes dans les diverses régions et sans mélange de gros et de petits tubercules.

b. Fasciole péripétale; fasciole sous-anal fermé, avec branches remontant de chaque côté du périprocte.

c. Aire ambulacraire antérieure dépourvue de sillon. — RHINOBRISSUS, A. Agassiz.

cc. Aire ambulacraire antérieure placée dans un sillon profond. — METALIA, Gray.

bb. Fasciole péripétale; fasciole sous-anal en simple écusson.

c. Aires ambulacraires antérieures très divergentes; sommet apical excentrique en avant. — BRISSUS, Klein.

cc. Aires ambulacraires non divergentes, se rapprochant en forme de croissant.

d. Aires ambulacraires paires antérieures et postérieures se rapprochant à la hauteur de l'appareil apical. — BRISSOPSIS, Agassiz.

dd. Aires ambulacraires paires se rapprochant en arrière de l'appareil apical. — VERBEEKIA, Fritsch.

bbb. Fasciole péripétale avec fasciole sous-anal ouvert en croissant.

c. Appareil apical excentrique en avant; fasciole péripétale non dédoublé dans la région antérieure. — MEOMA, Gray.

cc. Appareil apical subcentral; fasciole péripétale dédoublé dans la région antérieure. — FAORINA, Gray.

bbbb. Fasciole péripétale uni à un fasciole latéro-sous-anal ou marginal.

c. Fasciole péripétale uni à un fasciole latéro-sous-anal.

d. Fasciole latéro-sous-anal prenant naissance derrière les aires ambulacraires antérieures.

e. Quatre pores génitaux; sommet apical excentrique en avant. — LINTHIA, Mérian.

ee. Trois pores génitaux; sommet apical central. — TRIPYLUS, Gray.

eee. Deux, trois ou quatre pores génitaux; sommet apical excentrique en arrière. — SCHIZASTER, Agassiz.

dd. Fasciole latéro-sous-anal

prenant naissance au milieu des pétales antérieurs. MŒRA, Michelin.

cc. Fasciole péripétale uni à un fasciole marginal.

d. Zone porifère antérieure des aires ambulacraires antérieures atrophiée.

e. Pas de sillon antérieur. AGASSIZIA, Agassiz.

ee. Sillon antérieur bien prononcé. PARASTER, Pomel.

dd. Zone porifère antérieure des aires ambulacraires paires non atrophiée.

e. Pas de sillon antérieur. PRENASTER, Desor.

ee. Sillon antérieur. PERIBRISSUS, Pomel.

bbbbb. Fasciole péripétale sans autres fascioles.

c. Quatre pores génitaux. TRACHIASTER, Pomel.

cc. Deux ou trois pores génitaux. ABATUS, Loven.

ccc. Deux pores génitaux.

d. Péristome labié.

e. Sommet excentrique en

arrière ; sillon abrupte. OPISASTER, Pomel.

ee. Sommet subcentral ; sillon atténué. DITREMASTER, Munier-Chalmas.

d. Péristome pentagonal. PALÆOSTOMA, Loven.

bbbbbb. Fasciole péripétale et fasciole marginal indépendants l'un de l'autre. PERICOSMUS. Agassiz.

B. Plaque madréporiforme limitée à la région antérieure de l'appareil apical, ne traversant pas les deux plaques ocellaires postérieures.

a. Fascioles.

b. Fasciole péripétale et fasciole latéro-sous-anal. PERIASTER, d'Orbigny.

bb. Fasciole péripétale sans autre fasciole. HEMIASTER, Desor.

bbb. Fasciole sous-anal sans autre fasciole. MICRASTER, Agassiz.

bbbb. Fasciole péripétale et fasciole sous-anal.

c. Trois pores génitaux; absence de sillon antérieur. CYCLASTER, Cotteau.

cc. Quatre pores génitaux; sillon antérieur. PLESIASTER, Pomel.

aa. Pas de fascioles.

b. Trois pores génitaux ; pas de sillon antérieur.

c. Aire ambulacraire antérieure pétaliforme comme les autres. ISOPNEUSTES, Pomel.

cc. Aire ambulacraire antérieure simple. ISASTER, Desor.

bb. Quatre pores génitaux.

c. Aire ambulacraire antérieure pétaloïde comme les autres. HYPSASTER, Pomel.

cc. Aire ambulacraire antérieure simple. EPIASTER, d'Orbigny.

La famille des *Brissidées* n'existait pas à l'époque jurassique ; elle est représentée à l'époque crétacée par quelques genres qui ont cela de remarquable, que la plaque madréporiforme ne traverse jamais les plaques ocellaires postérieures, pour se prolonger au delà de l'appareil. Dans le terrain tertiaire, les *Brissidées* sont beaucoup plus abondants ; à l'époque actuelle ils existent dans la plupart de nos mers.

1er Genre. — BRISSOSPATANGUS, Cotteau, 1863.

Brissospatangus, Cotteau, 1863; Dames, 1877; Böhm, 1882; Pomel, 1883.

Test de taille moyenne, ovale, médiocrement renflé en dessus, presque plan en dessous, saillant et subcaréné dans la région postérieure. Sommet ambulacraire excentrique en avant. Sillon antérieur presque nul aux approches du sommet, assez profond vers l'ambitus. Aires ambulacraires paires antérieures courtes, très écartées, transverses, arrondies, situées dans une dépression large, subcirculaire, atténuée en avant. Aires ambulacraires postérieures droites, plus allongées, arquées, formant entre elles un angle aigu. Tubercules inégaux, les uns gros, scrobiculés, limités à la face supréieure par un fasciole péripétale, les autres petits, fins, serrés, homogènes. Péristome excentrique en avant, semicirculaire. Périprocte elliptique, s'ouvrant à la face postérieure. Fasciole péripétale. Fasciole sous-anal à peine distinct (1).

Rapports et différences. — Le genre *Brissospatangus* ne saurait être réuni aux *Euspatangus*, dont il se distingue d'une manière certaine par ses aires ambulacraires déprimées. Ses gros tubercules limités à la face supérieure

(1) Les gros tubercules de la face supérieure et le fasciole péripétale ne sont pas visibles dans l'exemplaire unique et un peu usé, recueilli à Biarritz, qui a servi de type au genre. M. Dames les a figurés dans un exemplaire beaucoup mieux conservé, provenant des environs de Vérone, désigné sous le nom d'*Euspatangus* (*Brissospatangus*), *Beyrichi*.

par un fasciole péripétale, ses aires ambulacraires antérieures, arrondies et placées dans une large dépression des aires interambulacraires paires antérieures, s'opposent à à ce qu'on le réunisse aux *Brissus*. C'est un genre bien distinct et que tous les auteurs ont adopté.

Le genre *Brissospatangus* est spécial au terrain éocène, et n'est représenté en France que par une seule espèce.

N° 28. — **Brissospatangus Caumonti**, Cotteau, 1863.

Pl. 30.

Brissospatangus Caumonti, Cotteau, *Échin. foss. des Pyrénées*, p. 144, pl. VIII, fig. 3-7, 1863.
— Pellat, *Note sur les falaises de Biarritz*, Bull. Soc. géol. de France, 2e sér., t. XX, p. 678, 1863.
— Jacquot, *Descript. géol. des falaises de Biarritz, Bidart*, etc., p. 40. Actes de la Soc. linnéenne de Bordeaux, t. XXV, 1864.

Espèce de taille moyenne, allongée, ovale, arrondie et un peu étroite en avant, subacuminée en arrière. Face supérieure médiocrement renflée, épaisse sur les bords, déprimée en dessus. Face inférieure presque plane, présentant dans la région postérieure un renflement subcaréné qui s'atténue aux approches du péristome. Sommet ambulacraire excentrique en avant. Sillon antérieur nul près du sommet, étroit et profond vers l'ambitus, disparaissant à la face inférieure. Aire ambulacraire impaire formée de pores très petits, paraissant très étroite près du sommet, s'élargissant un peu et logée dans le sillon antérieur. Aires ambulacraires paires pétaloïdes, inégales et de structure toute différente ; aires antérieures courtes, très divergentes, arrondies en arrière, légèrement concaves en avant, situées dans une dépression ovalaire qui se prolonge, en s'atténuant, sur les aires interambulacraires antérieures ; les zones porifères formées de pores ovales, espacés, peu nombreux, sont plus larges que l'intervalle qui les sépare, inégales, et les antérieures sensiblement plus étroites que les autres. Aires ambulacraires paires postérieures droites, peu excavées, rapprochées l'une de l'autre, formant un angle très aigu. Zones porifères composées, comme les autres, de pores espacés et peu nombreux, égales, plus larges que la zone interporifère. Péristome assez grand, semi-circulaire, labié, excentrique en avant. Périprocte petit, elliptique, s'ouvrant au sommet de la face postérieure. Le test étant en grande partie usé par le frottement, les tubercules et les fascioles ne sont pas visibles.

Hauteur, 20 millimètres ; diamètre antéro-postérieur, 40 millimètres ; diamètre transversal, 34 millimètres.

Rapports et différences. — Voisine du *B. javanicus*, cette espèce s'en distingue par sa taille beaucoup moins forte, par son sillon antérieur plus étroit et nul vers le sommet, par ses aires ambulacraires moins larges, plus arrondies en arrière, plus concaves en avant, par ses aires ambulacraires postérieures plus allongées, plus étroites et formant entre elles un angle plus aigu.

Localité. — Biarritz (la Gourèpe) (Basses-Pyrénées). Très rare. Éocène supérieur. Ma collection.

Explication des figures. — Pl. 30, fig. 1, *B. Caumonti*, vu de côté ; fig. 2, face supérieure ; fig. 3, face inférieure ; fig. 4, partie supérieure du test grossie.

Nous connaissons, en dehors de la France, quatre espèces de *Brissospatangus* dont voici les diagnoses :

Brissospatangus javanicus (Herklots), Cotteau, 1863. — *Spatangus*, Herklots, *fossiles de Java*, *Échinod.* p. 13, pl. III, fig, 2, 1854. — *Brissospatangus javanicus*, Cotteau. *Échin. des Pyrénées*, p. 145, 1863. — Espèce de taille moyenne, peu élevée, déprimée, élargie au milieu. Aire ambulacraire impaire logée dans un sillon profond. Aires ambulacraires paires antérieures presque transverses, recourbées en avant, placées dans une dépression subcirculaire qui se prolonge en s'atténuant sur les aires interambulacraires antérieures. Aires ambulacraires postérieures écartées. La face inférieure est marquée en arrière d'une carène saillante et obtuse. — Tjidamar (Java). Rare. Éocène.

Brissospatangus sundaicus, Böhm, 1882, *Tertiäre foss. von der Insel Madura*, p. 9, pl. II, fig. 2, 1882. — Espèce de taille assez forte, subcordiforme, arrondie et un peu émarginée en avant, subacuminée en arrière, assez élevée, déprimée en dessus, presque plane en dessous. Sommet ambulacraire excentrique en avant. Sillon antérieur apparent à partir du sommet, s'élargissant et entamant fortement l'ambitus. Aires ambulacraires pétaloïdes, larges, médiocrement développées, presque égales, ouvertes à leur extrémité, situées dans des dépressions ovalaires, les aires antérieures presque transverses, les autres plus arquées. Zones porifères moins larges que l'intervalle qui les sépare. Quelques tubercules, un peu plus gros que les autres, se montrent au sommet des aires interambulacraires. Péristome labié, semicirculaire, excentrique en avant. — Sepocloc (Madura). Éocène.

Brissospatangus Beyrichi, Dames, 1877. — *Euspa-*

tangus (*Brissospatangus*) *Beyrichi*, Dames, *die Echiniden der vicent. und veron. Tertiäer*, p. 82, pl. XI, fig. 2, 1877. Espèce de taille assez forte, allongée, arrondie et émarginée en avant, plus étroite et tronquée en arrière, bombée en dessus, subcarénée dans la région postérieure, presque plane en dessous. Sommet ambulacraire excentrique en avant. Aires ambulacraires paires pétaloïdes, étroites, inégales, les antérieures arrondies en arrière, concaves en avant, très divergentes, situées dans des dépressions interambulacraires bien prononcées. Aires postérieures plus droites, plus arquées ; zones interporifères très peu développées. Gros tubercules occupant, à la face supérieure, les quatre aires interambulacraires antérieures, parfaitement limités par le fasciole péripétale ; les autres tubercules sont petits, fins, serrés, homogènes. — Senago près Vérone. Éocène.

Brissospatangus sindensis, Duncan et Sladen, 1883. *Monog. of the fossils Echinoidea of Sind*, p. 222, pl. XXXVIII, fig. 19-21, 1884. — Espèce de moyenne taille, allongée, un peu émarginée en avant, subacuminée en arrière, uniformément bombée en dessus, renflée en dessous dans l'aire interambulacraire postérieure. Sommet ambulacraire excentrique en avant. Sillon très atténué, émarginant à peine l'ambitus. Aires ambulacraires paires antérieures arrondies, comme dans toutes les espèces du genre, presque tranverses, s'ouvrant dans une dépression assez apparente. Aires ambulacraires postérieures plus allongées, beaucoup plus arquées, situées également dans une dépression. Zone interporifère très étroite. Gros tubercules apparents à la partie supérieure des aires interambulacraires antérieures. Péristome excentrique en avant, bilabié. Périprocte assez étendu, elliptique dans le sens du diamètre vertical. — Baili, à l'ouest de Tong. Très rare. Éocène. *Geological Survey of India.*

2e genre. — MACROPNEUSTES, Agassiz, 1847.

Spatangus (pars),	Leske, 1778.
Micraster (pars),	Agassiz, 1860.
Macropneustes (pars),	Agassiz, 1847; Desor, 1878; Cotteau, 1863; de Loriol, 1875; Dames, 1877; Zittel, 1879; Bittner, 1880.
Euspatangus (pars),	Agassiz, 1847; Cotteau 1856.
Peripneustes,	Cotteau, 1875; de Loriol, 1875; Dames, 1879; Bittner, 1880.
Macropneustes,	Pomel, 1883.

Test de grande et de petite taille, allongé, subcordiforme, renflé, plus ou moins échancré en avant, subacuminé en arrière, pulviné en dessous. Sommet ambulacraire subcentral ou excentrique en avant. Sillon antérieur plus ou moins accusé. Aires ambulacraires paires pétaloïdes, allongées, linéaires, ouvertes à leur extrémité, plus ou moins profondément excavées, mais toujours situées dans une dépression. Tubercules très inégaux, épars; les plus gros, crénelés et perforés, se montrent à la face supérieure, sans être limités en avant par le fasciole péripétale. Péristome très excentrique en avant, à lèvre inférieure saillante. Périprocte elliptique, ouvert au sommet de la face postérieure. Appareil apical peu étendu, compact, muni de quatres pores génitaux très rapprochés; la plaque madréporiforme occupe le milieu et se prolonge en arrière. Fasciole péripétale placé plus ou moins bas, souvent peu distinct, ne limitant pas partout les gros tubercules de la face supérieure. Fasciole sous-anal.

Rapports et différences. — Nous adoptons le genre *Macropneustes*, tel qu'il a été récemment circonscrit par M. Pomel, en en séparant, sous le nom d'*Hypsospatangus*, les espèces à aires ambulacraires superficielles. Ainsi délimité, le genre *Macropneustes* constitue un type très naturel, parfaitement caractérisé par ses aires ambulacraires déprimées, par ses gros tubercules épars à la face supérieure et non limités en avant par le fasciole péripétale Nous avons indiqué précédemment les motifs qui nous ont engagé à renoncer au genre *Peripneustes*, et à réunir aux véritables *Macropneustes* les espèces qui faisaient partie de ce genre (voy. p. 93). Le genre *Deakia*, Pavey, nous paraît, comme à M. Pomel, faire double emploi avec les *Macropneustes*; la profondeur de son sillon antérieur, ses aires ambulacraires paires fortement creusées, ne sont pas des caractères suffisants pour séparer les deux types.

Le genre *Macropneustes*, spécial au terrain tertiaire, renferme des espèces éocènes et miocènes; c'est à l'époque éocène qu'il acquiert le maximum de son développement.

N° 29. — **Macropneustes Deshayesi** Agassiz, 1847.

Pl. 31, 32 et 33.

Micraster Deshayesi,	Agassiz, *Catal. syst. Ectyp. foss. Echinod. Musci neoc.*, p. 2, 1840.
Micraster major,	Agassiz, *id.* p. 2, 1840.
Macropneustes Deshayesi,	Agassiz et Desor, *Catal. rais. des Échin.*, p. 114, pl. XVI, fig. 2, 1847.
—	Graves, *Essai sur la topog. géogn. du départ de l'Oise*, p. 685, 1847.

Micraster Deshayesi,	Bronn, *Index paleont.*, p. 724, 1848.
Micraster major,	Bronn, *id.*, p. 724, 1848.
Macropneustes subovatus,	Sorignet, *Oursins foss. de deux arrond. du dép. de l'Eure*, p. 491, 1850.
Macropneustes Deshayesi,	D'Orbigny, *Prod. de paléont. strat.*, t. II, p. 398, 1850.
—	Desor, *Notice sur les Échin. du terrain numm. des Alpes*, Archives des sc. nat. de la Bibl. univers. de Genève, p. 143, 1853.
—	Desor, *Échin. numm. des Alpes*, Act. soc. helvét. des sc. nat., 33me session, Porrentruy, p. 272, 1853.
—	Desor, *Synopsis des Échin. foss.*,
—	p. 410, pl. XLIV, fig. 2 et 3, 1858.
Macropneustes subovatus,	Desor, *id.*, p. 410, 1858.
Macropneustes Deshayesi,	Dujardin et Hupé, *Hist. nat. des Zooph. Échinod.*, p. 607, 1862.
Macropneustes subovatus,	Dujardin et Hupé, *id.*, p. 607, 1862.
—	Ooster, *Synopsis des Échin. des Alpes suisses*, p. 114, pl. XXIX, fig. 1-2, 1865.
—	De Loriol, *Descript. des Échin. tertiaires de la Suisse*, p. 124, p. XXI, fig. 1, 1875.

P. 92; M. 92.

Espèce de grande taille, arrondie et émarginée en avant, dilatée au milieu, rétrécie et subtronquée en arrière. Face supérieure renflée, uniformément bombée, un peu déclive en avant et sur les côtés. Face inférieure presque plane, déprimée au-dessus du péristome, légèrement renflée en arrière. Sommet ambulacraire excentrique en avant, sans que cependant cette excentricité soit très prononcée. Sillon antérieur presque nul près du sommet, évasé, atténué, entamant cependant profondément l'ambitus et se prolongeant jusqu'au péristome. Aires ambulacraires paires pétaloïdes, bien développées, largement mais peu profondément excavées, ouvertes à leur extrémité, inégales, les antérieures très divergentes, les postérieures un peu plus longues que les autres, plus arquées, situées comme elles dans des excavations larges et peu profondes. Zones porifères un peu plus étendues que l'intervalle qui les sépare. Gros tubercules crénelés, perforés, scrobiculés, inégaux, épars, abondants, couvrant à peu près toute la face supérieure, non limités par le fasciole péripétale, surtout dans la région antérieure. Petits tubercules nombreux, homogènes, augmentant de volume à la face inférieure, aux approches du péristome et sur le plastron interambulacraire. Les aires ambulacraires postérieures de la face inférieure forment deux bandes, lisses en apparence, mais recouvertes de petits granules atténués. Péristome excentrique en avant, un peu déprimé, fortement labié. Périprocte elliptique, acuminé à son extrémité supérieure, placée au sommet de la face postérieure. Appareil apical muni de quatre pores génitaux, les deux antérieurs plus rapprochés que les deux autres ; la plaque madréporiforme traverse l'appareil et se prolonge au delà des deux plaques ocellaires postérieures. Fasciole péripétale à peine sinueux. Fasciole sous-anal peu distinct dans les exemplaires que nous avons sous les yeux.

Nous réunisons au *M. Deshayesi*, une espèce de grande taille décrite par l'abbé Sorignet, sous le nom de *M. subovatus*. D'après l'auteur, cette espèce, représentée par un seul exemplaire très incomplet, offre, dans sa taille très forte, dans la disposition de ses aires ambulacraires pétaloïdes, larges, très longues, descendant presque jusqu'à l'ambitus, et placées dans des sillons très évasés, dans le nombre et l'arrangement de ses gros tubercules, beaucoup de ressemblance avec le *M. Deshayesi*. L'exemplaire qui a servi de type au *M. subovatus*, Sorignet, n'a pu être retrouvé, mais les deux espèces nous paraissent identiques, et nous n'hésitons pas à les réunir.

Un de nos échantillons, faisant partie de la collection de la Sorbonne, présente la face inférieure couverte de radioles; ils sont fins, grêles, allongés, aciculés et munis, comme tous les radioles des *Spatangidées*, d'un gros bouton.

Hauteur, 38 millimètres; diamètre antéro-postérieur, 79 millimètres; diamètre transversal, 71 millimètres.

Individu de taille moins forte : hauteur, 31 millimètres; diamètre antéro-postérieur, 69 millimètres; diamètre transversal, 63 millimètres.

Rapports et différences. — Cette espèce est bien caractérisée par sa grande taille, par sa forme oblongue, étroite, arrondie, émarginée en avant, dilatée au milieu, rétrécie en arrière, par sa face supérieure bombée, marquée de dépressions larges et peu profondes, correspondant aux aires ambulacraires, par ses tubercules abondants et descendant très bas, par son péristome fortement labié. Sa forme et quelques-uns de ses caractères rapprochent cette espèce du *M. pulvinatus* que nous décrivons plus loin; elle en diffère d'une manière positive par la structure de ses aires ambulacraires plus larges, plus étalées, tandis que, chez le *M. pulvinatus*, elles sont étroites, linéaires et encore plus longues.

Localités. — Vivray, Saint-Gervais, Grignon, Chaumont (Seine-et-Oise). Très rare. Eocène moyen.

École des mines de Paris (Coll. Michelin); collection de M. Hébert.

Localités autres que la France. — Trittfluh près Einsiedeln, Yberg, Steinbach près Gross (Schwytz). Éocène.

Explication des figures. — Pl. 31, fig. 1, *M. Deshayesi*, vu de côté ; fig. 2, face supérieure. — Pl. 32, fig. 1, le même, vu sur la face inférieure ; fig. 2, autre exemplaire muni de ses radioles, de la collection de M. Hébert, vu sur la face inférieure ; fig. 3, groupes de radioles grossis ; fig. 4, radiole plus fortement grossi. — Pl. 33, fig. 1, type du moule en plâtre, M. 92, de la collection de l'École des mines, vu de côté ; fig. 2, face postérieure ; fig. 3, face supérieure ; fig. 4, plaques interambulacraires grossies.

N° 30. — **Macropneustes minor** (Agassiz), Desor, 1858.

Pl. 34 et 35.

Euspatangus minor,	Agassiz et Desor, *Catal. rais. des Échinides*, p. 116, 1847.
— —	Sorignet, *Liste des Échin. du départ. de l'Eure*, Bull. de la Soc. géol. de France, 2e sér., t. VI, p. 445, 1849.
— —	D'Orbigny, *Prod. de paléont. strat.*, t. II, p. 398, 1850.
— —	Sorignet, *Oursins foss. de deux arrondissements du départ. de l'Eure*, p. 50, 1850.
— —	Pictet, *Traité de paléont.*, t. IV, p. 201, 1857.
Macropneustes minor,	Desor, *Synopsis des Échin. foss.*, p. 412, 1858.
— —	Goubert, *Quelques mots sur l'étage éocène moyen dans le bassin de Paris*, Bull. Soc. géol. de France, 2e sér., t. XVII, p. 147, 1859.
— —	Dujardin et Hupé, *Hist. nat. des Zooph. Échinod.*, p. 607, 1862.

R. 74.

Espèce de petite taille, oblongue, arrondie et émarginée en avant, un peu rétrécie et tronquée verticalement en arrière. Face supérieure haute, renflée, subgibbeuse en avant, déclive et légèrement carénée dans la région postérieure, arrondie sur les bords. Face inférieure presque plane, un peu renflée et subnoduleuse à l'extrémité postérieure de l'aire interambulacraire impaire. Sommet ambulacraire très excentrique en avant. Sillon antérieur atténué et presque nul près du sommet, large, plus apparent en descendant vers l'ambitus qu'il entame sensiblement, renflé et vaguement noduleux sur les bords. Aire ambulacraire impaire formée de pores très petits, à peine distincts, disposés par paires obliques et d'autant plus espacées qu'elles s'éloignent du sommet. Le milieu de l'aire ambulacraire impaire est finement granuleux et dépourvu de gros tubercules. Aires ambulacraires paires médiocrement excavées, pétaloïdes, fermées, rétrécies à leur extrémité et plutôt en forme de feuille que linéaires, inégales, les antérieures presque transverses, les postérieures plus rapprochées et un peu plus longues que les autres. Zones porifères assez larges, composées de pores oblongs, transverses, unis par un sillon, chaque paire séparée par une petite bande de test granuleuse. Zone interporifère très étroite, presque nulle. Dans les aires ambulacraires antérieures, la zone porifère antérieure est un peu moins développée que l'autre, sans que cependant la différence soit bien sensible. Gros tubercules crénelés, perforés, scrobiculés, peu abondants, inégaux, épars à la partie supérieure des aires interambulacraires, non limités par le fasciole péripétale, plus nombreux dans la région antérieure. Petits tubercules fins, très serrés, homogènes à la face supérieure, plus espacés en dessous, augmentant de volume en se rapprochant du péristome et sur le plastron de l'aire interambulacraire postérieure. A la face inférieure, les abords du péristome et les aires ambulacraires postérieures sont lisses en apparence, mais en réalité couverts de petits granules atténués et scrobiculés. Péristome excentrique en avant, à fleur de test, semicirculaire, à peine labié. Périprocte subcirculaire, aigu à sa partie supérieure, s'ouvrant au sommet de la face postérieure. Appareil apical peu développé, compact, muni de quatre pores génitaux largement ouverts, les deux antérieurs plus rapprochés que les autres ; la plaque madréporiforme, très étroite, traverse l'appareil et se prolonge en arrière. Fasciole péripétale sinueux, limitant imparfaitement les gros turbercules de la face supérieure, surtout dans la région antérieure. Fasciole sous-anal plus large que le fasciole péripétale, entourant l'écusson anal.

Hauteur, 13 millimètres ; diamètre antéro-postérieur, 26 millimètres ; diamètre transversal, 23 millimètres.

Individu de taille plus forte : hauteur, 16 millimètres ; diamètre antéro-postérieur, 33 millimètres ; diamètre transversal, 30 millimètres.

Rapports et différences. — Cette espèce, placée dans l'origine parmi les *Euspatangus* et réunie depuis avec raison, par Desor, aux *Macropneustes*, ne saurait être confondue avec aucune autre. Elle sera toujours facilement reconnaissable à sa petite taille, à sa forme oblongue, un peu gibbeuse en avant, fortement tronquée en arrière, à son sommet excentrique, à ses aires ambulacraires légèrement creusées en forme de feuille allongée, à ses zones porifères que sépare une zone interporifère presque nulle, à ses petits tubercules de la face supérieure nombreux et pressés les uns contre les autres, à son péristome à fleur de test.

Localités. — Ecos (Eure); Tancrou (Seine et Marne); Montagne de Paris près Soissons (Aisne); Creil (Oise). Rare. Éocène moyen.

École des mines de Paris (coll. Michelin), coll. de la Sorbonne, Muséum de Paris (coll. d'Orbigny), Institut catholique (abbé Sorignet), coll. Pellat, ma collection.

Explication des figures. — Pl. 34, fig. 1, *M. minor*, du calcaire grossier d'Ecos, de ma collection, vu de côté; fig. 2, face supérieure; fig. 3, face inférieure; fig. 4, région antérieure; fig. 5, région anale; fig. 6, face supérieure grossie, fig. 7, plaques ambulacraires grossies. — Pl. 35, fig. 1, autre individu de grande taille, de la collection de l'Institut catholique de Paris, vu de côté; fig. 2, face supérieure; fig. 3, autre exemplaire de petite taille, de la même collection, vu sur la face supérieure; fig. 4, face inférieure; fig. 5, péristome et portion de la face inférieure grossis, pris sur l'exemplaire de ma collection figuré pl. 34.

N° 31. — **Macropneustes brissoides** (Leske), Desor, 1857.

Pl. 36, 37 et 38.

Spatangus brissoides,	Leske, Klein, *Natur. dispos. Echinod.*, p. 251, n° 86, pl. XXVII, fig. B, 1778.
Spatangus.	Encyclopédie méthod., pl. CLIX, fig. 4, 1791.
Spatangus brissoides,	Grateloup, *Mém. de géo-zool. sur les Oursins foss.*, p. 69, pl. I, fig. 2, 1836.
— —	Des Moulins, *Études sur les Échinides*, p. 392, 1837.

Spatangus brissoides,	Lamarck, *Animaux sans vertèbres*, 2e édit., t. III, p. 329, 1840.
Euspatangus brissoides,	Agassiz et Desor, *Catal. rais. des Échin.*, p. 116, 1847.
Spatangus brissoides,	Bronn, *Index paléontol.*, p. 1158, 1848.
Euspatangus brissoides,	D'Archiac, *Descript. des foss. du groupe numm.*, Mém. Soc. géol. de France, 2e série, t. III, p. 426, 1850.
— —	D'Orbigny, *Prod. de paléont. strat.*, t. II, p. 330, 1850.
— —	Leymerie et Cotteau, *Catal. des Échin. des Pyrénées*, Bull. Soc. géol. de France, 2e sér., t. XII, p. 338, 1856.
— —	Pictet, *Traité de paléont.*, 2e édit., t. IV, p. 201, 1857.
Macropneustes brissoides,	Desor, *Synopsis des Échin. foss.*, p. 410, 1858.
— —	Dujardin et Hupé, *Hist. nat. des Zooph. Échinod.*, p. 607, 1862.
— —	Cotteau, *Échin. foss. des Pyrénées*, p. 141, 1863.
— —	Laube, *Échinod. des vicentinischen tertiärgebietes*, p. 33, 1873.
— —	Comte de Bouillé, *Paléont. de Biarritz et de quelques autres localités des Basses-Pyrénées*, p. 21, 1873.
— —	Comte de Bouillé, *Paléont. de Biarritz*, p. 67, Soc. de sc., lettres et arts de Pau, 1875-1876.
Peripneustes brissoides,	Dames, *Die Echiniden der vicentinischen und veronesischen tertiärablagerungen*, p. 73, 1877.
— —	Bittner, *Beiträge zur Kenntniss alttertiärer Echiniden südalpen*, p. 27 et 64, 1880.
Macropneustes brissoides,	Pomel, *Class. méthod. et genera des Échin. vivants et foss.*, p. 32, 1883.

T. 97.

Espèce de grande taille, allongée, ovale, subcylindrique, émarginée en avant, verticalement tronquée en arrière. Face supérieure haute, renflée, plus ou moins saillante en arrière, très arrondie sur les bords. Face inférieure régulièrement bombée, subpulvinée, un peu déprimée en avant du péristome. Sommet ambulacraire très excentrique en avant. Sillon antérieur large, atténué à la face supérieure, entamant profondément l'ambitus et se prolongeant jusqu'au péristome. Aire ambulacraire impaire formée de pores simples, petits, disposés par paires très obliques, s'espaçant au fur et à mesure qu'elles s'éloignent du sommet, logées dans des fossettes subcirculaires et peu apparentes. L'aire ambulacraire est finement granuleuse et présente çà et là quelques petits tubercules crénelés et perforés. Aires ambulacraires paires pétaloïdes, médiocrement excavées, linéaires, étroites, allongées, inégales, les antérieures fortement divergentes, presque horizontales, les postérieures plus allongées et beaucoup plus rapprochées, les unes et les autres ouvertes à leur extrémité. Zones porifères plus larges que l'intervalle qui les divise, composées de pores oblongs, virgulaires, transverses, égaux, unis par un sillon et séparés par une bande finement granuleuse ; dans chacune des aires les zones porifères sont de même dimension. Tubercules de deux natures : les plus gros, crénelés, perforés, entourés d'un scrobicule peu profond, inégaux, épars, relativement peu nombreux, occupent surtout la partie supérieure des aires interambulacraires, et sont limités par un fasciole péripétale. Quelques-uns, cependant, notamment dans la région antérieure, se montrent au-delà du fasciole. Petits tubercules très abondants, le plus souvent homogènes, augmentant sensiblement de volume à la face inférieure, dans la région inframarginale et sur le plastron formé par l'aire interambulacraire postérieure. Granules fins et délicats, se groupant autour des tubercules et remplissant l'espace intermédiaire. Péristome excentrique en avant, labié, semicirculaire ; autour du péristome, les pores, très petits et disposés par paires espacées, s'ouvrent dans des dépressions entourées d'un léger renflement. Périprocte très grand, elliptique dans le sens du diamètre antéro-postérieur, acuminé à ses deux extrémités, placé au sommet de la face postérieure. Appareil apical compact, étroit, granuleux, muni de quatre pores génitaux rapprochés et largement ouverts ; la plaque madréporiforme, très resserrée, traverse l'appareil et se prolonge en arrière ; plaques ocellaires petites. perforées, se groupant autour de l'appareil. Fasciole péripétale flexueux, passant près de l'extrémité des aires ambulacraires, descendant beaucoup plus bas dans la région antérieure, limitant presque partout les gros tubercules de la face supérieure. Fasciole sous-anal bien développé, entourant l'écusson anal.

Type de l'espèce : hauteur, 45 millimètres ; diamètre antéro-postérieur, 70 millimètres ; diamètre transversal, 60 millimètres.

Individu de taille plus forte : hauteur, 48 millimètres ; diamètre antéro-postérieur, 73 millimètres ; diamètre transversal, 65 millimètres.

Exemplaire de Biarritz : hauteur, 55 millimètres ; diamètre antéro-postérieur, 85 millimètres ; diamètre transversal, 75 millimètres.

Nous rapportons au *M. brissoides* quelques exemplaires recueillis à Biarritz, et entre autres un échantillon de très grande taille faisant partie de la collection du comte de

Bouillé ; il diffère un peu du type par ses aires ambulacraires plus allongées, mais il ne saurait être rapporté au *M. pulvinatus*, assez commun à Biarritz, dont la forme est tout autre et les aires ambulacraires encore plus allongées ; les différences avec le *M. brissoides* ne nous ont pas paru suffisantes pour faire, de cet exemplaire de grande taille, une espèce particulière.

Rapports et différences. — Le *M. brissoides*, placé longtemps parmi les *Euspatangus*, a été avec raison réuni aux *Macropneustes ;* il se distingue nettement de ses congénères par sa forme épaisse, renflée, subcylindrique, ses gros tubercules interambulacraires peu nombreux, très inégaux et paraissant en grande partie limités par le fasciole péripétale, par son périprocte très développé, fortement acuminé à ses deux extrémités. L'espèce est assurément voisine du *M. pulvinatus*, mais elle en diffère par sa forme plus cylindrique, par ses aires ambulacraires moins longues et un peu plus larges, par ses tubercules interambulacraires moins nombreux. L'exemplaire que nous avons décrit et fait figurer est celui-là même qui a servi de type à l'espèce; il faisait partie de la collection Des Moulins et appartient aujourd'hui au Musée de Bordeaux.

Localités. — Montfort, Baigt (Landes). Biarritz (la Gourèpe) (Basses-Pyrénées). Rare. Éocène supérieur.

Muséum de Bordeaux, collection Hébert, Pellat, comte de Bouillé, ma collection.

Localités autres que la France. — Saint-Giovnani Ilarione, Malo, Val Lione, Zovencedo, Castione (province de Vicence). Masua près Negrar (province de Vérone).

Explication des figures. — Pl. 36, fig. 1, *M. brissoides*, type de l'espèce, du Muséum de Bordeaux (coll. Des Moulins), vu de côté ; fig. 2, face supérieure: fig. 3, appareil apical grossi; fig 4, fasciole et tubercules grossis, pris dans la région antérieure. — Pl. 37, fig. 1, le même, vu sur la face inférieure; fig. 2, face postérieure; fig. 3, plaques interambulacraires grossies, prises sur la face supérieure; fig. 4, tubercules grossis, pris sur la face inférieure. — Pl. 38, fig. 1, exemplaire de grande taille, de Biarritz, de la coll. du comte de Bouillé, vu de côté; fig. 2, face supérieure.

N° 32. — **Macropneustes Heberti**, Cotteau, 1886.

Pl. 39.

Espèce de taille assez forte, oblongue, arrondie et émarginée en avant, dilatée au milieu, un peu rétrécie en arrière. Face supérieure uniformément bombée. Face inférieure presque plane. Sommet ambulacraire excentrique en avant. Sillon antérieur nul près du sommet, large, évasé, atténué vers l'ambitus. Aire ambulacraire impaire étroite à sa partie supérieure, s'élargissant en se rapprochant du bord, formée de pores petits, simples, disposés par paires obliques, d'autant plus espacées qu'elles s'éloignent du sommet. La zone ambulacraire est finement granuleuse et montre, seulement vers la base, quelques tubercules inégaux, crénelés et perforés. Aires ambulacraires paires linéaires, subflexueuses, logées dans des dépressions larges et peu prononcées, ouvertes à leur extrémité, inégales, les antérieures très écartées, presque horizontales, les postérieures plus longues, plus rapprochées. Zones porifères composées de pores oblongs, transverses, égaux entre eux, unis par un sillon et séparés par une bande de test granuleuse et peu saillante. Zone interporifère très étroite à la partie supérieure, s'élargissant un peu, souvent de même largeur que les zones porifères, se rétrécissant ensuite vers la base. Les zones porifères sont d'égale dimension, à l'exception des zones porifères antérieures des aires ambulacraires paires antérieures qui, près du sommet, deviennent plus étroites et se réduisent à de petits pores simples. Tubercules de deux natures : les plus gros, crénelés, perforés, entourés d'un large scrobicule, inégaux, épars, espacés, peu abondants, accompagnés de tubercules beaucoup plus petits, de granules fins et délicats, occupent la partie supérieure des aires interambulacraires, et sont limités par un fasciole péripétale. Ces tubercules sont disposés sur le bord des plaques en rangées irrégulières; ils sont plus nombreux et descendent plus bas dans les aires interambulacraires antérieures. Petits tubercules épars vers le pourtour du test et probablement à la face inférieure qui n'est pas conservée dans notre exemplaire. Péristome excentrique en avant, semicirculaire, labié. Appareil apical finement granuleux, muni de quatre pores génitaux largement ouverts, les deux antérieurs plus rapprochés que les deux autres; plaques ocellaires petites, subtriangulaires, marquées d'une fente oblongue; plaque madréporiforme très distincte, traversant l'appareil et se prolongeant en arrière. Fasciole péripétale à peine visible, ne paraissant pas très flexueux et descendant très bas dans la région antérieure. Fasciole sous-anal non apparent.

Hauteur, 25 millimètres; diamètre antéro-postérieur, 70 millimètres; diamètre transversal, 60 millimètres.

Rapports et différences. — Quelques-uns de ses caractères, notamment ses aires ambulacraires allongées et placées dans des dépressions très peu profondes, rapprochent cette espèce de certaines variétés du *M. pulvinatus;* elle nous a paru en différer d'une manière positive par ses aires ambulacraires plus larges, plus flexueuses, moins nettement linéaires, composées de zones porifères séparées par une zone interporifère plus étendue, par ses gros tubercules moins développés et beaucoup moins nombreux. Ce dernier caractère rapproche notre espèce du *M. Bouillei,* décrit plus loin, mais elle s'en éloigne par ses tubercules encore moins nombreux et descendant plus bas, par ses aires ambulacraires plus longues et plus superficielles, par sa zone interporifère plus large, par son fasciole moins sinueux.

Localité. — Sainte-Colombe (Landes). Très rare. Eocène moyen (zone inférieure).

Collection de M. Hébert.

Explication des figures. — Pl. 39, fig. 1, *M. Heberti,* vu de côté; fig. 2, face supérieure; fig. 3, appareil apical et portion supérieure de l'aire ambulacraire paire antérieure de droite, grossis; fig. 4, plaque interambulacraire grossie.

N° 33. — **Macropneustes tumidus**, Cotteau, 1886.

Pl. 40.

Espèce de taille moyenne, allongée, subcordiforme, arrondie et fortement émarginée en avant, un peu rétrécie en arrière. Face supérieure épaisse, renflée, uniformément bombée. Face inférieure presque plane, marquée par le renflement de l'aire interambulacraire postérieure. Sommet ambulacraire excentrique en avant. Sillon antérieur très atténué, presque nul aux approches du sommet, évasé et profondément excavé vers l'ambitus, peu apparent près du péristome. Aire ambulacraire impaire étroite à sa partie supérieure, composée de pores simples, très petits, paraissant d'autant plus espacés qu'ils s'éloignent du sommet. Aires ambulacraires paires allongées, linéaires, ouvertes à leur extrémité, logées dans des dépressions peu profondes, inégales, les antérieures très écartées, divergentes, presque horizontales, les postérieures plus longues et un peu flexeuses. Zones porifères relativement étroites, formées de pores inégaux, les internes arrondis, les externes plus allongés, virgulaires, les uns et les autres unis par un sillon. Zone interporifère très apparente, granuleuse, aussi large que les zones porifères. Le test est usé et c'est à peine si l'on distingue çà et là quelques gros tubercules épars et atténués, occupant la partie supérieure des aires interambulacraires. Petits tubercules abondants, plus serrés et augmentant de volume vers le pourtour, à la face inférieure, dans la région inframarginale antérieure et sur le plastron de l'aire interambulacraire postérieure. Péristome excentrique en avant. Fasciole péripétale étroit, très peu distinct, paraissant sinueux. Fasciole sous-anal à peine apparent.

Hauteur, 30 millimètres; diamètre antéro-postérieur, 50 millimètres; diamètre transversal, 53 millimètres.

Rapports et différences. — Cette espèce ne saurait être réunie à aucune autre. Voisine du *M. pulvinatus*, elle en diffère par son sillon antérieur plus profond et plus évasé vers l'ambitus, par ses aires ambulacraires paires plus larges et présentant, au milieu, une zone interporifère plus développée, par ses aires ambulacraires paires postérieures légèrement flexueuses, au lieu d'être droites et linéaires, par ses gros tubercules paraissant beaucoup moins nombreux. La forme de ses aires ambulacraires rapproche un peu notre espèce du *M. Heberti* qu'on rencontre dans le même gisement, mais cette dernière espèce sera toujours reconnaissable à sa face supérieure moins épaisse et moins renflée, à son sillon antérieur moins évasé et moins profond, à ses aires ambulacraires paires plus superficielles.

LOCALITÉS. — Sainte-Colombe (Landes); Mouligna (Basses-Pyrénées). Très rare. Éocène moyen (zone inférieure). Collections Hébert, Blanchet.

EXPLICATION DES FIGURES. — Pl. 40, fig. 1, *M. tumidus*, vu de côté; fig. 2, face supérieure; fig. 3, face inférieure; fig. 4, aire ambulacraire impaire grossie; fig. 5, aire ambulacraire paire antérieure grossie; fig. 6, tubercule interambulacraire grossi.

N° 34. — **Macropneustes pulvinatus** (d'Archiac), Agassiz, 1847.

Pl. 41, 42 et 43.

Micraster pulvinatus,	D'Archiac, *Descript. des foss. numm. des environs de Bayonne*, Mém. Soc. géol. de France, 2e sér., t. II, p. 201, pl. IV, fig. 1, 1846.
Macropneustes pulvinatus,	Agassiz et Desor, *Catal. rais. des Échin.*, p. 114, 1847.
— —	Delbos, *Essai d'une descript. géol. du bassin de l'Adour*, p. 315, 1855.
— —	Leymerie et Cotteau, *Catal. des Échin. foss. des Pyrénées*, Bull. Soc. géol. de France, 2e sér., t. XIII, p. 337, 1856.
— —	Pictet, *Traité de paléont.* 2e édit., t. IV, p. 201, 1857.
— —	Desor, *Synopsis des Échin. foss.*, p. 411, 1858.

Macropneustes pulvinatus, Dujardin et Hupé, *Hist. nat. des Zooph. Échinod.*, p. 607, 1862.

— — Cotteau, *Échin. foss. des Pyrénées*, p. 142, 1863.

— — Pellat, *Notes sur les falaises de Biarritz*, Bull. Soc. géol. de France, 2e sér., t. XX, p. 678, 1863.

— — Jacquot, *Descript. géol. des falaises de Biarritz, Bidart*, etc., p. 40, Actes de la Soc. linnéenne de de Bordeaux, t. XXV, 1864.

Peripneustes pulvinatus, Comte de Bouillé, *Paléont. de Biarritz et de quelques autres loc. des Basses-Pyrénées*, p. 67, Soc. des sc., lettres et arts de Pau, 1875-1876.

T. 41. (Type de l'espèce.)

Espèce de grande taille, subcirculaire, cordiforme, arrondie et émarginée en avant, large, dilatée, rétrécie et un peu rentrante en arrière. Face supérieure haute, renflée, uniformément bombée. Face inférieure presque plane, subpulvinée sur les bords. Sommet ambulacraire excentrique en avant. Sillon antérieur presque superficiel aux approches du sommet, s'élargissant et devenant plus profond vers l'ambitus, se prolongeant jusqu'au péristome. Aires ambulacraires paires pétaloïdes, placées dans des excavations peu profondes, très allongées, linéaires, étroites, ouvertes à leur extrémité, à peu près de même longueur, les antérieures très divergentes, presque transverses, les postérieures plus rapprochées. Zones porifères formées de pores oblongs, virgulaires, unis par un sillon, séparées par une bande granuleuse. Dans chacune des aires, les zones porifères sont égales entre elles, et la zone interporifère est extrêmement étroite. Tubercules de deux natures : les plus gros, très visiblement crénelés et perforés, saillants, entourés de scrobicules peu profonds, inégaux, abondants, occupent la partie supérieure des aires interambulacraires et paraissent en grande partie limités par le fasciole péripétale. Petits tubercules inégaux, épars lorsqu'ils sont mêlés aux gros tubercules, plus homogènes en dehors du fasciole péripétale, plus serrés et augmentant sensiblement de volume à la face inférieure. Granules fins, délicats, groupés autour des tubercules, remplissant tout l'espace intermédiaire. Péristome excentrique en avant, labié, semicirculaire, assez mal conservé dans les exemplaires que nous connaissons. Périprocte très grand, elliptique dans le sens du diamètre antéro-postérieur, acuminé à ses deux extrémités, s'ouvrant à la face postérieure. Appareil apical muni de quatre pores génitaux et d'une plaque madréporiforme qui se prolonge en arrière. Fasciole péripétale apparent, peu sinueux, circonscrivant les tubercules sur les aires interambulacraires postérieures. Fasciole sous-anal distinct.

Type de l'espèce : hauteur, 39 millimètres ; diamètre antéro-postérieur, 72 millimètres ; diamètre transversal, 68 millimètres.

Exemplaire de taille plus forte : hauteur, 46 millimètres ; diamètre antéro-postérieur, 87 millimètres ; diamètre transversal, 85 millimètres.

Variété ovoïde : hauteur, 45 millimètres ; diamètre antéro-postérieur, 70 millimètres ; diamètre transversal 60 millimètres.

Nous rapportons à l'espèce qui nous occupe une variété allongée, ovoïde, subcylindrique, très voisine, au premier aspect, du *M. brissoides;* elle s'en distingue, cependant, par ses aires ambulacraires linéaires très allongées, très étroites et par ses tubercules plus abondants à la face supérieure. Malgré sa forme différente, elle présente bien les caractères du *M. pulvinatus* et ne saurait en être distinguée.

Rapports et différences. — Le *M. pulvinatus* n'est pas très rare dans la couche de la Gourèpe près Biarritz, mais en raison de la fragilité de son test, on le rencontre presque toujours incomplet et brisé ; il sera facilement reconnaissable à sa forte taille, à ses aires ambulacraires paires à peu près égales, étroites, linéaires et très longues, à ses tubercules inégaux, abondants à la face supérieure, limités en arrière par le fasciole péripétale. La variété cylindrique a beaucoup de rapports avec le *M. brissoides;* nous avons déjà indiqué plus haut les caractères qui nous paraissent distinguer les deux espèces.

Localité. — Biarritz (La Gourèpe) (Basses-Pyrénées). Assez rare. Éocène sup.

École des mines de Paris, collection Hébert, Pellat, comte de Bouillé, Blanchet.

Explication des figures. — Pl. 41, fig. 1, *M. pulvinatus*, de la collection de M. Pellat, vu de côté ; fig. 2, face supérieure. — Pl. 42, fig. 1, le même exemplaire, vu sur la face inférieure ; fig. 2, portion de l'aire ambulacraire grossie, montrant l'étroitesse de la zone interporifère; fig. 3, tubercules et fasciole péripétale grossis. — Pl. 43, fig. 1, autre exemplaire, variété ovoïde, de l'École des mines de Paris, vu de côté; fig. 2, face supérieure ; fig. 3, périprocte; fig. 4, extrémité de l'aire ambulacraire et portion de fasciole grossies.

N° 35. — **Macropneustes Pellati,** Cotteau, 1863.

Pl. 44 et 45.

Macropneustes Pellati, Cotteau, *Échin. foss. des Pyrénées,* p. 142, pl. VIII, fig. 1 et 2, 1863.

— — Pellat, *Note sur les falaises de Biarritz,* Bull. Soc. géol. de France, 2e série, t. XX, p. 678, 1863.

— — Jacquot, *Descript. géol. des falaises de Biarritz, Bidart,* etc., p. 40, Actes de la Soc. linn. de Bordeaux, t. XXV, 1864.

Peripneustes Pellati, Cotteau, *Descript. des Échin. tertiaires des îles Saint-Barthélemy* et *Anguilla,* p. 40, Kongl. Svenska Vetenikaps Akadem. handlingar, 1875.

Espèce de grande taille, subcordiforme, un peu allongée, échancrée en avant, dilatée au milieu, rétrécie en arrière. Face supérieure renflée en forme de toit, subconique, fortement déclive en avant et sur les côtés, carénée dans la région postérieure. Face inférieure presque plane, sensiblement renflée dans l'aire interambulacraire postérieure. Face anale tronquée presque verticalement, déprimée au milieu, légèrement rentrante. Sommet ambulacraire très excentrique en avant. Sillon antérieur presque nul à sa partie supérieure, large et assez profond vers l'ambitus, se prolongeant jusqu'au péristome. Aire ambulacraire impaire formée de pores simples, petits, disposés par paires obliques, s'espaçant au fur et à mesure qu'elles s'éloignent du sommet. L'aire ambulacraire paraît granuleuse, tout en présentant çà et là quelques tubercules assez développés. Aires ambulacraires paires étroites, allongées, linéaires, assez fortement creusées, ouvertes à leur extrémité, inégales, les antérieures très divergentes, presque horizontales, les postérieures un peu plus longues et formant entre elles un angle à peu près aigu. Zones porifères beaucoup plus larges que l'intervalle qui les divise, composées de pores relativement peu ouverts, oblongs, virgulaires, tranverses, unis par un sillon et séparés par une bande très saillante et granuleuse. Dans chacune des aires, les zones porifères sont de même dimension. Tubercules de deux natures : les plus gros crénelés, perforés, entourés d'un scrobicule superficiel, espacés, peu nombreux, inégaux, se montrent à la partie supérieure des aires interambulacraires et paraissent limités par un fasciole sinueux et peu apparent. Petits tubercules abondants, épars, espacés, le plus souvent homogènes, augmentant sensiblement de volume à la face inférieure, dans la région inframarginale et sur le plastron formé par l'aire interambulacraire postérieure. Granules fins, délicats, se groupant autour des tubercules et remplissant l'espace intermédiaire. Les aires interambulacraires sont, près du sommet, plus resserrées et plus saillantes que dans plusieurs autres espèces. Péristome assez grand, elliptique dans le sens du diamètre antéro-postérieur, s'ouvrant au sommet de la face postérieure. Appareil apical compact étroit, granuleux, muni de quatre pores génitaux peu écartés et largement ouverts, les deux pores antérieurs moins grands et plus rapprochés que les deux autres ; plaque madréporiforme étroite, longue, s'insinuant entre les plaques génitales et ocellaires postérieures de l'appareil et se prolongeant un peu en arrière. Fasciole péripétale à peine apparent, sinueux ; fasciole sous-anal un peu plus large et contournant l'écusson anal.

Hauteur, 37 millimètres; diamètre antéro-postérieur, 71 millimètres; diamètre transversal, 66 millimètres.

Individu plus jeune : hauteur, 27 millimètres; diamètre antéro-postérieur, 63 millimètres; diamètre transversal, 59 millimètres.

Rapports et différences. — Cette espèce sera toujours facilement reconnaissable à sa face supérieure subconique en avant, déclive sur les côtés en forme de toit, subcarénée dans la région postérieure, à ses aires ambulacraires étroites, allongées, fortement excavées, à sa face postérieure brusquement tronquée et un peu rentrante.

Localités. — La Gourèpe près Biarritz, Handia (Basses-Pyrénées). Rare. Éocène supérieur.

Collections Pellat, comte de Bouillé, Blanchet, Collot.

Explication des figures. — Pl. 44, fig. 1, *M. Pellati*, de la collection de M. Pellat, vu de côté; fig. 2, face supérieure; fig. 3, partie supérieure de l'aire ambulacraire antérieure grossie; fig. 4, appareil apical grossi. — Pl. 45, fig. 1, autre exemplaire, de la collection de M. Collot, vu de côté; fig. 2, face inférieure; fig. 3, aire ambulacraire, paire antérieure de droite grossie; fig. 4, plaques interambulacraires et portion de fasciole péripétale grossies.

N° 36. — **Macropneustes Guillieri**, Cotteau, 1886.

Pl. 46 et pl. 47, fig. 1.

Espèce de taille assez forte, cordiforme, rétrécie et émarginée en avant, dilatée au milieu, plus étroite et verticalement tronquée en arrière. Face supérieure renflée, élevée, subconique, très déclive en avant, épaisse et arrondie sur les côtés, presque horizontale en arrière. Face inférieure légèrement bombée, déprimée en avant du péristome. Face postérieure verticale, très excavée. Sommet ambulacraire excentrique en avant. Sillon antérieur nul près du sommet, se creusant et s'élargissant rapidement, devenant évasé et très profond, se prolongeant jusqu'au péristome. Aire ambulacraire impaire formée de pores petits, espacés, disposés par paires obliques. Aires ambulacraires paires relativement peu développées, placées dans des excavations fortement creusées, inégales, les antérieures très écartées, les postérieures un peu plus longues. Zones porifères placées sur les parois des dépressions ambulacraires. Zone interporifère très étroite. Tubercules de deux natures : les plus gros crénelés, perforés, entourés d'un scrobicule superficiel, espacés, peu nombreux, inégaux se montrent, à la partie supérieure des aires interambulacraires, accompagnés de petits tubercules et de granules ; ils paraissent limités par un fasciole péripétale, sans que cependant ce fasciole soit bien visible. Petits tubercules épars, espacés, augmentant sensiblement de volume à la face inférieure, dans la région inframarginale. Granules fins, délicats tendant à se grouper autour des tubercules. Aires interambulacraires resserrées et saillantes près du sommet. Péristome excentrique en avant, labié, semicirculaire. Périprocte très grand, elliptique dans le sens du diamètre antéro-postérieur, acuminé à ses deux extrémités, s'ouvrant au sommet de la face postérieure, dans une très profonde dépression. Fascioles péripétale et sous-anal à peine distincts.

Hauteur, 45 millimètres; diamètre antéro-postérieur, 61 millimètres ; diamètre transversal, 60 millimètres.

Rapports et différences. — Cette espèce, dont nous ne connaissons qu'un seul exemplaire, se distingue nettement de ses congénères. Par sa forme générale, elle se rapproche un peu du *M. Pellati*, qu'on rencontre dans la même localité et au même niveau ; elle s'en distingue d'une manière positive par son ensemble plus trapu, plus renflé, par sa face supérieure encore plus élevée et plus conique, moins déclive et plus arrondie sur les côtés, par son sillon antérieur plus profondément évasé, par ses aires ambulacraires paires plus courtes, plus larges, beaucoup plus excavées, par sa face postérieure plus haute, plus verticale, plus déprimée, par son périprocte paraissant plus étendu. Nous dédions ce type curieux à la mémoire de M. Guillier, du Mans, géologue distingué, qui a recueilli notre exemplaire à Biarritz et a bien voulu nous le communiquer.

Localité. — La Gourèpe près Biarritz (Basses-Pyrénées). Très rare. Éocène supérieur.

Collection Guillier.

Explication des figures. — Pl. 46, fig. 1, *M. Guillieri*, vu de côté ; fig. 2, face supérieure ; fig. 3, face postérieure ; fig. 4, partie supérieure de l'aire ambulacraire impaire, grossie ; fig. 5, tubercules interambulacraires grossis. — Pl. 47, fig. 1, le même individu, vu sur la face inférieure.

N° 37. — **Macropneustes Boutllei**, Cotteau, 1886.

Pl. 47, fig. 2 et pl. 48.

Espèce de grande taille, allongée, arrondie et émarginée en avant, dilatée au milieu, un peu rétrécie en arrière. Face supérieure médiocrement et uniformément renflée, arrondie sur les bords, ayant sa plus grande hauteur dans la région postérieure. Face inférieure presque plane, marquée seulement par le renflement de l'aire interambulacraire postérieure. Sommet ambulacraire presque central, un peu rejeté en avant. Sillon antérieur très atténué, presque nul près du sommet, s'élargissant et s'évasant en se rapprochant de l'ambitus qu'il échancre assez profondément, se prolongeant jusqu'au péristome. Aire ambulacraire impaire étroite à sa partie supérieure, s'élargissant insensiblement, formée de pores très petits, disposés par paires obliques d'autant plus espacées qu'elles s'éloignent du sommet. L'aire ambulacraire est garnie de tubercules abondants, crénelés, perforés, scrobiculés, inégaux, auxquels se mêlent des granules très délicats. Aires ambulacraires paires logées dans des excavations bien prononcées, ouvertes à leur extrémité, inégales, les antérieures écartées, très divergentes, les postérieures un peu plus longues, sans que cependant la différence soit bien sensible, mais plus rapprochées, plus arquées. Zones porifères assez larges, égales entre elles, formées de pores ovales, unis par un sillon et séparés par une bande granuleuse. Zone interporifère très étroite, surtout près du sommet, s'élargissant un peu vers l'extrémité. Tubercules de deux natures : les plus gros, crénelés, perforés, scrobiculés, inégaux, assez abondants, accompagnés partout de tubercules beaucoup moins développés et de granules fins et délicats, occupent la partie supérieure des cinq aires interambulacraires, et sont limités par un fasciole péripétale sinueux. Dans les deux aires interambulacraires paires postérieures, les gros tubercules restent dans la région supérieure et le fasciole remonte jusqu'à eux. Sur la région antérieure au contraire, les gros tubercules sont relativement plus nombreux et descendent fort bas.

Petits tubercules épars, espacés, plus serrés et augmentant de volume à la face inférieure, dans la région inframarginale et à la base du plastron postérieur. Péristome excentrique en avant, paraissant semicirculaire et labié. Le périprocte et l'appareil apical ne sont pas conservés dans notre exemplaire. Fasciole péripétale flexueux. Fasciole sous-anal à peine distinct.

Notre exemplaire est un peu écrasé, et ce n'est que très approximativement que nous pouvons donner ses dimensions.

Hauteur, 29 millimètres; diamètre antéro-postérieur, 76 millimètres; diamètre transversal, 70 millimètres (?)

Rapports et différences. — Cette espèce offre au premier aspect quelques rapports avec le *M. pulvinatus*, qu'on rencontre dans le même gisement. Elle nous a paru s'en éloigner par son aspect plus cordiforme, par son sommet moins excentrique en avant, par son sillon antérieur plus large, plus évasé, plus creusé, notamment vers l'ambitus, par ses aires ambulacraires moins longues, moins linéaires, plus excavées, par ses gros tubercules de la face supérieure moins développés et moins abondants, par son fasciole péripétale plus sinueux.

Localité. — La Gourèpe près Biarritz (Basses-Pyrénées). Très rare. Éocène supérieur.

Collection du comte de Bouillé.

Explication des figures. — Pl. 47, fig. 2, *M. Bouillei*, vu sur la face supérieure. — Pl. 48, fig. 1, le même exemplaire vu de côté; fig. 2, face inférieure; fig. 3, aire ambulacraire impaire grossie; fig. 4, fasciole et tubercules grossis.

N° 38. — **Macropneustes biarritzensis**, Cotteau, 1886.

Pl. 49 et pl. 50, fig. 1.

Brissus biarritzensis, Comte de Bouillé, *Paléont. de Biarritz et de quelques autres loc. des Basses-Pyrénées*, p. 10, 1873.

— — Comte de Bouillé, *Paléont. de Biarritz et de quelques autres loc. des Basses-Pyrénées*, p. 41, 1876.

Espèce de taille assez forte, allongée, cordiforme, arrondie et émarginée en avant, dilatée au milieu, rétrécie et subacuminée en arrière. Face supérieure peu élevée en avant, renflée et subcarénée dans la région postérieure. Face inférieure presque plane, déprimée autour du péristome, marquée par la saillie de l'aire interambulacraire impaire. Face postérieure tronquée, paraissant un peu rentrante. Sommet ambulacraire très excentrique en avant. Sillon antérieur presque nul près du sommet, s'élargisant et s'évasant en se rapprochant de l'ambitus qu'il entame profondément, se prolongeant jusqu'au péristome. Aires ambulacraires fortement excavées, étroites, linéaires, fermées à leur extrémité, inégales, les antérieures très divergentes, horizontales, les postérieures plus longues et arquées. Zones porifères larges, formées de pores oblongs, égaux, unis par un sillon. Zone interporifère très étroite, presque nulle. Gros tubercules crénelés, perforés, scrobiculés, inégaux, épars, mêlés à des tubercules beaucoup plus petits, relégués à la partie supérieure des aires interambulacraires, sauf dans la région antérieure, où ils descendent jusqu'à l'ambitus et rejoignent les tubercules de la face inférieure, limités en arrière par le fasciole péripétale très sinueux. Petits tubercules serrés, abondants, homogènes, augmentant de volume à la face inférieure, dans la région inframarginale et sur le plastron interambulacraire. Péristome excentrique en avant, muni d'une lèvre saillante. Périprocte et appareil non visibles. Fasciole péripétale très sinueux. Fasciole sous-anal non distinct.

Hauteur, 30 millimètres; diamètre antéro-postérieur, 64 millimètres; diamètre transversal, 56 millimètres.

Rapports et différences. — Dans l'origine, nous avons considéré cette espèce comme appartenant, en raison de ses aires ambulacraires paires horizontales, au genre *Brissus*, mais un examen comparatif des espèces du genre nous a fait voir que tous les *Brissus* étaient parfaitement caractérisés par leur forme allongée, ovoïde, l'absence complète du sillon antérieur et les tubercules moins gros, qui occupent le sommet des aires interambulacraires. Nous avons pensé que par sa physionomie générale et l'ensemble de ses caractères, notre espèce rentrait plutôt dans le genre *Macropneustes*. Son sillon antérieur, ses aires ambulacraires paires étroites, fortement creusées, inégales, la rapprochent de *M. Pellati*, mais elle en diffère très nettement par sa forme plus déprimée et non saillante en avant, par sa région postérieure plus renflée, par son sommet encore plus excentrique en avant, par ses aires ambulacraires paires antérieures plus horizontales.

Localité. — Lou Cout près Biarritz (Basses-Pyrénées). Très rare. Éocène supérieur.

Collection du comte de Bouillé.

Explication des figures. — Pl. 49, fig. 1, *M. biarritzensis*, vu de côté ; fig. 2, face supérieure ; fig. 3, aire ambulacraire postérieure grossie ; fig. 4, tubercule de la face supérieure et fasciole grossis. — Pl. 50, fig. 1, le même, vu sur la face inférieure.

N° 39. — **Macropneustes elongatus**, Peron et Gauthier, 1885.

Pl. 50, fig. 2 — 5.

Macropneustes elongatus, Peron et Gauthier *in* Cotteau, Peron et Gauthier, *Échin. foss. de l'Algérie*, 9me fascicule, *Étage éocène*, p. 49, pl. III, fig. 5-7, 1885.

Espèce de taille moyenne, cordiforme, allongée, fortement échancrée en avant, subacuminée et tronquée en arrière. Face supérieure élevée, rapidement déclive en avant, tombant en forme de toit sur les côtés, carénée dans l'aire interambulacraire postérieure, ayant sa plus grande hauteur en arrière du sommet apical. Face inférieure plane, déprimée autour du péristome, légèrement renflée dans l'aire interambulacraire impaire. Face postérieure étroite, tronquée verticalement. Sommet ambulacraire excentrique en avant. Sillon antérieur à peine indiqué près du sommet, s'élargissant et se creusant au fur et à mesure qu'il se rapproche du bord antérieur, se prolongeant, en s'atténuant, jusqu'au péristome. Aire ambulacraire impaire aiguë près du sommet, formée de pores simples, très petits, s'ouvrant au milieu des plaques qui s'agrandissent régulièrement depuis le sommet jusqu'à l'ambitus. Ces plaques sont granuleuses et renferment quelques petits tubercules. Aires ambulacraires paires longues, assez étroites, sublinéaires, logées dans des excavations peu profondes, faiblement ouvertes à leur extrémité, de dimension à peu près égale, les antérieures très divergentes, presque transverses, les postérieures plus arquées. Zones porifères formées de pores ovales, bien ouverts, unis par un sillon, disposés par paires peu serrées, au nombre de trente environ. Zone interporifère rétrécie aux deux extrémités, plane, déprimée, granuleuse, de même largeur au milieu que l'une des zones porifères. Gros tubercules crénelés, perforés, scrobiculés, se montrant à la partie supérieure des cinq aires interambulacraires, paraissant limités en arrière et sur les côtés par un fasciole péripétale, sans que cependant ce fasciole soit visible. Dans la région antérieure, les gros tubercules descendent plus bas. Petits tubercules épars, espacés, partout abondants, augmentant de volume dans la région inframarginale et sur le plastron interambulacraire. Péristome excentrique en avant, mais relativement éloigné du bord, situé à peu près au tiers de la longueur totale, déprimé, fortement labié. Périprocte grand, ovale, dans le sens du diamètre antéro-postérieur, acuminé à sa partie supérieure, s'ouvrant au sommet de la face postérieure, au-dessus d'une aréa subtriangulaire légèrement déprimée. Fascioles péripétale et sous-anal non distincts.

Hauteur, 25 millimètres; diamètre antéro-postérieur, 41 millimètres; diamètre transversal, 36 millimètres.

Rapports et différences. — Cette espèce se distingue nettement de ses congénères par sa forme allongée, par son sillon antérieur large et profond vers l'ambitus, par sa face supérieure sensiblement carénée en arrière, par ses aires ambulacraires bien développées, peu excavées, presque égales, par son péristome éloigné du bord antérieur.

Localité. — Kef-Iroud (Algérie). Rare. Éocène moyen. Collection Gauthier (M. Le Mesle).

Explication des figures. — Pl. 50, fig. 2, *M. elongatus* vu de côté; fig. 3, face supérieure; fig. 4, face inférieure; fig. 5, face postérieure.

N° 40. — **Macropneustes abruptus**, Peron et Gauthier, 1885.

Pl. 51, fig. 1.

Macropneustes abruptus, Peron et Gauthier *in* Cotteau, Peron et Gauthier, *Échin. foss. de l'Algérie*, 9me fascicule, *Étage éocène*, p. 51, pl. iv, fig. 1, 1885.

Sous la dénomination de *M. abruptus*, M. Gauthier désigne un exemplaire mal conservé, ainsi qu'il le reconnaît lui-même, appartenant sans aucun doute au genre *Macropneustes*, et dont la physionomie est assez caractérisée pour qu'on n'hésite pas à y voir un type spécifique nouveau. Comme nous n'avons sous les yeux que l'exemplaire unique de M. Gauthier, notre description, de même que la sienne, sera nécessairement très incomplète.

Espèce de taille assez forte, allongée, échancrée en avant, subtronquée en arrière. Face supérieure élevée, subconique, très déclive de chaque côté, tombant d'une manière abrupte à la partie antérieure, plus doucement oblique en arrière. Face inférieure plane, paraissant légèrement pulvinée. Sommet ambulacraire excentrique en avant. Sillon antérieur profond, échancrant l'ambitus, se prolongeant jusqu'au péristome. Aires ambulacraires paires allongées, sublinéaires, logées dans des excavations peu prononcées, fermées à leur extrémité, inégales, les antérieures très divergentes, plus longues que les postérieures qui sont arquées et un peu recourbées. Zones porifères égales, formées de pores ovales, largement ouverts, disposés par paires transverses, au nombre de vingt-six dans les aires antérieures et de vingt environ dans les aires postérieures. Zone interporifère très étroite, presque nulle. La surface corrodée de l'unique exemplaire que nous connaissons ne permet pas de voir les tubercules et les granules ; on peut cependant constater avec certitude qu'il existe dans les aires interambulacraires supérieures quelques tubercules un peu plus gros que les autres. Le péristome et le périprocte sont à peine visibles et les fascioles ne sont pas distincts.

Hauteur, 36 millimètres? diamètre antéro-postérieur, 53 millimètres?

Rapports et différences. — Cette espèce, par sa forme allongée, par sa face supérieure renflée et subconique en avant, déclive sur les côtés, par son sommet ambulacraire très excentrique, se rapproche de *M. Pellati;* elle en diffère par sa face supérieure plus oblique et moins horizontale en arrière, et par ses aires ambulacraires postérieures moins longues que les aires antérieures, tandis que c'est le contraire qui a lieu chez le *M. Pellati;* les deux types sont voisins, mais cependant parfaitement distincts.

Localité. — Kef-Iroud (Algérie). Rare. Eocène moyen. Collection Gauthier (Le Mesle).

Explication des figures. — Pl. 50, fig. 1, *M. abruptus,* vu de côté.

N° 41. — **Macropneustes Baylei**, Coquand, 1862.

Pl. 51, fig. 2 — 4.

Macropneustes Baylei, Coquand, *Géol. et paléont. de la région Sud de la province de Constantine*, p. 274, pl. XXXI, fig. 12 et 13, 1862.

— — Peron et Gauthier *in* Cotteau, Peron et Gauthier, *Échin. foss. de l'Algérie*, 9me fascicule, *Étage éocène*, p. 53, 1885.

Espèce de grande taille, oblongue, émarginée en avant, rétrécie et médiocrement tronquée en arrière. Face supérieure arrondie, uniformément bombée, un peu plus déclive en avant qu'en arrière, ayant sa plus grande hauteur un peu en arrière du sommet; sans être carénée, la suture de l'aire interambulacraire postérieure paraît un peu relevée dans toute sa longueur. Face inférieure presque plane, déprimée autour du péristome. Sommet ambulacraire excentrique en avant. Sillon antérieur presque nul aux approches de l'appareil apical, se creusant et s'élargissant peu à peu, entamant fortement l'ambitus et se prolongeant jusqu'au péristome. Aire ambulacraire impaire formée de pores simples, très petits, disposés par paires obliques espacées même près du sommet. Aires ambulacraires paires larges, très longues, s'étendant jusqu'au bord, ouvertes à leur extrémité, situées dans des dépressions à peine sensibles et cependant bien caractérisées, inégales, les antérieures très divergentes, les postérieures plus longues et légèrement flexueuses. Zones porifères égales, larges, formées de pores oblongs unis par un sillon, disposés par paires transverses que sépare un bourrelet granuleux. Zone interporifère plane, bien développée, peut-être un peu moins large que l'une des zones porifères. Le test de notre exemplaire est assez mal conservé; on distingue cependant, à la partie supérieure des aires ambulacraires, quelques gros tubercules épars, accompagnés de tubercules plus petits et de granules. Péristome excentrique en avant, très éloigné du bord antérieur, large, transverse, semilunaire, paraissant labié; les aires ambulacraires, en aboutissant sur le péristome, sont munis de petits pores bien apparents. Périprocte non visible. Appareil apical muni de quatre pores génitaux très ouverts, les deux antérieurs plus rapprochés que les deux autres; la plaque madréporiforme traverse l'appareil et se prolonge en arrière, tout en ne paraissant pas dépasser les pores ocellaires.

Exemplaire de grande taille : hauteur, 35 millimètres; diamètre antéro-postérieur, 76 millimètres; diamètre transversal, 64 millimètres.

Individu de taille moins forte : hauteur, 30 millimètres; diamètre antéro-postérieur, 69 millimètres; diamètre transversal, 60 millimètres.

Rapports et différences. — Cette espèce, en raison de ses aires ambulacraires déprimées, nous a paru se placer dans le genre *Macropneustes;* elle se distingue de toutes les espèces que nous connaissons par sa forme ovale et uniformément bombée et par la faible excavation de ses aires ambulacraires paires ; ce dernier caractère lui donne quelque ressemblance avec le *M. Deshayesi,* du bassin parisien ; mais elle en diffère par sa forme plus régulièrement ovale, moins émarginée en avant, tronquée moins carrément en arrière, par sa face supérieure moins haute, plus uniformément bombée et beaucoup moins tuberculeuse. C'est avec raison que M. Gauthier (*loc. cit.*) rapproche cette espèce du genre *Hypsospatangus*, Pomel; elle en présente, au premier aspect, la physionomie; elle s'en éloigne par ses aires ambulacraires légèrement, mais certainement déprimées et nous montre que, sur la limite des genres et même des familles, se rencontrent parfois des types dont les caractères ne sont pas nettement tranchés.

Localité. — Zoui (Département de Constantine). Rare. Éocène supérieur.

Collection Gauthier, Coquand.

Explication des figures. — Pl. 50, fig. 2, *M. Baylei*, vu de côté; fig. 3, face supérieure; fig. 4, appareil apical et partie supérieure de l'aire ambulacraire postérieure grossis.

N° 42. — **Macropneustes Arnaudi**, Coquand, 1862.

Macropneustes Arnaudi, Coquand, *Géol. et paléont. de la province de Constantine*, p. 273, pl. xxxii, fig. 13, 1862.

— — Peron et Gauthier *in* Cotteau, Peron et Gauthier, *Échin. foss. de l'Algérie*, 9me fascicule, *Étage éocène*, p. 55, 1885.

N'ayant entre les mains aucun exemplaire représentant cette espèce, nous ne pouvons, comme l'a fait M. Gauthier, que reproduire la description donnée par M. Coquand :

« Diamètre : 43 millimètres. »

« Espèce de taille moyenne, déprimée, aussi longue que large. Pétales d'égale longueur, placés dans des sillons évasés ; les antérieurs sont divergents. Zones porifères sensiblement aussi larges que l'espace interporifère. Sommet ambulacraire subcentral. Tubercules des aires interambulacraires ne s'étendant pas au delà des pétales.

« J'ai recueilli cette espèce dans les couches nummulitiques de Zoui, où elle est rare. »

M. Gauthier ajoute : « Coquand n'avait probablement qu'un exemplaire, et en assez mauvais état, puisqu'il n'indique pas quelle était la hauteur du test et ne parle ni du péristome ni du périprocte. Par la même raison sans doute, il n'a donné qu'une figure représentant la face supérieure, ce qui ne nous apprend qu'imparfaitement la forme de cet échinide ; il ne parle pas de la divergence des ambulacres postérieurs, qui est considérable, d'après le dessin ; il ne fait aucune mention de fascioles, ce qui s'explique facilement par la mauvaise conservation des fossiles qu'on rencontre dans cette localité ; car tous sont empâtés dans une gangue extrêmement dure, et l'on n'en pourrait dégager aucun, si par bonheur la gangue n'était calcaire et l'oursin siliceux. La figure montre les gros tubercules répartis sur les cinq aires interambulacraires, ce qui est bien un caractère des *Macropneustes*. Toutefois, le peu de profondeur des aires ambulacraires placées dans des sillons évasés pourrait faire supposer que cette espèce appartient au genre *Hypsospatangus*, Pomel. Nous ne pouvons nous prononcer, faute de documents. »

Cette indication de M. Coquand que les pétales ambulacraires sont placés dans des sillons évasés nous engage à laisser l'espèce, comme l'a fait du reste M. Gauthier, parmi les *Macropneustes*.

Résumé géologique sur les Macropneustes.

Le terrain éocène de la France nous a offert quatorze espèces de *Macropneustes*.

Six espèces appartiennent à l'Éocène moyen : *Macropneustes Deshayesi*, *minor*, *Heberti*, *tumidus*, *elongatus* et *abruptus*.

Huit espèces ont été rencontrées dans l'Éocène supérieur : *M. brissoides*, *pulvinatus*, *Pellati*, *Guillieri*, *Bouillei*, *biarritzensis*, *Baylei* et *Arnaudi*.

Le *Synopsis des Échinides fossiles*, de Desor, mentionne quinze espèces de *Macropneustes* : sur ce nombre quatre espèces, *M. Marmoræ*, *gibbosus*, *chitonosus* et *Requieni* font partie du terrain miocène. Deux espèces, *M. Meneghini* et *Ammon*, ont été placées avec raison par M. Pomel dans le genre nouveau *Hypsospatangus ;* deux espèces, *M. Prevosti* et *subovatus* (1), appartiennent au genre *Euspatangus ;* trois espèces, *M. Beaumonti*, *crassus*, *Desori*, sont étrangères au terrain éocène de la France. Restent quatre espèces, *M. Deshayesi*, *brissoides*, *pulvinatus* et *minor* dont nous avons donné la description et les figures.

Voici la diagnose des espèces assez nombreuses recueillies en dehors de la France.

Macropneustes Beaumonti, Agassiz, 1847. *Micraster Beaumonti*, Agassiz, *Catal. syst.*, *Ectyp.*, *Echinod. Musei*

(1) C'est par erreur que nous avons réuni le *M. subovatus* au *M. Dehayesi*, et que nous l'avons inscrit à la synonymie, p. 142 et 143 ; cette espèce est un véritable *Euspatangus*, décrit et figuré p. 61, pl. XIV, fig. 3-6.

neocom., p. 2, 1840. — *Macropneustes Beaumonti*, Agassiz et Desor, *Catal. rais. des Échinides*, p. 114, 1847. Espèce de moyenne taille, médiocrement renflée, arrondie, et faiblement émarginée en avant, plane en dessous. Sillon antérieur très atténué. Aires ambulacraires grêles, allongées, légèrement concaves, les antérieures presque transverses, les postérieures plus arquées. Zones porifères plus larges que l'intervalle qui les sépare. Gros tubercules nombreux, mais peu développés, s'étendant jusqu'au bord. Montecchio-Maggiore. Très rare. Éocène? École des mines de Paris.

Macropneustes crassus, Agassiz, 1847, Agassiz et Desor, *Catal. rais. des Échin.*, p. 115, 1847. — *Id.*, Desor, *Synopsis des Échin. foss.*, p. 411, 1858. — *Id.*, L. Lartet, *Géol. de la Palestine*, Ann. des sc. géol., t. III, p. 84, 1872. — De Loriol, *Monog. des Échin. contenus dans les couches num. de l'Égypte*, p. 72, pl. X, fig. 1, 1ª et pl. XI, fig. 1, 1880. Espèce de très grande taille, ovale, échancrée en avant, un peu tronquée en arrière, uniformément convexe en dessus, presque plane en dessous. Sommet ambulacraire excentrique en avant. Aire ambulacraire impaire logée dans un sillon assez profond, échancrant largement l'ambitus. Aires ambulacraires paires très longues, atteignant le pourtour, relativement étroites, logées dans des cavités très évasées. Zones porifères de même largeur que la zone interporifère. Aires ambulacraires postérieures à peine un peu plus longues que les aires antérieures. Péristome très rapproché du bord, muni d'une lèvre saillante. Périprocte grand et ovale. Tubercules rares, épars, peu développés. Fasciole étroit, à peine visible. Egypte (M. Lefebvre). Rare. Éocène. Muséum de Paris (galerie zoologique).

Macropneustes Desori, Mérian in Desor, 1857. *Euspatangus Desori*, Mérian in Desor, *Actes de la Soc. helvét. des sc. nat.*, 38me session, Porrentruy, p. 272, 1853. — *Macropneustes Desori*, Mérian in Desor, *Synops. des Échinides foss.*, p. 412, 1857. — *Id.*, Dujardin et Hupé, *Hist. nat. des Zooph. Échinod.*, p. 607, 1862. — *Id.*, de Loriol, *Descript. des Échinides tertiaires de la Suisse*, p. 125, pl. XXI, fig. 2, 1875. Espèce de taille assez forte, cordiforme, un peu échancrée en avant, rétrécie et tronquée en arrière, médiocrement renflée en dessus, presque plane en dessous. Sommet ambulacraire très excentrique en avant. Sillon antérieur nul à la face supérieure, presque abrupt sur la face antérieure, échancrant largement et profondément le bord, se prolongeant jusqu'au péristome. Aires ambulacraires paires longues, larges, peu excavées. Péristome grand, éloigné du bord. Périprocte placé au sommet de la face postérieure. Quelques gros tubercules caractéristiques se distinguent au sommet des aires interambulacraires. Fascioles non distincts. Gitzlischrætli (Schwytz). Très rare. Éocène. Musée de Zurich.

Macropneustes Antillarum (Cotteau), Pomel, 1883. *Peripneustes Antillarum*, Cotteau, *Descript. des Échin. tertiaires des îles Saint-Barthélemy et Anguilla*, p. 39, pl. VII, fig. 1-3, 1875. — *Id.*, *Échin. tertiaires des îles Saint-Barthélemy et Anguilla*, Bull. Soc. géol. de France, 3me sér., t. V, p. 126, 1876. — *Id.*, Cotteau, *Descript. des Échinides foss. de l'île de Cuba*, p. 46, 1881. — *Id.*, Cotteau, *Sur les Échin. foss. de l'île de Cuba*, Comptes rendus des séances de l'Acad. des sc., 1882. — *Macropneustes Antillarum*, Pomel, *Class. méth. et génér. des Échin. viv. et foss.*, p. 32, 1883. Espèce de très grande taille, allongée, subcordiforme, un peu rétrécie en arrière, haute et renflée dans la région antérieure, fortement déclive en arrière, presque plane en dessous. Sommet ambulacraire très excentrique en avant. Sillon antérieur commençant vers l'appareil apical, étroit à sa partie supérieure, large et profond vers l'ambitus. Aires ambulacraires paires étroites, allongées, assez fortement excavées, les antérieures très divergentes, les postérieures un peu plus longues et formant entre elles un angle aigu. Gros tubercules visiblement crénelés et perforés, se montrant à la face supérieure, aux approches du sommet et surtout en avant, sur le bord du sillon antérieur, partout très nettement limités par le fasciole péripétale. Péristome labié, semicirculaire, très excentrique en avant. Fasciole péripétale sinueux, suivant de très près le contour des aires ambulacraires. Fasciole sous-anal non distinct. Ile Saint-Barthélemy. Assez rare. Éocène. Musée d'Upsal (docteur Cleeve).

Macropneustes cubensis, Cotteau, 1875, *Descript. des Échin. tertiaires des îles Saint-Barthélemy et Anguilla*, p. 6. — *Id.*, Cotteau, *Échin. tertiaires des îles Saint-Barthélemy et Anguilla*, Bull. Soc. géol. de France, 3e sér., t. V, p. 130, 1876. — *Id.*, Cotteau, *Descript. des Échin. foss. de l'île de Cuba*, p. 48, pl. IV, fig. 7. — Espèce de grande taille, subcirculaire, arrondie et très légèrement échancrée en avant, subacuminée en arrière, haute, renflée, hémisphérique en dessus, tout à fait plane en dessous, presque tranchante sur les bords. Sommet ambulacraire subcentral, un peu rejeté en avant. Sillon antérieur nul aux approches du sommet, à peine apparent à la face supérieure, échancrant cependant l'ambitus d'une manière sensible. Aires ambulacraires paires déprimées, sans être fortement excavées, longues, étroites, descendant très bas, ouvertes à leur extrémité, les postérieures un peu plus longues que les autres. Zones porifères relativement larges. Zone interporifère très étroite. Tubercules peu distincts. Péristome très excentrique en avant, semilunaire, recouvert par une lèvre épaisse et saillante. Périprocte supramarginal, grand, transversalement ovale, s'ouvrant au sommet d'une large échancrure. Fascioles non distincts. Saint-Martin (Cuba). Très rare. Éocène. Ma collection.

3e Genre. — BRISSOPSIS, Agassiz, 1847.

Spatangus (pars), Desmarets *in* Des Moulins, 1836.
Brissopsis, Agassiz, 1840; Agassiz et Desor, 1847; Desor, 1858; Cotteau, 1863; Pomel, 1868; de Loriol, 1875; Zittel, 1879; Pomel, 1883.
Toxobrissus, Desor, 1858; Pomel, 1868 et 1883.

Test de taille moyenne, oblong, plus ou moins renflé, ordinairement un peu rétréci en avant et en arrière, médiocrement renflé en dessus, arrondi sur les bords, pulviné en dessous. Sommet central ou excentrique en avant. Sillon antérieur large, évidé. Aire ambulacraire impaire droite, différente des autres, formée de pores très petits, disposés par paires écartées. Aires ambulacraires paires excavées, à peu près égales, les antérieures écartées, les postérieures beaucoup plus rapprochées l'une de l'autre, formant ensemble, de chaque côté du sommet ambulacraire, deux arcs ou croissants plus ou moins prononcés qui se touchent par leur convexité. Les zones porifères antérieures sont en partie atrophiées dans les aires ambulacraires paires antérieures et composées, près du sommet, de pores très petits, simples, non conjugués. Dans les aires ambulacraires postérieures, c'est la zone porifère postérieure qui s'atrophie près du sommet. Tubercules fins et serrés au-dessus de l'ambitus et sur toute la face supérieure, plus gros et un peu plus espacés à la face inférieure. Péristome excentrique en avant, transversal, labié. Périprocte ovale, ouvert au sommet de la face postérieure. Appareil apical peu développé, muni de quatre pores génitaux ; la plaque madréporiforme traverse l'appareil et se prolonge en arrière. Deux fascioles, l'un péripétale et sinueux, entourant les aires ambulacraires, l'autre sous-anal, formant un anneau à la base de la face postérieure.

Rapports et différences. — Le genre *Brissopsis* est parfaitement caractérisé par sa taille ordinairement peu développée, par ses tubercules très petits et homogènes sur la face supérieure et surtout par la structure de ses aires ambulacraires paires affectant, près de l'appareil apical, la forme d'un croissant. Nous n'hésitons pas, ainsi que l'a fait M. de Loriol, dans les *Échinides tertiaires de la Suisse*, à réunir aux *Brissopsis* les *Toxobrissus*, que Desor et tout récemment M. Pomel en ont séparés. Les deux genres se relient entre eux par des intermédiaires qui ne permettent pas de maintenir les *Toxobrissus* dans la méthode. M. Pomel place dans deux genres différents le *B. lyrifera*, de la mer du Nord, et le *B. pulvinata*, de la Méditerranée, et cependant ces deux espèces, dont nous avons de nombreux exemplaires sous les yeux, ne diffèrent que par des caractères de peu d'importance, et sont souvent bien difficiles à distinguer.

Le genre *Brissopsis* commence à se montrer dans le terrain éocène ; il est assez abondant à l'époque miocène et existe encore dans les mers actuelles.

N° 43. — **Brissopsis elegans**, Agassiz, 1840

Pl. 52 et 53.

Spatangus grignonensis (non Desmarets),	Des Moulins, *Études sur les Échinides*, p. 290, 1836.
Brissopsis elegans,	Agassiz, *Catal. syst. Ectyp. foss., Echinod. Mus. neocom.*, p. 3, 1840.
— —	Agassiz et Desor, *Catal. rais. des Échin.*, p. 121, 1847.
— — (pars),	d'Archiac, *Descript. des foss. du groupe nummulitique*, Mém. Soc. géol. de France, 2e sér., t. III, p. 424, 1848.
— —	d'Orbigny, *Prod. de paléont. strat.*, t. II, p. 330, 1850.
— —	Leymerie et Cotteau, *Catal. des Échin. foss. des Pyrénées*, Bull. Soc. géol. de France, 2e sér., t. XIII, p. 339, 1856.
Toxobrissus elegans (pars),	Desor, *Synopsis des Échin. foss.*, p. 399, 1857.
— —	Dujardin et Hupé, *Hist. nat. des Zooph. Échinod.*, p. 602, 1863.
— —	Cotteau, *Échin. foss. des Pyrénées*, p. 135, 1863.
Brissopsis elegans,	Cotteau, *Échin. jurass., crét., éoc. du sud-ouest de la France*, p. 182, Ann. de la Soc. des sc. natur. de La Rochelle, 1883.
— —	Cotteau, *Échin. du terr. éocène de Saint-Palais*, p. 28, pl. VI, fig. 64-66, Ann. des sc. géol., t. XVI, 1884.
— —	Cotteau, *Sur les Échin. du terr. éocène de Saint-Palais*, p. 1, Comptes rendus des séances de l'Acad. des sciences, 1884.

Espèce de taille moyenne, oblongue, étroite et émarginée en avant, se rétrécissant un peu en arrière, ayant sa plus grande largeur vers le milieu de la longueur, à peu près au point correspondant au sommet apical. Face supérieure médiocrement renflée, épaisse sur les bords, déclive dans la région antérieure, plus haute en arrière. Face inférieure un peu bombée, plane et déprimée en avant du péristome, plus saillante dans l'aire interambulacraire. Face postérieure verticalement tronquée, rentrante en dessous. Sommet ambulacraire presque central. Sillon antérieur large, assez profond, s'étendant du sommet au péristome, échancrant l'ambitus d'une manière sensible. Aire ambulacraire impaire composée de pores petits, simples, rangés par paires obliques s'ouvrant à la base de granules arrondis, saillants, apparents, serrés, plus petits et s'espaçant un peu en se rapprochant de l'ambitus; zone interporifère partout très finement granuleuse. Aires ambulacraires paires pétaloïdes, excavées, inégales, les antérieures plus longues et un peu divergentes, les postérieures très rapprochées et beaucoup plus courtes, les unes et les autres fermées, larges surtout vers l'extrémité, s'arrondissant en demi-cercle. Zones porifères assez développées, formées de pores étroits, allongés, unis par un sillon, disposés par paires transverses que sépare un petit bourrelet finement granuleux. Ces zones porifères, de largeur égale, sont de structure différente : dans les aires ambulacraires paires antérieures, la zone porifère antérieure s'atrophie près du sommet, et les pores conjugués sont remplacés par de petits pores simples, presque microscopiques ; dans les aires ambulacraires paires postérieures, la même modification de structure se reproduit dans la zone porifère postérieure. Zone interporifère très resserrée, presque nulle. Tubercules de petite taille sur la face supérieure, si ce n'est cependant près du sommet et sur le bord du sillon antérieur, plus gros en dessous, dans la région inframarginale et sur le plastron interambulacraire, tous visiblement crénelés et perforés; granulation intermédiaire éparse, fine, inégale. Péristome excentrique en avant, semicirculaire, fortement labié. Périprocte elliptique, acuminé aux deux extrémités, s'ouvrant au sommet de la face postérieure. Appareil apical allongé, remarquable par le développement de la plaque madréporiforme qui traverse l'appareil et se prolonge en arrière; quatre pores génitaux largement ouverts, les deux antérieurs plus rapprochés que les deux autres. Fasciole péripétale large, très visible, suivant de près le contour des aires ambulacraires. Fasciole sous-anal entourant l'extrémité de la face postérieure.

Hauteur, 24 millimètres ; diamètre antéro-postérieur, 30 millimètres; diamètre transversal, 31 millimètres.

Exemplaire de taille plus petite : hauteur, 15 millimètres; diamètre antéro-postérieur, 30 millimètres; diamètre transversal, 26 millimètres.

Rapports et différences. — En 1884, dans la *Description des Échinides de Saint-Palais*, nous avons, sous le nom de *Brissopsis elegans*, donné la description d'un exemplaire de la collection d'Orbigny que nous avons considéré comme un des types les mieux caractérisés de cette espèce. Cette fois, c'est le type lui-même, déterminé par Desor, que nous avons sous les yeux. Cet exemplaire, parfaitement identique à celui que nous avons précédemment décrit, mais plus complet, provient de la collection Des Moulins et appartient au Muséum de Bordeaux; il est d'une admirable conservation et nous a permis de préciser les caractères de cette espèce, très anciennement signalée, mais souvent confondue avec d'autres *Brissopsis*. Le *B. elegans* sera toujours reconnaissable à ses aires ambulacraires, paires, larges, fortement excavées, arrondies en forme de feuille à leur extrémité, très rapprochées et formant une courbe bien prononcée, à son fasciole péripétale serrant de près les aires ambulacraires. En décrivant les *B. Raulini*, *Desercesi*, *biarritzensis*, *Delbosi*, nous indiquerons les différences qui les séparent du *B. elegans*.

Localité. — Saint-Estèphe, Blaye (Gironde). Très rare. Éocène supérieur.

Muséum de Bordeaux (coll. Des Moulins) ; Muséum de Paris (coll. d'Orbigny) ; Institut catholique (coll. Tournouer).

Explication des figures. — Pl. 52, fig. 1, *B. elegans*, du Muséum de Bordeaux, vu de côté ; fig. 2, face supérieure ; fig. 3, face inférieure ; fig. 4, région antérieure ; fig. 5, face postérieure ; fig. 6, autre exemplaire plus déprimé, du Muséum de Paris, vu de côté ; fig. 7, face supérieure. — Pl. 53, face supérieure du *B. elegans* grossie.

N° 44. — **Brissopsis Raulini**, Cotteau, 1886.

Pl. 54.

Toxobrissus elegans (pars), Cotteau, *Échinides foss. des Pyrénées*, p. 135, 1863.

Espèce de taille moyenne, allongée, étroite et émarginée en avant, se rétrécissant un peu en arrière, ayant sa plus grande largeur vers le milieu de sa longueur. Face supérieure uniformément bombée, subdéprimée, un peu renflée dans la région postérieure, épaisse sur les bords. Face inférieure légèrement convexe, saillante et subcarénée dans l'aire interambulacraire impaire. Face postérieure verticalement tronquée. Sommet ambulacraire un peu excentrique en avant. Sillon antérieur large, apparent à la face supérieure sans être profond, entamant assez fortement l'ambitus, se prolongeant très atténué à la face inférieure jusqu'au péristome. Aire ambulacraire impaire composée de pores petits, simples, rangés par paires obliques, serrées, s'espaçant un peu en se rapprochant du bord. La zone interporifère est bordée de chaque côté d'une rangée régulière de granules et remplie au milieu de granules épars, inégaux. Aires ambulacraires paires pétaloïdes, excavées, inégales, les antérieures divergentes, courtes et peu flexueuses, les postérieures sensiblement plus longues et plus rapprochées, les unes et les autres ayant une tendance à s'arrondir de chaque côté du sommet, tout en restant presque droites. Zones porifères assez larges, formées de pores étroits, très allongés, se touchant presque par la pointe, ne paraissant ni unis par un sillon, ni séparés par une bande saillante et granuleuse. Zone interporifère très étroite. Aux approches du sommet, les zones porifères antérieures des aires ambulacraires paires antérieures et les zones porifères postérieures des aires ambulacraires paires postérieures sont en partie atrophiées et se réduisent à des pores simples et microscopiques. Tubercules de petite taille, si ce n'est, cependant, près du sommet, sur le bord du sillon antérieur, dans la région inframarginale et sur le plastron interambulacraire. Péristome excentrique en avant, semicirculaire, muni d'une lèvre saillante. Périprocte elliptique, s'ouvrant au sommet de la face postérieure. Appareil apical carré, de petite dimension ; quatre pores génitaux très ouverts, les deux antérieurs moins grands et plus rapprochés que les postérieures ; plaque madréporiforme se prolongeant au delà de l'appareil. Fasciole péripétale sinueux, contournant, à une certaine distance les aires ambulacraires. Fasciole sous-anal peu distinct dans nos exemplaires.

Hauteur, 20 millimètres ; diamètre antéro-postérieur, 40 millimètres ; diamètre transversal, 29 millimètres.

Individu plus jeune : hauteur, 15 millimètres? diamètre antéro-postérieur, 27 millimètres ; diamètre transversal, 23 millimètres.

Rapports et différences. — Cette espèce, que nous avons dans l'origine considérée comme une variété de grande taille du *B. elegans*, s'en distingue très nettement par sa forme plus allongée, par sa face supérieure non déclive en avant, par sa face inférieure moins bombée, par son sillon antérieur moins profond, par ses aires ambulacraires paires antérieures plus divergentes, plus courtes, moins flexueuses, par ses aires ambulacraires paires postérieures plus allongées et aussi moins flexueuses, par ses tubercules plus gros et plus inégaux sur les bords du sillon antérieur, par son péristome un peu plus excentrique en avant, par son fasciole péripétale moins flexueux et plus éloigné du sommet des aires interambulacraires. Ce sont deux types bien distincts, et si nous avons confondu cette espèce avec le *B. elegans*, c'est parce qu'à l'époque où M. Raulin nous a communiqué ses exemplaires de Hastingues, nous ne connaissions pas encore les véritables caractères du *B. elegans*, qui n'avait jamais été ni décrit ni figuré. Par ses aires ambulacraires antérieures divergentes et formant, de chaque côté de l'appareil apical, un croissant moins accusé, cette espèce s'éloigne un peu des véritables *Brissopsis* et appartient au groupe des *Toxobrissus*. Mais ce caractère, plus ou moins prononcé, suivant les espèces, ne nous paraît pas suffisant pour maintenir deux coupes génériques qui se relient par des passages insensibles.

Localités. — Hastingues (Landes). Rare. Éocène moyen. Collections Raulin, Hébert.

Explication des figures. — Pl. 54, fig. 1, *B. Raulini*, vu de côté ; fig. 2, face supérieure ; fig. 3, face inférieure ; fig. 4, portion de la face supérieure grossie ; fig. 5, autre individu, de taille plus petite, vu sur la face supérieure.

N° 45. — **Brissopsis Desercesi**, Cotteau, 1886.

Pl. 55.

Espèce de taille moyenne, oblongue, un peu étroite et émarginée en avant, rétrécie en arrière, ayant sa plus grande largeur vers le milieu de la longueur. Face supérieure épaisse, renflée, légèrement déclive en avant, arrondie sur les bords. Face inférieure presque plane, bombée dans l'aire interambulacraire impaire. Face postérieure tronquée un peu obliquement. Sommet ambulacraire excentrique en avant. Sillon antérieur assez apparent à la face supérieure, entamant l'ambitus, atténué et presque nul aux approches du péristome. Aire ambulacraire impaire droite, formée de petits pores serrés; zone interporifère granuleuse. Aires ambulacraires paires excavées, larges, de dimension à peu près égale, les antérieures divergentes, les postérieures plus rapprochées, plus flexueuses, fermées à leur extrémité, les unes et les autres, mais les aires postérieures surtout, s'arrondissant de chaque côté de l'appareil apical. Zones porifères bien développées, formées de pores étroits, allongés, unis par un sillon et séparés par de petites bandes de test granuleuses et saillantes. Zone interporifère presque nulle. Aux approches du sommet, les zones porifères antérieures des aires ambulacraires antérieures paires et les zones porifères postérieures des aires ambulacraires paires postérieures sont en partie atrophiées et se réduisent à de petits pores simples. Tubercules fins, serrés, homogènes sur toute la face supérieure, augmentant un peu de volume au sommet des aires interambulacraires et sur le bord du sillon antérieur, plus gros, plus régulièrement disposés à la face inférieure, dans la région inframarginale et sur le plastron interambulacraire. Granules épars, inégaux, peu abondants. Péristome excentrique en avant, semicirculaire. Périprocte assez étendu, arrondi, un peu elliptique, s'ouvrant au sommet de la face postérieure. Appareil apical à peine distinct. Fasciole péripétale large, apparent, sinueux, un peu éloigné du contour des aires ambulacraires. Fasciole sous-anal entourant l'extrémité de la face postérieure.

Nous rapportons à cette espèce un individu jeune, recueilli par M. Croizier à Marmissan (Gironde) ; il s'éloigne du type par sa forme moins épaisse en arrière, par son sommet ambulacraire moins excentrique en avant, par ses aires ambulacraires un peu moins divergentes, par son fasciole péripétale serrant de plus près les aires ambulacraires; cependant il en présente bien la physionomie, et c'est au *B. Desercesi* que nous avons cru devoir le réunir de préférence au *B. elegans*, dont il se rapproche également.

Hauteur 20 millimètres; diamètre antéro-postérieur, 32 millimètres 1/2; diamètre transversal, 27 millimètres.

Rapports et différences. — Cette espèce, au premier aspect, présente quelques rapports avec le *B. elegans*; elle s'en éloigne par sa taille un peu moins forte, par sa forme moins longue, moins acuminée et tronquée plus carrément en arrière, par son sommet ambulacraire plus excentrique en avant, par son sillon antérieur moins profond et plus atténué près du péristome, par ses aires ambulacraires paires plus égales, les antérieures moins flexueuses, plus divergentes et plus courtes, par ses tubercules moins développés au sommet des aires interambulacraires et sur le bord du sillon antérieur, par son péristome, moins distant du bord, par son périprocte plus arrondi, par son fasciole péripétale plus éloigné du contour des aires ambulacraires; ce dernier caractère et la divergence plus prononcée des aires ambulacraires antérieures rapprochent cette espèce du *B. Raulini*, mais elle s'en distingue d'une manière positive par sa forme beaucoup moins allongée, par sa face supérieure plus renflée et plus haute en arrière, par son sommet ambulacraire moins excentrique en avant, par ses aires ambulacraires plus excavées et ses tubercules moins développés près du sommet et sur les bords du sillon antérieur.

Localité. — Vertheuil, Marmissan (Gironde), très rare. Éocène supérieur.

Collections Deserces, Croizier.

Explication des figures. — Pl. 55, fig. 1, *B. Desercesi* de la collection de M. Deserces, vu de côté; fig. 2, face supérieure; fig. 3, face inférieure; fig. 4, face postérieure; fig. 5, aires ambulacraires postérieures et fasciole grossis; fig. 6, pores ambulacraires plus fortement grossis; fig. 7, autre exemplaire plus jeune, de la collection de M. Croizier, vu de côté; fig. 8, face supérieure; fig. 9, face inférieure.

N° 46. — **Brissopsis biarritzensis**, Cotteau, 188

Pl. 56, 57 et 58, fig. 1-3.

Toxobrissus elegans (non Desmarets)	Comte de Bouillé, *Paléont. de Biarritz et de quelques autres localités des Basses-Pyrénées*, p. 7, 1873.
— —	Comte de Bouillé, *Paléont. de Biarritz et de quelques autres localités des Basses-Pyrénées*, p. 39, 1876.
Brissopsis biarritzensis,	Cotteau, *Échin. du terrain éocène de Saint-Palais*, Ann. des sc. géol., t. XVI, 2e art., p. 30, 1884.

Espèce de taille moyenne, oblongue, un peu étroite et émarginée en avant, rétrécie en arrière, ayant sa plus grande largeur vers le milieu de la longueur. Face supérieure uniformément bombée, subdéprimée, partout de même hauteur, épaisse sur les bords. Face inférieure presque plane, légèrement renflée et subnoduleuse dans l'aire interambulacraire impaire. Face postérieure tronquée, paraissant un peu rentrante. Sommet ambulacraire presque central, subexcentrique en avant. Sillon antérieur profond, large, évasé à la face supérieure, se rétrécissant vers l'ambitus qu'il entame fortement, s'atténuant en dessous et disparaissant avant d'arriver au péristome. Aire ambulacraire impaire composée de pores simples, petits, rangés par paires obliques, s'ouvrant à la base de granules saillants, assez serrés près du sommet et s'espaçant au fur et à mesure qu'ils s'en éloignent. Aires ambulacraires paires fortement excavées, inégales, les antérieures un peu divergentes, flexueuses, s'élargissant en forme de feuille, assez étendues, fermées à leur extrémité, les postérieures plus courtes, beaucoup plus rapprochées se confondant presque à leur partie supérieure, les unes et les autres s'arrondissant de chaque côté de l'appareil apical. Zones porifères assez larges, formées de pores étroits, très allongés, unis par un sillon à peine apparent et séparés par de petites bandes de test très peu saillantes. Zone interporifère fort peu développée, presque nulle aux approches du sommet. Les zones porifères antérieures des aires ambulacraires paires antérieures sont en partie atrophiées et se réduisent, près du sommet, à de petits pores simples. Tubercules fins, serrés, homogènes sur toute la face supérieure, si ce n'est au sommet des aires interambulacraires et sur le bord du sillon antérieur, plus gros, plus régulièrement disposés à la face inférieure, dans la région inframarginale et sur le plastron interambulacraire; des granules délicats, épars, occupent l'espace intermédiaire. En dessous, les aires ambulacraires paraissent lisses et sont en réalité couvertes de petits granules très atténués. Péristome excentrique en avant, semicirculaire, pourvu d'une lèvre saillante. Périprocte à fleur de test, elliptique, acuminé à ses deux extrémités, s'ouvrant au sommet de la face postérieure. Appareil apical muni de quatre pores génitaux, les deux antérieurs plus rapprochés que les deux autres; la plaque madréporiforme, très étroite, traverse l'appareil et se prolonge en arrière. Fasciole péripétale large, très visible, sinueux, suivant de très près le contour des aires ambulacraires. Fasciole sous-anal entourant l'extrémité de la face postérieure, paraissant bordé d'une série de fins granules.

Hauteur, 20 millimètres; diamètre antéro-postérieur, 40 millimètres; diamètre transversal, 34 millimètres.

Individu de taille plus petite : hauteur, 16 millimètres; diamètre antéro-postérieur, 30 millimètres; diamètre transversal, 25 millimètres.

Nous connaissons cette espèce à différents âges et représentée par plus de vingt individus de taille très variable : tous se font remarquer par l'uniformité de leurs caractères. En raison de sa fragilité, le test est souvent comprimé, brisé; les aires ambulacraires paires postérieures se rapprochent, se confondent, et les aires antérieures paires se réduisent à de simples sillons étroits et profonds.

Rapports et différences. — Confondue avec le *B. elegans*, cette espèce s'en distingue par sa forme plus étroite, par sa face supérieure moins renflée, moins déclive en avant, par son sillon antérieur se rétrécissant plus sensiblement vers l'ambitus, par ses aires ambulacraires paires moins larges, plus resserrées, les postérieures plus rapprochées et tendant à se confondre à leur partie supérieure, par son fasciole péripétale suivant de plus près les aires ambulacraires, par son péristome plus excentrique en avant.

Localités. — Lou Cout, Villa Eugénie près Biarritz (Basses-Pyrénées). Assez commun. Éocène supérieur (zone inférieure).

Collection du comte de Bouillé, Pellat, Degrange-Touzin, ma collection.

Explication des figures. — Pl. 56, fig. 1, *B. biarritzensis*, de la collection du comte de Bouillé, vu de côté; fig. 2, face supérieure; fig. 3, face inférieure; fig. 4, portion de la face supérieure grossie. — Pl. 57, fig. 1, autre exemplaire de taille plus petite, de la collection du comte de Bouillé, vu de côté; fig. 2, face supérieure; fig. 3, face inférieure; fig. 4, face antérieure; fig. 5, face postérieure; fig. 6, portion de la face postérieure grossie. — Pl. 58, fig. 1, exemplaire plus jeune, de ma collection, vu de côté; fig. 2, face supérieure; fig. 3, face inférieure.

N° 47. — **Brissopsis Chaperi**, Cotteau, 1886.

Pl. 58, fig. 4-7.

Espèce de taille moyenne, oblongue, émarginée en avant, un peu dilatée au milieu, subacuminée en arrière, ayant sa plus grande largeur vers le milieu de la longueur, à peu près au point correspondant au sommet apical. Face supérieure à peine renflée. Face inférieure presque plane, légèrement bombée et subacuminée dans l'aire interambulacraire impaire. Face postérieure tronquée, paraissant un peu rentrante. Sommet ambulacraire presque central. Sillon antérieur large, peu profond, s'étendant du sommet à l'ambitus, disparaissant aux approches du péristome. Aire ambulacraire impaire composée de pores petits, simples, rangés par paires obliques, s'espaçant un peu en s'éloignant du sommet. Aires ambulacraires paires pétaloïdes, médiocrement excavées, presque égales, les antérieures subflexueuses, un peu divergentes, les postérieures très rapprochées, plus flexueuses, de même longueur, les unes et les autres fermées, larges surtout vers l'extrémité, s'arrondissant en demi-cercle. Zones porifères bien développées, composées de pores oblongs, transverses. Zone interporifère très resserrée, presque nulle. Aux approches du sommet, les zones porifères antérieures des aires ambulacraires paires antérieures et les zones porifères postérieures des aires ambulacraires paires postérieures sont atrophiées et se réduisent à de petits pores simples. Péristome labié, étroit, semicirculaire, très excentrique en avant. Les tubercules, le périprocte et les fascioles ne sont pas visibles dans les exemplaires assez frustes que nous avons sous les yeux.

Hauteur, 18 millimètres; diamètre antéro-postérieur, 48 millimètres; diamètre transversal, 39 millimètres.

Rapports et différences. — Cette espèce nous a paru ne pouvoir être réunie à aucun des *Brissopsis* que nous connaissons; elle se rapproche du *B. elegans*, mais elle s'en éloigne par sa taille plus forte, plus allongée, par sa face supérieure plus déprimée, par ses aires ambulacraires relativement plus longues, par son péristome plus rapproché du bord antérieur. Sa forme allongée lui donne également quelque ressemblance avec le *B. Raulini;* cette dernière espèce s'en distingue, cependant, par sa forme plus étroite, par sa face supérieure plus épaisse, par son sillon antérieur plus apparent aux approches du péristome, et par ses aires ambulacraires paires antérieures plus divergentes.

Localité. — Allons (Basses-Alpes). Très rare. Éocène supérieur.

École des mines de Paris (M. Chaper).

Explication des figures. — Pl. 58, fig. 4, *B. Chaperi*, vu de côté; fig. 5, face supérieure; fig. 6, autre exemplaire, vu sur la face inférieure; fig. 7, appareil apical et aire ambulacraire paire antérieure grossis.

N° 48. — **Brissopsis oblonga** Agassiz, 1847.

Brissopsis oblonga, Agassiz et Desor, *Catal. rais. des Échin.*, p. 121, 1847.
— — Sismonda *in* Bellardi, *Catal. rais. des foss. numm. du Comté de Nice*, Mém. Soc. géol. de France, 2e sér., t. IV, p. 268, pl. XXI, fig. 10, 1851.
— — Pictet, *Traité de paléont.*, 2e éd., t. IV, p. 204, 1857.
— — Desor, *Synopsis des Échin. foss.*, p. 379, 1858.
— — Dujardin et Hupé, *Hist. nat. des Zooph. Échinod.*, p. 598, 1852.

Les échantillons de cette espèce qui nous ont été communiqués par le Musée de Turin sont tellement frustes, il est si difficile d'y reconnaître les caractères de l'espèce et même du genre que nous devons nous borner à reproduire la description donnée par Sismonda dans le Mémoire de Bellardi.

« Le caractère distinctif de cette espèce gît dans la forme de son pourtour, car le *Briss. oblonga* est proportionnellement le plus long, le plus étroit, le plusc ylindrique du genre. Ses ambulacres qui convergent presque au sommet, considérés aussi proportionnellement, sont courts, larges et logés dans des lacunes peu profondes; l'étoile qu'ils forment est entourée de très près par le fasciole péripétale flexueux, propre à ce genre d'oursin. Aire interambulacraire impaire carénée. Base bombée. Bord antérieur aminci. Anus presque rond, situé à la pointe supérieure du bord postérieur, en correspondance de la carène dorsale. Bouche transversale, labiée, rapprochée du bord antérieur. Tubercules crénelés, plus abondants et plus développés sur la base que sur le dos. »

LOCALITÉ. — La Palaréa, fontaine Jarrier (Alpes-Maritimes). Rare. Éocène moyen.

Collections Vanden Hecke, Perez.

N° 49. — **Brissopsis contracta**, Desor, 1847.

Brissopsis contracta, Agassiz et Desor, *Catal. rais. des Échinides*, p. 121, 1847.

— — Sismonda *in* Bellardi, *Catal. rais. des foss. numm. du Comté de Nice*, Mém. Soc. géol. de France, 2e sér., t. I, p. 269, pl. XXI, fig. 12, 1851.

— — Pictet, *Traité de paléont.*, 2e éd., t. IV, p. 204, 1857.

— — Desor, *Synopsis des Échin. foss.*, p. 380, 1858.

— — Dujardin et Hupé, *Hist. nat. des Zooph. Échinod.*, p. 598, 1862.

Il en est de cette espèce comme de la précédente : les échantillons que nous avons sous les yeux, bien qu'ils nous aient été envoyés par le Musée de Turin, sont trop frustes pour que nous puissions en donner la description et même reconnaître le genre auquel ils appartiennent. Nous nous bornons à reproduire la description de Sismonda.

« Espèce très voisine du *B. oblonga*, mais en général

de plus petite taille, moins effilée, moins cylindrique et avec la base par conséquent moins renflée. J'ajouterai encore que les ambulacres pairs antérieurs sont tant soit peu plus fléchis, et que le sillon antérieur est plus profond; ce qui donne à l'oursin une figure subcordiforme, mais toutes ces légères modifications en plus ou en moins sont si fugaces qu'il serait peut-être plus raisonnable de considérer cette espèce comme une simple variété du *B. oblonga*.

LOCALITÉ. — Palaréa, Puget-Théniers (Alpes-Maritimes). Rare. Éocène moyen.

Collection du Musée de Turin, collection Perez.

N° 50. — **Brissopsis Menippes**, Sismonda, 1871.

Brissopsis Menippes, Sismonda *in* Bellardi, *Catal. rais. des foss. numm. du Comté de Nice*, Mém. Soc. géol. de France, 2e sér., t. IV, p. 269, pl. XXI, fig. 13, 1851.

Nous ne connaissons aucun échantillon de cette espèce et la figure donnée par Sismonda *in* Bellardi est tellement mauvaise et incomplète qu'il nous a paru inutile de la reproduire. Nous nous bornons à copier la description de l'auteur.

« Cet oursin rappelle la forme du *Brissopsis Genei* (*Schizaster Genei*. E. Sismonda, *Monog. Echin. foss. Piémont*, p. 24, pl. 1, fig. 4-8), du terrain tertiaire moyen. Cependant, avec un examen attentif, on arrive très facilement à distinguer ces espèces l'une de l'autre, car le disque, dans le *B. Genei*, est plus allongé et moins orbiculaire, l'étoile ambulacraire mieux développée, les ambulacres paires antérieurs plus longs. Au reste, le *B. Menippes* est caractérisé par un test suborbiculaire, subcordiforme, comprimé par dessus et par dessous. Ambulacres proportionnellement courts, à pores réunis, logés dans des sillons évasés, arrondis à l'extrémité extérieure. Ambulacres pairs postérieurs fort courts et rapprochés de l'axe longitudinal, les pairs antérieurs plus longs et plus divergents. Fasciole péripétale sinueux et très marqué. Sommet ambulacraire central et enfoncé. Anus marginal. Bouche labiée et située près du bord antérieur. Tubercules petits, crénelés, nombreux, soit sur le dos soit à la base. »

LOCALITÉ. — Roque-Esteron près Puget-Théniers, etc. (Alpes-Maritimes). Rare. Éocène moyen.

Musée de Turin.

Résumé géologique sur les Brissopsis.

Le terrain éocène de France nous a offert huit espèces de *Brissopsis* :

Cinq de ces espèces : *B. Raulini*, *Desercesi*, *oblonga*, *contracta* et *Menippes* appartiennent au terrain éocène moyen.

Trois espèces seulement, *B. elegans*, *Chaperi* et *biarritzensis*, se rencontrent dans l'éocène supérieur (zone inférieure).

Le Synopsis de Desor mentionne sept espèces éocènes faisant partie des genres *Brissopsis* et *Toxobrissus*, que nous réunissons. Trois de ces espèces, *B. elegans*, *oblonga* et *contracta* ont été décrites dans notre travail; le *B. decliva* est un *Cyclaster;* le *B. Alarici*, un *Hemiaster:* deux espèces,

B. angusta et *obliquata*, sont étrangères à la France.

Nous allons donner la diagnose de ces deux espèces et des autres *Brissopsis* éocènes rencontrés en dehors de notre région :

Brissopsis angusta, Desor, 1847, *in* Agassiz et Desor, *Catal. rais. des Échin.*, p. 121. — *Id.*, Desor, *Synopsis des Échin. foss.*, p. 379, 1858. — *Id.*, Lartet, *Essai sur la géol. de la Palestine*, Ann. sc. géol., t. III, p. 84, 1872. — *Id.*, de Loriol, *Monog des Échin. numm. de l'Égypte*, Mém. Soc. de phys. et hist. nat. de Genève, t. XXVIII, 1re partie, p. 105, pl. VII, fig. 9, 1880. Espèce allongée, étroite, un peu échancrée et tronquée carrément en avant, rétrécie et obliquement tronquée en arrière, arrondie au pourtour. Face supérieure déclive et presque plane en avant, relevée dans la région postérieure. Face inférieure convexe, renflée sur le plastron. Sommet ambulacraire très excentrique en avant. Sillon antérieur large, peu profond au sommet, plus accentué près du bord et se prolongeant jusqu'au péristome. Aires ambulacraires paires faiblement écartées, divergentes, presque d'égale longueur. Zone interporifère plus large que l'une des zones porifères. Péristome très éloigné du bord antérieur. Périprocte grand, largement ovale, ouvert au sommet de la face postérieure. Appareil apical muni de trois pores génitaux seulement. Fascioles non distincts. Égypte (M. Lefebvre). Éocène. Muséum de Paris (galerie zoologique).

Brissopsis obliquata (Grant), Desor, 1858. — *Spatangus obliquatus*, Grant, *Transact. geol. soc.*, 2e série, t. V, pl. XXIV, fig. 22. — *Brissopsis obliquata*, Desor, *Synopsis des Échin. foss.*, p. 381, 1858. Espèce ovoïde, renflée, tronquée obliquement en arrière, de manière que le périprocte est complètement visible d'en haut, à peu près comme dans le *B. lyrifera.* Sommet ambulacraire excentrique en avant. Fasciole hexagone, très flexueux. Baboa-Hill, province de Cutch. Éocène (groupe nummulitique).

Brissopsis loginensis (Dames), Cotteau, 1886. — *Metalia loginensis*, Dames, *Die Echiniden der vicentin. und veron. Tertiærablag.*, p. 69, pl. VI, fig. 3, 1877. Espèce de taille assez forte, oblongue, arrondie et un peu émarginée en avant, rétrécie et subtronquée en arrière. Sommet ambulacraire presque central. Sillon antérieur étroit, assez profond, entamant légèrement l'ambitus. Aires ambulacraires antérieures pétaloïdes, formant un double croissant, les antérieures divergentes, les postérieures plus flexueuses, un peu plus longues, plus rapprochées, se touchant et se confondant par le sommet. Tubercules fins et homogènes à la face supérieure, plus gros et plus espacés en dessous. Péristome semicirculaire. Fasciole péripétale suivant de très près le contour des aires ambulacraires. Fasciole sous-anal bien distinct. Le genre *Metalia*, tel que nous le comprenons, est voisin des *Brissus*, et renferme des espèces à sommet excentrique en avant, à aires ambulacraires paires antérieures très divergentes; il diffère, ainsi que Gray l'admettait lui-même, des véritables *Brissopsis*, auquel nous réunissons l'espèce qui nous occupe et la suivante. Lonigo, Mont'Orso. Rare. Éocène supérieur.

Brissopsis eurystoma (Dames), Cotteau, 1886. — *Metalia eurystoma*, Dames, *Die Echiniden der vicentin. und veron. Tertiærablag.*, p. 68, pl. VII, fig. 5, *a*, *b*, *c*, 1877. Espèce allongée, émarginée et rétrécie en avant, tronquée en arrière, légèrement renflée, déclive dans la région antérieure, remarquable en dessous par la saillie de l'aire interambulacraire impaire, ayant sa plus grande épaisseur dans la partie postérieure. Sommet apical excentrique en avant. Sillon antérieur large, bien distinct. Aires ambulacraires paires pétaloïdes, les antérieures divergentes, les postérieures plus rapprochées, les unes et les autres très peu arrondies vers le sommet. Zone interporifère étroite, mais bien apparente. Tubercules assez gros sur les bords du sillon ambulacraire et près des aires ambulacraires paires, fins, serrés, homogènes sur toute la face supérieure, plus développés en dessous. Péristome semicirculaire, labié, un peu éloigné du bord. Quatre pores génitaux. Fasciole péripétale et sous-anal. Par la disposition de ses aires ambulacraires, cette espèce s'éloigne un peu des *Brissopsis*, mais elle s'en rapproche par tous ses autres caractères. S. Giovanni Ilarione (Vicentin). Rare. Éocène moyen.

Brissopsis Lorioli (Bittner), Cotteau, 1886. — *Toxobrissus Lorioli*, Bittner, *Beiträge Zur Kenntniss alttertiärer Echinidenfaunen der Sudalpen*, p. 60, pl. IV, fig. 7 et 8, 1880. Espèce de taille moyenne, allongée, émarginée et un peu rétrécie en avant, verticalement tronquée en arrière, arrondie sur les bords, pulvinée en dessus, renflée à la face inférieure, dans l'aire interambulacraire impaire. Sommet ambulacraire presque central, un peu rejeté en avant. Sillon antérieur profond, entamant l'ambitus et se prolongeant en s'atténuant jusqu'au péristome. Aires ambulacraires paires fortement excavées, sensiblement arrondies en forme de croissant, inégales, les postérieures un peu plus longues que les autres. Zone interporifère très étroite, presque nulle. Péristome semicirculaire, labié, assez éloigné du bord. Périprocte transverse, placé au sommet de la face postérieure. Fasciole péripétale très flexueux. S. Giovanni Ilarione (Vicentin). Rare. Éocène moyen. Geol. Reichsanstalt.

Brissopsis bruxellensis, Cotteau, 1880. — *Descript. des Échin. tert. de la Belgique*, p. 55, pl. IV, fig. 25-28. — *Id.*, Cotteau, *Sur les Échin. des terrains tert. de la Belgique*, p. 1, Comptes rendus des séances de l'Acad. des sc., 1880. — *Id.*, Cotteau, *Échin. tert. de Belgique*, Bull. Soc. géol. de France, 3e série, t. IX, p. 215, 1881. Espèce de taille moyenne, oblongue, échancrée et subcordiforme en avant, légèrement rétrécie dans la région antérieure et dans la région postérieure, subdéprimée en dessus, plane en dessous, seulement un peu bombée dans la partie qui correspond à l'aire interambulacraire impaire. Sommet ambulacraire subcentral. Sillon antérieur étroit, profond, caréné sur les bords. Aires ambulacraires paires excavées, subflexueuses, inégales, les antérieures sensiblement plus longues que les postérieures; les unes et les autres s'arrondissent un peu, de chaque côté du sommet, en forme de croissant. Zones porifères composées de pores oblongs, presque égaux. Zone interporifère très étroite. Péristome semicirculaire, labié, très excentrique en avant. Périprocte arrondi, s'ouvrant au sommet de la face postérieure. Dieghem Forest (Belgique). Très rare. Éocène. Musée de Bruxelles.

Brissopsis sufflatus, Duncan and Sladen, 1884. — *Monog. of the Echinoid. of Sind*, p. 203, pl. XXXV, fig. 17-24, 1884. Espèce de taille moyenne, allongée, rétrécie et émarginée en avant, verticalement tronquée en arrière, uniformément bombée en dessus, presque plane en dessous, à l'exception de l'aire interambulacraire un peu excentrique en avant. Sillon antérieur bien prononcé, renflé sur les bords, s'élargissant en se rapprochant de l'ambitus. Aires ambulacraires paires pétaloïdes, sensiblement excavées, presque égales, arrondies en forme de croissant. Zone interporifère très étroite, presque nulle. Péristome un peu éloigné du bord, semicirculaire, labié. Fasciole péripétale peu sinueux. Karothur, huit milles à l'est-nord-est de Júngsháhi. Éocène, couches de Khirthar.

Les sept espèces dont nous venons de donner la diagnose élèvent à quinze le nombre des *Brissopsis* éocènes que nous connaissons.

4e Genre. — LINTHIA, Mérian, 1853.

Spatangus (pars),	Lamark, 1816; Deslongchamps, 1824.
Hemiaster (pars),	Desor *in* Agassiz et Desor, 1847; Sorignet, 1850; d'Orbigny, 1850.
Desoria (non Ag.).	Gray, 1851.
Linthia,	Mérian, 1853; Desor, 1858; Schauroth, 1867; de Loriol, 1875; Cotteau, 1877; Pomel, 1883.
Periaster (pars),	d'Orbigny, 1856; Desor, 1857; Ooster, 1865.
Tripylus (pars),	Pomel, 1883.

Test de grande, moyenne et petite taille, ovale, cordiforme, échancré en avant, subacuminé et tronqué en arrière, plus ou moins renflé à la face supérieure, presque plan en dessous. Sommet ambulacraire excentrique en avant. Sillon antérieur plus ou moins large, toujours apparent. Aire ambulacraire antérieure droite, formée de pores très petits, séparés ordinairement par de légers renflements granuliformes, disposés par paires écartées. Aires ambulacraires longues, plus ou moins divergentes, fortement excavées. Zones porifères égales dans chaque aire et composées de pores à peu près égaux. Tubercules crénelés, mamelonnés et perforés, inégaux, toujours plus développés à la face inférieure. Péristome labié, très excentrique en avant. Périprocte longitudinal ou transverse, s'ouvrant au sommet de la face postérieure. Appareil apical peu développé, muni de quatre plaques génitales perforées; la plaque madréporiforme traverse les plaques génitales et ocellaires et se prolonge au delà de l'appareil. Fasciole péripétale flexueux, rapproché des aires ambulacraires. Fasciole latéro-sous-anal se détachant derrière les aires ambulacraires paires antérieures et s'infléchissant fortement sur la face postérieure pour passer au-dessous du périprocte.

Le genre *Linthia*, nombreux en espèces, se subdivise en deux groupes assez bien caractérisés par la forme du périprocte tantôt transverse et tantôt longitudinal. Cette dernière forme du périprocte correspond le plus souvent à un sommet ambulacraire plus central. Ce caractère cependant n'est pas constant, et chez certaines espèces, notamment chez le *L. Pomeli*, de Saint-Palais, le périprocte est longitudinal, et le sommet ambulacraire n'en est pas moins très excentrique en avant. Aussi nous n'avons attaché à cette variation du périprocte chez le *Linthia* qu'une importance secondaire, et au lieu d'établir un genre particulier pour les espèces à périprocte longitudinal, nous les avons considérées comme formant un simple groupe dans le genre *Linthia*.

Rapports et différences. — Le genre *Periaster*, établi par d'Orbigny, en 1854, pour des espèces crétacées à double fasciole péripétale et latéro-sous-anal, a été considéré, dans ces derniers temps, par plusieurs auteurs comme devant être réuni au genre *Linthia*. M. Pomel a reconnu que ces deux genres différaient essentiellement par la structure de leur appareil apical : chez les *Periaster*, la plaque madréporiforme, tout en pénétrant dans l'intérieur de l'appareil, ne se prolonge pas au delà des deux plaques ocellaires postérieures, tandis que chez les *Linthia* cette même plaque traverse tout l'appareil et s'étend au delà même des plaques. Ce caractère est constant et d'autant plus important à constater que jusqu'ici toutes les espèces de *Periaster* sont crétacées, tandis que les espèces du genre *Linthia* sont tertiaires ou appartiennent à l'époque actuelle. Par la présence d'un double fasciole, le genre *Linthia* offre beaucoup de ressemblance avec les *Schizaster*. Ce dernier genre, cependant, sera toujours reconnaissable à son sommet apical le plus souvent excentrique en arrière, à ses aires ambulacraires paires plus flexueuses, à ses aires ambulacraires postérieures plus courtes, à ses aires interambulacraires ordinairement plus resserrées et plus saillantes autour du sommet, à ses pores presque toujours plus nombreux dans l'aire ambulacraire impaire.

M. Pomel, tout en maintenant dans la méthode le genre *Linthia*, et en lui laissant, comme type, *L. insignis*, Mérian, place la plupart des espèces fossiles, que les auteurs ont rapportées aux *Linthia*, dans le genre *Tripylus*, Gray. Nous préférons conserver ces espèces dans le genre *Linthia*, dont elles présentent bien les caractères essentiels, et réserver le nom de *Tripylus* aux espèces vivantes dont l'appareil apical est central et muni de trois pores génitaux seulement, au lieu de quatre. Le genre *Protenaster* (*Desoria*, Gray, non Agassiz), dont le sommet ambulacraire est très excentrique en avant et l'appareil apical muni de quatre pores génitaux, nous paraît devoir être réuni aux *Linthia* dont il ne diffère que par son sillon antérieur moins prononcé.

Le genre *Linthia* commence à se montrer dans le terrain éocène et y atteint le maximum de son développement; il est assez abondant à l'époque miocène et existe encore, mais beaucoup plus rare, dans les mers actuelles.

N° 51. — **Linthia subglobosa** (Lamarck), Desor, 1858.

Pl. 59 et 60.

Spatangus subglobosus (non Linné),	Lamarck, *Animaux sans vertèbres*, t. III, p. 33 (excl. syn.), 1816.
— —	Deslongchamps, *Encycl. méth.*, p. 689 (excl. syn. et icon.), 1824.
— —	Dujardin *in* Lamarck, *Hist. nat. des animaux sans vertèbres*, 2e éd., t. III, p. 330 (excl. syn.), 1840.
Hemiaster subglobosus,	Desor *in* Agassiz et Desor, *Catal. rais. des Échin.*, p. 124, 1847.
— —	d'Orbigny, *Prod. de paléont. strat.*, p. 398, 1850.
— —	Sorignet, *Oursins foss. de deux arrondissements du dép. de l'Eure*, p. 55, 1850.
Hemiaster orbicularis,	Sorignet, *id.* p. 57, 1850.
Hemiaster subglobosus,	Caillaud, *Aperçu sur les terrains tert. inf. des communes de Campbon, Arthon, etc., dans le département de la Loire-Inférieure*, Bull. Soc. géol. de France, 2e sér., t. XIII, p. 42, 1856.
Periaster subglobosus (pars),	Desor, *Synopsis des Échin. foss.*, p. 385, 1858.
— —	Goubert, *Quelques mots sur l'étage*

	éocène moyen dans le bassin de Paris, Bull. Soc. géol. de France, 2e sér., t. XVII, p. 147, 1859.
Periaster subglobosus,	Dujardin et Hupé, *Hist. nat. des Zooph. Echinod.*, p. 599, 1862.
Linthia subglobosa,	Schauroth, *Verz. der Petrefact. der Coburger Sammlungen*, p. 194, 1865.
Periaster subglobosus.	L. Lartet, *Essai sur la géol. de la Palestine*, p. 84, Ann. des sc. géol., t. III, 1872.
Micraster chaumontianus,	Quenstedt, *Petrefactenkunde Deutschlands, Echiniden*, p. 664, pl. 88, fig. 37, 1875.

Espèce de taille assez forte, subcirculaire, aussi large que longue, arrondie et échancrée en avant, rétrécie et subtronquée en arrière. Face supérieure renflée, plus ou moins élevée, uniformément bombée, quelquefois subconique, légèrement carénée et rétrécie dans l'aire interambulacraire impaire. Face inférieure presque plane, à peine déprimée autour du péristome et faiblement renflée dans la région postérieure, épaisse et arrondie au pourtour. Sommet ambulacraire un peu excentrique en avant, variant légèrement dans sa position. Sillon antérieur large, profond, entamant fortement l'ambitus, se prolongeant jusqu'au péristome. Aire ambulacraire impaire formée de petits pores simples, placés très près les uns des autres, séparés par un petit renflement granuliforme, disposés par paires obliques, serrées près du sommet, s'espaçant au fur et à mesure qu'elles descendent vers le bord. Aires ambulacraires paires droites, longues, linéaires, assez larges, très profondément excavées, ouvertes à leur extrémité, inégales, les antérieures très divergentes, presque transverses, les postérieures plus rapprochées et sensiblement plus courtes. Zones porifères larges, égales, formées de pores ovales, de même dimension, unis par un sillon, séparés par une petite côte granuleuse, disposés par paires transverses, au nombre de vingt-cinq à trente, suivant la taille, dans les aires ambulacraires antérieures, et de dix-neuf à vingt-quatre dans les aires postérieures. Zone interporifère bien distincte, un peu moins large que l'une des zones porifères. Aires interambulacraires paraissant renflées et saillantes, en raison de la profondeur des aires ambulacraires. Tubercules crénelés, perforés et finement mamelonnés, inégaux, fins, serrés et homogènes sur presque toute la face supérieure, un peu plus gros sur les bords du sillon ambulacraire, autour du sommet et à la face inférieure, notamment sur le plastron. Péristome excentrique en avant, un peu éloigné du bord, étroit, semicirculaire, labié. Périprocte transversalement ovale, s'ouvrant au tiers de la face postérieure. Appareil apical allongé, muni de quatre pores génitaux, les deux antérieurs plus rapprochés que les deux autres ; plaque madréporiforme traversant l'appareil et se prolongeant à peine au delà des deux plaques ocellaires postérieures. Fasciole péripétale assez large, sinueux, s'avançant profondément dans les aires interambulacraires. Fasciole latéro-sous-anal se détachant du fasciole péripétale à peu de distance des aires ambulacraires antérieures, et descendant obliquement, de chaque côté, pour passer sous le périprocte.

Cette espèce éprouve plusieurs variations qu'il importe de signaler : non seulement sa taille est plus ou moins forte, mais sa face supérieure varie dans sa forme, d'ordinaire régulièrement bombée, quelquefois légèrement conique. Le sommet ambulacraire, dans certains exemplaires, est presque central; chez d'autres, il est sensiblement rejeté en avant. La face inférieure est tantôt tout à fait plane, tantôt un peu renflée en arrière et déprimée autour du péristome. Les zones porifères varient aussi dans leur largeur comparée à celle de la zone interporifère ; ces différences ont peu d'importance et se relient par des passages insensibles.

Hauteur, 28 millimètres ; diamètre antéro-postérieur, 40 millimètres ; diamètre transversal, 41 millimètres et demi.

Individu de grande taille : hauteur, 29 millimètres ; diamètre antéro-postérieur et diamètre transversal, 55 millimètres.

Rapports et différences. — Malgré les variétés qu'elle présente, cette espèce est bien caractérisée par sa forme subcirculaire, trapue, épaisse et renflée, par son sommet ambulacraire peu excentrique en avant, par son sillon antérieur très prononcé, par ses aires ambulacraires paires profondément excavées. En décrivant les espèces voisines du *L. subglobosa*, nous indiquerons les caractères par lesquels elles en diffèrent.

Histoire. — Lamarck a le premier mentionné cette espèce, sous le nom de *Spatangus subglobosus*, mais il a eu le tort de lui réunir l'espèce figurée par Klein sous le même nom, qui n'est autre que l'*Holaster subglobosus*, dont les aires ambulacraires sont superficielles, au lieu d'être profondément excavées. Desor a fait cesser cette confusion, en séparant nettement les deux types dans le *Catalogue raisonné des Échinides*. Placée successivement dans les genres *Hemiaster* et *Periaster*, cette espèce peut être considérée comme un des types les mieux caractérisés du genre *Linthia*. M. de Loriol, dans la *Description des Échinides tertiaires de la Suisse*, réunit au *L. subglobosa* les exemplaires assez nombreux de *Linthia* qu'on rencontre dans certaines localités du canton de Schwitz. Notre savant ami est revenu depuis sur cette opinion : dans sa *Monographie des Échinides contenus dans les couches nummulitiques de l'Égypte*, p. 112, il reconnaît que les deux espèces sont bien distinctes, et donne aux exemplaires des Alpes, que caractérise la structure toute différente de leurs aires ambulacraires, le nom de *L. Ybergensis*.

Localités. — Grignon, Auvers, Chaussy (Seine-et-Oise); Fours, Civières, Beauregard, Fontenay (Eure) ; Arthon (Loire-Inférieure). Assez commun. Éocène moyen (calcaire grossier).

École des mines de Paris, collection de la Sorbonne, Institut catholique (l'abbé Sorignet), collection du marquis de Raincourt, ma collection.

Explication des figures. — Pl. 59, fig. 1, *L. subglobosa*, de la collection de la Sorbonne, vu de côté ; fig. 2, face supérieure ; fig. 3, face inférieure ; fig. 4, région antérieure ; fig. 5, région postérieure ; fig. 6, appareil apical et portion de l'aire ambulacraire antérieure paire, grossis; fig. 7, aire ambulacraire postérieure grossie. — Pl. 60, fig. 1, exemplaire de grande taille, de la collection de l'École des mines, vu de côté ; fig. 2, face supérieure ; fig. 3, autre exemplaire, variété conique, de la collection de la Sorbonne, vu de côté ; fig. 4, moule intérieur, du calcaire grossier d'Arthon, de ma collection, vu sur la face supérieure.

N° 52. — **Linthia inflata** (Desor), Cotteau, 1886.

Pl. 61 et pl. 62, fig. 1 et 2.

Hemiaster inflatus, Desor in Agassiz et Desor, *Catal. rais. des Échin.*, p. 124, 1847.

— — d'Orbigny, *Prod. de paléont. strat.*, t. II, p. 398, 1850.

— — Pictet, *Traité de paléont.*, 2e édit., t. IV, p. 198, 1857.

Periaster inflatus, Desor, *Synopsis des Échin. foss.*, p. 386, 1858.

Tripylus inflatus, Pomel, *Classif. méth. et genera des Échin. vivants et foss.*, p. 36, 1883.

T. V. (type de l'espèce).

Espèce de taille assez forte, subcirculaire, un peu plus large que longue, arrondie et échancrée en avant, rétrécie et tronquée en arrière. Face supérieure renflée, élevée, tombant d'une manière abrupte en avant, plus bombée et plus doucement déclive sur les côtés et dans la région postérieure. Face inférieure subpulvinée, un peu déprimée autour du péristome, faiblement renflée dans l'aire interambulacraire impaire. Face postérieure verticalement tronquée. Sommet ambulacraire très excentrique en avant. Sillon antérieur étroit et légèrement indiqué près du sommet, s'élargissant et se creusant, sans cependant devenir très profond, au fur et à mesure qu'il se rapproche de l'ambitus, se prolongeant en s'atténuant jusqu'au péristome. Aire ambulacraire impaire formée de pores simples, très petits, disposés par paires obliques serrées près du sommet, beaucoup plus espacées en descendant vers le bord antérieur, s'ouvrant dans de petites fossettes vers le bord externe des plaques; l'aire ambulacraire est garnie de granules fins, serrés, inégaux. Aires ambulacraires paires droites, longues, linéaires, assez étroites, médiocrement excavées et à peine ouvertes à leur extrémité, inégales, les antérieures très divergentes, presque transverses, les postérieures arquées et sensiblement plus courtes. Zones porifères égales, relativement peu développées, formées de pores arrondis, unis par un sillon, séparés par une petite bande granuleuse, disposés par paires transverses, au nombre de vingt-cinq ou vingt-six dans les aires antérieures, et de vingt et un ou vingt-deux dans les aires postérieures. Comme toujours, les pores deviennent beaucoup plus petits, presque microscopiques, aux approches du sommet. Zone interporifère bien distincte, déprimée, paraissant lisse, presque aussi large que l'une des zones porifères, se rétrécissant à la base et au sommet. Tubercules très petits, crénelés, parfois subscrobiculés, serrés et homogènes sur presque toute la face supérieure, un peu plus gros autour du sommet et à la face inférieure, sur les aires interambulacraires. Péristome excentrique en avant, assez rapproché du bord, étroit, subcirculaire, labié. Périprocte transversalement ovale, s'ouvrant à peu près vers le sommet de la troncature postérieure. Appareil apical subquadrangulaire, muni de quatre pores génitaux largement ouverts, les deux antérieurs plus rapprochés que les deux autres; la plaque madréporiforme traverse l'appareil, sans cependant se prolonger au delà des deux plaques ocellaires postérieures. Fasciole péripétale bien distinct, assez large, anguleux, s'avançant dans les aires interambulacraires. Fasciole latéro-sous-anal se détachant du fasciole péripétale à peu de distance des aire ambulacraires antérieures et descendant obliquement, de chaque côté, pour passer sous le périprocte.

Hauteur, 33 millimètres; diamètre antéro-postérieur, 43 millimètres; diamètre transversal, 45 millimètres.

Rapports et différences. — Cette belle espèce, mentionnée depuis 1847 par Agassiz et Desor et placée successivement dans les genres *Hemiaster* et *Periaster*, n'avait jamais été ni décrite ni figurée. L'ensemble de ses caractères la sépare nettement de ses congénères. Voisine, au premier aspect, du *L. subglobosa*, elle en diffère par sa forme plus haute, plus renflée, plus rapidement déclive dans la région antérieure, plus uniformément bombée en arrière et sur les côtés, par son sommet ambulacraire plus excentrique en avant, par son sillon antérieur plus large et plus évasé près de l'ambitus, par ses aires ambulacraires paires situées dans des excavations plus étroites et moins profondes, par ses aires interambulacraires moins saillantes autour du sommet, par son péristome un peu moins éloigné du bord, par son périprocte relativement plus grand et s'ouvrant vers le sommet de la face postérieure, qui est sensiblement plus haute.

Localités. — Environs de Paris. Très rare. Éocène moyen.

Muséum de Paris (galerie zoologique).

Explication des figures. — Pl. 61, fig. 1, *L. inflata*, vu de côté ; fig. 2, face supérieure ; fig. 3, face inférieure ; fig. 4, appareil apical et portion des aires ambulacraires grossis. — Pl. 62, fig. 1, le même exemplaire, vu sur la face antérieure ; fig. 2, face postérieure.

N° 53. — **Linthia pomum** (Desor), Cotteau, 1886.

Pl. 62, fig. 3 et 4; pl. 63, 64 et 65, fig. 1-3.

Hemiaster pomum, Desor *in* Agassiz et Desor, *Catal. rais. des Échin.*, p. 125, 1847.
Pericosmus pomum, Desor, *Synopsis des Échin. foss.*, p. 397, 1858.
— — Dujardin et Hupé, *Hist. nat. des Zooph.*, *Échin.*, p. 599, 1862.
— — Bonissent, *Essai géolog. sur le dép. de la Manche*, p. 319, 1870.

Espèce de grande taille, un peu plus longue que large, arrondie en avant et en arrière, émarginée par le sillon antérieur. Face supérieure haute, partout très renflée, ayant sa plus grande épaisseur en arrière du sommet apical. Face inférieure légèrement bombée, très arrondie sur les bords, déprimée en avant du péristome. Face postérieure étroite, renflée, à peine tronquée. Sommet ambulacraire excentrique en avant et cependant éloigné du bord. Sillon antérieur large, médiocrement profond, s'étendant depuis le sommet jusqu'au péristome, entamant d'une manière sensible l'ambitus. Aire ambulacraire impaire partout de même largeur, formée de petits pores simples logés dans des fossettes subcirculaires, partout régulièrement espacés. L'aire ambulacraire, finement granuleuse, paraît dépourvue de petits tubercules. Aires ambulacraires paires droites, longues, larges, ouvertes à leur extrémité, placées dans des excavations bien développées et profondes, inégales, les aires antérieures très divergentes, presque transverses, beaucoup plus longues que les postérieures qui sont sensiblement arquées. Zones porifères égales entre elles, formées de pores ovales, largement ouverts, unis par un sillon, séparés par une bande granuleuse, disposés par paires écartées, au nombre de trente-deux au moins dans les aires antérieures, et de vingt-huit ou vingt-neuf dans les aires postérieures. Zone interporifère déprimée, paraissant lisse, à peu près de même largeur que l'une des zones porifères. Tubercules crénelés, perforés, scrobiculés, petits, plus ou moins serrés, homogènes, augmentant un peu de volume sur les bords du sillon ambulacraire, autour du sommet et à la face inférieure. Granulation fine et abondante, occupant l'espace intermédiaire entre les tubercules, et remplissant la face inférieure, sauf les aires ambulacraires postérieures. Aires interambulacraires renflées et très saillantes autour du sommet. Péristome excentrique en avant, semicirculaire, labié. Périprocte transverse, s'ouvrant au milieu de la face postérieure. Appareil apical muni de quatre pores génitaux largement ouverts, les deux antérieurs plus rapprochés que les deux autres ; la plaque madréporiforme traverse l'appareil et se prolonge au delà des deux plaques ocellaires postérieures. Fasciole péripétale large, anguleux, pénétrant profondément dans les aires interambulacraires. Fasciole latéro-sous-anal se détachant du fasciole péripétale à peu de distance de l'aire ambulacraire paire antérieure et descendant obliquement pour passer sous le périprocte.

Exemplaire de grande taille, type de l'espèce : hauteur, 51 millimètres ; diamètre antéro-postérieur, 70 millimètres ; diamètre transversal, 66 millimètres.

Exemplaire de taille moyenne : hauteur, 43 millimètres ; diamètre antéro-postérieur, 55 millimètres ; diamètre transversal, 55 millimètres et demi.

Individu jeune : hauteur, 26 millimètres; diamètre antéro-postérieur et diamètre transversal, 33 millimètres.

Rapports et différences. — Le *L. pomum*, remarquable par sa forme arrondie et renflée, par son sommet éloigné du bord, par ses aires ambulacraires situées dans des excavations longues et profondes, par ses aires interambulacraires saillantes autour du sommet, ne saurait être confondu avec aucune autre espèce de *Linthia*.

Histoire. — Cette espèce, bien qu'elle ait été depuis longtemps signalée par les auteurs, n'a jamais été ni décrite et figurée. Placée successivement dans les genres *Hemiaster* et *Pericosmus*, elle appartient certainement au genre *Linthia*, en raison de son double fasciole, péripétale et latéro-sous-anal. Les auteurs ont été longtemps en désaccord sur le niveau stratigraphique que le *L. pomun* doit occuper. Placée par Michelin, Desor et Bonissent dans l'étage danien (craie à baculites), cette espèce a été rapportée par M. Hébert au terrain tertiaire qu'on rencontre à Orglandes, au-dessus de la craie à baculites, et nous nous rangeons d'autant plus facilement à cette opinion, que le genre *Linthia* peut être considéré jusqu'ici comme spécial au terrain tertiaire.

Localités. — Orglandes, Fresville (Manche). Assez rare. Éocène moyen.

Collection de l'École des mines de Paris, Musée de Cherbourg (coll. Bonissent), coll. Hébert, Bigot, ma collection.

Explication des figures. — Pl. 62, fig. 3, *L. pomum*, de la collection de M. Hébert, vu de côté ; fig. 4, appareil apical et portion des aires ambulacraires, grossis. — Pl. 63, fig. 1, *L. pomum*, de la collection de M. Bigot, vu de côté; fig. 2, face inférieure; fig. 3, face postérieure; fig. 4, plaques ambulacraires prises aux approches du péristome, grossies; fig. 5, portion de fasciole et tubercules de la face supérieure, grossis; fig. 6, tubercules pris sur la face inférieure, grossis. — Pl. 64, fig. 1, exemplaire de grande taille, de la collection de l'École des mines, vu sur la face supérieure; fig. 2, exemplaire de petite taille, du Musée de Cherbourg, vu de côté; fig. 3, face supérieure; fig. 4, face inférieure. — Pl. 65, fig. 1, variété un peu allongée, de l'École des mines, vue sur la face supérieure; fig. 2, aire ambulacraire impaire grossie; fig. 3, aire ambulacraire paire postérieure grossie.

N° 54. — **Linthia Bonissenti**, Cotteau, 1886.

Pl. 65, fig. 4-6.

Espèce de taille moyenne, un peu allongée, subcordiforme, fortement échancrée en avant, subacuminée et tronquée en arrière. Face supérieure haute, renflée, tombant abruptement en avant, déclive sur les côtés, plus relevée et subcarénée dans la région postérieure, ayant sa plus grande épaisseur en arrière du sommet apical. Face inférieure presque plane, déprimée en avant, arrondie sur les bords. Face postérieure étroite, subtriangulaire, verticalement tronquée. Sommet ambulacraire excentrique en avant. Sillon antérieur large, profond, entamant fortement l'ambitus, subnoduleux sur les bords, se prolongeant jusqu'au péristome. Aires ambulacraires paires étroites, profondément excavées, inégales, les antérieures très divergentes, presque transverses, plus longues que les aires postérieures qui sont sensiblement arquées. Les aires ambulacraires sont fermées à leur extrémité et la zone interporifère paraît très étroite. Aires interambulacraires saillantes et resserrées près du sommet. Péristome excentrique en avant, semilunaire, labié. Malheureusement, dans notre exemplaire unique, le test manque presque partout, et le moule intérieur ne laisse voir ni les tubercules ni l'appareil apical ni les fascioles.

Hauteur, 30 millimètres ; diamètre antéro-postérieur et transversal, 40 millimètres.

Rapports et différences. — Cette espèce se rencontre associée au *L. pomum;* elle nous a paru s'en distinguer d'une manière positive par son sommet plus excentrique en avant, par sa face supérieure moins régulièrement bombée, plus abrupte en avant, plus rapidement déclive sur les côtés, plus carénée dans la région postérieure, par sa face inférieure plus plane, par sa région anale tronquée plus carrément et moins arrondie, par son sillon antérieur plus profond vers l'ambitus, par ses aires ambulacraires plus étroites.

Localité. — Orglandes (Manche). Très rare. Éocène moyen.

Musée de Cherbourg (coll. Bonissent).

Explication des figures. — Pl. 65, fig. 4, *L. Bonnissenti*, vu de côté ; fig. 5, face supérieure ; fig. 6, face inférieure.

N° 55. — **Linthia Ducrocqui**, Cotteau, 1883.

Pl. 66.

Linthia Ducrocqui, Cotteau, *Échin. jurass., crét., éoc. du sud-ouest de la France*, p. 178. Ann. de la Soc. des sc. nat. de la Rochelle, 1883.

— — Cotteau, *Échin. du terrain éocène de Saint-Palais*, p. 27, pl. VI, fig. 60-62, Ann. des sc. géol., t. XVI, art. 2, 1884.

— Cotteau, *Sur les Échin. du terrain éocène de Saint-Palais*, p. 3, Comptes rendus des séances de l'Acad. des sciences, 1884.

Espèce de taille moyenne, ovoïde, un peu plus longue que large, rétrécie et fortement émarginée en avant, subtronquée et légèrement rentrante en arrière. Face supérieure assez haute, rapidement déclive et subgibbeuse en avant, bombée régulièrement sur les côtés, carénée dans la région postérieure, ayant sa plus grande hauteur en arrière du sommet apical et sa plus grande largeur à la moitié de sa longueur. Face inférieure presque plane, légèrement arrondie sur les bords, renflée dans l'aire interambulacraire impaire, subdéprimée en avant du péristome. Sommet ambulacraire presque central, un peu excentrique en avant. Sillon antérieur large, évasé, très profond, entamant fortement l'ambitus et s'étendant du sommet au péristome, renflé et subcaréné sur les bords. Aire ambulacraire impaire large, droite, formée de pores petits, simples, disposés par paires obliques, espacées ; le milieu de l'aire ambulacraire est finement granuleux et présente çà et là quelques petits tubercules inégaux. Aires ambulacraires paires excavées, inégales, linéaires, obtusément fermées à leur extrémité, les aires antérieures divergentes, presque transverses, plus longues que les aires postérieures qui sont beaucoup plus arquées. Zones porifères assez larges, formées de pores oblongs, presque égaux entre eux, unis par un sillon, disposés par paires transverses. Zone interporifère étroite, moins large que l'une des zones porifères. Aires interambulacraires saillantes et resserrées près du sommet. Tubercules abondants, inégaux, petits et serrés à la face supérieure, plus gros sur les bords du sillon antérieur, autour du sommet et à la face inférieure. Péristome rapproché du bord antérieur, semilunaire, fortement labié. Périprocte relativement de grande dimension, longitudinal, acuminé à ses deux extrémités, s'ouvrant au sommet de la troncature postérieure. Appareil apical un peu allongé, muni de quatre pores génitaux. Fasciole péripétale anguleux, longeant d'assez près les aires ambulacraires. Fasciole latéro-sous-anal se détachant à peu de distance de l'extrémité de l'aire ambulacraire antérieure paire, descendant obliquement sous le périprocte.

Hauteur, 20 millimètres; diamètre antéro-postérieur, 28 millimètres ; diamètre transversal, 27 millimètres.

Rapports et différences. — Cette espèce ne saurait être confondue avec *L. carentonensis*, dont la taille est à peu près la même, et qu'on rencontre dans le même gisement : elle s'en distingue par sa forme un peu plus allongée, par son sommet ambulacraire moins excentrique en avant, par son sillon antérieur plus large, plus profond, plus anguleux sur les bords, par sa face postérieure plus élevée et plus sensiblement carénée, par ses aires ambulacraires moins longues et moins divergentes, par son périprocte plus développé et longitudinal, au lieu d'être transverse. Le *L. Ducrocqui* se rapproche davantage du *L. Raulini*; cette dernière espèce, cependant, sera toujours reconnaissable à sa face supérieure plus haute, plus renflée, plus fortement carénée en arrière, à ses aires ambulacraires plus saillantes et plus resserrées autour du sommet. Ces différences se remarquent surtout chez les individus jeunes et de même taille que le *L. Ducrocqui*.

Localité. — Saint-Palais (Charente-Inférieure). Assez rare. Éocène moyen.

Collections Raulin, Degrange-Touzin, Croizier, ma collection (M. Ducrocq).

Explication des figures. — Pl. 66, fig. 1, *L. Ducrocqui*, de ma collection, vu de côté; fig. 2, face supérieure; fig. 3, face inférieure; fig. 4, face antérieure; fig. 5, face postérieure; fig. 6, appareil apical et portion de la face supérieure grossis.

N° 56. — **Linthia carentonensis**, Cotteau, 1883.

Pl. 67 et 73, fig. 1-4.

Linthia carentonensis, Cotteau, *Échin. jurass., crét., éoc. du sud-ouest de la France*, p. 178, Annales de la Soc. des sc. nat. de La Rochelle. 1883.

— Cotteau, *Échin. du terrain éocène de Saint-Palais*, p. 25, pl. V, fig. 57-59, Annales des sc. géol., t. XVI, art. n° 2, 1884.

— — Cotteau, *Sur les Échin. du terrain éocène de Saint-Palais*, p. 3, Comptes rendus des séances de l'Acad. des sc., 1884.

Espèce de petite taille, subcirculaire, un peu plus large que longue, arrondie et émarginée en avant, subtronquée en arrière. Face supérieure élevée, subgibbeuse et brusquement déclive en avant, renflée sur les côtés et en arrière, ayant sa plus grande hauteur en avant de l'appareil apical et sa plus grande largeur vers le milieu de sa longueur. Face inférieure presque plane, arrondie sur les bords, un peu déprimée en avant du péristome. Sommet ambulacraire excentrique en avant. Sillon antérieur large, renflé sur les côtés, se prolongeant du sommet au péristome. Aire ambulacraire impaire étroite près du sommet, s'élargissant en descendant vers l'ambitus, formée de pores simples, très petits, disposés par paires obliques et espacées. Aires ambulacraires paires excavées, allongées, linéaires, inégales, les aires antérieures très divergentes, presque transverses, plus longues que les aires postérieures, qui sont sensiblement arquées, les unes et les autres fermées à leur extrémité. Zones porifères assez larges, composées de pores oblongs, disposés par paires transverses. Zone interporifère très étroite, presque nulle. Tubercules abondants, inégaux, petits et serrés à la face supérieure, plus gros sur les bords du sillon antérieur, autour du sommet, et à la face inférieure dans la région inframarginale, autour du péristome et sur le plastron interambulacraire. Péristome très excentrique en avant, étroit, semilunaire, muni d'une lèvre saillante, s'ouvrant à la base du sillon antérieur. Périprocte petit, transverse, anguleux, placé au sommet de la troncature postérieure. Appareil apical muni de quatre pores génitaux, les deux antérieurs un peu plus rapprochés que les deux autres; la plaque madréporiforme traverse l'appareil. Les fascioles péripétale et latéro-sous-anal ne sont pas visibles sur les deux exemplaires qui ont servi de type à l'espèce. Chez un individu de plus forte taille que nous a récemment communiqué M. Degrange-Touzin, nous avons reconnu les traces des deux fascioles.

Nous rapportons à cette espèce trois exemplaires recueillis à Blaye par M. Delbos ; ils sont à l'état de moule intérieur, mais présentent parfaitement les caractères du type : forme subcirculaire, arrondie et émarginée en avant, subtronquée en arrière; sommet très excentrique en avant, médiocrement creusé; aire ambulacraire impaire munie de pores rangés par paires espacées; aires ambulacraires paires inégales, les antérieures très divergentes, linéaires, les postérieures plus courtes et plus rapprochées; péristome placé près du bord; périprocte anguleux, transverse; appareil apical muni de quatre pores génitaux. Chez les exemplaires de Blaye, les aires ambulacraires paires postérieures paraissent relativement un peu plus longues, mais cette différence, du reste peu sensible, ne nous a pas paru suffisante pour caractériser une espèce particulière.

Hauteur, 16 millimètres et demi ; diamètre antéro-postérieur, 24 millimètres; diamètre transversal, 25 millimètres.

Rapports et différences. — Cette espèce est remarquable par sa petite taille, par son sommet très excentrique en avant, par ses pores petits et largement espacés dans l'aire ambulacraire impaire, par ses aires ambulacraires paires antérieures longues, linéaires, presque transverses, par ses aires paires postérieures arquées, beaucoup plus courtes, formant entre elles un angle aigu, par son péristome rapproché du bord, par son périprocte transverse et anguleux.

Localités. — Saint-Palais (Charente-Inférieure); Blaye (Gironde). Assez rare. Éocène moyen.

Collection Ducrocq, Raulin, Degrange-Touzin, Faculté des sciences de Nancy (Coll. Delbos), ma collection.

Explication des figures. — Pl. 67, fig. 1, *L. carantonensis*, de ma collection, vu de côté; fig. 2, face supérieure; fig. 3, face inférieure; fig. 4, face antérieure; fig. 5, portion de la face supérieure grossie; fig. 6, autre exemplaire, de taille plus forte, de la collection de M. Raulin, vu sur la face supérieure; fig. 7, face postérieure. — Pl. 73, fig. 1, moule intérieur, de Blaye (carrière de la Douane), de la collection de la Faculté des sciences de Nancy, vu de côté; fig. 2, face supérieure; fig. 3, face inférieure; fig. 4, face postérieure.

N° 57. — **Linthia Pomeli**, Cotteau, 1886.

Pl. 68, fig. 1-3.

Espèce de taille moyenne, un peu plus longue que large, rétrécie et fortement émarginée en avant, subtronquée en arrière. Face supérieure haute, renflée, brusquement déclive et subgibbeuse en avant, bombée sur les côtés, saillante et carénée dans la région postérieure, ayant sa plus grande hauteur en arrière du sommet apical et sa plus grande largeur vers la moitié de sa longueur. Face inférieure presque plane, arrondie sur les bords. Face postérieure subverticalement tronquée. Sommet ambulacraire très excentrique en avant. Sillon antérieur large, évasé, profond, se prolongeant en s'atténuant jusqu'au péristome, renflé et subcaréné sur les bords. Aire ambulacraire impaire droite, formée de pores petits, simples, disposés par paires obliques et serrées. Aires ambulacraires paires étroites, très excavées, linéaires, un peu ouvertes à leur extrémité, longues, inégales, les antérieures très divergentes, presque transverses, les aires postérieures plus arquées et plus étendues. Zones porifères assez larges, composées de pores ovales, les externes plus allongés que les autres, unis par un sillon, séparés par une petite bande granuleuse, disposés par paires transverses, au nombre de vingt-sept environ dans les aires paires antérieures, et de trente dans les aires postérieures. Zone interporifère étroite, déprimée, granuleuse, moins large que l'une des zones porifères. Aires interambulacraires saillantes et très resserrées aux approches du sommet. Tubercules fins, serrés, abondants, homogènes sur toute la face supérieure, un peu plus gros sur les bords du sillon ambulacraire et près du périprocte. Péristome rapproché du bord antérieur. Périprocte grand, longitudinal, s'ouvrant au sommet de la troncature postérieure. Appareil apical étroit, peu développé, muni de quatre pores génitaux, à peu près également espacés ; la plaque madréporiforme traverse l'appareil, mais ne paraît pas se prolonger au delà des plaques ocellaires postérieures. Fasciole péripétale anguleux, visible seulement sur certains points ; le fasciole latéro-sous-anal n'est pas distinct.

Hauteur, 21 millimètres ; diamètre antéro-postérieur, 29 millimètres ; diamètre transversal, 25 millimètres.

Rapports et différences. — Nous ne connaissons de cette espèce qu'un seul exemplaire, mais il se distingue nettement de ses congénères. Il diffère du *L. Ducrocqui* avec lequel on le rencontre associé dans la riche localité de Saint-Palais, par son sommet ambulacraire plus excentrique en avant, par ses aires ambulacraires beaucoup plus longues, notamment par ses aires postérieures qui descendent plus bas que les autres, tandis que, chez le *L. Ducrocqui*, elles sont beaucoup plus courtes que les aires antérieures; par ses aires interambulacraires plus saillantes et plus resserrées autour du sommet. L'excentricité du sommet ambulacraire tend à rapprocher l'espèce qui nous occupe du *L. carentonensis*, qui appartient au même gisement et à la même localité, mais cette dernière espèce s'en éloigne très nettement par sa taille plus petite, par sa forme beaucoup moins allongée, par ses aires ambulacraires moins étendues, surtout les aires postérieures, par ses aires interambulacraires moins saillantes et enfin par son péristome transverse, au lieu d'être longitudinal.

Localité. — Saint-Palais (Charente-Inférieure). Très rare. Éocène moyen.

Collection Pomel.

Explication des figures. — Pl. 68, fig. 1, *L. Pomeli*, vu de côté; fig. 2, face supérieure; fig. 3, appareil apical et portion de la face supérieure grossis.

N° 58. — **Linthia Raulini**, Cotteau, 1886.

Pl. 68, fig. 4-7 et pl. 69.

Periaster Raulini, Cotteau, *Échin. foss. des Pyrénées*, p. 123, 1863.

— — Tournouer, *Recensement des Échinod. du calcaire à Astéries*, p. 31, pl. XVII, fig. 4 et 5, Actes de la Soc. linnéenne de Bordeaux, t. XXVII, 1870.

C. 68.

Espèce de taille moyenne, un peu plus longue que large, rétrécie et fortement échancrée en avant, tronquée verticalement en arrière. Face supérieure haute, renflée, très rapidement déclive en avant et sur les côtés, marquée, dans la région postérieure, d'une carène atténuée qui partage l'aire interambulacraire impaire et se prolonge jusqu'au périprocte, ayant sa plus grande épaisseur en arrière du sommet apical. Face inférieure presque plane, arrondie sur les bords, légèrement bombée au milieu, un peu déprimée en avant du péristome. Sommet ambulacraire excentrique en avant. Sillon antérieur large, profond, anguleux, subcaréné sur les bords, s'étendant du sommet au péristome. Aire ambulacraire impaire droite, s'élargissant un peu en se rapprochant de l'ambitus, formée de pores petits, simples, séparés par un renflement granuliforme très apparent, disposés par paires obliques et serrées. Le milieu de l'aire ambulacraire est finement granuleux et présente çà et là de petits tubercules. Aires ambulacraires paires assez fortement excavées, moins profondes, cependant, que le sillon antérieur, longues, étroites, linéaires, presque fermées à leur extrémité, inégales, les antérieures très divergentes et plus étendues que les postérieures, qui sont sensiblement arquées. Zones porifères assez larges, égales entre elles, composées de pores ovales, les externes plus allongés que les autres, unis par un sillon, séparés par un petit bourrelet transverse et granuleux. Zone interporifère étroite, déprimée, paraissant lisse, beaucoup moins développée que l'une des zones porifères. Tubercules finement crénelés et perforés, scrobiculés, abondants, inégaux, très petits et serrés à la face supérieure, plus gros et plus espacés sur les bords du sillon antérieur, dans la région inframarginale, à la face inférieure, et surtout à la face inférieure, dans l'aire interambulacraire impaire, où ils forment des séries obliques très régulières. Péristome rapproché du bord, semilunaire, muni d'une lèvre saillante. Périprocte elliptique dans le sens du diamètre antéro-postérieur, s'ouvrant aux deux tiers de la face postérieure, au point où se termine la carène interambulacraire. Appareil apical muni de quatre pores génitaux largement ouverts, les deux antérieurs plus rapprochés que les deux autres; la plaque madréporiforme, resserrée par les autres plaques génitales, traverse l'appareil et se prolonge un peu en arrière. Fasciole péripétale anguleux, sinueux, serrant de près les aires ambulacraires. Fasciole latéro-sous-anal étroit, oblique, passant sous le périprocte.

Hauteur, 30 millimètres; diamètre antéro-postérieur, 40 millimètres; diamètre transversal, 37 millimètres.

Exemplaire de taille moyenne : hauteur, 25 millimètres; diamètre antéro-postérieur, 34 millimètres; diamètre transversal, 31 millimètres.

Individu jeune : hauteur, 18 millimètres; diamètre antéro-postérieur, 27 millimètres; diamètre transversal, 25 millimètres.

Rapports et différences. — Cette espèce est bien caractérisée par sa forme allongée, par sa face supérieure très renflée, par la profondeur de son sillon antérieur, par son sommet excentrique en avant, sans que cependant ce caractère soit très prononcé, par son périprocte allongé dans le sens du diamètre antéro-postérieur.

Localité. — Hastingues (Landes). Assez commun. Éocène moyen.

Collection Raulin, collection de la Sorbonne.

Explication des figures. — Pl. 68, fig. 4, *L. Raulini*, individu jeune, de la collection de M. Raulin, vu de côté; fig. 5, face supérieure; fig. 6, face inférieure; fig. 7, face postérieure. — Pl. 69, fig. 1, aire ambulacraire impaire, prise sur un individu jeune, de la collection de M. Raulin, grossie; fig. 2, aire ambulacraire antérieure; fig. 3, aire ambulacraire postérieure; fig. 4, individu de grande taille, type de l'espèce, de la collection de M. Raulin, vu de côté; fig. 5, face supérieure; fig. 6, face inférieure; fig. 7, périprocte.

N° 59. — **Linthia insignis**, Merian, 1853.

Pl. 70.

Escheria insignis,	Merian in Desor, *Archives des sc. phys. et nat. de Genève*, t. XXIV, p. 143, 1853.
Linthia insignis,	Merian in Desor, *Notice sur les Échinides*, Acta soc. helvet. sc. nat., 38e session, Porrentruy, 1853.
— —	Pictet. *Traité élément. de paléont.*, 2e édit., t. IV, p. 199, 1856.
— —	Desor, *Synopsis des Échin. foss.*, p. 395, pl. XLIII, fig. 9, 1857.
— —	Dujardin et Hupé, *Hist. nat. des Zooph. Échinod.*, p. 599, 1862.
— —	O Heer, *Die Urwelt der Schweiz*, p. 255, 1865.
— —	Ooster, *Synopsis des Échin. des Alpes suisses*, p. 111, 1865.
— —	De Loriol, *Descript. des Échin. tertiaires de la Suisse*, p. 101, pl. XV, fig. 1, pl. XVI, fig. 1, pl. XVII, fig. 1-2, 1875.
— —	Pomel, *Classific. méth. et genera des Échin. vivants et foss.*, p. 36, 1883.

Espèce de très grande taille, dilatée, subcordiforme, arrondie et échancrée en avant, un peu acuminée en arrière. Face supérieure plus ou moins renflée, quelque fois fortement relevée au sommet ambulacraire, bombée en avant, subdéclive en arrière, tronquée et rentrante dans la région postérieure. Face inférieure presque plane, déprimée en avant du péristome, légèrement renflée sur l'aire interambulacraire impaire. Sommet ambulacraire excentrique en avant. Sillon antérieur atténué près du sommet, devenant bientôt abrupt et profond, renflé sur les bords, entamant fortement l'ambitus et se prolongeant jusqu'au péristome. Aires ambulacraires paires très longues, relativement étroites, droites, à peine un peu recourbées à leur extrémité, inégales; les aires antérieures divergentes et plus étendues que les autres, qui sont beaucoup plus rapprochées. Les aires ambulacraires paires et impaire sont remplies d'une roche très dure, et la structure des zones porifères et interporifères n'est pas visible. Tubercules partout très petits, serrés, homogènes. Péristome excentrique en avant, rapproché du bord, situé à l'extrémité du sillon antérieur. Le périprocte, l'appareil apical et les fascioles ne sont pas visibles dans l'exemplaire que nous avons sous les yeux.

Hauteur, 70 millimètres; longueur, 120 millimètres; largeur, 125 millimètres.

Rapports et différences. — Nous ne connaissons, provenant de la France, qu'un seul exemplaire de cette belle espèce : bien que sa conservation laisse beaucoup à désirer, nous n'avons pas hésité à le figurer, car il présente parfaitement les caractères du type du terrain nummulitique de la Suisse, et il est intéressant de retrouver dans les Pyrénées cette espèce, l'une des plus caractéristiques du terrain éocène des Alpes. Notre échantillon est remarquable par sa grande taille. Contrairement à ce qui a lieu dans les exemplaires de la Suisse, son diamètre transversal est un peu plus large que le diamètre antéro-postérieur. Le *L. insignis* se distingue de ses congénères par sa taille énorme, par son sillon antérieur abrupt, profond, échancrant fortement l'ambitus et se prolongeant jusqu'au péristome, par la longueur et l'étroitesse de ses aires ambulacraires, par la petitesse de ses tubercules, par son péristome très excentrique en avant, par son fasciole péripétale serrant de près les aires ambulacraires et pénétrant très profondément dans les aires interambulacraires. Le *L. insignis*, comme le fait remarquer M. de Loriol, offre quelque ressemblance avec le *L. blombergensis*, grande espèce des couches nummulitiques de la Bavière. Cette dernière espèce, cependant, paraît s'en éloigner par ses aires ambulacraires paires un peu moins longues, par son sommet ambulacraire un peu plus excentrique en avant et par son fasciole péripétale s'avançant moins profondément dans les aires interambulacraires.

Localité. — Le Peyrat (Ariège). Très rare. Éocène moyen.

Collection de Loriol (M. Massat).

Localités autres que la France. — Blangg, Sauerbrunn, Gschwænd, Heikenfluhi, environs d'Yberg (canton de Schwytz). Éocène nummulitique.

Explication des figures. — Pl. 70, *L. insignis* vu sur la face supérieure.

N° 60. — **Linthia Rousseli**, Cotteau, 1886.

Pl. 71 et 72.

Espèce de grande taille, subcordiforme, arrondie, un peu rétrécie et émarginée en avant, dilatée au milieu, plus étroite et tronquée en arrière. Face supérieure renflée, assez uniformément bombée, plus élevée et plus brusquement déclive en avant, verticalement tronquée dans la région postérieure. Face inférieure presque plane, déprimée en avant du péristome, à peine arrondie sur les bords, légèrement saillante sur l'aire interambulacraire postérieure. Sommet ambulacraire subcentral, un peu rejeté en avant. Sillon antérieur commençant au-dessus de l'appareil apical, se creusant assez vite, renflé sur les bords, relativement étroit, entamant fortement l'ambitus et se prolongeant jusqu'au péristome. Aire ambulacraire impaire formée de pores très petits, simples, logés dans des dépressions ovalaires, disposés par paires obliques, s'espaçant en s'éloignant du sommet. L'aire ambulacraire impaire est garnie de petits granules très fins et de petits tubercules mamelonnés, épars, apparents principalement sur les bords. Aires ambulacraires paires droites, linéaires, très excavées, inégales, les antérieures longues, divergentes, les aires postérieures plus courtes et plus rapprochées. Zones porifères composées de pores arrondis, égaux, unis par un sillon, réduits, vers le sommet, à des pores beaucoup plus petits, presque simples. Zone interporifère à peu près de même largeur que l'une des zones porifères. Tubercules crénelés, perforés et scrobiculés, fins, serrés, homogènes sur toute la face supérieure, un peu plus gros, cependant, au sommet des aires interambulacraires et sur le bord du sillon antérieur, en général plus développés, plus espacés et plus nettement scrobiculés à la face inférieure. Péristome excentrique en avant, s'ouvrant à la base du sillon antérieur. Périprocte grand, longitudinal, placé au sommet de la face postérieure. Fasciole péripétale pénétrant assez profondément dans les aires interambulacraires, sans serrer de près les aires ambulacraires. Fasciole latéro-sous-anal se détachant à quelque distance de l'aire ambulacraire paire antérieure et descendant obliquement sous le périprocte.

Hauteur, 45 millimètres; diamètre antéro-postérieur, 78 millimètres ; diamètre transversal, 80 millimètres.

Rapports et différences. — Cette espèce se rapproche, au premier abord, de certains exemplaires du *L. insignis*; elle nous a paru s'en éloigner, d'une manière positive, par sa taille plus petite, par sa face supérieure plus régulièrement bombée et moins déclive en arrière, par son sommet ambulacraire moins excentrique en avant, par ses aires ambulacraires relativement moins longues, par son fasciole péripétale longeant de moins près les aires ambulacraires et pénétrant moins profondément dans les aires interambulacraires, par sa face postérieure plus haute, tronquée verticalement et non obliquement rentrante.

Localité. — Montagne d'Alaric (Aude). Très rare. Éocène moyen.

Collection Roussel.

Explication des figures. — Pl. 71, fig. 1, *L. Rousseli*, vu de côté; fig. 2, face supérieure. — Pl. 72, fig. 1, appareil apical et portion de la face supérieure grossis ; fig. 2, tubercules pris sur la face inférieure, grossis ; fig. 3. portion du fasciole péripétale grossi ; fig. 4, autre exemplaire, vu sur la face postérieure.

N° 61. — **Linthia Orbignyi**, Cotteau, 1886.

Pl. 73, fig. 5-7 et pl. 74, fig. 1-3.

Periaster Orbignyi, Leymerie et Cotteau, *Catal. des Echin. foss. des Pyrénées*, Bull. soc. géol. de France, 2e sér., t. XIII, p. 345, 1856.
— d'Archiac, *Les Corbières*, Mém. soc. géol. de France, 2e sér., t. VI, p. 310, 1859.
— Cotteau, *Échin. foss. des Pyrénées*, p. 120, pl. VII, fig. 1, 1863.

Espèce de grande taille, subcirculaire, cordiforme, plus large que longue, arrondie et fortement émarginée en avant, plus étroite, mais arrondie également en arrière. Face supérieure assez uniformément renflée, un peu plus haute, cependant, dans la région postérieure. Face inférieure presque plane, un peu déprimée en avant du péristome. Face postérieure relativement peu élevée, faiblement tronquée. Sommet ambulacraire presque central. Sillon antérieur large, profond, évasé, se prolongeant en s'atténuant jusqu'au péristome. Aire ambulacraire impaire assez large, formée de pores petits s'ouvrant dans de légères dépressions, disposés par paires serrées, un peu plus espacées en s'éloignant du sommet. Aires ambulacraires paires larges, pétaloïdes, inégales, les aires antérieures très divergentes, les postérieures beaucoup plus courtes et plus rapprochées. Zones porifères assez larges, formées de pores oblongs, très ouverts, disposés par paires transverses, espacées, séparées par une petite bande granuleuse, au nombre de trente environ dans l'aire ambulacraire paire antérieure, et de vingt-trois dans l'aire ambulacraire postérieure. Aux approches du sommet, dans chacune des zones porifères, les pores deviennent très petits, presque microscopiques. Zone interporifère bien développée, plus large ordinairement que l'une des zones porifères. Aires interambulacraires saillantes et renflées près du sommet. Tubercules petits et serrés à la face supérieure, un peu plus gros au sommet des aires interambulacraires, sur les bords du sillon antérieur et à la face inférieure. Péristome excentrique en avant, labié, semicirculaire. Périprocte arrondi, transversalement elliptique, s'ouvrant au sommet de la troncature postérieure. Appareil apical peu étendu, muni de quatre pores génitaux, les deux antérieurs plus rapprochés que les deux autres. Fasciole péripétale et fasciole latéro-sous-anal visibles seulement sur certains points.

Exemplaire de grande taille (type de l'espèce) : hauteur, 30 millimètres; diamètre antéro-postérieur, 54 millimètres ; diamètre transversal, 60 millimètres.

Exemplaire de taille moins forte : hauteur, 26 millimètres; diamètre antéro-postérieur, 40 millimètres; diamètre transversal, 44 millimètres.

Rapports et différences. — Cette espèce offre, au premier aspect, certains rapports avec le *L. subglobosa*, des environs de Paris; elle s'en distingue d'une manière positive par sa forme moins renflée, plus étalée, par son sommet ambulacraire plus large, moins profondément excavé, par son périprocte plus arrondi et moins élevé sur la face postérieure. Ce sont deux espèces voisines, mais bien distinctes. Le *L. Orbignyi* se rapproche également du *L. Heberti*. Nous indiquerons plus loin, en décrivant cette dernière espèce, les caractères par lesquels elle s'en distingue. C'est à tort que M. Ooster signale, en Suisse, la présence du *L. Orbignyi*. Suivant M. de Loriol, les exemplaires désignés sous ce nom doivent être rapportés au *L. ybergensis*.

LOCALITÉS. — Conques, la Caunette, Monge, Montolieu (Montagne Noire, Aude). Assez commun. Éocène moyen.

École des mines de Paris, Musée de Toulouse (Coll. Leymerie), coll. Hébert, Roussel, ma collection.

EXPLICATION DES FIGURES. — Pl. 73, fig. 5, *L. Orbignyi*, de la Montagne Noire, de la collection de M. Roussel, vu de côté; fig. 6, face supérieure; fig. 7, face inférieure. — Pl. 74, fig. 1, exemplaire de grande taille, du Musée de Toulouse, vu sur la face supérieure; fig. 2, périprocte; fig. 3, aire ambulacraire paire antérieure prise sur un exemplaire de la collection de l'École des mines de Paris, grossie.

N° 62. — **Linthia arizensis** (d'Archiac), Cotteau, 1886.

Pl. 74, fig. 4-8.

Hemiaster arizensis, d'Archiac, *Note sur les foss. numm. de l'Ariège*, Bull. soc. géol. de France, 2e sér., t. XVII, p. 804, 1859.

Periaster arizensis, Cotteau, *Echin. foss. des Pyrénées*, p. 126, pl. VI, fig. 10-13, 1863.

Espèce de petite taille, oblongue, subhexagonale, fortement échancrée en avant, rétrécie en arrière. Face supérieure très médiocrement renflée, ayant sa plus grande épaisseur en arrière du sommet. Face inférieure plane sur les bords, un peu déprimée dans la région antérieure, présentant au milieu un renflement subcaréné, correspondant à l'aire interambulacraire impaire. Face postérieure obliquement tronquée. Sommet ambulacraire presque central. Sillon antérieur large, évasé, anguleux, entamant plus ou moins profondément l'ambitus, se prolongeant jusqu'au péristome. Aire ambulacraire impaire droite, formée de pores petits et espacés. Aires ambulacraires paires assez légèrement excavées, inégales, les antérieures subflexueuses, allongées, les postérieures beaucoup plus courtes. Zones porifères composées de pores étroits, presque égaux, diminuant de volume et devenant presque simples autour du sommet. Zone interporifère ouverte à l'extrémité, moins large que les zones porifères. Tubercules petits et espacés à la face supérieure, beaucoup plus gros dans la région inframarginale et, en dessous, sur le renflement interambulacraire. L'espace occupé, à la face inférieure, par les aires ambulacraires postérieures est très large, lisse en apparence, mais recouvert de petits granules épars et atténués. Péristome semicirculaire, labié, assez rapproché du bord antérieur. Périprocte ovale, un peu élevé. Fasciole péripétale sinueux. Fasciole latéro-sous-anal étroit, presque droit.

Nous rapportons à cette espèce, avec quelque doute, un exemplaire recueilli à Faure-Nègre (Ariège) par M. Grégoire; bien qu'il se rapproche du type par la forme générale et la disposition des aires ambulacraires, il s'en distingue un peu par son sillon antérieur plus large, plus anguleux et entamant plus fortement l'ambitus.

Hauteur, 8 millimètres; diamètre antéro-postérieur, 19 millimètres et demi; diamètre transversal, 18 millimètres.

Rapports et différences. — Cette petite espèce se distingue de ses congénères par sa forme subdéprimée et subhexagonale, par ses aires ambulacraires paires peu excavées, par ses tubercules espacés à la face supérieure, par sa face inférieure presque lisse, présentant seulement, sur les bords et au milieu, des tubercules beaucoup plus développés.

Localités. — Faure-Nègre, Camarade (Ariège); Montagne-Noire (Aude). Très rare. Éocène moyen.

Musée de Toulouse (coll. Leymerie), coll. Grégoire, Roussel, ma collection.

Explication des figures. — Pl. 74, fig. 4, L. *arizensis*, de Faure-Nègre, de la collection de M. Grégoire, vu de côté; fig. 5, face supérieure; fig. 6, face inférieure; fig. 7, aires ambulacraires paires et fascioles grossis; fig. 8, autre exemplaire, du Musée de Toulouse, vu sur la face postérieure.

N° 63. — **Linthia Cotteaui** (Tournouër), Cotteau, 1886.

Pl. 75.

Periaster Cotteaui, Tournouër, *Recens. des Échinod. du calcaire à astéries dans le sud-ouest de la France*, p. 33, pl. XVII, fig. 5, a. b., Actes de la Soc. linn. de Bordeaux, t. XXVII, 1870.

Espèce de taille moyenne, un peu plus longue que large, ovale, arrondie et émarginée en avant, ayant sa plus grande largeur au point qui correspond au sommet ambulacraire, étroite en arrière. Face supérieure médiocrement renflée, assez régulièrement bombée, déclive en avant, très légèrement saillante en arrière où se trouve la plus grande épaisseur. Face inférieure bombée dans l'aire interambulacraire impaire, subdéprimée en avant du péristome. Face postérieure verticalement tronquée. Sommet ambulacraire presque central. Sillon antérieur droit, large, profond, se rétrécissant vers l'ambitus qu'il entame fortement, se prolongeant en s'atténuant jusqu'au péristome. Aire ambulacraire impaire finement granuleuse au milieu. Zones porifères formées de pores petits, simples, s'ouvrant à la base de la paroi du sillon, séparés par un léger renflement granuliforme, disposés par paires serrées. Aires ambulacraires paires excavées, un peu moins profondes que le sillon, inégales, les aires antérieures flexueuses, divergentes, les postérieures beaucoup plus courtes, plus rapprochées, les unes et les autres ouvertes à leur extrémité. Zones porifères larges, composées de pores étroits, unis par un sillon, séparés par une fine bande granuleuse, disposés par paires transverses, au nombre de trente et une ou trente-deux dans les aires ambulacraires antérieures, et de vingt et une ou vingt-deux dans les aires ambulacraires postérieures. Zone interporifère lisse, moins large que l'une des zones porifères. Tubercules petits, espacés, homogènes à la face supérieure, un peu plus gros sur le bord du sillon antérieur et à la face inférieure. Péristome très excentrique en avant. Périprocte longitudinal, s'ouvrant presque au sommet de la face postérieure. Appareil apical muni de quatre pores génitaux. Fasciole péripétale sinueuse, serrant de près les aires ambulacraires, visible seulement sur certains points. Fasciole latéro-sous-anale beaucoup moins sinueuse.

Hauteur, 25 millimètres; diamètre antéro-postérieur, 36 millimètres ; diamètre transversal, 33 millimètres.

Dimensions de l'exemplaire, type de l'espèce, décrit par Tournouër : hauteur, 20 millimètres; diamètre antéro-postérieur, 28 millimètres; diamètre transversal, 25 millimètres.

Rapports et différences. — Cette espèce, qu'on rencontre associée au *L. Raulini*, s'en distingue, ainsi que l'a reconnu Tournouër, par son sommet ambulacraire central ou même un peu rejeté en arrière, au lieu d'être excentrique en avant, par sa face supérieure moins brusquement déclive, par ses aires ambulacraires paires antérieures plus flexueuses et moins linéaires, par ses aires ambulacraires postérieures relativement moins longues, par ses aires interambulacraires moins resserrées et moins saillantes autour du sommet. Ce n'est pas sans hésitation que nous laissons cette espèce parmi les *Linthia* : son sommet éloigné du bord, ses aires ambulacraires flexueuses, la rapprochent beaucoup des véritables *Schizaster*. C'est assurément une espèce intermédiaire qui vient se placer sur la limite des deux genres.

Localité. — Hastingues (Landes). Rare. Éocène moyen. Collection Raulin.

Explication des figures. — Pl. 75, fig. 1, *L. Cotteaui*, de la collection de M. Raulin, vu de côté ; fig. 2, face supérieure ; fig. 3, face inférieure ; fig. 4, face postérieure ; fig. 5, autre exemplaire, modèle en plâtre du type figuré par M. Tournouër, vu de côté ; fig. 6, face supérieure ; fig. 7, face inférieure ; fig. 8, face postérieure.

N° 64. — **Linthia incerta**, Cotteau, 1886.

Pl. 76, fig. 1-3.

Espèce de taille moyenne, un peu plus longue que large, rétrécie et échancrée en avant, arrondie et légèrement accuminée en arrière. Face supérieure renflée, assez brusquement déclive dans la région antérieure, subcarénée et ayant sa plus grande épaisseur en arrière du sommet apical. Face inférieure presque plane, un peu bombée dans l'aire interambulacraire impaire. Face postérieure verticalement tronquée. Sommet ambulacraire presque central. Sillon antérieur profond, large, évasé surtout vers l'ambitus qu'il entame profondément, se prolongeant en s'atténuant jusqu'au péristome. Aire ambulacraire impaire finement granuleuse, munie, de chaque côté, d'une rangée de pores petits, simples, disposés par paires obliques, d'autant plus espacées qu'elles s'éloignent davantage du sommet. Aires ambulacraires paires assez profondément excavées, inégales, les antérieures plus longues que les autres, paraissant ouvertes à leur extrémité, les postérieures plus ovales et fermées. Zone interporifère très étroite, presque nulle. Notre exemplaire, en grande partie à l'état de moule intérieur, ne laisse voir ni les tubercules ni les fascioles. Péristome excentrique en avant, labié, muni d'une lèvre saillante, rapproché du bord antérieur. Périprocte longitudinal, s'ouvrant à la face postérieure, au sommet d'une aréa subnoduleuse sur les bords. Appareil apical muni de quatre pores génitaux, les deux pores antérieurs plus rapprochés que les deux autres. Fascioles non distinctes, apparentes seulement à la base de l'aire ambulacraire impaire.

Hauteur, 17 millimètres; diamètre antéro-postérieur, 25 millimètres; diamètre transversal, 23 millimètres et demi.

Rapports et différences. — Cette espèce, que nous ne connaissons que par un moule intérieur, nous a paru cependant, par l'ensemble de ses caractères, former un type distinct. Voisine du *L. Cotteaui*, elle en diffère par sa forme relativement moins allongée, par son sillon plus large vers l'ambitus, par sa face supérieure plus bombée, par sa face inférieure relativement plus plane, par son sillon antérieur plus large et plus évasé vers l'ambitus. Notre espèce se rapproche également du *Schizaster Des Moulinsi*, mais elle s'en éloigne par son sommet plus central, par ses aires ambulacraires paires moins flexueuses, par ses aires interambulacraires moins saillantes près du sommet, caractères qui la séparent des *Schizaster* et nous ont engagé à la laisser dans le genre *Linthia*.

Localité. — Orglandes (Manche). Très rare. Éocène moyen.

Collection de M. Hébert.

Explication des figures. — Pl. 76, fig. 1, *L. incerta*, vu de côté; fig. 2, face supérieure; fig. 3, face inférieure.

N° 65. — **Linthia pyrenaica**, Cotteau, 1863.

Pl. 76, fig. 4-8.

Periaster pyrenaicus, Cotteau, *Catal. des Échin. des Pyrénées*, p. 122, pl. VII, fig. 2 et 3, 1863.

Espèce de taille moyenne, subcirculaire, un peu plus large que longue, arrondie et émarginée en avant, subacuminée en arrière. Face supérieure médiocrement renflée, subgibbeuse en avant, paraissant subcarénée dans la région postérieure. Face inférieure presque plane, un peu tranchante sur les bords. Face postérieure tronquée. Sommet ambulacraire excentrique en avant. Sillon antérieur large, profond, entamant fortement l'ambitus, se prolongeant jusqu'au péristome. Aire ambulacraire impaire bien développée, formée de pores petits, simples, disposés par paires obliques, serrées, s'ouvrant dans de légères dépressions. Aires ambulacraires paires étroites, excavées, inégales, les antérieures très divergentes, légèrement flexueuses, les aires postérieures beaucoup plus courtes, arrondies, en forme de feuille. Zones porifères assez larges, composées de pores allongés, égaux, étroits, unis par un sillon, disposés par paires transverses, au nombre de vingt-trois ou vingt-quatre dans les aires antérieures, de quinze ou seize seulement dans les aires postérieures. Tubercules très petits, abondants, homogènes, formant le plus souvent, notamment au-dessus de l'ambitus, des séries linéaires obliques, un peu plus gros sur les bords du sillon antérieur et à la face inférieure. Péristome excentrique en avant et cependant éloigné du bord, semicirculaire, labié. Périprocte paraissent allongé. Appareil apical non distinct. Fasciole péripétale serrant de près les aires ambulacraires. Fasciole latéro-sous-anale oblique, non flexueuse.

Hauteur, 15 millimètres ; diamètre antéro-postérieur, 27 millimètres ; diamètre transversal, 28 millimètres.

Rapports et différences. — Cette petite espèce, que nous laissons dans le genre *Linthia*, se distingue nettement des autres espèces du genre par sa taille peu développée, par sa forme subcirculaire, un peu plus large que longue, par sa face inférieure tout à fait plane, par son sommet ambulacraire très excentrique en avant, par son sillon antérieur profond, large, évasé, se prolongeant jusqu'au péristome, par ses aires ambulacraires paires étroites, divergentes, les postérieures excessivement courtes et en forme de feuilles.

LOCALITÉ. — Montardit (Ariège). Rare. Éocène moyen. Ma collection (M. l'abbé Pouech).

EXPLICATION DES FIGURES. — Pl. 76, fig. 4, *L. pyrenaica*, vu de côté; fig. 5, face supérieure ; fig. 6, face inférieure ; fig. 7, aires ambulacraires paires antérieures, aires ambulacraires paires postérieures et fascioles grossies; fig. 8, base du sillon antérieur grossi.

N° 66. — **Linthia dubia**, Cotteau, 1886.

Pl. 77, fig. 1-4.

Espèce de taille assez forte, cordiforme, allongée, arrondie et émarginée en avant, subacuminée en arrière, ayant sa plus grande largeur vers le milieu de son étendue. Face supérieure renflée, obliquement déclive en avant, plus haute en arrière que dans la région antérieure. Face inférieure presque plane, déprimée en avant du péristome. Face postérieure étroite, verticalement tronquée. Sommet ambulacraire très excentrique en avant. Sillon antérieur large, profond à la face supérieure, noduleux et subcaréné sur les bords, entamant fortement l'ambitus, se prolongeant jusqu'au péristome. Aire ambulacraire impaire non distincte dans l'exemplaire unique que nous connaissons. Aires ambulacraires paires relativement peu développées, très excavées, d'égales dimensions, les aires antérieures divergentes, presque transverses, les postérieures beaucoup plus rapprochées, formant un angle aigu à leur extrémité supérieure. Zones porifères assez larges, composées de pores oblongs, rangés par paires transverses, au nombre de vingt-deux ou vingt-trois dans chaque zone porifère antérieure. Zone interporifère très étroite, ouverte à la base, se rétrécissant un peu à chaque extrémité, moins large que l'une des zones porifères. Tubercules inégaux, espacés, peu distincts en raison de l'usure du test. Péristome excentrique en avant, semi-lunaire, labié, s'ouvrant à la base du sillon antérieur. Périprocte transverse, subtriangulaire, placé à la partie supérieure de la face postérieure. Fascioles non visibles.

Hauteur, 30 millimètres ; diamètre antéro-postérieur, 51 millimètres; diamètre transversal, 47 millimètres et demi.

Rapports et différences. — Ce n'est pas sans quelque doute que nous plaçons cette espèce dans le genre *Linthia :* sa forme générale et quelques gros tubercules isolés se montrant à la face supérieure la rapprochent un peu des *Macropneustes ;* cependant ces tubercules sont tellement rares et si peu apparents que nous avons, quant à présent, préféré réunir l'espèce au genre *Linthia,* dont elle offre bien la physionomie. Par son aspect cordiforme, arrondi en avant, subacuminé et verticalement tronqué en arrière, cette espèce se distingue facilement de ses congénères.

Localité. — La Gourèpe près Biarritz (Basses-Pyrénées). Très rare. Éocène supérieur.

Collection Pellat.

Explications des figures. — Pl. 77, fig. 1, *L. dubia*, vu de côté; fig. 2, face supérieure; fig. 3, face inférieure; fig. 4, face postérieure.

N° 67. — **Linthia verticalis** (Agassiz), Dames, 1877.

Pl. 77, fig. 5 et 6 et pl. 78.

Schizaster verticalis,	Agassiz, *Catal. syst. Ectyp. foss. Echinod. Musei neocom.*, p. 3, 1840.
Schizaster cultratus,	Agassiz, *id.*, p. 3, 1840.
Schizaster cerasus,	Agassiz, *id.*, p. 3, 1840.
Schizaster verticalis,	d'Archiac, *Descript. des foss. des couches à Nummulites des env. de Bayonne*, Mém. Soc. géol. de France, 2e sér., t. II, p. 202, pl. VI, fig. 2, 1846.
Hemiaster verticalis,	Agassiz et Desor, *Catal. rais. des Échinides*, p. 124, 1847.
Schizaster cerasus,	Bronn, *Index paleont.*, p. 1120, 1848.
Schizaster cultratus,	Bronn, *id.*, p. 1120, 1848.
Schizaster verticalis,	Bronn, *id.*, p. 1121, 1848.
Hemiaster verticalis,	d'Orbigny, *Prodr. de paléont. strat.*, t. II, p. 329, 1850.
Micraster verticalis,	Delbos, *Essai d'une descript. géol. du bassin de l'Adour*, p. 315, 1855.
Schizaster verticalis,	Kœchlin Schlumberger, *Notice sur la falaise entre Biarritz et Bidart*, Bull. Soc. géol. de France, 2e série, t. XII, p. 1243, 1855.
Hemiaster verticalis,	Leymerie et Cotteau, *Catal. des Échin. foss. des Pyrénées*, Bull. Soc. géol. de France, 2e sér., t. XIII, p. 343, 1856.
— —	Pictet, *Traité de paléont.*, 2e édit., t. IV, p. 198, 1857.
Periaster verticalis,	Desor, *Synopsis des Échin. foss.*, p. 386, 1858.
— —	Dujardin et Hupé, *Hist. nat. des Zooph. Échinod.*, p. 598, 1862.

Periaster verticalis, Cotteau, *Échin. foss. des Pyrénées*, p. 121, 1863.

— — Pellat, *Note sur les falaises de Biarritz*, Bull. Soc. géol. de France, 2e sér., t. XX, p. 678, 1863.

— — Cotteau, *Note sur les Échin. des couches numm. de Biarritz*, Bull. Soc. géol. de France, 2e sér., t. XXI, p. 85, 1863.

— — Jacquot, *Descript. géol. des falaises de Biarritz, Bidart*, etc., p. 40, Actes de la Soc. linéenne de Bordeaux, t. XXV, 1864.

— — Comte de Bouillé, *Paléont. de Biarritz et de quelques autres loc. des Basses-Pyrénées*, p. 21, 1873.

— — Comte de Bouillé, *Paléont. de Biarritz et de quelques autres loc. des Basses-Pyrénées*, p. 66, Soc. des sc., lettres et arts de Pau, 1875-1876.

Hemiaster verticalis, Quenstedt, *Petrefactenkunde Deutschlands die Echiniden*, p. 660, pl. LXXXVIII, fig. 31, 1875.

Linthia verticalis, Dames, *Die Echiniden der Vicent. und Veron. Tertiärablag*, p. 55, 1877.

— — Bittner, *Beiträge zur Kenntniss alttertiärer Echiniden Faunen der Sudalpen*, p. 68, 1880.

M. 44 (type de l'espèce); Q. S. (variété *minor*, *Schizaster cerasus*).

Espèce de très petite taille, subglobuleuse, parfois plus haute que large, arrondie et émarginée en avant, subacuminée en arrière. Face supérieure très renflée, subdéclive en avant, légèrement carénée dans la région postérieure. Face inférieure régulièrement bombée, un peu déprimée en avant du péristome, arrondie sur les bords. Face postérieure élevée, plus ou moins étroite, toujours verticalement tronquée. Sommet ambulacraire subcentral, un peu rejeté en avant. Sillon antérieur étroit, apparent surtout à la face supérieure, s'atténuant un peu à mesure qu'il descend vers le péristome, à peine visible au pourtour du test. Aire ambulacraire impaire très étroite, formée de pores simples, très petits, séparés par un léger renflement granuliforme, disposés par paires obliques, écartées, d'autant plus espacées qu'elles s'éloignent du sommet. Aires ambulacraires paires étroites, excavées, médiocrement développées, ouvertes à leur extrémité, inégales, les aires antérieures très divergentes, les postérieures beaucoup plus courtes, rapprochées l'une de l'autre à leur sommet. Zones porifères assez larges, formées de pores égaux, oblongs, étroits, disposés par paires serrées, au nombre de quinze ou seize, dans les aires paires antérieures, et de douze ou treize dans les aires postérieures ; près du sommet, les pores deviennent très petits et presque simples. Zone interporifère lisse, aussi développée que l'une des zones porifères. Tubercules partout très petits, augmentant un peu de volume à la face supérieure, sur les bords du sillon antérieur et au sommet des aires interambulacraires, espacés, plus développés à la face inférieure. Les aires interambulacraires sont étroites, saillantes et resserrées à leur partie supérieure. Péristome excentrique en avant, labié. Périprocte très allongé dans le sens du diamètre antéro-postérieur, s'ouvrant au sommet de la troncature postérieure. Appareil apical à peine visible dans nos exemplaires, paraissant cependant muni de quatre pores génitaux. Fasciole péripétale peu sinueuse. Fasciole latéro-sous-anale se détachant à peu de distance de l'aire ambulacraire paire antérieure et descendant obliquement, sans sinuosité, sous le périprocte.

Hauteur, 16 millimètres ; diamètre antéro-postérieur,

18 millimètres; diamètre transversal, 17 millimètres et demi.

Individu jeune (var. *minor*, *Sch. cerasus*) : hauteur, 11 millimètres et demi ; diamètre antéro-postérieur, 15 millimètres ; diamètre transversal, 14 millimètres.

Individu de grande taille : hauteur, 19 millimètres et demi ; diamètre antéro-postérieur et diamètre transversal, 23 millimètres.

Rapports et différences. — Bien que cette espèce soit assez variable dans sa taille et dans sa forme plus ou moins renflée, plus ou moins trapue, elle se distingue nettement de ses congénères et sera toujours facilement reconnaissable à sa petite taille, à son aspect globuleux, à son sommet ambulacraire presque central, à son sillon antérieur étroit, accusé près du sommet, s'atténuant vers l'ambitus, à ses aires ambulacraires peu développées, en forme de feuille, les antérieures divergentes et beaucoup plus longues que les autres.

Histoire. — Anciennement connue et placée successivement dans les genres *Schizaster*, *Hemiaster*, *Micraster*, et *Periaster*, cette espèce, en raison de sa forme générale, de son sommet ambulacraire central et de sa double fasciole péripétale et latéro-sous-anale, appartient au genre *Linthia*. Elle n'est pas rare dans les falaises de Biarritz, mais la fragilité de son test est extrême et la plupart des exemplaires sont déformés et brisés.

Localités. — Phare Saint-Martin, Gourèpe, Mouligna, près Biarritz (Basses-Pyrénées). Assez commun. Éocène supérieur.

École des mines de Paris, Muséum de Paris (coll. d'Orbigny) ; Musée de Toulouse (coll. Leymerie) ; Faculté des sciences de Nancy (coll. Delbos) ; collections Pellat, comte de Bouillé, Collot, Boreau, Blanchet, Degrange-Touzin, ma collection.

Localité autre que la France. — Vicentin. Éocène.

Explication des figures. — Pl. 77, fig. 5, *L. verticalis*, de ma collection, vu de côté ; fig. 6, face supérieure. — Pl. 78, fig. 1, *L. verticalis*, type de l'espèce, de la coll. de l'École des mines de Paris (coll. Michelin), vu de côté ; fig. 2, face supérieure ; fig. 3, face inférieure ; fig. 4, face postérieure ; fig. 5, face antérieure ; fig. 6, aires ambulacraires et portion supérieure du test, grossies ; fig. 7, autre exemplaire de grande taille, de la collection de la Faculté des sciences de Nancy (coll. Delbos), vu de côté ; fig. 8, face supérieure ; fig. 9, autre exemplaire de petite taille, de la collection de l'École des mines de Paris (coll. Michelin), vu de côté ; fig. 10, face supérieure ; fig. 11, face inférieure ; fig. 12, face postérieure.

N° 68. — **Linthia Heberti** (Cotteau), Dames, 1877.

Pl. 79 et 80, fig., 1 et 2.

Periaster Heberti, Cotteau, *Échinides fossiles des Pyrénées*, p. 124, pl. IX, fig. 4, 1863.

— — Pellat, *Note sur les falaises de Biarritz*, Bull. Soc. géol. de France, 2e sér., t. XX, p. 678, 1863.

— — Cotteau, *Note sur les Échin. des couches numm. de Biarritz*, Bull. Soc. géol. de France, 2e sér., t. XXI, p. 85, 1863.

— — Jacquot, *Descript. géol. des falaises de Biarritz, Bidart*, etc., p. 40, Actes de la Soc. linn. de Bordeaux, t. XXV, 1861.

— — Taramelli, *Di alcuni Echin. eocenice dell' Istria*, p. 22, Istituto veneto delle scienze, sér. IV, t. III, 1873.

Periaster, n. sp. Comte de Bouillé, *Paléont. de Biarritz*, p. 66, Soc. des sc. lettres et arts de Pau, 1875-1876.

Linthia Heberti, Dames, *Die Echiniden der Vicent. und Veron. Tertiärablag.*, p. 54, 1877.

— — Bittner, *Beiträge zur Kenntniss alttertiärer Echiniden-Faunen der Südalpen*, p. 64, 1880.

Espèce de taille moyenne, subcirculaire, cordiforme, aussi large que longue, arrondie et fortement échancrée en avant, subacuminée et tronquée en arrière. Face supérieure haute, renflée en avant, obliquement déclive en arrière, subcarénée dans la région postérieure. Face inférieure presque plane, déprimée en avant du péristome, très légèrement renflée sur l'aire interambulacraire postérieure. Sommet ambulacraire subcentral, un peu rejeté en avant. Sillon antérieur très large, plus ou moins creusé, commençant près du sommet, subnoduleux sur les bords, entamant profondément l'ambitus et se prolongeant jusqu'au péristome. Aire ambulacraire impaire droite, composée de pores très petits, simples, logés dans des fossettes, disposés par paires obliques, serrées près du sommet, s'espaçant au fur et à mesure qu'elles s'en éloignent ; le milieu de l'aire ambulacraire est finement granuleux. Aires ambulacraires paires droites, allongées, très excavées, sublinéaires, ouvertes à leur extrémité, inégales, les aires antérieures divergentes, les aires postérieures moins longues et beaucoup plus rapprochées. Zones porifères larges, formées de pores ovales, très ouverts, unis par un sillon, séparés par une petite bande de test saillante, au nombre de vingt-trois ou vingt-quatre dans les aires antérieures, de dix-neuf ou vingt dans les aires postérieures. Aux approches du sommet, les pores cessent d'être unis par un sillon, deviennent simples et très petits. Zone interporifère lisse, excavée, paraissant plus étroite que l'une des zones porifères. Tubercules très fins, serrés et homogènes sur la face supérieure, un peu plus gros, visiblement crénelés, mamelonnés et perforés sur le bord du sillon ambulacraire, au sommet des aires ambulacraires, dans la région inframarginale, et à la face inférieure sur le plastron interambulacraire. Granules abondants, très délicats, groupés en cercle autour des plus gros tubercules et remplissant l'espace intermédiaire. Péristome labié, très excentrique en avant. Périprocte transversal, s'ouvrant au sommet de la face postérieure. Appareil apical muni de quatre pores génitaux ; plaque madréporiforme bien développée, un peu bombée, traversant l'appareil. Fasciole péripétale très sinueuse, anguleuse, pénétrant assez profondément dans les aires interambulacraires, descendant très bas dans la région antérieure. Fasciole latéro-sous-anale étroite, oblique, peu sinueuse, se détachant à une assez grande distance de l'aire ambulacraire paire antérieure.

L'exemplaire qui a servi de type à l'espèce, décrit et figuré dans nos *Échinides des Pyrénées*, était un peu comprimé ; aussi la description que nous avons donnée alors ne concorde-t-elle pas parfaitement avec celle que l'échantillon, très bien conservé, que nous avons sous les yeux, vient de nous permettre de faire. La forme générale de cet exemplaire est moins trapue, un peu plus allongée, plus renflée en avant et un peu moins profondément creusée par le sillon antérieur, moins haute et moins saillante en arrière, plus obliquement déclive dans la région postérieure. Malgré ces différences qui paraissent dues à la compression, nous avons cru devoir réunir nos exemplaires à la même espèce.

Hauteur, 31 millimètres; diamètre antéro-postérieur, 50 millimètres ; diamètre transversal, 40 millimètres.

RAPPORTS ET DIFFÉRENCES. — Cette espèce offre quelque ressemblance avec le *L. Orbignyi ;* elle s'en distingue cependant, d'une manière positive, par sa forme moins circulaire, moins uniformément bombée, par son sommet plus excentrique en avant, par ses aires ambulacraires plus linéaires, plus profondément excavées, plus longues, notamment les aires postérieures, par ses zones interporifères plus larges et moins creuses.

LOCALITÉ. — La Gourèpe, près Biarritz, rocher au sud de la Roche-qui-boit (Basses-Pyrénées). Rare. Éocène supérieur.

Collections Pellat, comte de Bouillé, École des mines de Paris (M. Jacquot).

LOCALITÉS AUTRES QUE LA FRANCE. — Albona (Istrie). Val Scaranto, près Lonigo (Vicentin). Éocène.

EXPLICATION DES FIGURES. — Pl. 79, fig. 1, *L. Heberti*, de la collection de l'École des mines de Paris, vu de côté ; fig. 2, face supérieure; fig. 3, face inférieure ; fig. 4, aire ambulacraire postérieure paire grossie ; fig. 5, aire ambulacraire impaire grossie; fig. 6, fasciole et tubercules de la face supérieure, grossis; fig. 7, périprocte écrasé. — Pl. 80, fig. 1, autre exemplaire plus jeune, de la collection du comte de Bouillé, vu de côté; fig. 2, face supérieure.

N° 69. — **Linthia bisulca ?** Peron et Gauthier, 1885.

Pl. 80, fig. 3-5.

Linthia bisulca ? Peron et Gauthier, *in* Cotteau, Peron et Gauthier, *Échinides foss. de l'Algérie*, 9e fascicule, étage éocène, p. 65, pl. VI, fig. 1, 1885.

Espèce de taille assez forte, cordiforme, arrondie et émarginée en avant, acuminée en arrière. Face supérieure haute, renflée, subgibbeuse en avant, déclive sur les côtés, paraissant carénée dans la région postérieure qui est basse, étroite, tronquée, légèrement rentrante. Face inférieure presque plane, déprimée en avant du péristome, un peu bombée dans l'aire interambulacraire impaire. Sommet ambulacraire très excentrique en avant. Sillon antérieur large, profond, noduleux et caréné sur les bords, entamant fortement l'ambitus, se prolongeant jusqu'au péristome. Aire ambulacraire impaire très étroite près du sommet, s'élargissant au fur et à mesure qu'elle descend vers l'ambitus. Aires ambulacraires médiocrement développées, excavées, inégales, les aires antérieures un peu plus longues que les autres, très divergentes, sans être transverses. Aires postérieures plus courtes, beaucoup plus rapprochées, formant à leur sommet un angle aigu. Zones porifères peu larges, composées de pores oblongs, très ouverts, disposés par paires serrées. Zone interporifère étroite, un peu moins développée que l'une des zones porifères. Tubercules inégaux, à peine visibles en raison de l'usure du test. Péristome excentrique en avant, muni d'une lèvre saillante et acuminée, s'ouvrant à la base du sillon antérieur. Périprocte longitudinal, placé au sommet de la face postérieure. Appareil apical et fascioles non distinctes. Le mauvais état de notre exemplaire, brisé et comprimé, ne nous permet pas d'en donner très exactement les dimensions.

Hauteur, 32 millimètres? diamètre antéro-postérieur, 49 millimètres? diamètre transversal, 46 millimètres?

Rapports et différences. — Cette espèce, bien qu'elle ne soit représentée que par un exemplaire assez mal conservé, nous paraît, comme à MM. Gauthier et Peron, appartenir au genre *Linthia*, et nous avons cru devoir la décrire et la figurer, car elle se distingue nettement de ses congénères. L'espèce dont elle se rapproche le plus est le *L. dubia*, que nous avons décrit précédemment; elle en diffère cependant par son aspect plus cordiforme, par sa face postérieure plus étroite, plus acuminée, tronquée moins verticalement, par son sillon antérieur encore plus profond, par ses aires ambulacraires paires moins divergentes.

Localité. — Kef Iroud (Algérie). Très rare. Éocène supérieur.

Collection de la Sorbonne (M. Marès).

Explication des figures. — Pl. 80, fig. 3, *L. bisulca*, vu de côté; fig. 4, face supérieure; fig. 5, face inférieure.

Résumé géologique sur les Linthia.

Le terrain éocène de la France nous a offert dix-neuf espèces de *Linthia*.

Quinze espèces se sont rencontrées dans l'étage éocène moyen : *Linthia subglobosa*, *inflata*, *pomum*, *Bonissenti*, *Ducrocqui*, *carentonensis*, *Pomeli*, *Raulini*, *insignis*, *Rous-*

seli, *Orbignyi*, *arizensis*, *Cotteaui*, *incerta*, *pyrenaica*. Quatre espèces appartiennent à l'étage supérieur : *L. dubia*, *verticalis*, *Heberti* et *bisulca*.

Aucune de ces espèces ne paraît passer d'un étage dans l'autre. A l'exception des *L. subglobosa* et *insignis*, dont l'horizon géographique est très étendu, chacune se localise dans le bassin qui lui est propre.

Dans le *Synopsis des Échinides fossiles*, sous les noms génériques de *Periaster* et de *Linthia*, Desor mentionne quatorze espèces éocènes, sur lesquelles huit sont indiquées comme se trouvant en France; nous en avons décrit trois seulement : *L. subglobosa*, *verticalis* et *inflata;* les cinq autres espèces ne font pas partie, suivant nous, du genre *Linthia* et seront décrites plus loin : les *Periaster passyanus*, *canaliculatus* et *complanatus* sont des *Trachyaster* ou des *Ditremaster*, et le *Periaster Leymeriei* est un *Schizaster*. Aux trois espèces françaises du *Synopsis*, il faut ajouter le *L. insignis* que M. Desor cite seulement en Suisse, mais qui depuis a été rencontré dans l'Ariège ; il faut y joindre encore le *L. pomum*, placé dans le *Synopsis* parmi les *Pericosmus*, mais qui, en raison de sa fasciole latéro-sous-anale bien distincte, appartient aux *Linthia*. Restent cinq espèces étrangères à la France : l'une d'elles, *P. spatangoïdes* est un *Pericosmus*, une autre, *P. subquadratus* est un *Cyclaster;* les trois autres, *P. æquifissus*, *latisulcatus* et *suborbicularis* paraissent être de véritables *Linthia*, dont nous donnons la diagnose.

Linthia æquifissa (Agassiz), Cotteau, 1886. — *Schizaster æquifissus*, Agassiz, *Catal. syst. Ectyp. foss. Echinod. Musei neocom.*, p. 3, 1840. — *Hemiaster æquifissus*, Desor in Agassiz et Desor, *Catal. rais. des Échin.*, p. 124,

1847. — *Periaster æquifissus*, Desor, *Synopsis des Échin. foss.*, p. 385, 1858. Espèce de taille moyenne, haute, renflée, courte, trapue, plane en dessous, presque carénée sur les bords, présentant un renflement qui correspond à l'aire interambulacraire impaire. Sommet ambulacraire presque central, un peu rejeté en avant. Sillon antérieur très long, anguleux, profond, entamant fortement l'ambitus. Aires ambulacraires paires étroites, très excavées, inégales, les aires antérieures divergentes et beaucoup plus longues que les autres, qui sont plus rapprochées et forment, à leur partie supérieure, un angle aigu. Aires interambulacraires saillantes et resserrées près du sommet. Péristome muni d'une lèvre proéminente. Périprocte placé à la partie supérieure de la troncature postérieure. Kressemberg (Prusse). Rare. Terrain éocène. École des mines de Paris.

Linthia orbicularis (Münster in Goldfuss), Cotteau, 1886. — *Spatangus suborbicularis*, Münster in Goldfuss, *Petrefacta. Mus. univers. reg. boruss. rhen. Bonn.*, t. I, p. 153, pl. XLVII, fig. 5, 1826. — *Hemiaster suborbicularis*, Desor in Agassiz et Desor, *Catal. rais. des Échin.*, p. 125, 1847. — *Spatangus suborbicularis*, Bronn, *Index paléont.*, p. 1161, 1848. — *Periaster suborbicularis*, Desor, *Synopsis des Échin. foss.*, p. 387, 1858. — *Id.*, Dujardin et Hupé, *Hist. nat. des Zooph. Échinod.*, p. 599, 1862. — *Spatangus suborbicularis*, Quenstedt, *Petrefactenkunde Deutschlands, Echiniden*, p. 663, 1875. Espèce de taille assez forte, arrondie et émarginée en avant, subacuminée en arrière, de forme presque carrée, médiocrement renflée, déprimée en dessus. Sommet ambulacraire presque central. Sillon antérieur ample, peu profond, échancrant largement le bord antérieur. Aires ambulacraires paires fortement excavées, à peu près égales, les aires antérieures divergentes, les postérieures plus rapprochées. Tubercules développés sur le bord du sillon antérieur très petits sur toute la face supérieure. Péristome semicirculaire, labié. Périprocte transverse. Kressemberg (Prusse). Rare. Éocène (terrain nummulitique). Musée de Munich (Coll. Münster).

Linthia scarabœus (Laube), Dames, 1877. — *Periaster scarabœus*, Laube, *Ein Beitrag zur Kenntniss der Echinod. des Vicent. tertiärgebietes*, p. 29, pl. III, fig. 3, 1868. — *Linthia scarabœus*, Dames, *Die Echiniden der Vicent. und Veron. tertiärablag.*, p. 53, pl. VIII, fig. 2, 1877. — *Id.*, Bittner, *Beitrage zur Kenntniss alttertiärer Echiniden faunen der Südalpen*, p. 46, 1880. Espèce de taille moyenne, épaisse, renflée, très haute en arrière, déclive en avant, fortement tronquée dans la région postérieure. Sommet ambulacraire excentrique en avant. Sillon antérieur peu profond, entamant faiblement l'ambitus. Aires ambulacraires paires étroites, excavées, inégales, les antérieures plus divergentes et beaucoup plus longues que les autres. Péristome excentrique en avant, un peu éloigné du bord. Périprocte longitudinal. Appareil apical muni de quatre pores génitaux. San Giovani Ilarione (Vicentin). Eocène.

Linthia elongata, Cotteau, 1886. — *Periaster elongata*, Cotteau, *Description des Échin. tert. des îles Saint-Barthélemy* et *Anguilla*, p. 27, pl. VI, fig. 6, 1875. — *Id.*, Cotteau, *Échin. tert. des îles Saint-Barthélemy* et *Anguilla*, Bull. Soc. géol. de France, 3e sér., t. V, p. 126, 1876. Espèce de moyenne taille, allongée, émarginée et dilatée en avant, subacuminée en arrière. Face supérieure haute, renflée, fortement carénée dans la région postérieure. Face postérieure subanguleuse et tronquée. Sommet ambulacraire très excentrique en avant. Sillon antérieur large et profond. Aires ambulacraires paires pétaloïdes, subflexueuses, très excavées, à peu près d'égale longueur, les aires antérieures très divergentes, presque horizontales, les postérieures plus rapprochées, formant entre elles un angle aigu. Zones porifères plus larges que l'intervalle qui les sépare. Exemplaire incomplet. Ile Saint-Barthélemy (Antilles). Très rare. Éocène. Coll. du Dr Cleve.

Linthia bathyolcos, Dames, 1877. — *Periaster Heberti* Laube (non Cotteau), *Ein Beitrag zur Kenntniss der Echinod. des Vicent. tertiärgiebetes*, p. 29, 1868. — *Linthia bathyolcos*, Dames, *Die Echiniden der Vicent. and Veron tertiärablag.*, p. 52, pl. VII, fig. 3, 1877. — *Id.*, Bittner, *Beitrage zur Kenntniss alttertiärer Echiniden faunen der Südalpen*, p. 47, pl. VI, fig. 3, 1880. Espèce de taille assez forte, épaisse, renflée, subcirculaire, arrondie et émarginée en avant, subtronquée en arrière. Sommet ambulacraire très excentrique en avant. Aires ambulacraires paires larges, très excavées, les aires antérieures un peu plus longues que les autres. Zones porifères formées de pores très ouverts et espacés. Péristome rapproché du bord antérieur. Périprocte transversalement ovale. M. Bittner considère comme voisins du *L. bathyolcos* les deux exemplaires qu'il a figurés pl. VI, fig. 2 et 3. L'échantillon représenté figure 3 nous paraît être un véritable *L. bathyolcos;* quant à l'exemplaire de la figure 2, il nous semble, en raison de sa forme plus nettement circulaire, de son sommet plus central, de ses aires ambulacraires plus inégales, présenter plus de ressemblance avec le *L. Orbignyi*, de l'Éocène moyen de la Montagne-Noire (Aude). San Giovanni Ilarione.

Linthia Hilarionis, Bittner, 1880, *Beitrage zur Kenntniss alttertiärer Echiniden faunen der Südalpen*, p. 49, pl. VI, fig. 4. Espèce de petite taille, un peu plus longue que large, arrondie et à peine émarginée en avant. Face supérieure haute, renflée. Face inférieure subpulvinée. Face postérieure verticalement tronquée. Sommet ambulacraire excentrique en avant. Sillon antérieur apparent à la face supérieure, atténué et presque nul vers l'ambitus et à la face inférieure. Aires ambulacraires paires étroites, excavées, inégales, les antérieures très divergentes, presque transverses, beaucoup plus longues que les autres. Péristome labié, excentrique en avant, assez éloigné du bord. Périprocte ovale, longitudinal, s'ouvrant au sommet de la troncature postérieure. Ebendaher (Vicentin). Éocène.

Linthia trinitensis, Bittner, 1880, *Beitrage zur Kenntniss alttertiärer Echiniden faunen der Südalpen*, p. 50, pl. VI, fig. 5. Espèce de taille assez forte, allongée, émarginée en avant. Face supérieure renflée, subdéclive dans la région antérieure, tronquée en arrière. Sommet ambulacraire central. Sillon antérieur profond, étroit, entamant fortement l'ambitus. Aires ambulacraires paires longues, excavées, inégales, les aires antérieures plus divergentes et plus étendues que les autres. Appareil apical muni de quatre pores génitaux. Fasciole péripétale sinueuse, suivant de près le contour des aires ambulacraires. Santa Trinità (Vicentin). Rare. Éocène.

Linthia latisulcata (Desor), de Loriol, 1880. — *Hemiaster latisulcatus*, Desor in Agassiz et Desor, *Catal. rais. des Echin.*, p. 125, 1847. — *Periaster latisulcatus*, Desor, *Synopsis des Échin. foss.*, p. 387, 1857. — *Id.*, Dujardin et Hupé, *Hist. nat. des Zooph. Échinod.*, p. 598,

1862. — *Id.*, Lartet, *Essai sur la géol. de la Palestine*, Annales sc. géol., t. III, p. 84, 1872. — *L. latisulcata*, de Loriol, *Monog. des Échin. contenus dans les couches numm. de l'Égypte*, p. 57, pl. VIII, fig. 11, 1880. Espèce suborbiculaire, arrondie et émarginée en avant, rétrécie et faiblement tronquée en arrière. Face supérieure peu élevée, très accidentée par les larges dépressions des cavités ambulacraires. Face inférieure convexe, renflée sur le plastron, légèrement déprimée en avant du péristome. Sommet ambulacraire excentrique en avant. Aires ambulacraires très longues et très larges, profondément excavées, inégales, les aires postérieures plus étendues, atteignant presque le bord, de sorte que le périprocte paraît ouvert entre leurs deux extrémités. Aires interambulacraires étroites et saillantes autour du sommet. Péristome rapproché du bord. Périprocte un peu oblique placé au sommet de la face postérieure. Terrain éocène d'Égypte (Lefebvre). Très rare. Musée de Paris.

Linthia Delanouei, P. de Loriol, 1880, *Monog. des Échin. contenus dans les couches numm. de l'Égypte*, p. 53, pl. VII, fig. 12. — *Id.*, P. de Loriol, *Eocæne Echinoideen aus Ægypten und der Libyschen Wüste*, p. 36, pl. VIII, fig. 6, 1881. Espèce de grande taille, largement ovale, un peu plus rétrécie en avant qu'en arrière. Face supérieure uniformément renflée, ayant sa plus grande épaisseur dans la région postérieure qui est tronquée et évidée au milieu. Face inférieure légèrement convexe, renflée sur le plastron. Sommet ambulacraire subcentral, un peu rejeté en avant. Sillon antérieur large, médiocrement creusé, à fond plat, très peu apparent sur le bord. Aires ambulacraires paires bien développées, flexueuses, fortement excavées, inégales, les aires antérieures plus divergentes et plus longues que les autres. Zone interporifère à peu près de même largeur que l'une des zones porifères. Péristome assez éloigné du bord antérieur. Périprocte largement ovale, longitudinal, ouvert au sommet d'une aire profonde, au bord de laquelle se trouvent deux ou trois protubérances. Appareil apical muni de quatre pores génitaux. Environs de Thèbes; Djebel-Corardane, dans la Haute-Égypte (Delanoue). Rare. Éocène. Muséum de Paris (Coll. d'Orbigny).

Linthia cavernosa, P. de Loriol, 1880, *Monog. des Échin. contenus dans les couches numm. de l'Égypte*, p. 55, pl. VIII, fig. 8-10. — *id.*, P. de Loriol, *Eocœne Echinoideen aus Ægyten und der Libyschen Wüste*, p. 41, pl. VIII, fig. 7, 1881. Espèce de taille moyenne, suborbiculaire, aussi large que longue, arrondie et émarginée en avant, rétrécie en arrière. Face supérieure peu renflée, fortement accidentée par les excavations des aires ambulacraires et les saillies des aires interambulacraires, relevée en arrière dans l'aire interambulacraire impaire. Face inférieure uniformément convexe. Face postérieure obliquement tronquée, un peu arrondie vers la base. Sommet ambulacraire excentrique en avant. Sillon antérieur large, profond, entamant fortement l'ambitus, se prolongeant en s'atténuant jusqu'au péristome. Aires ambulacraires paires larges et excavées, inégales, les antérieures beaucoup plus longues que les postérieures et atteignant presque le bord. Zone interporifère plus large que l'une des zones porifères. Aires interambulacraires étroites et très saillantes autour du sommet. Péristome étroit, éloigné du bord. Périprocte ovale, transverse, ouvert assez bas sur la face postérieure. El

Aouhi, Djebel Fatira, couche d'Éguillette, Égypte (Delanoue). Muséum de Paris (collection d'Orbigny). Ommel-Reinneiem (Libysche Stufe). Éocène.

Linthia Navillei, P. de Loriol, 1880, *Monog. des Échin. contenus dans les couches numm. de l'Égypte*, p. 58, pl. VIII, fig. 12. — *id.*, P. de Loriol, *Eocæne Echinoideen aus Ægypten und der Libyschen Wüste*, p. 10, pl. IX, fig. 7, 1881. Espèce de petite taille, ovale, allongée, émarginée en avant, un peu rétrécie en arrière. Face supérieure très élevée, déclive en avant, relevée en arrière, dans l'aire interambulacraire impaire. Face inférieure convexe. Face postérieure tronquée très obliquement. Sommet ambulacraire exentrique en avant. Sillon antérieur très large, très profond, échancrant fortement le pourtour, s'atténuant à la face inférieure. Aires ambulacraires paires excavées, inégales, les aires antérieures beaucoup plus longues que les autres. Zones porifères étendues. Zone interporifère très étroite. Péristome relativement éloigné du bord. Périprocte ovale, transverse, presque arrondi, ouvert au sommet de la troncature très oblique de la face postérieure. Mokattan près du Caire. Éocène. Collection de Loriol (A. Naville). Siut, Libysche Stufe. Eocène.

Linthia Aschersoni, P. de Loriol, 1881, *Eocæne Echinoideen aus Ægypten und der Libyschen Wüste*, p. 37, pl. IX, fig. 1-4. Espèce de taille moyenne, subcirculaire, un peu plus longue que large. Face supérieure médiocrement renflée, ayant sa plus grande épaisseur en arrière du sommet ambulacraire. Face inférieure à peine bombée. Face postérieure tronquée un peu obliquement, arrondie vers la base. Sommet ambulacraire central. Sillon antérieur large, peu profond, se prolongeant en s'atténuant jusqu'au péristome. Aires ambulacraires inégales, les postérieures plus courtes et plus rapprochées que les deux autres. Zone porifère étroite. Zone interporifère plus large que l'une des zones porifères. Péristome labié, excentrique en avant. Périprocte petit, arrondi, s'ouvrant au sommet d'une aréa lisse, évidée, noduleuse sur les bords. Gebel Ter, près d'Esneh (Libysche Stufe). Eocène.

Linthia esnehensis, P. de Loriol, 1881, *Eocœne Echinoideen aus Ægypten und der Libyschen Wüste*, p. 39, pl. IX, fig. 5 et 6, 1881. Espèce de taille moyenne, subcirculaire, aussi large que longue, fortement émarginée en avant, rétrécie et arrondie en arrière. Face supérieure renflée, très élevée surtout dans la région postérieure, fortement déclive en avant. Face inférieure bombée dans l'aire interambulacraire impaire, déprimée en avant du péristome. Sommet ambulacraire central. Sillon antérieur étroit, profond, entamant fortement l'ambitus, se prolongeant jusqu'au péristome. Aires ambulacraires paires larges, excavées, inégales, les aires antérieures très divergentes, beaucoup plus longues que les autres. Zone interporifère paraissant plus étroite que l'une des zones porifères. Péristome labié, excentrique en avant. Périprocte ovale, longitudinal, s'ouvrant au sommet d'une aréa lisse, évidée, noduleuse sur les bords. Gebel Ter, près d'Esneh (Libysche Stufe). Eocène.

Linthia ybergensis, P. de Loriol, 1882. — *Hemiaster subglobosus* (non Lamarck), Desor, *Arch. des sc. phys. et nat. de Genève*, t. XXIV, p. 143, 1853. — *Linthia subglobosa* (non Lamarck), *Acta soc. helv. sc. nat.*, 38e session, à Porrentruy, p. 272, 1853. — *Periaster subglobosus* (pars), Desor, *Synopsis des Échin. foss.*, p. 385,

1858. — *id.*, Ooster, *Synopsis des Échin. foss. des Alpes suisses*, p. 109, pl. XXVI, fig. 5 8, 1865. — *Periaster spatangoïdes* (non Desor), Ooster, *id.*, p. 109, pl. 26, fig. 1, 1865. — *Periaster Orbignyanus* (non Cotteau), Ooster, *id.*, p. 110, pl. XXVII, fig. 2-4, 1865. — *Linthia subglobosa* (non Lamark), P. de Loriol, *Description des Échin. tert. de la Suisse*, p. 103, pl. XVIII, fig. 1-5, 1875. — *Linthia ybergensis*, P. de Loriol, *Monog. des Échin. contenus dans les couches numm. de l'Egypte*, p. 56, 1880. Espèce de taille moyenne, arrondie, aussi large que longue, fortement émarginée en avant, rétrécie et tronquée en arrière. Face supérieure plus ou moins renflée, sensiblement relevée en arrière dans l'aire interambulacraire impaire. Face inférieure faiblement convexe, bombée sur le plastron. Face postérieure tronquée, un peu rentrante. Sommet ambulacraire presque central. Sillon antérieur très profond à partir du sommet, échancrant fortement le bord et se prolongeant jusqu'au péristome. Aires ambulacraires paires larges, très enfoncées, inégales, les antérieures plus longues que les postérieures; paires de pores écartées les unes des autres. Zones porifères larges, quelquefois plus développées que la zone interporifère. Péristome assez éloigné du bord antérieur. Périprocte grand, ovale, transverse, situé au sommet de la face postérieure ; aréa anale indistincte. Ainsi que nous l'avons dit plus haut, cette espèce a été réunie pendant longtemps au *L. subglobosa*. C'est en 1880 (*loc. cit.*), que M. de Loriol a reconnu les caractères qui séparent les deux espèces. Steinbach près Gross; Gschwænd, Gitzischrœttli, Hoh Gütsch, Blangg, Yberg, etc. (canton de Schwytz). Eocène.

Linthia sindensis, Duncan et Sladen, 1882, *A. Monog.*

of the Echinoidea of Sind, p. 18, pl. IV, 1882. Espèce de petite taille, subcirculaire, émarginée en avant, un peu rétrécie en arrière. Face supérieure haute, assez uniformément renflée. Face inférieure légèrement bombée. Face postérieure oblique, tronquée. Sommet ambulacraire excentrique en avant. Sillon antérieur profond, très large, entamant fortement l'ambitus. Aires ambulacraires paires médiocrement creusées, en forme de feuille, inégales, les antérieures divergentes et plus longues que les autres. Zone interporifère étroite, moins large que l'une des zones porifères. Péristome petit, rapproché du bord antérieur. Périprocte ovale, longitunal, placé vers le sommet de la troncature postérieure. Jakhmari Peack (Western Sind). Éocène. Coll. Geo. Survey.

Linthia indica, Duncan et Sladen, 1882, *A Monog. of the Echinoidea of Sind*, p. 82, pl. 20, fig. 1-8, 1882. Espèce de petite taille, subcordiforme, un peu allongée, étroite et émarginée en avant, plus rétrécie en arrière. Face supérieure renflée, un peu déclive en avant, ayant sa plus grande hauteur dans la région postérieure. Sommet ambulacraire presque central. Sillon antérieur large, profond, entamant fortement l'ambitus. Aires ambulacraires paires flexueuses, divergentes, inégales, les antérieures beaucoup plus longues que les aires postérieures. Dans les aires antérieures, les zones porifères sont formées de vingt à vingt-trois paires de pores; on n'en compte que quatorze à seize dans les zones porifères postérieures. Péristome semi-circulaire, excentrique en avant, mais un peu éloigné du bord. Périprocte ovale, longitudinal, s'ouvrant au sommet de la face postérieure. Vero (Western Sind . Éocène. Coll. geol. Survey.

Linthia orientalis, Duncan et Sladen, 1883, *A Monog. of the Echinoidea of Sind*, p. 217, pl. XXXVII, fig. 7-14. Espèce de taille moyenne, subcirculaire, arrondie en avant et en arrière. Face supérieure assez uniformément renflée. Face inférieure légèrement bombée. Face postérieure tronquée obliquement, rentrante. Sommet ambulacraire subcentral, un peu rejeté en avant. Sillon antérieur large, profond, évasé, entamant fortement l'ambitus, se prolongeant jusqu'au péristome. Aires ambulacraires paires larges, très excavées, de dimension presque égale, les aires antérieures plus divergentes que les autres. Zones porifères relativement étroites. Zone interporifère plus développée que l'une des zones porifères. Péristome labié, semi-circulaire, excentrique en avant, peu éloigné du bord. Péristome petit, transversalement ovale, placé au sommet de la troncature. Roïs Hill, près Damaj, au sud de Búla Khán. Western Sind, couches de Khirthar (Éocène). Geol. Survey.

Seize espèces de *Linthia* ont été rencontrées en dehors de la France et élèvent à trente-cinq le nombre des *Linthia* éocènes que nous connaissons.

5e genre. — SCHIZASTER, Agassiz, 1836.

Spatangus (pars),	Deslongchamps, 1824; Des Moulins, 1837.
Micraster (pars),	Agassiz, 1836.
Schizaster,	Agassiz, 1839; Agassiz et Desor, 1847; Gray, 1855; Desor, 1858; Cotteau, 1863; Pomel, 1868; de Loriol, 1875; Zittel, 1879; Pomel, 1883.

Test de grande, moyenne et petite taille, cordiforme, plus ou moins renflé, déclive en avant et émarginé, subacuminé et relevé en arrière, légèrement bombé ou presque plan en dessous. Sommet ambulacraire excentrique, le plus souvent très fortement rejeté en arrière. Sillon antérieur large et profond. Aire ambulacraire antérieure droite formée de pores très petits disposés par paires serrées et obliques, le plus souvent sur une rangée, quelquefois sur deux ou trois séries plus ou moins irrégulières. Aires ambulacraires paires très creusées, les antérieures flexueuses, dirigées en avant et très rapprochées du sillon antérieur, les postérieures plus courtes, encore plus rapprochées et formant un angle plus aigu. Zones porifères égales et identiques dans chaque aire ambulacraire, composées de pores oblongs unis par un sillon. Tubercules crénelés, perforés et mamelonnés, petits et serrés à la face supérieure, toujours plus développés au pourtour et à la face inférieure. Péristome excentrique en avant, muni d'une lèvre saillante. Périprocte ovale, longitudinal, ouvert au sommet de la face postérieure. Appareil apical peu développé, offrant deux, trois ou quatre pores génitaux; plaque madréporiforme traversant l'appareil et se prolongeant au delà des plaques ocellaires postérieures. Fasciole péripétale large et apparente. Fasciole latéro-sous-anale plus étroite, à peine flexueuse, prenant naissance près des aires ambulacraires paires antérieures et descendant sous le périprocte.

Le genre *Schizaster* offre deux groupes : le premier renferme les espèces chez lesquelles l'aire ambulacraire impaire est composée de deux rangées seulement de pores ambulacraires; le second contient les espèces à zones porifères plus nombreuses, et dont le type est le *S. canaliferus*, de la Méditerranée, remarquable par ses rangées de pores multiples et irrégulières.

Rapports et différences. — Le genre *Schizaster* est voisin du genre *Linthia* par la disposition de sa double fasciole ; il s'en distingue par son sommet apical en général plus excentrique en arrière, par son sillon antérieur plus profond, souvent excavé sur les côtés, par son aire ambulacraire impaire formée de pores plus serrés, disposés, dans certaines espèces, en séries plus nombreuses, toujours plus rapprochés des parois verticales ou excavées qui bordent l'aire ambulacraire, par ses aires ambulacraires paires antérieures plus flexueuses et dirigées plus sensiblement en avant, par ses aires ambulacraires paires postérieures plus courtes et plus arrondies, par son appareil apical muni de deux, trois ou quatre pores génitaux. Malgré les différences assez tranchées que nous venons d'indiquer et qui séparent nettement les deux genres, il existe quelques espèces intermédiaires, placées sur la limite, que les auteurs avaient réunies aux *Linthia* et que nous avons préféré, en raison de la structure de leur sillon antérieur et de la disposition de leurs aires ambulacraires, reporter parmi les *Schizaster*.

Histoire. — Le genre *Schizaster* a été établi par Agassiz, en 1830. L'auteur mentionne deux espèces : *S. atropos* et *S. Studeri*. Michelin, pour la première de ces espèces, a créé le genre *Moira*, et le nom de *Schizaster* est resté au *Schiz. Studeri*. Se fondant sur ce que Agassiz, en créant le genre, a placé en première ligne le *S. atropos*, M. Pomel émet l'opinion que le nom de *Schizaster* doit rester aux *Mœra* (ou *Moira*, Al. Ag.) *atropos*, *Clotho* et *Stygiæ*, et qu'un autre nom doit en conséquence être donné aux véritables *Schizaster*. Tel ne saurait être notre avis. Assurément Michelin aurait mieux fait de laisser ce nom de *Schizaster* à la première espèce mentionnée par Agassiz et de changer le nom du *S. Studeri*, mais il ne l'a pas fait ; l'usage a consacré l'attribution établie par Michelin, qui n'a du reste violé aucune règle de la nomenclature : modifier aujourd'hui cette attribution serait apporter une complication inutile dans la synonymie.

Le genre *Schizaster* commence à se montrer dès le début de l'époque tertiaire et atteint le maximum de son développement dans les terrains éocène et miocène ; il existe encore assez abondamment à l'époque actuelle.

C'est à tort, croyons-nous, que nous avons indiqué la présence, dans le terrain crétacé supérieur, de deux espèces de *Schizaster*, *S. antiquus* (1) et *S. atavus* (2). Nous avons reconnu depuis que ces espèces, tout en présentant la physionomie des véritables *Schizaster*, en diffèrent certainement par l'absence d'un fasciole latéro-sous-anal, et appartiennent à un tout autre type, probablement au genre *Opissaster*, Pomel, qui, en même temps que des espèces miocènes, renferme déjà une espèce crétacée, *O. amplus* (*Hemiaster*, Desor).

N° 70. — **Schizaster Des Moulinsi** (Des Moulins), Cotteau, 1887.

Pl. 81 et 82.

Spatangus acuminatus (pars),	Des Moulins, *Études sur les Échin.*, p. 390, 1836.
Periaster Moulinsi,	Desor, *in litteris*, 1866.
— —	Tournoüer, *Recens. des Échinod. du calcaire à astéries dans le sud-ouest*

(1) Cotteau, *Description des Échinides de la colonie du garumnien*, p. 67, pl. VI, fig. 26-28.

(2) Cotteau, *Échinides jurassiques, crétacés, éocènes du sud-ouest de la France*, p. 179.

de la France, p. 31, pl. XVII, fig. 1, Actes de la Soc. linn. de Bordeaux, t. XXVII, 1870.

Periaster blaviensis, Matheron, *Note sur les dépôts tert. du Médoc et des environs de Blaye*, Bull. Soc. géol. de France, 2e sér., t. XXIV, p. 199, 1867.

Espèce de taille moyenne, un peu allongée, émarginée et rétrécie en avant, ayant sa plus grande largeur en arrière du sommet apical. Face supérieure épaisse, renflée, fortement déclive dans la région antérieure, saillante, carénée et déclive aussi en arrière, bien que d'une manière moins prononcée, arrondie sur les côtés. Face inférieure très légèrement bombée, un peu déprimée en avant du péristome. Face postérieure étroite et verticalement tronquée. Sommet ambulacraire excentrique en arrière. Sillon antérieur large, profond, échancrant fortement l'ambitus, se prolongeant en s'atténuant jusqu'au péristome, très légèrement excavé, saillant et subcarénésur les bords. Aire ambulacraire impaire droite, munie de pores écartés les uns des autres, obliques, séparés par un renflement granuliforme très apparent, s'ouvrant à la base de la paroi du sillon, disposés par paires serrées, s'espaçant un peu aux approches de l'ambitus. Aires ambulacraires paires excavées, très inégales, les aires antérieures plus longues, subflexueuses, peu divergentes, les postérieures beaucoup plus petites et un peu plus rapprochées, les unes et les autres ouvertes et obtusément arrondies à leur extrémité. Zones porifères larges, composées de pores allongés, étroits, obliques, devenant beaucoup plus petits près du sommet, surtout dans la zone porifère antérieure, au nombre de vingt-sept ou vingt-huit dans chacune des zones porifères paires antérieures, de vingt-trois ou vingt-quatre dans les zones porifères postérieures. Zone interporifère très étroite, paraissant lisse. Aires interambulacraires saillantes et resserrées autour du sommet. Tubercules très petits à la face supérieure, un peu plus gros sur les bords du sillon ambulacraire, aux approches de l'appareil apical et à la face inférieure. Péristome étroit, semi-lunaire, muni d'une lèvre saillante. Périprocte longitudinal, assez grand, acuminé à ses deux extrémités, placé au sommet de la face postérieure. Appareil apical peu développé, pourvu de quatre pores génitaux largement ouverts, les deux antérieurs plus rapprochés que les deux autres ; la plaque madréporiforme assez étendue traverse l'appareil, mais se prolonge à peine au delà des deux plaques ocellaires postérieures. Fasciole péripétale assez large, par places anguleuse, longeant de très près les aires ambulacraires, traversant l'aire ambulacraire impaire à peu de distance de l'ambitus. Fasciole latéro-sous-anale beaucoup moins anguleuse.

Individu de grande taille : hauteur, 25 millimètres; diamètre antéro-postérieur, 37 millimètres; diamètre transversal, 34 millimètres.

Individu de taille moyenne : hauteur, 20 millimètres ; diamètre antéro-postérieur, 27 millimètres et demi ; diamètre transversal, 25 millimètres.

Individu jeune, type du *S. Des Moulinsi :* hauteur, 17 millimètres ; diamètre antéro-postérieur, 23 millimètres ; diamètre transversal, 17 millimètres.

Nous connaissons cette espèce à différents âges : tous nos exemplaires, malgré quelques légères différences dans la forme plus ou moins allongée, dans le sommet ambulacraire plus ou moins excentrique en arrière, appartiennent à un même type dont le *S. Des Moulinsi*, décrit et figuré par Tournouër, représente le jeune âge. Grâce à l'obligeance de M. Matheron, nous avons pu reconnaître que l'exemplaire, admirablement conservé, qui a servi à notre collègue pour établir le *Periaster blaviensis*, appartenait incontestablement au *S. Des Moulinsi*.

Nous rapportons à cette espèce un *Schizaster* du Musée de Bordeaux, provenant de Saint-Emilion (Gironde), et qui semble, au premier aspect, s'éloigner davantage encore du type par sa taille beaucoup plus forte, par son sommet un peu rejeté en arrière, par ses aires ambulacraires paires paraissant plus étroites et plus flexueuses. Les autres caractères sont identiques et ne permettent réellement pas de séparer cet exemplaire du *S. Des Moulinsi*.

Rapports et différences. — Le *S. Des Moulinsi*, tel que nous venons de le décrire, se distingue de ses congénères par sa face supérieure sensiblement déclive en arrière à partir du sommet, par son appareil apical peu excentrique en arrière, par son sillon antérieur large, profond, à peine excavé sur les bords, par ses aires ambulacraires paires antérieures divergentes tout en étant flexueuses, par son appareil apical muni de quatre pores génitaux. Notre espèce se rapproche un peu des *S. Cotteaui*, *Archiaci*, etc. En les décrivant plus loin, nous indiquerons les caractères qui les séparent du *S. Des Moulinsi*. L'espèce qui nous occupe avait été dans l'origine placée parmi les *Periaster* : sa forme générale allongée, ses aires ambulacraires paires flexueuses, ainsi que la disposition des pores dans l'aire ambulacraire impaire nous ont engagé à la ranger parmi les *Schizaster*.

Localité. — Blaye, Côte de Pavie, Saint-Émilion, Plassac (Gironde). Assez rare. Éocène moyen.

Musée de Bordeaux (coll. Des Moulins); coll. Matheron, Croizier, Degrange-Touzin, ma collection.

Explication des figures. — Pl. 81, fig. 1, *S. Des Moulinsi*, de Blaye, du Musée de Bordeaux, vu de côté; fig. 2, face supérieure; fig. 3, face antérieure; fig. 4, autre exemplaire, de Blaye, de la coll. Matheron, vu de côté; fig. 5, face supérieure; fig. 6, face postérieure; fig. 7, appareil apical, aires ambulacraires et fascioles grossis. — Pl. 82, fig. 1, autre exemplaire, de la Côte de Pavie, de la collection de M. Croizier, vu de côté; fig. 2, face supérieure; fig. 3, face inférieure; fig. 4, portion de l'aire ambulacraire impaire montrant la disposition des pores, grossie; fig. 5, autre exemplaire, variété de grande taille, de Saint-Émilion, du Musée de Bordeaux, vu de côté; fig. 6, face supérieure; fig. 7, face inférieure; fig. 8, face postérieure.

N° 71. — **Schizaster Archiaci**, Cotteau, 1863.

Pl. 83 et 84, fig. 1 et 2.

Schizaster vicinalis, (non Agassiz)	d'Archiac, *Descript. des foss. du groupe numm.*, Mém. Soc. géol. de France, 2e série, t. III, p. 426, pl. X, fig. *a*, *b*, 1848.
— — (pars),	d'Orbigny, *Prod. de paléont. strat.*, t. II, p. 329, 1850.
— — (pars),	Desor, *Synopsis des Échin. foss.*, p. 390, 1857.
Schizaster Archiaci,	Cotteau, *Échin. foss. des Pyrénées*, p. 130, 1863.
— —	De Loriol, *Descrip. des Échin. tertiaires de la Suisse*, p. 107, pl. XVIII, fig. 6-9, 1875.

Schizaster Archiaci, Dames, *Die Echiniden der Vicent. und Veron. Tertiär.*, p. 56, pl. IX, fig. 1, 1877.

— — Zittel, *Handbuch der Paleont.*, p. 543, fig. 402, 1879.

— — Bittner, *Beiträge zur Kenn. Alttertiärer Echin.*, *Faunen der Sudalpen*, p. 52, pl. VII, fig. 2-4, 1880.

— — Cotteau, *Échin. jurass., crét., éoc. du sud-ouest de la France*, p. 181, Ann. Soc. des sc. nat. de la Rochelle, 1883.

— — Cotteau, *Échin. du terrain éocène de Saint-Palais*, Ann. des sc. géol., t. XVI, art. n. 2, p. 23, pl. V, fig. 55 et 56, 1883.

— — Cotteau, *Sur les Échin. du terrain éocène de Saint-Palais*, Comptes rendus des séances de l'Acad. des sciences, 1884.

Espèce de taille moyenne, allongée, ovoïde, étroite, arrondie, émarginée en avant, subacuminée postérieurement, ayant sa plus grande largeur vers le milieu de sa longueur, plutôt un peu en arrière. Face supérieure renflée, régulièrement déclive dans la région antérieure, ayant sa plus grande hauteur en avant de l'appareil apical, subcarénée en arrière. Face inférieure arrondie au pourtour, régulièrement bombée, renflée surtout dans l'aire interambulacraire impaire. Face postérieure tronquée et même un peu évidée au-dessous du périprocte. Sommet ambulacraire très excentrique en arrière. Sillon antérieur allongé, étroit, assez profond, excavé et subcaréné sur les bords, s'atténuant vers l'ambitus qu'il échancre légèrement, disparaissant aux approches du péristome. Aire ambulacraire impaire étroite, formée de pores petits, simples, séparés par un léger renflement granuliforme, disposés de chaque côté sur une seule rangée par paires espacées, d'autant plus écartées qu'elles se rapprochent de l'ambitus. Aires ambulacraires paires étroites, fortement creusées, inégales, les aires antérieures allongées, flexueuses, rapprochées du sillon antérieur, les aires postérieures beaucoup plus courtes, moins flexueuses et plus arquées. Zones porifères larges, composées de pores allongés, inégaux, les internes arrondis, les externes plus étroits, plus longs, unis par un sillon, s'ouvrant sur les parois de l'excavation, disposés par paires transverses, au nombre de trente et une ou trente-deux, dans les zones porifères des aires antérieures, au nombre de vingt et une ou vingt-deux dans les aires postérieures. Zone interporifère presque nulle. Aires interambulacraires resserrées et saillantes autour du sommet. Tubercules petits et homogènes sur une grande partie de la face supérieure, plus développés sur le bord du sillon antérieur, et à la face inférieure. Péristome très excentrique en avant, semi-circulaire, à fleur de test, pourvu d'une lèvre saillante. Périprocte ovale, longitudinal, placé au sommet de la face postérieure. Fascioles à peine distinctes.

Individu de taille moyenne, type de l'espèce : hauteur, 25 millimètres; diamètre antéro-postérieur, 33 millimètres; diamètre transversal, 29 millimètres.

Exemplaire de taille plus forte : hauteur, 31 millimètres; diamètre antéro-postérieur, 45 millimètres; diamètre transversal. 40 millimètres.

Variété plus large : hauteur, 25 millimètres; diamètre antéro-postérieur, 40 millimètres; diamètre transversal, 35 millimètres.

Cette espèce présente quelques variations de peu d'importance, mais qu'il est cependant intéressant de constater : la forme générale est plus ou moins ovoïde, et son diamètre transversal plus ou moins étendu; la face supérieure est toujours un peu relevée et acuminée en arrière. Nous avons fait figurer un exemplaire du Muséum de Paris (collection d'Orbigny), chez lequel la plus grande hauteur est non pas en avant, comme dans le type, mais en arrière de l'appareil apical. Le sommet ambulacraire, ordinairement très excentrique en arrière, paraît, dans les individus de grande taille, se rapprocher un peu plus du centre. Malgré ces légères différences, tous mes exemplaires présentent une grande uniformité dans leurs caractères principaux.

Rapports et différences. — Cette espèce, dans l'origine, avait été confondue par d'Archiac avec le *S. vicinalis*, de l'Éocène supérieur de Biarritz. Ainsi que nous l'avons constaté, dès 1863, dans nos *Échinides fossiles des Pyrénées*, le *S. vicinalis* se distingue nettement de l'espèce qui nous occupe par sa forme moins ovale et plus dilatée en avant, par sa face supérieure plus rapidement déclive, par son sillon antérieur plus large et plus profond, par ses aires ambulacraires antérieures plus flexueuses. Le *S. Archiaci* se rapproche davantage des individus de grande taille du *S. Des Moulinsi;* cette dernière espèce, cependant, s'en éloigne d'une manière très positive par son sommet ambulacraire moins excentrique en arrière, par son sillon antérieur plus large, plus profond, moins saillant sur les bords, entamant plus fortement l'ambitus et se prolongeant jusqu'au péristome, par sa face postérieure tronquée plus verticalement. Notre espèce offre également quelques rapports avec le *S. acuminatus*, de l'Éocène de Belgique ; elle en diffère par sa forme plus ovoïde, par son sommet plus excentrique en arrière, par son sillon antérieur plus ou moins large, plus atténué vers l'ambitus, par ses aires ambulacraires paires antérieures plus étroites, par sa face postérieure plus acuminée, plus rentrante, tronquée moins verticalement. Les exemplaires du Vicentin, figurés par M. de Loriol et plus tard par M. Bittner, paraissent bien appartenir à cette même espèce.

Localité. — Saint-Palais (Charente-Inférieure). Assez rare. Éocène moyen.

Muséum de Paris (coll. d'Orbigny); coll. Hébert, Ducrocq, Croizier, Degrange-Touzin, ma collection.

Localités autres que la France. — Blangg (Schwitz); Gran Croce di Giovani Ilarione (Vicentin). Éocène.

Explications des figures. — Pl. 83, fig. 1, *S. Archiaci*, de ma collection, vu de côté; fig. 2, face supérieure; fig. 3, face inférieure; fig. 4, face antérieure; fig. 5, autre exemplaire, de la collection d'Orbigny, variété plus dilatée, vu de côté; fig. 6, face supérieure; fig. 7, face postérieure. — Pl. 84, fig. 1, exemplaire de grande taille, de la collection de M. Degrange-Touzin, vu sur la face supérieure; fig. 2, aire ambulacraire impaire grossie.

N° 72. — **Schizaster biarritzensis**, Cotteau, 1887.

Pl. 84, fig. 3-9.

Periaster biarritzensis, Cotteau, *Échin. foss. des Pyrénées*, p. 128, pl. VI, fig. 14-17, 1863.

— — Pellat, *Note sur les falaises de Biarritz*, Bull. soc. géol. de France, 2e sér., t. XX, p. 678, 1863.

— — Cotteau, *Note sur les Échin. des couches numm. de Biarritz*, Bull. soc. géol. de France, 2e série, t. XXI, p. 35, 1863.

Periaster biarritzensis, Jacquot, *Descript. géol. des falaises de Biarritz, Bidart*, etc., p. 40, Actes de la Soc. linn. de Bordeaux, t. XXV, 1864.

Espèce de petite taille, aussi large que longue, subhexagonale, étroite et très émarginée en avant, ayant sa plus grande largeur en arrière du sommet apical. Face supérieure obliquement déclive dans la région antérieure, saillante et relevée au delà de l'appareil apical. Face inférieure presque plane. Face postérieure verticalement tronquée. Sommet ambulacraire excentrique en arrière. Sillon antérieur très large et très profond, se rétrécissant sensiblement vers l'ambitus, se prolongeant jusqu'au péristome, abrupt, paraissant même un peu excavé sur les bords. Aire ambulacraire impaire droite, assez large, formée de pores simples, petits, séparés par un renflement granuliforme, s'ouvrant à la base de la paroi du sillon, disposés par paires obliques et espacées. Aires ambulacraires paires excavées, très inégales, les antérieures allongées, flexueuses, divergentes bien que dirigées en avant, beaucoup plus longues que les aires postérieures, à peu près fermées à leur extrémité. Zones porifères relativement assez larges, formées de pores inégaux, unis par un sillon, les internes arrondis, les externes allongés et étroits, disposés par paires transverses, au nombre de vingt et une ou vingt-deux dans les aires ambulacraires paires antérieures, et de dix ou onze dans les aires postérieures. Aires interambulacraires étroites, comprimées, saillantes près du sommet. Tubercules petits et serrés à la face supérieure, plus gros et moins serrés à la face inférieure. Péristome ne paraissant pas labié, anguleux en avant, bordé d'un petit bourrelet, très rapproché du bord. Périprocte longitudinal, relativement peu développé, s'ouvrant au sommet de la face postérieure. Fasciole péripétale sinueuse, suivant de près le contour des aires ambulacraires. Fasciole latéro-sous-anale très étroite, non sinueuse.

Hauteur en arrière du sommet, 11 millimètres ; diamètres antéro-postérieur et transversal, 17 millimètres.

Rapports et différences. — Cette petite espèce, remarquable par sa forme subcirculaire, étroite et anguleuse en avant, par son sommet très excentrique en arrière, par la largeur et la profondeur de son sillon antérieur et l'inégalité très grande de ses aires ambulacraires paires, ne saurait être confondue avec aucune autre. L'espèce dont elle se rapproche le plus est l'*Hemiaster digonus*, d'Archiac, de la chaîne d'Hala (Sind) ; elle nous a paru s'en distinguer par sa forme moins oblongue, par sa face supérieure plus oblique, par son ambitus antérieur plus profondément échancré, par son péristome plus anguleux et situé plus près du bord. Nous avons cru devoir, en raison de la largeur de son sillon antérieur, abrupt sur les bords, de ses aires ambulacraires paires antérieures flexueuses, dirigées en avant, et de la petitesse de ses aires ambulacraires postérieures, reporter cette espèce parmi les *Schizaster*.

Localité. — La Gourèpe près Biarritz (Basses-Pyrénées). Très rare. Éocène sup.

Faculté des sciences de Nancy (coll. Delbos), ma collection.

Explication des figures. — Pl. 84, fig. 3, *S. biarritzensis*, de ma collection, vu de côté ; fig. 4, face supérieure ; fig. 5, face inférieure ; fig. 6, face antérieure ; fig. 7, face postérieure ; fig. 8, portion de la face supérieure grossie ; fig. 9, péristome grossi.

N° 73. — **Schizaster Rousseli**, Cotteau, 1887.

Pl. 85, fig. 4-7 et pl. 86.

Schizaster beloutchistanensis (pars),	Leymerie et Cotteau, *Catal. des Échin. foss. des Pyrénées*, Bull. Soc. géol. de France, 2e sér., t. XII, p. 341, 1836.
— —	d'Archiac, *Note sur les foss. numm. de l'Ariège*, Bull. Soc. géol. de France, 2e sér., t. XVI, p. 787, 1859.
— — (pars),	Cotteau, *Échinides foss. des Pyrénées*, p. 132, 1863.
— —	Hébert, *Mém. sur le groupe numm. du midi de la France*, Bull. Soc. géol. de France, 3e série, t. X, p. 384 et suiv., 1882.

Espèce de taille assez forte, arrondie, rétrécie, fortement émarginée en avant, étroite et acuminée en arrière. Face supérieure épaisse, renflée, déclive dans la région antérieure, ayant sa plus grande hauteur dans l'aire interambulacraire postérieure, qui est élevée, saillante, subcarénée et se recourbe en descendant vers le périprocte. Face inférieure légèrement bombée, arrondie sur les bords, déprimée en avant du péristome. Face postérieure acuminée, tronquée, un peu évidée. Sommet ambulacraire subcentral. Sillon antérieur large, très profond, anguleux et caréné sur les bords, plus étroit et un peu resserré vers l'ambitus, s'atténuant en se rapprochant du péristome. Aire ambulacraire impaire assez large, finement granuleuse, munie de chaque côté d'une rangée de pores simples, très écartés, séparés par un renflement granuliforme saillant, disposés par paires obliques s'ouvrant dans de légères fossettes. Près de l'ambitus, les pores se rapprochent et deviennent plus petits. Aires ambulacraires paires profondément excavées, inégales, les antérieures très flexueuses, se rapprochant du sillon antérieur, beaucoup plus longues que les aires postérieures également flexueuses. Zones porifères bien développées, composées de pores oblongs, égaux, disposés par paires transverses, au nombre de trente ou trente et une dans les aires antérieures, de vingt à vingt et une dans les aires postérieures. Aux approches du sommet, les pores deviennent très petits, presque simples. Zone interporifère étroite, apparente cependant et paraissant ouverte à l'extrémité. Tubercules finement crénelés et perforés, petits, serrés, homogènes à la face supérieure, augmentant de volume à la partie supérieure des aires ambulacraires, sur les bords du sillon antérieur, et surtout à la face inférieure. Aires interambulacraires très saillantes autour du sommet. Péristome excentrique en avant, pourvu d'une lèvre très prononcée. Périprocte longitudinal, acuminé en dessus et en dessous. Appareil apical muni de quatre pores génitaux placés à peu près sur la même ligne; la plaque madréporiforme allongée, large à la base, se prolongeant à travers l'appareil, sans dépasser cependant les deux plaques ocellaires postérieures. Fasciole péripétale large, très sinueuse. Fasciole latéro-sous-anale plus étroite, non flexueuse, descendant obliquement sous le périprocte.

Cette espèce varie dans sa taille et aussi dans la position de son appareil apical qui est toujours subcentral, mais quelquefois un peu rejeté en arrière.

Hauteur, 35 millimètres; diamètre antéro-postérieur, 40 millimètres; diamètre transversal, 37 millimètres.

Individu de grande taille : hauteur, 39 millimètres; diamètre antéro-postérieur, 51 millimètres ; diamètre transversal, 48 millimètres.

Rapports et différences. — Cette espèce se rencontre associée au *S. obesus*, que nous décrivons plus loin ; elle s'en rapproche par plusieurs caractères, par sa taille, par son sillon antérieur profond et se rétrécissant vers l'ambitus, par son aire ambulacraire impaire munie de chaque côté d'une rangée de pores ambulacraires très écartés ; peut-être devrait-elle lui être réunie; elle nous a paru cependant s'en distinguer par sa forme plus allongée, plus renflée à la face supérieure, plus acuminée au-dessus du périprocte, plus évidée dans la région postérieure et non proéminente à la base. Par sa forme générale, cette espèce rappelle le *S. beloutchistanensis* de l'Inde, auquel nous avions cru devoir la réunir, dans nos *Échinides fossiles des Pyrénées*. Les deux espèces, comparées de nouveau avec soin, nous ont paru bien distinctes : le *S. beloutchistanensis* sera toujours reconnaissable à sa forme plus allongée, plus étroite, émarginée moins profondément à l'ambitus.

Localités. — Conques, Saint-Martin-le-Vieil, Montagne Noire, Pradelles en Val, Montagne d'Alaric (Aude); Montegret (Ariège). Assez rare. Éocène moyen.

Collection de M. Hébert, Musée de Toulouse (coll. Leymerie), coll. Roussel, Toucas.

Explication des figures. — Pl. 85, fig. 4, *S. Rousseli*, exemplaire de grande taille, de la collection de M. Roussel, vu sur la face supérieure; fig. 5, appareil apical grossi ; fig. 6, individu jeune, de la collection de M. Toucas, vu de côté; fig. 7, face supérieure. — Pl. 86, autre exemplaire, de la ccolletion de M. Hébert, vu de côté;

fig. 2, face supérieure; fig. 3, face inférieure; fig. 4, aire ambulacraire impaire grossie, montrant la disposition des pores; fig. 5, aire ambulacraire paire antérieure grossie; fig. 6, périprocte; fig. 7, fasciole latéro-sous-anale vue sous le périprocte.

N° 74. — **Schizaster ataxensis**, Cotteau, 1887.

Pl. 85, fig. 1-3.

Espèce de taille assez forte, arrondie et un peu émarginée en avant, rétrécie et subtronquée en arrière. Face supérieure épaisse, uniformément renflée, ayant sa plus grande hauteur dans la région postérieure. Face inférieure presque plane, légèrement bombée surtout dans l'aire interambulacraire impaire. Face postérieure tronquée verticalement. Sommet apical un peu excentrique en arrière. Sillon antérieur large, excavé, s'atténuant vers l'ambitus, paraissant nul aux approches du péristome. Aire ambulacraire impaire munie, près du sommet, de pores écartés, disposés par paires transverses, formant une seule rangée de chaque côté du sillon antérieur. Aires ambulacraires paires excavées, inégales, les antérieures divergentes, flexueuses, les aires postérieures beaucoup plus courtes et plus rapprochées. Zones porifères bien développées, composées de pores oblongs, rangés par paires transverses. Zone interporifère étroite, presque nulle dans les aires postérieures. Périprocte ovale, placé à quelque distance du sommet de la face postérieure. Les tubercules, le péristome, l'appareil apical, les fascioles ne sont pas visibles dans l'exemplaire unique et mal conservé que nous connaissons.

Hauteur, 34 millimètres; diamètre antéro-postérieur, 49 millimètres; diamètre transversal, 47 millimètres.

Rapports et différences. — Cette espèce nous a paru se distinguer d'une manière positive des autres *Schizaster*, et bien que la conservation de notre échantillon laisse beaucoup à désirer, nous avons cru devoir en donner la description et les figures. Sa taille le rapproche des *S. Rousseli* et *obesus;* il diffère certainement du premier par sa forme plus carrée, plus large en avant, moins acuminée et tronquée plus verticalement en arrière, par ses aires ambulacraires antérieures moins flexueuses, par ses aires interambulacraires moins saillantes autour du sommet, par sa face supérieure plus uniformement bombée. Sa forme carrée, son sommet excentrique en arrière, sa face postérieure tronquée verticalement, ne permettent pas de le confondre avec le *S. obesus*.

La forme générale de cette espèce est un peu celle des *Linthia;* cependant son sommet excentrique en arrière, et ses aires ambulacraires paires antérieures flexueuses, nous ont engagé à la placer parmi les *Schizaster*.

Localité. — Montagne Noire (Aude). Très rare. Éocène. Collection Roussel.

Explication des figures. — Pl. 85, fig. 1, *S. ataxensis*, vu de côté; fig. 2, face supérieure; fig. 3, portion de l'aire ambulacraire paire grossie.

N° 75. — **Schizaster obesus** (Leymerie), Cotteau, 1887.

Pl. 87.

Spatangus obesus, Leymerie, *Mém. sur le terrain nummul. des Corbières et de la Montagne Noire*, Mém. Soc. géol. de France, 2e sér., t. I, p. 360, pl. XIII, fig. 15, 1846.

Hemiaster obesus, Desor *in* Agassiz et Desor, *Catal. rais. des Échin.*, p. 123, 1847.
Spatangus obesus, Bronn, *Index paléont.*, p. 1160, 1848.
Hemiaster obesus, d'Orbigny *Prodr. de paléont. strat.*, t. II, p. 329, 1850.
— — Leymerie et Cotteau, *Catal. des Échin. foss. des Pyrénées*, Bull. Soc. géol. de France, 2e sér., t. XIII, p. 344, 1856.
— — Pictet, *Traité de paléont.*, 2e éd., t. IV, p. 198, 1857.
Periaster obesus, Desor, *Synopsis des Échin. foss.*, p. 387, 1858.
— — Dujardin et Hupé, *Hist. nat. des Zooph. Échinod.*, p. 599, 1862.
— — Cotteau, *Échin. foss. des Pyrénées*, p. 119, 1863.

Espèce de taille assez forte, arrondie, rétrécie, fortement émarginée en avant, courte et tronquée en arrière. Face supérieure épaisse, renflée, ayant sa plus grande hauteur dans la région postérieure. Face inférieure presque plane, très légèrement bombée, arrondie sur les bords. Face postérieure obliquement tronquée, un peu saillante à l'extrémité de l'aire interambulacraire impaire. Sommet ambulacraire central. Sillon antérieur large et très profond à la face supérieure, anguleux sur les bords, plus étroit et un peu resserré vers l'ambitus, s'atténuant en se rapprochant du péristome. Aire ambulacraire impaire assez large, munie de chaque côté d'une rangée de pores écartés, s'ouvrant dans de légères fossettes. Aires ambulacraires paires excavées, inégales, les antérieures divergentes, un peu flexueuses, les aires postérieures beaucoup plus courtes, plus rapprochées, en forme de feuille. Zones porifères bien développées, formées de pores oblongs disposés par paires transverses, au nombre de vingt ou vingt et une dans les aires paires antérieures, de quinze ou seize dans les aires postérieures. Aux approches du sommet, les pores deviennent très petits, presque simples. Zone interporifère très étroite, presque nulle dans les aires postérieures. Tubercules petits, épars, plus gros et inégaux sur le bord du sillon antérieur, à la partie supérieure des aires interambulacraires, à peine saillants autour du sommet. Péristome excentrique en avant, labié. Périprocte longitudinal, s'ouvrant au sommet de la troncature postérieure. Appareil apical muni de quatre pores génitaux, les deux antérieurs plus rapprochés que les deux autres; plaque madréporiforme traversant l'appareil, se prolongeant un peu au delà des plaques ocellaires postérieures. Fascioles péripétale et latéro-sous-anale non distinctes.

Hauteur, 34 millimètres ; diamètre antéro-postérieur et transversal, 46 millimètres.

Rapports et différences. — Malgré son sommet presque central, nous plaçons cette espèce parmi les *Schizaster*, en raison de son aire ambulacraire impaire munie de pores très écartés et de ses aires ambulacraires paires flexueuses ; elle se distingue de ses congénères par sa forme épaisse, très renflée et sensiblement rétrécie en avant, par son sillon antérieur large et profondément excavé à la face supérieure, plus étroit vers l'ambitus, presque nul aux approches du péristome, par sa face postérieure légèrement évidée, proéminente à la base, par ses aires interambulacraires peu saillantes autour du sommet. Son appareil apical presque central donne à cette espèce quelque ressemblance avec le *S. ambulacrum*, mais elle s'en éloigne par sa forme bien différente, par ses aires ambulacraires antérieures plus larges et moins flexueuses, par ses aires ambulacraires postérieures plus courtes, par sa face postérieure moins évidée, par son périprocte plus longitudinal et beaucoup moins développé. En décrivant plus haut le *S.*

Rousseli, nous avons indiqué les caractères qui séparent les deux espèces, assurément très voisines l'une de l'autre.

Localité. — Conques (Montagne Noire) (Aude). Très rare. Éocène moyen.

Musée de Toulouse (coll. Leymerie).

Explication des figures. — Pl. 87, fig. 1, *S. obesus*, vu de côté; fig. 2, face supérieure; fig. 3, face inférieure; fig. 4, région anale; fig. 5, appareil apical grossi; fig. 6, aire ambulacraire postérieure grossie.

N° 76. — **Schizaster pyrenaicus**, Munier-Chalmas, 1886.

Pl. 88, fig. 1-5.

Schizaster pyrenaicus, Munier Chalmas in Jacquot et Munier-Chalmas, *Existence de l'Éocène inférieur dans la Chalosse*, etc., Compte rendu des séances de l'Académie des sciences, 1886.

Espèce de taille moyenne, allongée, arrondie et très fortement émarginée en avant, rétrécie en arrière. Face supérieure faiblement renflée, déprimée, à peine un peu plus haute dans la région postérieure. Face inférieure presque plane. Face postérieure courte, tronquée verticalement, légèrement évidée à la base. Sommet ambulacraire subcentral, légèrement rejeté en arrière. Sillon antérieur large, excavé, anguleux et très profond vers l'ambitus, paraissant se prolonger, très visible encore, jusqu'au péristome. Aire ambulacraire impaire finement granuleuse, munie de chaque côté d'une rangée de pores simples, très petits, logés dans une fossette, disposés par paires obliques, serrées, s'espaçant aux approches de l'ambitus. Aires ambulacraires paires excavées, très inégales, les antérieures flexueuses, se dirigeant vers l'aire ambulacraire impaire, beaucoup plus longues que les aires postérieures qui sont courtes et en forme de feuille. Zones porifères larges, composées de pores oblongs qui deviennent très petits près du sommet, disposés par paires transverses, au nombre de vingt-six ou vingt-sept dans les aires ambulacraires paires antérieures, de dix-sept ou dix-huit dans les aires ambulacraires postérieures; la zone porifère antérieure des aires ambulacraires paires antérieures est beaucoup plus étroite que l'autre aux approches du sommet. Zone interporifère moins large que l'une des zones porifères, resserrée, mais cependant ouverte à l'extrémité. Tubercules fins, abondants, homogènes sur toute la face postérieure, un peu plus gros sur les bords du sillon antérieur et au sommet des aires interambulacraires, augmentant sensiblement de volume dans la région inframarginale. Péristome non visible. Périprocte bien développé, un peu ovale, acuminé à sa partie supérieure, placé à la face postérieure, au sommet d'une aréa un peu évidée. Appareil apical muni de quatre pores génitaux, les deux antérieurs plus rapprochés et moins ouverts. Fasciole péripétale très sinueuse. Fasciole latéro-sous-anale à peine distincte, se détachant à peu de distance de la base de l'aire ambulacraire paire antérieure.

Hauteur, 13 millimètres; diamètre antéro-postérieur, 30 millimètres ; diamètre transversal, 27 millimètres.

Rapports et différences. — Cette espèce, dont nous ne connaissons que deux exemplaires assez incomplets, nous a paru présenter, cependant, des caractères qui suffisent pour la distinguer de ses congénères; elle sera toujours reconnaissable à sa forme allongée, tronquée carrément en arrière et un peu évidée à la base, à sa face supérieure très déprimée, à son sillon antérieur large, anguleux et très excavé vers l'ambitus, subcaréné, présentant sur ses bords des tubercules inégaux et bien développés, à son sommet subexcentrique en arrière, à ses aires ambulacraires paires très inégales. La physionomie générale de cette espèce est un peu celle des *Brissopsis*, mais les traces de la fasciole latéro-sous-anale, que nous avons cru reconnaître, ne permettent pas de la placer dans ce genre dont elle s'éloigne du reste également par la disposition de ses aires ambulacraires. Notre espèce offre aussi quelque ressemblance avec le *L. arizensis*, dont la face supérieure est très déprimée, mais elle s'en éloigne par sa taille plus forte, par son sommet moins central et par son sillon antérieur plus accusé. Elle se rapproche peut-être encore davantage du *S. Ziteli*, des environs de Thèbes, décrit et figuré par M. de Loriol; elle nous a paru s'en distinguer par sa forme moins renflée, plus obliquement déclive en avant, par son sillon antérieur plus large, plus excavé, à bords plus abrupts, par ses aires ambulacraires paires présentant, au milieu des zones porifères, un intervalle moins développé, par ses aires interambulacraires antérieures plus saillantes près du sommet.

Localité. — Buanes près Saint-Sever (Landes). Très rare. Éocène inférieur.

École des mines de Paris (coll. Jacquot).

Explication des figures. — Pl. 88, fig. 1, *S. pyrenaïcus*, vu de côté; fig. 2, face supérieure; fig. 3, face postérieure; fig. 4, appareil apical, aire ambulacraire impaire et aire ambulacraire paire antérieure grossis; fig. 5, autre exemplaire, vu sur la face inférieure.

N° 77. — **Schizaster buanesensis**, Cotteau, 1887.

Pl. 88, fig. 6-8.

Espèce de taille assez forte, rétrécie et émarginée en avant, arrondie et subacuminée en arrière. Face supérieure épaisse, renflée, très obliquement déclive, ayant sa plus grande largeur en arrière du sommet apical et sa plus grande élévation dans la région postérieure qui est sensiblement carénée et se recourbe en descendant vers le périprocte. Face inférieure presque plane, légèrement bombée dans l'aire interambulacraire impaire, arrondie sur les bords. Face postérieure plane, verticalement tronquée. Sommet ambulacraire presque central, un peu rejeté en arrière. Sillon antérieur large, droit, profond, se rétrécissant vers l'ambitus et se prolongeant en s'atténuant jusqu'au péristome. Les pores ambulacraires ne paraissent constituer, de chaque côté, qu'une seule rangée ; ils sont écartés les uns des autres, séparés par un renflement granuliforme et disposés par paires obliques ; à quelque distance de l'ambitus, ils se rapprochent et deviennent très petits. Aires ambulacraires paires excavées, inégales, les antérieures flexueuses, se rapprochant du sillon antérieur, beaucoup plus longues que les aires postérieures. Zones porifères larges, formées de pores obliques, étroits, unis par un sillon. Zone interporifère presque nulle, disparaissant à l'extrémité de l'aire ambulacraire. Tubercules fins, serrés, homogènes, augmentant de volume dans la région marginale et à la face inférieure. Aires interambulacraires comprimées, saillantes, étroites autour du sommet, surtout les aires interambulacraires antérieures. Péristome excentrique en avant, assez éloigné du bord. Périprocte longitudinal, s'ouvrant au sommet d'une aréa plane. Fascioles non distinctes.

Hauteur, 25 millimètres; diamètre antéro-postérieur, 45 millimètres; diamètre transversal, 39 millimètres.

Rapports et différences. — L'exemplaire qui sert de type à l'espèce est le seul que nous connaissons; bien qu'il ne présente avec les espèces voisines aucune différence nettement tranchée, il ne nous a pas paru pouvoir être rapporté à l'une d'elles, et comme il occupe un niveau différent, nous avons cru devoir en faire une espèce particulière. Le *S. buanesensis* se place dans le voisinage du *S. Archiaci;* il en diffère cependant par son sommet plus central, par son sillon antérieur moins long, plus large, se prolongeant jusqu'au péristome, par ses aires ambulacraires paires également plus larges, un peu moins flexueuses, par sa face postérieure moins acuminée, par son péristome paraissant plus éloigné du bord antérieur. Notre espèce se rapproche aussi du *S. Rousseli;* elle s'en éloigne par sa taille moins forte, par sa forme moins épaisse et moins dilatée, par son sommet ambulacraire moins excentrique en avant, par son sillon antérieur moins large, plus atténué au-dessous de l'ambitus et à la face inférieure, par ses aires ambulacraires paires sensiblement moins flexueuses.

Localité. — Buanes, moulin de Baziou près Saint-Sever (Landes). Très rare. Éocène inférieur.

Collection de l'École des mines de Paris (M. Jacquot).

Explication des figures. — Pl. 88, fig. 6, *S. buanesensis*, vu de côté; fig. 7, face supérieure; fig. 8, face inférieure.

N° 78. — **Schizaster latus**, Desor, 1847.

Pl. 89.

Schizaster latus, Agassiz et Desor, *Catal. rais. des Échin.*, p. 127, 1847.
— — d'Orbigny, *Prod. de paléont. strat.*, t. II, p. 398, 1850.
— — Pictet, *Traité de paléont.*, 2e sér., t. IV, p. 199, 1857.
— — Desor, *Synopsis des Échin. foss.*, p. 391, 1858.
— — Dujardin et Hupé, *Hist. nat. des Zooph.*, *Échin.*, p. 603, 1862.
— — Matheron, *Note sur les dépôts tert. du Médoc et des environs de Blaye*, Bull. Soc. géol. de France, 2e sér., t. XXIV, p. 200, 1867.

Espèce de grande taille, subcirculaire, aussi longue que large, arrondie et émarginée en avant, arrondie également en arrière. Face supérieure médiocrement renflée, épaisse sur les bords, déclive dans la région antérieure, ayant la plus grande épaisseur dans l'aire interambulacraire impaire qui est courte à la face supérieure, carénée et se recourbe en descendant vers le périprocte. Face inférieure régulièrement bombée. Face postérieure subtronquée, arrondie, un peu évidée au-dessous du périprocte. Sommet ambulacraire fortement excentrique en arrière. Sillon antérieur très large, très profond, circonscrit par des bords étroits et très saillants, se rétrécissant et s'atténuant vers l'ambitus qu'il échancre à peine, nul à la face inférieure. Aire ambulacraire impaire large même au sommet, munie de deux rangées de pores régulièrement espacés. Aires ambulacraires paires profondément excavées, inégales, les aires antérieures longues, très flexueuses, rapprochées de l'aire ambulacraire impaire, et cependant sensiblement infléchies au dehors, à leur extrémité. Aires ambulacraires paires postérieures beaucoup plus courtes, écartées, développées en forme de feuille. Zones porifères s'étendant sur les parois des aires ambulacraires, larges, composées de pores oblongs, à peu près égaux, disposés par paires transverses, au nombre de trente-huit dans les aires antérieures, et de vingt et une ou vingt-deux dans les aires postérieures. Tubercules non apparents. Aires interambulacraires antérieures élevées, saillantes, comprimées autour de l'appareil apical. Les aires postérieures sont moins hautes. Péristome labié, très excentrique en avant. Périprocte longitudinal.

Hauteur, 35 millimètres; diamètre antéro-postérieur, 60 millimètres; diamètre transversal, 59 millimètres.

Rapports et différences. — Cette espèce, mentionnée depuis longtemps par Agassiz et Desor, n'est connue que par un seul exemplaire qui n'a jamais été ni décrit ni figuré; elle sera toujours facilement reconnaissable à sa forme subcirculaire, presqu'aussi large que longue, à son sommet très excentrique en arrière, à la largeur et à la profondeur de son sillon antérieur, à ses aires ambulacraires antérieures fortement flexueuses, à ses aires interambulacraires antérieures saillantes et comprimées aux approches du sommet. Le *S. latus* rappelle, par quelques-uns de ses caractères, une espèce bien connue, du terrain miocène, le *S. Scillæ*, mais il en diffère d'une manière très nette par sa forme subcirculaire, par sa face postérieure arrondie, au lieu d'être acuminée, fortement carénée et très rentrante à la base, par son sillon antérieur très atténué vers l'ambitus, presque nul à la face inférieure, tandis que chez le *S. Scillæ*, le sillon antérieur entame profondément l'ambitus et se prolonge jusqu'au péristome, par ses aires ambulacraires plus larges, par ses aires ambulacraires paires postérieures plus courtes et en forme de feuille, par ses aires interambulacraires antérieures encore plus étroites, plus saillantes et plus comprimées aux approches du péristome.

LOCALITÉ. — Blaye, carrière de la Douane (Gironde). Très rare. Éocène moyen.

Faculté des sciences de Nancy (coll. Delbos).

EXPLICATION DES FIGURES. — Pl. 89, fig. 1, *S. latus*, vu de côté; fig. 2, face supérieure; fig. 3, portion de l'aire ambulacraire antérieure grossie; fig. 4, aire ambulacraire paire antérieure grossie.

N° 79. — **Schizaster globulus**, Dames, 1877.

Pl. 90.

Schizaster beloutchistanensis, (non d'Archiac)	Cotteau, *Échin. foss. des Pyrénées*, p. 132, 1863.
— —	Schauroth, *Verzeichniss der Versteiner. im herzogl. naturalien cabinet zu Coburg*, p. 193, pl. XIII, fig. 1, 1867.
—	Laube, *Ein Beiträge zur Kenntniss der Echinod. der Vicent. tertiärgebieter*, p. 31, 1868.
Schizaster globulus,	Dames, *Die Echin. der Vicent. und Veron. tertiär.*, p. 57, pl. IX, fig. 5, 1877.
— —	Bittner, *Beit. zur Kentniss Altter-tiärer faunen Südalpen*, p. 68, 1880.

Espèce de taille moyenne, allongée, un peu rétrécie,

coupée presque carrément et émarginée en avant, subacuminée en arrière. Face supérieure épaisse, renflée, à peine déclive dans la région antérieure, ayant sa plus grande hauteur dans l'aire interambulacraire postérieure. Face inférieure légèrement bombée, arrondie sur les bords, présentant en arrière une saillie très apparente de l'aire interambulacraire impaire. Face postérieure haute, tronquée verticalement. Sommet ambulacraire excentrique en arrière. Sillon antérieur allongé, assez profond, caréné sur les bords, s'élargissant et s'atténuant vers l'ambitus, à peine apparent en arrivant près du péristome. Aire ambulacraire impaire munie de chaque côté d'une rangée de pores simples, très petits près de l'appareil apical, plus ouverts à peu de distance du sommet, disposés alors par paires obliques et relativement très espacées. Aires ambulacraires paires médiocrement excavées, fortement flexueuses, à peine divergentes, très rapprochées de l'aire ambulacraire impaire, inégales, les aires antérieures beaucoup plus longues que les autres qui sont très courtes, presque superficielles et en forme de feuille. Zones porifères larges, composées de pores oblongs, disposés par paires transverses, au nombre de vingt-deux ou vingt-trois dans les aires antérieures, et de onze ou douze dans les aires postérieures. La zone porifère antérieure des aires ambulacraires paires antérieures est, aux approches du sommet, sensiblement moins développée que l'autre et formée de pores plus petits. Zone interporifère étroite, à peine ouverte à l'extrémité de l'aire ambulacraire. Tubercules épars, inégaux à la face supérieure, augmentant de volume et plus espacés dans la région marginale et à la face inférieure. Aires interambulacraires antérieures saillantes près du sommet; aires interambulacraires postérieures plus atténuées. Péristome excentrique en avant, semi-circulaire, pourvu d'une lèvre saillante. Périprocte à fleur de test, longitudinal, acuminé à ses deux extrémités, s'ouvrant à la face postérieure, au sommet d'une aréa subnoduleuse sur les bords. Appareil apical muni seulement de deux pores oviducaux correspondant aux deux aires interambulacraires paires postérieures; plaque madréporiforme étroite, peu développée, traversant l'appareil sans se prolonger en arrière. Fasciole péripétale large, peu flexueuse. Fasciole latéro-sous-anale très apparente sous le périprocte, moins distincte, lorsqu'elle rejoint la fasciole péripétale.

Hauteur, 19 millimètres; diamètre antéro-postérieur, 28 millimètres; diamètre transversal, 24 millimètres.

Individu jeune : hauteur, 15 millimètre; diamètre antéro-postérieur, 22 millimètres; diamètre transversal, 19 millimètres et demi.

Rapports et différences. — Cette espèce, que nous avions dans l'origine considérée comme une variété du *S. beloutchistanensis*, du terrain nummulitique de l'Inde, dont elle se rapproche un peu par sa forme générale et son sillon antérieur étroit et allongé, nous paraît devoir être réunie au *S. globulus*, Dames; elle est identique à cette espèce par sa taille, par sa forme, par son sommet ambulacraire très excentrique en arrière, par son sillon antérieur large, caréné sur les bords, s'élargissant et s'atténuant vers l'ambitus, par la structure de ses aires ambulacraires, par son périprocte longitudinal et son péristome assez rapproché du bord antérieur. Le *S. globulus* s'éloigne certainement du *S. beloutchistanensis*, d'Archiac, de l'Inde, et c'est avec beaucoup de raison que M. Dames en a fait le type d'une espèce particulière. Le

S. beloutchistanensis dont nous donnons plus loin la diagnose est une espèce jusqu'ici propre à l'Inde, et qui n'a été rencontrée dans aucune des localités d'Europe où elle a été signalée.

Localité. — Hastingues (Landes). Rare. Éocène moyen. Collection Raulin.

Localités autres que la France. — Ciuppio, San Giovani Ilarione, Montecchio (Vicentin). Éocène.

Explication des figures. — Pl. 90, fig. 1, *S. globulus*, vu de côté; fig. 2, face supérieure; fig. 3, face inférieure; fig. 4, face postérieure; fig. 5, partie supérieure du test grossie; fig. 6, pores ambulacraires fortement grossis; fig. 7, individu jeune vu de côté; fig. 8, face supérieure.

N° 80. — **Schizaster Tournoueri**, Cotteau, 1887.

Pl. 91, fig. 1-3.

Nous ne connaissons de cette espèce qu'un exemplaire très incomplet, mais comme il présente un ensemble de caractères suffisant pour le distinguer de ses congénères, nous avons cru devoir le décrire.

Espèce de taille assez forte, allongée, arrondie et paraissant émarginée en avant, rétrécie en arrière. Face supérieure haute, renflée, déclive en avant, ayant sa plus grande épaisseur dans la région postérieure. Face inférieure plane sur les bords, bombée dans l'aire interambulacraire impaire. Face postérieure tronquée verticalement. Sommet ambulacraire subcentral. Sillon antérieur droit, étroit, peu profond, paraissant excavé. Aire ambulacraire impaire finement granuleuse, munie de chaque côté d'une rangée de pores simples, séparés par un renflement granuliforme, disposés par paires obliques espacées, s'ouvrant dans de légères dépressions. Aires ambulacraires paires médiocrement excavées, inégales, les aires antérieures flexueuses, divergentes tout en se rapprochant de l'aire antérieure impaire, les postérieures moins longues, encore plus rapprochées, les unes et les autres à peine ouvertes à leur extrémité. Zones porifères larges, composées de pores oblongs, unis par un sillon, disposés par paires transverses, espacées, au nombre de trente-cinq ou trente-six dans les aires antérieures, de vingt-cinq ou vingt-six dans les aires postérieures. Zone interporifère à peu près de même largeur que chacune des zones porifères, se rétrécissant à l'extrémité de l'aire ambulacraire. Tubercules très fins, serrés, homogènes sur toute la face supérieure, plus gros sur les bords du sillon antérieur, au sommet des aires interambulacraires et dans la région inframarginale. Aires interambulacraires, étroites, mais peu saillantes autour de l'appareil apical. Péristome non visible. Périprocte longitudinal, placé à la face postérieure, au sommet d'une aréa tout à fait plane, limitée à la base par la fasciole latéro-sous-anale. Appareil apical paraissant muni de quatre pores génitaux. Fasciole péripétale très sinueuse. Fasciole latéro-sous-anale plus étroite, non flexueuse, descendant obliquement sous le périprocte.

Hauteur, 30 millimètres? diamètre antéro-postérieur, 51 millimètres? diamètre transversal, 48 millimètres?

Rapports et différences. — Cette espèce ne saurait être confondue avec aucun des *Schizaster* que nous connaissons : sa taille et son sillon étroit lui donnent quelque ressemblance avec le *S. rimosus*, que nous décrivons plus loin ; elle s'en distingue très nettement par son ensemble plus allongé et moins cordiforme, par son sommet plus central, par ses aires ambulacraires moins profondément excavées et sensiblement plus longues, par ses tubercules plus fins, plus serrés et plus homogènes, par sa face supérieure plus uniformément bombée, par ses aires interambulacraires moins saillantes près du sommet.

Localité. — Gibret près Monfort (Landes). Très rare. Éocène moyen.

Institut catholique de Paris (collection Tournouër).

Explication des figures. — Pl. 91, fig. 1, *S. Tournoueri*, vu de côté ; fig. 2, face supérieure ; fig. 3, face postérieure.

N° 81. — **Schizaster Michelini**, Cotteau, 1887.

Pl. 91, fig. 4-7.

Espèce de petite taille, allongée, rétrécie et émarginée en avant, arrondie et subtronquée en arrière. Face supérieure médiocrement renflée, subdéclive dans la région antérieure, ayant sa plus grande épaisseur dans l'aire interambulacraire postérieure qui est un peu carénée. Face inférieure presque plane, légèrement bombée dans l'aire interambulacraire impaire. Face postérieure verticalement tronquée. Sommet ambulacraire subexcentrique en arrière. Sillon antérieur large, profond, se rétrécissant et s'atténuant vers l'ambitus, se prolongeant, à peine distinct, jusqu'au péristome. Aire ambulacraire impaire assez large, finement granuleuse, bordée de chaque côté d'une rangée de pores simples, écartés, disposés par paires obliques, espacées. Les pores se rapprochent, deviennent plus petits à quelque distance du sommet, et les paires de pores sont encore plus espacées. Aires ambulacraires paires excavées, inégales, les antérieures très flexueuses, dirigées vers l'aire ambulacraire impaire, beaucoup plus étendues que les aires postérieures qui sont petites et en forme de feuille. Zones porifères bien développées, composées de pores égaux, virgulaires, disposés par paires transverses, au nombre de vingt-cinq ou vingt-sept dans les aires ambulacraires antérieures, et de quinze ou seize dans les aires postérieures. Aux approches du sommet, les zones porifères, notamment la zone antérieure des aires ambulacraires paires antérieures, se réduisent à de petits pores simples et microscopiques. Zone interporifère très étroite. Tubercules abondants, homogènes, de petite taille à la face supérieure, un peu plus gros sur les bords du sillon antérieur, au sommet des aires interambulacraires, dans la région marginale et à la face inférieure. Aires interambulacraires antérieures très étroites et saillantes près du sommet apical. Péristome non distinct. Périprocte longitudinal, situé au sommet de la face postérieure. Appareil apical finement granuleux, paraissant muni de quatre pores génitaux. Fasciole péripétale longeant de très près les aires ambulacraires. Fasciole latéro-sous-anale à peine visible, paraissant se détacher de la fasciole péripétale vers le tiers de l'aire ambulacraire antérieure.

Hauteur, 14 millimètres ; diamètre antéro-postérieur, 22 millimètres et demi; diamètre transversal, 20 millimètres.

Rapports et différences. — Cette petite espèce, bien qu'elle s'en rapproche par sa taille, ne saurait être confondue avec le *Linthia incerta*, qu'on rencontre dans la même localité; elle en diffère certainement par sa forme moins dilatée, moins renflée, par son sommet ambulacraire plus excentrique en arrière, par son aire ambulacraire impaire munie de deux rangées de petits pores écartés, par ses aires ambulacraires antérieures plus flexueuses, moins divergentes, par ses aires ambulacraires postérieures beaucoup plus courtes, par ses aires interambulacraires antérieures plus étroites et plus saillantes près du sommet. Bien que nous ne connaissions de chacune de ces deux espèces qu'un seul exemplaire, nous avons cru devoir en faire deux espèces particulières appartenant à deux genres différents.

Localité. — Orglandes (Manche). Très rare. Éocène moyen.

École des mines de Paris (coll. Michelin).

Explication des figures. — Pl. 91, fig. 4, *S. Michelini*, vu de côté; fig. 5, face supérieure; fig. 6, aire ambulacraire impaire grossie; fig. 7, aire ambulacraire paire antérieure grossie.

N° 82. — **Schizaster Janeti**, Cotteau, 1887.

Pl. 92, fig. 1-6.

Espèce de taille moyenne, allongée, émarginée en avant. Face supérieure haute, renflée, déclive dans la région antérieure, paraissant avoir sa plus grande épaisseur dans l'aire interambulacraire impaire qui est saillante et carénée. Face inférieure plane en dessous, presque tranchante sur les bords. La face postérieure n'est conservée sur aucun de nos exemplaires. Sommet ambulacraire subcentral, un peu rejeté en arrière. Sillon antérieur très large, très profond, saillant, caréné et noduleux sur les bords, anguleux à l'ambitus, qu'il entame profondément, se prolongeant en s'atténuant jusqu'au péristome. Aire ambulacraire impaire très finement granuleuse, munie, de chaque côté, d'une rangée de petits pores simples, écartés, séparés par un granule très apparent, disposés par paires obliques et serrées, logées dans des fossettes qui se prolongent jusqu'à l'extrémité des plaques ambulacraires; aux approches de l'ambitus, les deux pores se rapprochent, le granule est moins saillant et finit par disparaître. Aires ambulacraires paires assez fortement excavées, inégales, les aires antérieures flexueuses et cependant très divergentes, les aires postérieures beaucoup plus courtes, plus rapprochées l'une de l'autre. Zones porifères larges, composées de pores allongés, unis par un sillon, disposés par paires transverses. Zone interporifère très étroite, presque nulle dans les aires postérieures. Tubercules petits, serrés, homogènes à la face supérieure, un peu plus gros sur les bords du sillon antérieur et dans la région inframarginale. Aires interambulacraires élevées et très saillantes autour de l'appareil apical. Péristome labié, semi-circulaire, à fleur de test, excentrique en avant. Appareil apical paraissant muni de quatre pores génitaux. Fasciole péripétale très sinueuse. Fasciole latéro-sous-anale plus étroite, non flexueuse, visible seulement en partie.

Les exemplaires que nous avons sous les yeux, bien que parfaitement caractérisés, sont trop incomplets pour que nous puissions en donner les dimensions.

Rapports et différences. — Cette espèce ne saurait être confondue avec aucune autre; elle sera toujours parfaitement reconnaissable à la largeur de son sillon antérieur saillant, caréné, noduleux sur les bords, entamant profondément l'ambitus, à sa face inférieure déprimée, presque tranchante au pourtour, à son aire ambulacraire impaire munie de deux rangées de petits pores écartés, à ses aires ambulacraires paires antérieures fortement excavées, flexueuses tout en étant divergentes, à ses aires ambulacraires paires postérieures beaucoup plus rapprochées que les autres.

LOCALITÉS. — Arcueil (Seine); Ponchon (Oise). Très rare. Éocène moyen (calcaire grossier).

Collection Hébert, Janet.

EXPLICATION DES FIGURES. — Pl. 92, fig. 1, *S. Janeti*, de la collection de M. Janet, vu de côté ; fig. 2, face supérieure ; fig. 3, aire ambulacraire impaire grossie ; fig. 4, pores ambulacraires fortement grossis ; fig. 5, autre exemplaire, de la collection de M. Hébert, vu sur la face supérieure ; fig. 6, face inférieure.

N° 83. — **Schizaster Deshayesi**, Cotteau, 1887.

Pl. 92, fig. 7-10.

Espèce de petite taille, allongée, étroite et émarginée en avant, un peu plus large en arrière. Face supérieure renflée, déclive dans la région antérieure, ayant sa plus grande épaisseur dans l'aire interambulacraire impaire qui est saillante, subcarénée et se recourbe un peu en descendant vers le périprocte. Face postérieure arrondie, verticalement subtronquée. Sommet ambulacraire subexcentrique en arrière. Sillon antérieur large, profond, évasé, placé dans une excavation qui cesse brusquement à peu de distance de l'ambitus, se prolongeant en s'atténuant jusqu'au péristome ; à la face supérieure, les aires interambulacraires qui le circonscrivent sont saillantes, carénées, subnoduleuses. Aire ambulacraire impaire étroite, granuleuse, munie de chaque côté d'une rangée de petits pores simples disposés par paires obliques et serrées. Aires ambulacraires paires excavées, inégales, les aires antérieures assez étendues, peu flexueuses, tendant à se rapprocher de l'aire ambulacraire impaire tout en étant divergentes, les aires postérieures beaucoup plus courtes, moins écartées et en forme de feuille. Zones porifères assez larges, composées de pores oblongs, étroits, unis par un sillon, au nombre de vingt-deux ou vingt-trois dans les aires ambulacraires antérieures, et de seize environ dans les aires ambulacraires postérieures. Zone interporifère très étroite. Tubercules petits, inégaux, épars, ne paraissant pas très abondants à la face supérieure, un peu plus gros sur les bords du sillon antérieur, au sommet des aires interambulacraires et dans la région inframarginale. Le péristome, l'appareil apical et les fascioles ne sont pas visibles dans l'exemplaire que nous avons sous les yeux, le seul connu.

Hauteur, 16 millimètres ; diamètre antéro-postérieur, 24 millimètres et demi ; diamètre transversal, 20 millimètres ?

Rapports et différences. — Cette petite espèce se distingue par sa forme allongée, par son sommet un peu excentrique en arrière, par son sillon antérieur, long, étroit, s'ouvrant dans une excavation parfaitement circonscrite et se terminant au-dessus de l'ambitus, par ses aires ambulacraires inégales, les antérieures plus étendues que les autres, peu flexueuses sans être très divergentes, par son périprocte longitudinal. Le *S. Deshayesi*, qu'on rencontre à Grignon, associé au *Linthia subglobosa*, ne saurait être considéré comme le jeune âge de cette espèce ; il en diffère d'une manière positive par sa forme plus allongée, par son sommet ambulacraire excentrique en arrière, par son sillon antérieur beaucoup plus accusé, par ses aires ambulacraires paires antérieures moins divergentes, par ses aires ambulacraires postérieures plus courtes, par son périprocte longitudinal.

Localité. — Grignon (Seine-et-Oise). Très rare. Éocène moyen.

École des mines de Paris (collection Deshayes).

Explication des figures. — Pl. 92, fig. 7, *S. Deshayesi*, vu de côté ; fig. 8, face supérieure ; fig. 9, aire ambulacraire impaire grossie ; fig. 10, aires ambulacraires paires antérieure et postérieure grossies.

N° 84. — **Schizaster Velaini**, Cotteau, 1887.

Pl. 93, fig. 1-3.

Espèce de taille moyenne, cordiforme, un peu trapue, arrondie et émarginée en avant, tronquée et subacuminée en arrière. Face supérieure renflée, subconique, très déclive dans la région antérieure, paraissant avoir sa plus grande épaisseur un peu en avant du sommet apical et sa plus grande largeur au point qui correspond au sommet apical. Face inférieure presque plane, subtranchante sur les bords, renflée et acuminée dans l'aire interambulacraire impaire. Sommet apical subcentral, un peu rejeté en avant. Sillon antérieur formant, à sa partie supérieure et jusqu'au tiers environ de sa longueur, une cavité très profonde, creusée en dessous, d'abord étroite et resserrée, puis s'élargissant un peu, pour être brusquement remplacée par un sillon beaucoup moins excavé, mais encore très apparent, anguleux, évasé, entamant fortement l'ambitus et se prolongeant en s'atténuant jusqu'au péristome. Aire ambulacraire impaire composée de pores simples, petits, serrés dans l'excavation, plus espacés en se rapprochant de l'ambitus. Aires ambulacraires paires très excavées, creusées en dessous comme la partie supérieure de l'aire ambulacraire impaire, étroites, inégales, les antérieures beaucoup plus longues que les autres, flexueuses, divergentes; les aires postérieures plus courtes, également flexueuses, plus rapprochées, formant entre elles un angle aigu, les unes et les autres étroites et fermées à leur extrémité. Zones porifères larges, composées de pores oblongs, unis par un sillon, disposés par paires transverses s'ouvrant en partie au fond et en partie sur les parois de l'excavation. Zone interporifère très étroite, presque nulle. Aires interambulacraires resserrées et saillantes près du sommet, surtout les deux aires antérieures. Tubercules petits, abondants, serrés, homogènes à la face supérieure, un peu plus gros en dessous. Appareil apical peu développé, muni de quatre pores génitaux; plaque madréporiforme étroite, traversant l'appareil. Le péristome, le périprocte et les fascioles ne sont pas conservés dans notre exemplaire.

Hauteur 25 millimètres; diamètre antéro-postérieur, 42 millimètres et demi; diamètre transversal, 41 millimètres et demi.

Rapports et différences. — Le seul exemplaire connu de cette curieuse espèce est incomplet; nous n'avons pas hésité cependant à le décrire, car il se distingue très nettement de ses congénères par sa forme subconique, par sa face inférieure déprimée, par ses aires ambulacraires étroites et très profondément excavées et surtout par son aire ambulacraire antérieure logée à sa partie supérieure dans une dépression apparente et parfaitement circonscrite. Cette excavation très prononcée des aires ambulacraires donne, au premier abord, au *S. Velaini* une certaine ressemblance avec les espèces du genre *Mœra*, de l'époque actuelle ; mais dans ce dernier genre, les aires ambulacraires sont encore plus profondes, plus étroites et presque linéaires, et de plus, il existe une fasciole longeant de très près les cavités ambulacraires et toute diffèrent, par conséquent, de celle des *Schizaster*. Jusqu'à ce que le fasciole du *S. Velaini* soit connue, nous avons préféré laisser l'espèce parmi les *Schizaster*. Le *S. Velaini*, par son sillon antérieur logé en partie dans une excavation nettement circonscrite, offre quelques rapports avec le *S. Deshayesi*, provenant également du terrain éocène parisien, mais cette dernière espèce sera toujours facilement reconnaissable à sa taille beaucoup plus petite, à sa forme toute différente, à ses aires ambulacraires autrement disposées, et surtout à son excavation antérieure descendant beaucoup plus bas et se prolongeant très près de l'ambitus. Ces deux espèces forment un petit groupe parmi les *Schizaster* éocènes. Peut-être deviendra-t-il nécessaire, lorsque quelques-uns de leurs caractères seront mieux connus, de les distinguer génériquement.

Localité. — Chaumont (Seine-et-Oise). Très rare. Éocène moyen. Calcaire grossier inférieur.

Collection de la Sorbonne (M. Vélain).

Explication des figures. — Pl. 93, fig. 1, *S. Velaini*, vu de côté; fig. 2, face supérieure; fig. 3, face antérieure.

N° 85. — **Schizaster acuminatus** (Goldfuss), Agassiz, 1848.

Pl. 93, fig. 4-6.

Spatangus acuminatus,	Goldfuss, *Petref. mus. universit. reg. boruss. rhen. Bonn.*, t. I, p. 158, pl. XLX, fig. *abc*, 1826.
Micraster acuminatus,	Agassiz, *Prod. d'une monog. des radiaires*, Mém. Soc. des sc. nat. de Neuchâtel, t. I, p. 184, 1836.
Spatangus acuminatus,	Des Moulins, *Études sur les Échin.*, p. 390, 1837.
Micraster acuminatus,	Agassiz, *Prod. d'une monog. des radiaires*, Ann. des Sc. nat., zoologie, p. 237, 1840.
— —	Dujardin *in* Lamarck, *Animaux sans vertèbres*, 2e éd., t. III, p. 337, 1840.
— —	Desor *in* Agassiz et Desor, *Catalog. rais. des Échin.*, p. 124, 1847.
Schizaster acuminatus,	Agassiz *in* Bronn, *Index paléont.*, p. 1120, 1848.
— —	Giebel, *Deutschlands Petrefacten*, p. 326, 1852.
Hemiaster acuminatus,	Desor, *Synops. des Échin., foss.*, p. 374, 1857.
— —	Pictet, *Traité de paléont.*, 2e éd., t. IV, p. 198, 1857.
— —	Nyst *in* Dewalque, *Prod. d'une descript. géol. de la Belgique*, p. 408, 1868.
Schizaster acuminatus,	Cotteau, *Descript. des Échin. tert. de la Belgique*, p. 65, pl. V, fig. 8-17, 1880.
— —	Cotteau, *Sur les Échin. tert. de la Belgique*, p. 1, Comptes rendus des séances de l'Acad. des sc., 1880.
— —	Cotteau, *Note sur les Échin. du terr.*

tert. de Belgique, Bull. Soc. géol. France, 3e sér., t. IX, p. 215, et suiv., 1881.

Schizaster acuminatus, Mourlon, *Géolog. de la Belgique*, t. II, p. 181, 1881.

— — Nœtling, *Die Fauna des Samlandischen Tertiärs*, p. 204, pl. V, fig. 1-2b, 1886.

Espèce de taille très variable, cordiforme, un peu rétrécie et fortement échancrée en avant, élargie au milieu, subacuminée en arrière. Face supérieure haute, renflée et rapidement déclive dans la région antérieure, ayant sa plus grande épaisseur au delà du sommet apical, dans l'aire interambulacraire postérieure qui est carénée, comprimée, saillante et prolongée en forme de rostre au-dessus du périprocte. Face inférieure presque plane, arrondie sur les bords, un peu déprimée en avant du péristome. Face postérieure tronquée, excavée, légèrement rentrante. Sommet ambulacraire excentrique en arrière. Sillon antérieur étroit, profond, caréné sur les bords, échancrant fortement l'ambitus, se prolongeant en s'atténuant jusqu'au péristome. Aire ambulacraire impaire large, droite, munie de chaque côté d'une rangée de pores simples disposés par paires obliques, un peu espacées aux approches de l'ambitus. Aires ambulacraires paires profondément excavées, à peine granuleuses, presque lisses, très inégales, les aires antérieures flexueuses, divergentes, arrondies à leur extrémité, beaucoup plus longues que les autres, les aires postérieures plus courtes, plus rapprochées. Zones porifères placées en partie sur les parois des aires ambulacraires, composées de pores allongés, unis par un sillon transverse. Dans les aires ambulacraires antérieures paires, la zone interporifère est étroite et moins large que l'une des zones porifères ; dans les aires postérieures, elle est plus étroite encore. Aires interambulacraires resserrées et saillantes autour de l'appareil apical. Tubercules très fins à la face supérieure, augmentant de volume à la face inférieure, dans la région inframarginale et au milieu de l'aire interambulacraire impaire. Péristome excentrique en avant, étroit, semi-lunaire, muni d'une lèvre saillante. Périprocte ovale, s'ouvrant au sommet de la face postérieure, sous le rostre formé par le prolongement de l'aire interambulacraire impaire. Appareil apical étroit, allongé, paraissant pourvu de quatre pores génitaux, les deux postérieurs apparents, écartés, très ouverts, les deux antérieurs plus petits et moins visibles. Fasciole péripétale se prolongeant en avant jusqu'à l'ambitus, contournant de très près en arrière le bord des aires ambulacraires. Fasciole latéro-sous-anale large, à peine anguleuse, descendant sur la face antérieure, bien au-dessous du périprocte.

Quelques exemplaires de Belgique ont leurs tubercules en partie garnis de radioles ; ils sont grêles, fins, allongés, cylindriques ; le bouton est saillant, relativement très développé et finement crénelé.

Hauteur, 19 millimètres ; diamètre antéro-postérieur, 26 millimètres ; diamètre transversal, 25 millimètres.

Les échantillons de cette espèce sont ordinairement de petite taille ; cependant à Saint-Gilles (Belgique), associés aux individus que nous venons de décrire, M. Grégoire a recueilli des exemplaires dont les dimensions sont beaucoup plus considérables ; la hauteur de l'un d'eux est de 28 millimètres, son diamètre antéro-postérieur de 45 millimètres, et son diamètre transversal de 41. Malgré une différence aussi énorme dans la taille, cet exemplaire ne m'a pas paru devoir être séparé du type : la forme générale est la même ; le sillon antérieur, étroit, profond, caréné sur les bords, offre le même aspect ; les aires ambulacraires paires antérieures ont une disposition identique, seulement les aires paires postérieures, sont relativement plus étroites et plus allongées, mais cette différence peut tenir au développement exceptionnel de cet exemplaire, et nous sommes d'autant plus porté à le croire qu'il n'est pas isolé, et se relie aux petits échantillons par des individus de taille variable.

Rapports et différences. — Nous avons rapporté cette espèce au *Spatangus acuminatus*, de Goldfuss, bien qu'elle en diffère un peu par sa face postérieure moins proéminente en arrière, par son sillon antérieur et ses aires ambulacraires moins larges, par son péristome un peu plus éloigné du bord antérieur ; les autres caractères sont tellement voisins, qu'il nous a paru difficile d'en faire le type d'une espèce nouvelle. Le *S. acuminatus* offre quelque ressemblance avec le *S. rimosus*, décrit plus loin. Cette dernière espèce cependant s'en distingue par sa forme générale plus élargie, par son sommet ambulacraire moins excentrique en arrière, par son sillon antérieur plus excavé, plus comprimé sur les bords et se rétrécissant d'une manière plus sensible, par ses aires ambulacraires paires postérieures relativement plus étroites et moins courtes. Dans le *Synopsis des Échinides fossiles*, Desor place cette espèce dans le genre *Hemiaster*. L'existence parfaitement constatée d'une double fasciole péripétale et latéro-sous-anale, tout à fait en rapport du reste avec la forme de l'espèce et l'excentricité de l'appareil, ne peut laisser aucun doute sur la place générique qu'il doit occuper.

Localités. — Desor, dans le *Synopsis*, signale la présence de cette espèce à Cassel (Nord). Nous n'avons point vu les échantillons qui en proviennent. Les exemplaires que nous venons de décrire et dont nous donnons la figure, proviennent de Belgique, où ils occupent un horizon identique à celui de Cassel. Très rare. Éocène moyen.

Localités autres que la France. — Saint-Josse-ten-Noode-Liz, Bruxelles. Assez rare. Sables ypresiens supérieurs. — Dieghem, Forest (Bruxelles). Assez rare. Laekenien inférieur. — Wimmel Forest. Rare. Wimmelien. Musée de Bruxelles, coll. Grégoire, Vincent, ma collection.

Explication des figures. — Pl. 93, fig. 4, *S. acuminatus*, vu de côté ; fig. 5, face inférieure ; fig. 6, variété de grande taille, vue sur la face supérieure. Ces trois figures sont copiées dans la *Description des Échinides tertiaires de la Belgique*, pl. v, fig. 8, 10 et 16.

N° 86. — **Schizaster Leymeriei,** Cotteau, 1876.

Pl. 94.

Schizaster Leymeriei,	Cotteau *in* Leymerie et Cotteau, *Catal. des Échin. foss. des Pyrénées*, Bull. Soc. géol. de France, 2e sér., t. XIII, p. 341, 1856.
Periaster Leymeriei,	Desor, *Synopsis des Échin. foss.*, p. 386, 1857.
— —	Dujardin et Hupé, *Hist. nat. des Zooph. échinod.*, p. 592, 1862.
Schizaster Leymeriei,	Cotteau, *Échin. foss. des Pyrénées*, p. 133, pl. vii, fig. 4-8, 1863.
— —	Pellat, *Note sur les falaises de Biarritz*, Bull. Soc. géol. de France, 2e sér., t. XX, p. 678, 1863.

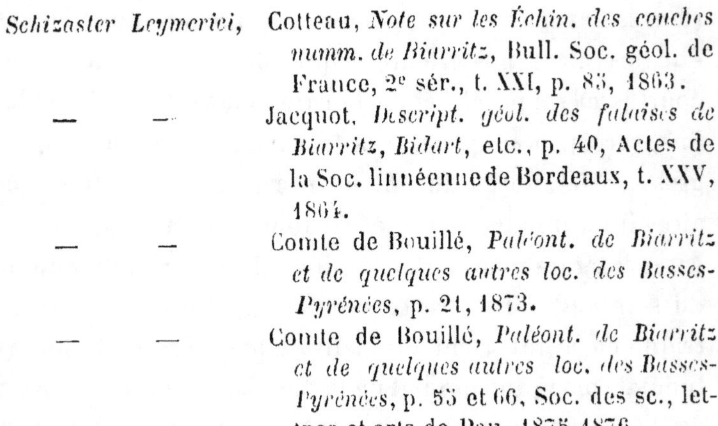

Schizaster Leymeriei, Cotteau, *Note sur les Échin. des couches numm. de Biarritz*, Bull. Soc. géol. de France, 2e sér., t. XXI, p. 85, 1863.

— — Jacquot, *Descript. géol. des falaises de Biarritz, Bidart*, etc., p. 40, Actes de la Soc. linnéenne de Bordeaux, t. XXV, 1864.

— — Comte de Bouillé, *Paléont. de Biarritz et de quelques autres loc. des Basses-Pyrénées*, p. 21, 1873.

— — Comte de Bouillé, *Paléont. de Biarritz et de quelques autres loc. des Basses-Pyrénées*, p. 55 et 66, Soc. des sc., lettres et arts de Pau, 1875-1876.

Espèce de taille assez forte, allongée, cordiforme, arrondie en avant, subonduleuse au pourtour, à peine échancrée en avant. Face supérieure renflée, obliquement déclive, ayant sa plus grande hauteur dans l'aire interambulacraire impaire, marquée d'une carène très prononcée qui commence à l'appareil apical et descend jusqu'au périprocte. Face inférieure presque plane, arrondie sur les bords, légèrement bombée dans l'aire interambulacraire impaire. Face postérieure acuminée au sommet, verticalement tronquée, un peu évidée au-dessus du périprocte. Sommet ambulacraire central, ordinairement un peu rejeté en avant. Sillon antérieur étroit, assez profond à la face antérieure, étroit et très atténué vers l'ambitus, se prolongeant, à peine distinct, jusqu'au péristome. Aire ambulacraire impaire resserrée comme le sillon qui la circonscrit, excavée, munie de chaque côté d'une rangée de petits pores écartés, disposés par paires obliques et espacées ; ces pores sont très petits à quelque distance du sommet. Aires ambulacraires paires fortement excavées, très étroites, inégales, les aires antérieures flexueuses, divergentes et beaucoup plus longues que les aires postérieures, qui sont relativement très courtes et rapprochées de la carène dorsale. Tubercules fins, serrés, homogènes à la face supérieure, un peu plus gros sur les bords du sillon antérieur, au sommet des aires interambulacraires et surtout à la face inférieure. Aires interambulacraires étroites et comprimées autour du sommet, sans être très saillantes. Péristome excentrique en avant, semi-circulaire, labié. Périprocte longitudinal, placé au sommet de la face postérieure, à la base de la carène dorsale. Appareil apical comprimé, peu distinct. Fasciole péripétale entourant de très près les aires ambulacraires. Fasciole latéro-sous-anale oblique, à peine flexueuse.

Nous avons fait figurer, en le rapportant au *S. Leymeriei*, un exemplaire de petite taille et de forme très globuleuse, qui s'éloigne un peu du type par son sillon beaucoup moins prononcé vers l'ambitus, et par sa face supérieure beaucoup plus renflée. Sa physionomie est celle des *Ditremaster;* il nous a paru cependant que l'ensemble de ses caractères le rapprochait davantage des *Schizaster* et notamment du *S. Leymeriei;* malheureusement sa surface un peu usée et corrodée par l'eau de mer ne permet pas de se prononcer avec certitude. Cet exemplaire, comme le type de La Gourèpe près Biarritz, fait partie de la collection de la Faculté des sciences de Nancy.

Type de l'espèce : hauteur 29 millimètres ; diamètre antéro-postérieur, 41 millimètres ; diamètre transversal, 39 millimètres.

Variété globuleuse : hauteur, 26 millimètres ; diamètre antéro-postérieur, 28 millimètres ; diamètre transversal, 27 millimètres.

Rapports et différences. — Le *S. Leymeriei* n'est pas rare dans les rochers de la Gourèpe près Biarritz, mais presque tous les exemplaires qu'on y rencontre, en raison sans doute de la fragilité de leur test, ont été déformés et brisés ; aussi est-il rare de rencontrer un exemplaire dont la conservation permette de fixer les caractères de l'espèce. Le type que nous avons fait figurer appartient à M. Pellat, et c'est cet exemplaire qui nous a servi, dans l'origine, à établir l'espèce. Le *S. Leymeriei*, par l'étroitesse de son sillon antérieur, rappelle le *S. rimosus*, qu'on rencontre dans la même localité, à un niveau plus supérieur ; il s'en distingue d'une manière positive par sa taille moins forte, par son aspect plus allongé, moins cordiforme, plus onduleux au pourtour, par son sillon antérieur encore plus étroit et plus atténué vers l'ambitus, par son sommet plus central, par ses aires ambulacraires plus étroites, par sa face postérieure moins acuminée.

Localités. — La Gourèpe, Côte des Basques près Biarritz, Mouligna (Basses-Pyrénées); Saint-André de Hinx (Landes). Assez commun. Éocène supérieur.

Collection Pellat, coll. de la Faculté des sciences de Nancy (Delbos), Musée de Toulouse (Leymerie), collection Kœchlin-Schlumberger, coll. Boreau, comte de Bouillé, Degrange-Touzin, Blanchet, ma collection.

Explication des figures. — Pl. 94, fig. 1, *S. Leymeriei*, de la collection de M. Pellat, vu de côté ; fig. 2, face supérieure ; fig. 3, face inférieure ; fig. 4, autre exemplaire plus jeune et plus renflé, de la Faculté des sciences de Nancy, vu de côté ; fig. 5, face supérieure ; fig. 6, face inférieure ; fig. 7, face postérieure.

N° 87. — **Schizaster ambulacrum** (Deshayes), Agassiz, 1860.

Pl. 95, et pl. 96.

Spatangus ambulacrum, Deshayes, *Descript. de coquilles caract. des terrains*, p. 255, pl. VII, fig. 4, 1831.

— — Des Moulins, *Études sur les Échinides*, p. 410, 1837.

Schizaster ambulacrum, Agassiz, *Catal. syst. Ectyp. foss. Echinod., Mus. neocom.*, p. 3, 1840.

— — Agassiz et Desor, *Catal. rais. des Échinides*, p. 127, 1847.

— — Bronn, *Index paléont.*, t. II, p. 1120, 1848.

— — D'Archiac, *Descript. des foss. du groupe numm.*, Mém. Soc. géol. de France, 2e sér., t. III, p. 427, 1850.

— — d'Orbigny, *Prod. de paléont. strat.*, t. II, p. 329, 1850.

— — Leymerie et Cotteau, *Catal. des Échin. des Pyrénées*, Bull. Soc. géol. de France, 2e sér., t. XIII, p. 341, 1856.

— — Pictet, *Traité de paléont.*, 2e éd., p. 199, 1857.

— — Desor, *Synopsis des Échin. foss.*, p. 392, 1858.

— — Dujardin et Hupé, *Hist. nat. des Zooph. Échin.*, p. 603, 1862.

— — Cotteau, *Échin. foss. des Pyrénées*, p. 131, 1863.

— — Cotteau, *Note sur les Échin. des couches numm. de Biarritz*, Bull. Soc. géol. de France, 2e sér., t. XXI, p. 85, 1863.

— — Jacquot, *Descript. géol. des falaises de Biarritz, Bidart*, etc., p. 40, Actes de la Soc. linnéenne de Bordeaux, t. XXV, 1864.

Schizaster lucidus, (pars, d'après Dames),	Laube, *Echinod. des Vicentinischen tertiärgebietes*, p. 32 (non fig.), 1867.
Schizaster ambulacrum,	Taramelli, *Di alcuni Echiniti eocenici dell' Istria*, p. 23, Istituto veneto, t. III, ser. IV, 1873-1874.
— —	Dames, *Die Echiniden der Vicentinischen und Veronesischen, tertiärablagerungen*, p. 60, pl. x, fig. 1, 1877.
— —	Bittner, *Beitrage zur Kenntniss Alttertiärer Echiniden faunen der Sudalpen*, p. 23, 1880.

18 (type de l'espèce); T. 42.

Espèce de taille assez forte, subcirculaire, de forme un peu hexagonale, trapue, plus large que longue, arrondie et émarginée en avant, étroite et acuminée en arrière. Face supérieure haute, renflée, presque aussi élevée dans la région antérieure que dans l'aire interambulacraire postérieure, ayant sa plus grande largeur vers le milieu, au point qui correspond à l'appareil apical. Face inférieure presque plane, arrondie sur les bords, un peu déprimée près du péristome, surtout dans les aires ambulacraires paires antérieures, qui paraissent lisses, à peine un peu bombée dans l'aire interambulacraire impaire. Face postérieure tronquée verticalement, fortement évidée au-dessous du périprocte. Sommet ambulacraire subcentral. Sillon antérieur large, très excavé, caréné et subnoduleux sur les bords, se rétrécissant et s'atténuant un peu vers l'ambitus, se prolongeant jusqu'au péristome. Aire ambulacraire impaire munie, de chaque côté, d'une rangée de petits pores s'ouvrant à la base de l'excavation, écartés, séparés par un granule saillant et disposés par paires obliques. De petites côtes granuleuses et transverses s'intercalent entre chaque paire de pores et remontent sur la paroi de l'excavation jusqu'au bord de l'aire ambulacraire. Chaque série se compose de vingt-six ou vingt-sept paires depuis le sommet jusqu'au fasciole ; les dernières paires s'espacent et deviennent moins apparentes. Bien que notre exemplaire soit parfaitement conservé, nous n'avons remarqué aucune trace d'une seconde série de petits pores qui se montrent chez certaines espèces. Le milieu de l'aire ambulacraire est très finement granuleux. Aires ambulacraires paires étroites, fortement excavées, acuminées à leur extrémité, inégales, les aires antérieures flexueuses, divergentes, beaucoup plus longues que les aires postérieures, qui sont courtes, flexueuses, resserrées à l'extrémité et relativement divergentes. Zones porifères assez larges, placées sur les parois de l'excavation ambulacraire, formées de pores ovales, unis par un sillon, disposés par paires transverses que sépare une petite côte granuleuse, au nombre de vingt-neuf ou trente dans les aires antérieures, de vingt environ dans les aires postérieures. Aux approches du sommet, les pores des cinq ou six dernières paires deviennent très petits, presque microscopiques. La différence entre les zones porifères antérieures et postérieures, dans les aires ambulacraires paires antérieures, est à peine sensible. Zone interporifère se rétrécissant aux deux extrémités, vers le milieu, à peu près de même étendue que l'une des zones porifères. Tubercules très fins, serrés, homogènes sur toute la face supérieure, un peu plus gros vers le bord du sillon antérieur, au sommet des aires interambulacraires et surtout à la face inférieure. Aires interambulacraires antérieures saillantes, carénées et subnoduleuses près du sommet. Péristome excentrique en avant, semi-circulaire, fortement labié, la lèvre bordée d'un bourrelet très apparent. Les aires ambulacraires paires antérieures forment, de chaque côté du péristome, une dépression allongée, subanguleuse, plus accentuée que dans aucune autre espèce. Périprocte arrondi, très largement ouvert, placé à la base de la carène dorsale, au sommet d'une aréa lisse et évidée. Appareil apical peu distinct, paraissant pourvu de quatre pores génitaux. Fasciole péripétale sinueux, suivant de près les aires ambulacraires, s'élargissant à leur base, formant en arrière un angle qui pénètre dans l'aire interambulacraire postérieure. Fasciole latéro-sous-anal très étroit, non flexueux, se détachant du fasciole péripétale en arrière des aires ambulacraires paires antérieures, à peu près au quart de leur longueur.

Type de l'espèce : hauteur, 32 millimètres ; diamètre antéro-postérieur, 48 millimètres ; diamètre transversal, 50 millimètres.

Individu de grande taille ; hauteur ?... ; diamètre antéro-postérieur, 59 millimètres ; diamètre transversal, 60 millimètres.

Rapports et différences. — Cette curieuse espèce ne saurait être confondue avec aucune autre ; elle se distingue nettement de ses congénères par sa forme subcirculaire, légèrement hexagonale, par sa face supérieure aussi élevée en avant qu'en arrière, par son sommet central, par ses aires ambulacraires paires étroites, excavées, très acuminées, par son péristome fortement labié et remarquable par la dépression des aires ambulacraires paires, et surtout par l'énorme développement de son périprocte régulièrement arrondi.

Histoire. — Cette espèce a été signalée pour la première fois, en 1831, par Deshayes qui en donne une figure assez médiocre et pas de description. Bien que mentionnée comme une espèce caractéristique du terrain nummulitique des Pyrénées, cette espèce est extrêmement rare, et deux échantillons seulement jusqu'ici ont été rencontrés en France, celui qui a servi de type à l'espèce, provenant de Biarritz, et un autre trouvé depuis, de taille plus forte et de la même localité. L'espèce est tellement rare que d'Archiac (*loc. cit.*), tout en la mentionnant, met en doute son existence à Biarritz; mais la couleur, l'aspect de la roche et le second exemplaire recueilli depuis ne peuvent laisser aucune incertitude sur la provenance. Les exemplaires du Vicentin, figurés par Dames, appartiennent bien certainement à l'espèce qui nous occupe.

Localité. — Biarritz (Phare Saint-Martin, d'après la roche) (Basses-Pyrénées). Très rare. Éocène supérieur. École des mines de Paris (coll. Deshayes et Michelin).

Localités autres que la France. — Scaranto, Montecchio Maggiore, Priabona, S. Florano, Senago, Monte Colombara, Arziano près d'Avesa (Verone). Penguente, Punta grossa, Muggia (Istrie). Éocène.

Explication des figures. — Pl. 95, fig. 1, *S. ambulacrum*, de la collection de l'École des mines de Paris, type de l'espèce, vu de côté; fig. 2, face supérieure; fig. 3, face inférieure; fig. 4, face postérieure; fig. 5, portion de l'aire ambulacraire impaire grossie; fig. 6, plaques de l'aire ambulacraire impaire très fortement grossies. — Pl. 96, fig. 1, aires ambulacraires paires grossies; fig. 2, exemplaire de grande taille, de la collection de l'École des mines de Paris, vu sur la face inférieure; fig. 3, plaques ambulacraires prises vers l'ambitus, grossies.

N° 88. — **Schizaster Delbosi**, Cotteau, 1887.

Pl. 97.

Periaster Delbosi, Cotteau, *Échinides foss. des Pyrénées*, p. 125, pl. IX, fig. 5, 1863.

Espèce de taille moyenne, subcirculaire, un peu allongée, arrondie et émarginée en avant, rétrécie en arrière. Face supérieure épaisse, haute, renflée, obliquement déclive en avant, ayant sa plus grande hauteur dans l'aire interambulacraire postérieure qui est sensiblement carénée et se recourbe en descendant vers le périprocte. Face inférieure arrondie sur les bords, bombée au milieu, un peu déprimée en avant du péristome. Face postérieure verticalement tronquée, un peu évidée au-dessous du périprocte. Sommet ambulacraire presque central, légèrement rejeté en arrière. Sillon antérieur médiocrement creusé, étroit, s'élargissant et s'atténuant vers l'ambitus, disparaissant avant d'arriver au péristome. Aire ambulacraire impaire finement granuleuse, munie, de chaque côté, d'une seule rangée de pores ambulacraires simples, petits, séparés par un renflement granuliforme, disposés par paires serrées, obliques, s'ouvrant dans une fossette apparente. Aires ambulacraires paires assez fortement excavées, très inégales, les antérieures flexueuses, rapprochées de l'aire ambulacraire impaire, fermées à leur extrémité, beaucoup plus longues que les aires postérieures qui sont courtes et en forme de feuille. Zones porifères larges, composées de pores transverses, au nombre de vingt-six ou vingt-sept dans les aires ambulacraires paires antérieures, et de dix-huit ou dix-neuf dans les aires postérieures. Aux approches de l'appareil apical, les pores s'atrophient et paraissent réduits à de petits pores simples. Zone interporifère moins large que les zones porifères, à peine ouverte à l'extrémité. Tubercules petits et très serrés à la face supérieure, plus gros sur les bords du sillon antérieur, au sommet des aires interambulacraires, surtout à la face inférieure, sur le plastron et dans la région inframarginale, plus rares et plus espacés autour du péristome, presque nuls dans l'emplacement des aires ambulacraires, aussi bien à la face supérieure qu'à la face inférieure. Aires interambulacraires très étroites autour du sommet, mais peu saillantes. Péristome semi-circulaire, fortement labié, excentrique en avant, muni d'un léger bourrelet. Périprocte ovale, acuminé à ses deux extrémités, s'ouvrant à la face postérieure, au sommet d'une aréa subtriangulaire, noduleuse sur les bords et circonscrite à la base par le fasciole latéro-sous-anal. Appareil apical muni de quatre pores génitaux ; plaque madréporiforme étroite, traversant l'appareil. Fasciole péripétale sinueux. Fasciole latéro-sous-anal beaucoup plus droit et descendant bien au-dessous du périprocte.

Nous avons sous les yeux plusieurs exemplaires de cette espèce, faisant partie de la collection Delbos. Celui qui a servi de type à l'espèce, que nous avons décrit et figuré dans nos *Échinides fossiles des Pyrénées*, est un peu comprimé ; cette déformation change sa physionomie, rend son ambitus plus circulaire, son sommet plus central, ses aires ambulacraires paires antérieures plus étroites et nous avait engagé à ranger cette espèce parmi les *Linthia* (*Periaster*). Aujourd'hui, en comparant ce type avec les autres exemplaires recueillis par Delbos, nous avons reconnu qu'il s'agissait d'un véritable *Schizaster*, parfaitement caractérisé par sa forme allongée, par son sommet ambulacraire un peu excentrique en arrière, surtout par ses aires ambulacraires paires antérieures très flexueuses, non divergentes et identiques à celles des *Schizaster*.

Hauteur, 27 millimètres; diamètre antéro-postérieur, 35 millimètres ; diamètre transversal, 35 millimètres.

Individu type du *Periaster Delbosi :* hauteur, 27 millimètres ; diamètre antéro-postérieur, 34 millimètres; diamètre transversal, 37 millimètres et demi.

Rapports et différences. — Cette espèce, bien caractérisée par sa forme épaisse, renflée, subcirculaire, par son sillon antérieur étroit et atténué vers l'ambitus, par son sommet ambulacraire presque central, par ses aires ambulacraires paires très inégales et dont l'emplacement est en grande partie dépourvu de tubercules, même à la face supérieure, offre, au premier aspect, quelque ressemblance avec le *S. rimosus;* elle s'en éloigne par sa taille moins forte, par sa forme générale plus large, par son sommet moins excentrique en arrière, par ses aires ambulacraires paires moins flexueuses et moins excavées, par ses aires interambulacraires moins saillantes autour du sommet.

Localités. — Gibret, Gayot, carrière de la Veine près Montfort (Landes). Assez rare. Éocène moyen.

Faculté des sciences de Nancy (collection Delbos): École des mines de Paris.

Explication des figures. — Pl. 97, fig. 1, *S. Delbosi*, de la Faculté des sciences de Nancy, vu de côté ; fig. 2, face supérieure ; fig. 3, face inférieure; fig. 4, face postérieure; fig. 5, portion de la face supérieure grossie; fig. 6, péristome grossi.

N° 89. — **Schizaster vicinalis**, Agassiz, 1847.

Pl. 98 et 99.

Schizaster vicinalis (pars),	Agassiz et Desor, *Catal. rais. des Échin.*, p. 127, 1847.
Schizaster subincurvatus,	Agassiz et Desor, *id.*, p. 127, 1847.
Schizaster vicinalis,	d'Orbigny, *Prod. de paléont. strat.*, t. II, p. 329, 1850.
— —	Kœchlin Schlumberger, *Note sur les falaises entre Biarritz et Bidart*, Bull. Soc. géol. de France, 2ᵉ sér., t. XII, p. 1243, 1855.
— —	Leymerie et Cotteau, *Catal. des Echin. foss. des Pyrénées*, Bull. Soc. géol. de France, 2ᵉ sér., t. XIII, p. 340, 1856.
— —	Pictet, *Traité de paléont.*, 2ᵉ éd., t. IV, p. 199, 1857.
— —	Desor, *Synopsis des Échin. foss.*, p. 390, 1858.
— —	Dujardin et Hupé, *Hist. nat. des Zooph. Échinod.*, p. 603, 1862.
— —	Cotteau, *Échin. foss. des Pyrénées*, p. 129, 1863.
— —	Pellat, *sur les falaises de Biarritz*, Bull. Soc. géol. de France, 2ᵉ série, t. XX, p. 677, 1863.
— —	Cotteau, *Note sur les Échin. des couches nummul. de Biarritz*, Bull. Soc. géol. de France, t. XXI, p. 85, 1863.
— —	Jacquot, *Descript. géol. des falaises de Biarritz, Bidart*, etc., p. 52, Actes de la Soc. linnéenne de Bordeaux, t. XXX, 1864.
— —	Laube, *Ein Beiträge zur Kenntniss der Echinodermen des Vicentinischen Tertiärgebietes*, p. 8, 1867.

Schizaster vicinalis. Laube, *Echinod. der Vicentinischen tertiärgebietes*, p. 30, 1868.

— — Comte de Bouillé, *Paléont. de Biarritz et de quelques autres localités des Basses-Pyrénées*, p. 7, 1873.

— — Comte de Bouillé, *Paléont. de Biarritz*, p. 39, Soc. des sc., lettres et arts de Pau, 1875-1876.

— — Dames, *Die Echiniden der Vicentinischen und Veronesischen tertiärablagerungen*, p. 63, pl. IX, fig. 4, 1877.

— — Bittner, *Beiträge zur Kenntniss alttertiärer Echiniden faunen der Südalpen*, p. 23, 1880.

— — Cotteau, Peron et Gauthier, *Échin. foss. de l'Algérie*, 9e fascicule. Étage éocène, p. 56, pl. V, fig. 1-4, 1884.

— — Koch, *Die alttertiärer Echiniden Siebenbürgens*, p. 91, 1885.

X. 93: 12.

Espèce de taille moyenne, cordiforme, presque aussi large que longue, arrondie et échancrée en avant, subacuminée en arrière. Face supérieure fortement déclive dans la région antérieure, amincie en avant, très élevée en arrière, ayant sa plus grande épaisseur au milieu de l'espace compris entre le sommet et l'extrémité postérieure, munie, dans l'aire interambulacaire impaire, d'une carène saillante qui se prolonge en se recourbant jusqu'au périprocte. La plus grande largeur se trouve un peu en avant du sommet ambulacraire. Face inférieure arrondie sur les bords, légèrement bombée sur l'aire interambulacraire impaire, à peine déprimée autour du péristome. Face postérieure tronquée, évidée, un peu rentrante. Sommet ambulacraire très excentrique en arrière. Sillon antérieur large, profond, évasé, excavé, comprimé et caréné sur les bords, se rétrécissant vers l'ambitus qu'il entame fortement, se prolongeant très atténué, mais distinct, jusqu'au péristome. Aire ambulacraire impaire large, finement granuleuse, munie, de chaque côté, de deux rangées de pores. La première série, placée très près de l'extrémité externe des plaques dans l'excavation, est souvent peu distincte. La seconde série s'ouvre à la base de l'excavation : elle est formée de pores écartés, séparés par un granule saillant, disposés par paires obliques. De petites côtes granuleuses et transverses s'intercalent entre chaque paire de pores et remontent dans la paroi de l'excavation jusqu'au bord de l'aire ambulacraire. A quelque distance de l'ambitus, la rangée externe de pores disparaît; la série interne descend un peu plus bas; mais, en se rapprochant de l'ambitus, les pores deviennent plus petits, le granule s'atténue, les pores se touchent pour ainsi dire, et les paires sont plus espacées; les côtes saillantes disparaissent également. Dans l'exemplaire que nous avons décrit, la zone porifère interne comprend trente et un ou trente-deux paires de pores. Le milieu de l'aire ambulacraire est garni de granules serrés et très fins, mais cependant inégaux. Aires ambulacraires paires étroites, excavées, les antérieures beaucoup plus allongées que les autres, très flexueuses, rapprochées du sillon antérieur, les aires postérieures courtes, flexueuses, peu écartées. Zones porifères bien développées, occupant en grande partie les parois de l'excavation ambulacraire, formée de pores ovales unis par un sillon, disposés par paires transverses, au nombre de trente-quatre ou trente-cinq dans les aires ambulacraires antérieures, de dix-neuf ou vingt dans les aires postérieures.

Aux approches du sommet, les pores deviennent très petits, presque microscopiques; la zone porifère des aires ambulacraires antérieures, très resserrée sous l'excavation, est plus étroite que l'autre, à quelque distance du sommet. Zone interporifère apparente, un peu moins large que l'une des zones porifères. Tubercules fins, serrés, homogènes sur presque toute la face supérieure, un peu plus gros sur les bords du sillon antérieur, au sommet des aires interambulacraires et surtout à la face inférieure. Aires interambulacraires saillantes et comprimées autour du sommet. Péristome excentrique en avant, semi-circulaire, fortement labié. Périprocte longitudinal, acuminé à ses deux extrémités, s'ouvrant à la base de la carène dorsale, au sommet d'une aréa un peu évidée, subtriangulaire et noduleuse. Appareil apical étroit, toujours comprimé, paraissant muni de deux pores génitaux seulement. Fasciole péripétale très sinueux, suivant de près les aires ambulacraires, s'élargissant à leur extrémité. Fasciole latéro-sous-anal se détachant du fasciole péripétale en arrière des aires ambulacraires paires antérieures, à peu près au tiers de leur longueur, plus étroit, descendant obliquement sous le périprocte.

Cette espèce, dont nous avons sous les yeux un assez grand nombre d'exemplaires, éprouve quelques variations dans sa forme générale, dans la largeur de son sillon antérieur, dans sa face postérieure toujours acuminée, mais munie d'une carène plus ou moins saillante. Les pores de l'aire ambulacraire antérieure paraissant varier également dans leur forme et leur disposition. La zone porifère externe n'est pas toujours visible, et dans certains exemplaires elle semble faire entièrement défaut. Quant à la zone interne, elle se compose de pores que nous considérons comme ne formant qu'une seule série, mais qui sont plus ou moins espacés et semblent quelquefois constituer deux séries distinctes. Nous n'hésitons pas, comme l'a fait M. Gauthier, à réunir à l'espèce qui nous occupe un exemplaire du Kef-Iroud (Algérie), paraissant offrir, sur certains points de l'aire ambulacraire impaire, plusieurs rangées de petits pores, mais que l'ensemble de ses caractères ne permet pas de séparer du *S. vicinalis*. A Biarritz, l'espèce se rencontre à tous les âges : chez les individus jeunes, les caractères sont les mêmes, seulement la face postérieure est peut-être plus sensiblement acuminée et plus évidée au-dessous du périprocte.

Type de l'espèce : hauteur, 30 millimètres; diamètre antéro-postérieur, 43 millimètres; diamètre transversal, 42 millimètres.

Individu de taille moyenne : hauteur, 23 millimètres; diamètre antéro-postérieur, 36 millimètres; diamètre transversal, 34 millimètres.

Individu jeune : hauteur, 17 millimètres ; diamètre antéro-postérieur, 23 millimètres ; diamètre transversal, 22 millimètres.

Exemplaire d'Algérie : hauteur, 30 millimètres; diamètre antéro-postérieur, 50 millimètres ; diamètre transversal, 48 millimètres.

Rapports et différences. — Cette espèce, anciennement connue, se distinguera toujours facilement de ses congénères à son aspect cordiforme et dilaté, à son sommet ambulacraire très excentrique en arrière, à son sillon antérieur large, profond, entamant fortement l'ambitus, à sa face supérieure rapidement déclive, à sa face postérieure saillante et carénée, à ses aires ambulacraires paires postérieures plus courtes et plus rapprochées. Par l'ensemble de ses caractères, le *S. vicinalis* se rapproche du *S. Scillæ* (*S. Eurynotus*), avec lequel il avait été confondu dans l'origine ; il s'en distingue par sa taille moins forte, sa forme moins allongée, plus dilatée, par sa face postérieure moins acuminée et munie d'une carène moins saillante et moins longue, par ses aires ambulacraires paires antérieures moins larges et moins flexueuses, par ses aires ambulacraires paires postérieures paraissant plus courtes. Le *S. Scillæ* occupe un niveau bien différent et appartient au terrain miocène.

Histoire. — C'est en 1867, dans le *Catalogue raisonné des Échinides*, qu'Agassiz a donné le nom de *S. vicinalis* au moule en plâtre X. 93, dont l'original, appartenant à l'École des mines de Paris, provient du terrain éocène supérieur de Biarritz. Plus tard, d'Archiac, sous le nom de *vicinalis*, a décrit et figuré une espèce toute différente, recueillie dans l'Éocène moyen de Saint-Palais, et il ajoute que probablement le *S. vicinalis* ne se rencontre pas à Biarritz. En 1863, nous avons fait cesser cette confusion, en rendant au type de Biarritz le nom de *vicinalis* et en donnant à l'espèce de Saint-Palais, figurée par d'Archiac, le nom de *S. Archiaci*. Nous réunissons au *S. vicinalis* le *S. subincurvatus*, Agassiz, modèle en plâtre R. 22, que Desor, dans le *Synopsis des Échinides fossiles*, indique comme une variété du *S. Studeri*. La forme dilatée de l'espèce, son sillon antérieur large, profond, caréné sur les bords, ses aires ambulacraires flexueuses et rapprochées de l'aire ambulacraire impaire, ses aires ambulacraires paires postérieures courtes et peu écartées, son appareil apical excentrique en arrière lui donnent, suivant nous, beaucoup plus de ressemblance avec le *S. vicinalis*. Du reste cette opinion, dans l'origine, était celle de Desor, qui considérait, dans le *Catalogue raisonné des Échinides*, le *S. subincurvatus* comme une espèce très voisine du *S. vicinalis*, peut-être même identique.

LOCALITÉS. — Biarritz (Chambre d'Amour, côte du Moulin, falaise du Phare Saint-Martin) (Basses-Pyrénées) ; Kef-Iroud (département d'Alger). Assez commun à Biarritz. Éocène supérieur.

École des mines de Paris, Musée de Toulouse (coll. Leymerie); coll. Pellat, Comte de Bouillé, Boreau, Degrange-Touzin, Granger, Gauthier, ma collection.

LOCALITÉS AUTRES QUE LA FRANCE. — Burga di Bolca, Monti Berici, Laverdà, S. Florano, Senago, Avesa près Vérone.

EXPLICATION DES FIGURES. — Pl. 98, fig. 1, *S. vicinalis*, de Biarritz, de la collection de l'École de mines, vu de côté ; fig. 2, face supérieure ; fig. 3, face inférieure ; fig. 4, portion de la face supérieure grossie ; fig. 5, autre exemplaire, de la collection de M. Degrange-Touzin, vu de côté ; fig. 6, face postérieure. — Pl. 99, fig. 1, *S. vicinalis*, de Kef-Iroud (Algérie), de la collection de M. Gauthier, vu de côté ; fig. 2, face supérieure ; fig. 3, face inférieure ; fig. 4, aire ambulacraire impaire grossie ; fig. 5, exemplaire de taille plus petite, de la collection de M. Degrange-Touzin, vu de côté ; fig. 6, face supérieure ; fig. 7, exemplaire de très petite taille, de ma collection, vu de côté ; fig. 8, face supérieure.

N° 90. — **Schizaster rimosus**, Desor, 1847.

Pl. 100 et 101.

Schizaster acuminatus (non *Spatangus acuminatus*, Goldf.),	d'Archiac, *Descript. des foss. recueillis par M. Thorent dans les couches numm. des environs de Bayonne*, Mém. Soc. géol. de France, 2e sér., t. II, p. 203, 1846.
Schizaster rimosus,	Desor *in* Agassiz et Desor, *Catal. rais. des Échin.*, p. 128, 1847.
— —	d'Archiac, *Descript. des foss. du groupe numm.*, Mém. Soc. géol. de France; 2e sér., t. III, p. 425, pl. XI, fig. 5, *a*, *b*, *c*, 1850.
— —	d'Orbigny, *Prod. de paléont. strat.*, t. II, p. 329, 1850.
— —	Kœchlin Schlumberger, *Note sur la falaise entre Biarritz et Bidart*, Bull. Soc. géol. de France, 2e sér., t. XII, p. 1235 et 1243, 1855.
— —	Delbos, *Essai d'une descript. géol. du bassin de l'Adour*, p. 315, 1855.
— —	Leymerie et Cotteau, *Catal. des Échin. foss. des Pyrénées*, Bull. Soc. géol. de France, 2e sér., t. XIII, p. 340, 1856.
— —	Pictet, *Traité de paléont.*, 2e édit., t. IV, p. 199, 1857.
— —	Desor, *Synopsis des Échin. foss.*, p. 391, 1858.
— —	Dujardin et Hupé, *Hist. nat. des Zooph. Échinod.*, p. 603, 1862.
— —	Cotteau, *Échin. foss. des Pyrénées*, p. 130, 1863.
— —	Pellat, *Note sur les falaises de Biarritz*, Bull. Soc. géol. de France, 2e sér., t. XX, p. 677, 1863.
— —	Cotteau, *Note sur les Échin. des couches numm. de Biarritz*, Bull. Soc.

	géol. de France, 2e sér., t. XXI, p. 85, 1863.
Schizaster rimosus,	Jacquot, *Descript. géol. des falaises de Biarritz, Bidart*, etc., p. 52, Actes de la Soc. linnéenne de Bordeaux, t. XXV, 1864.
— —	Ooster, *Synops. des Échin. des Alpes suisses*, p. 111, pl. XXVII, fig. 5, 1865.
Schizaster Newboldi (non d'Archiac),	Schauroth, *Verzeichniss der Versteinerungen im herzogl Naturaliencabinet zu Cobourg*, p. 194, pl. XIII, fig. 2, 1865.
Schizaster rimosus,	Laube, *Ein Beiträge zur Kenntniss der Echinodermen des Vicentinischen Tertiärgebietes*, p. 8, 1867.
— —	Laube, *Echinod, des Vicentinischen tertiärgebietes*, p. 31, 1868.
— —	Bayan, *Sur le terr. tert. de la Vénétie*, Bull. Soc. géol. de France, t. XXVII, p. 464, 1870.
— —	Puvay, *Kolozsvas Geolograja*, p. 88, 1871.
— —	Comte de Bouillé, *Paléont. de Biarritz et de quelques autres loc. des Basses-Pyrénées*, p. 7, 1873.
— —	de Loriol, *Descript. des Échin. tert. de la Suisse*, p. 180, 1875.
— —	Comte de Bouillé, *Paléont. de Biarritz*, p. 39, Soc. des sc., lettres et arts de Pau, 1876.
— —	Dames, *Die Echiniden der Vicentinischen und Veronesischsen tertiärablagerungen*, p. 62, pl. IX, fig. 2, 1877.

T. 51. (Type de l'espèce.)

Espèce de taille assez grande, cordiforme, presque aussi large que longue, arrondie et échancrée en avant, étroite et subacuminée en arrière. Face supérieure renflée, déclive dans la région antérieure, épaisse sur le bord, ayant sa plus grande hauteur au milieu de l'espace compris entre le sommet et l'extrémité postérieure, munie, dans l'aire interambulacraire impaire, d'une carène qui se prolonge en se recourbant jusqu'au périprocte; la plus grande largeur se trouve un peu en avant du sommet ambulacraire. Face inférieure presque plane, arrondie au pourtour, légèrement bombée sur l'aire interambulacraire impaire, un peu déprimée autour du péristome. Face postérieure tronquée, très acuminée, plus ou moins évidée au-dessous du périprocte. Sommet ambulacraire subcentral, un peu rejeté en arrière. Sillon antérieur long, étroit, fortement excavé, caréné sur les bords, se rétrécissant un peu vers l'ambitus et se prolongeant, en s'atténuant, jusqu'au péristome. Aire ambulacraire impaire plus ou moins étroite, munie, de chaque côté, d'une rangée de petits pores s'ouvrant à la base de l'excavation, écartés, séparés par un granule saillant et disposés par paires obliques. De petites côtes granuleuses et transverses s'intercalent entre chaque paire de pores et remontent dans la paroi de l'excavation jusqu'au bord de l'aire ambulacraire. Une seconde rangée de pores très petits paraît exister, dans certains individus, très près de l'extrémité externe des plaques, mais elle est à peine distincte et fait défaut dans la plupart de nos exemplaires; en tout cas elle disparaît bien avant d'arriver à l'ambitus. La série externe descend plus bas et se prolonge à peu de distance du fasciole; les derniers pores sont plus petits, et les paires plus espacées. Dans notre exemplaire, la zone porifère externe comprend vingt-huit ou vingt-neuf paires de pores. Le milieu de l'aire ambulacraire est garni de granules serrés, très fins, mais cependant inégaux. Aires ambulacraires paires étroites, excavées, inégales, les antérieures beaucoup plus allongées que les autres, très flexueuses, un peu rapprochées du sillon antérieur, tout en étant sensiblement divergentes. Aires postérieures courtes, subflexueuses, peu écartées. Zones porifères assez larges, placées en grande partie sur les parois de l'excavation ambulacraire, formées de pores ovales, unis par un sillon, disposés par paires transverses que sépare une petite côte granuleuse, au nombre de trente et une environ dans les aires ambulacraires antérieures d'un individu de taille moyenne, et de vingt et une ou vingt-deux dans les aires ambulacraires postérieures de ce même exemplaire. Aux approches du sommet, les pores deviennent très petits, presque microscopiques. La différence entre les zones porifères antérieures et postérieures, dans les aires ambulacraires paires antérieures, est à peine sensible. Zone interporifère se rétrécissant aux deux extrémités, vers le milieu à peu près de même étendue que l'une des zones porifères. Tubercules fins, serrés, homogènes sur toute la face supérieure, un peu plus gros vers les bords du sillon antérieur, au sommet des aires interambulacraires et surtout à la face inférieure. Aires interambulacraires saillantes et comprimées autour du sommet. Péristome très excentrique en avant, semi-circulaire, fortement labié, la lèvre bordée d'un petit bourrelet très apparent. Périprocte longitudinal, acuminé à ses deux extrémités, s'ouvrant sous la carène dorsale, au sommet d'une aréa évidée, subtriangulaire et vaguement noduleuse. Appareil apical granuleux, étroit, toujours comprimé, paraissant muni de quatre pores génitaux. Fasciole péripétale sinueux suivant de près les aires ambulacraires, s'élargissant à son extrémité, à peine anguleux en arrière, traversant le sillon antérieur à une assez grande distance du bord.

Fasciole latéro-sous-anal se détachant du fasciole péripétal en arrière des aires ambulacraires paires antérieures, à peu près au quart de leur longueur, plus étroit, descendant obliquement et sans sinuosité sous le périprocte.

Nous connaissons un grand nombre d'exemplaires de différents âges appartenant au *S. rimosus.* Quelques-uns sont d'une admirable conservation et nous ont permis d'étudier cette belle espèce dans tous ses détails. Elle offre peu de variations : le sommet, légèrement excentrique en arrière, se rapproche plus ou moins du centre ; la face postérieure, toujours acuminée, est plus ou moins évidée au-dessous du périprocte. Les aires ambulacraires paires postérieures varient dans leur longueur ; dans certains exemplaires, elles comprennent vingt et un ou vingt-deux pores et quelquefois vingt-cinq ou vingt-six. Chez les individus jeunes, la forme paraît souvent plus allongée, la carène dorsale plus saillante, plus acuminée et la face postérieure plus évidée. Nous avons cru devoir retrancher de la synonymie le *S. rimosus*, figuré par Schauroth ; il nous paraît différer essentiellement de notre espèce par sa forme et surtout par la longueur de ses aires ambulacraires. Le *Schizaster*, que cet auteur a figuré sous le nom de *S. Newboldi* (non d'Archiac), s'en rapproche bien davantage. Les individus décrits et figurés par M. Dames, sous le nom de *rimosus*, malgré l'excentricité plus prononcée de l'appareil apical, malgré l'étroitesse singulière de leur sillon antérieur, malgré leur face postérieure très profondément évidée, doivent se rapprocher de cette espèce, et forment, si les figures sont exactes, une variété très curieuse.

Hauteur, 33 millimètres ; diamètre antéro-postérieur,

59 millimètres; diamètre transversal, 55 millimètres.

Individu de taille moins forte : hauteur, 27 millimètres; diamètres antéro-postérieur et diamètre transversal 45 millimètres.

Individu jeune : hauteur, 17 millimètres; diamètre antéro-postérieur, 25 millimètres et demi; diamètre transversal, 23 millimètres.

Rapports et différences. — Le *S. rimosus*, bien qu'il se rencontre associé au *S. vicinalis* et qu'il s'en rapproche par quelques-uns de ses caractères, ne saurait lui être réuni. La nouvelle étude que nous venons de faire des nombreux échantillons qui nous ont été communiqués nous engage à maintenir les deux espèces : le *S. rimosus* s'éloigne d'une manière positive et constante du *S. vicinalis* par sa face supérieure plus épaisse en avant et moins fortement déclive, par son sommet ambulacraire plus central, par son sillon antérieur plus étroit, par ses aires ambulacraires paires postérieures relativement un peu plus longues. Ces différences sont assurément légères, mais elles se retrouvent chez les individus jeunes comme chez les exemplaires les plus développés.

Localités. — Biarritz, falaise du phare Saint-Martin (Basses-Pyrénées); coteau de Gayot, Laplante, Montfort (Landes) : Baigtz près Orthez (Basses-Pyrénées); Vence (Var). Assez commun à Biarritz. Éocène supérieur.

Ce n'est pas sans quelque doute que nous réunissons au *S. rimosus* les échantillons assez abondants qu'on rencontre dans les environs de Montfort : leur taille est en général moins développée, leurs aires ambulacraires moins profondes, leur sommet plus central; la plupart de ces exemplaires sont écrasés, déformés, et il est difficile de reconnaître d'une manière positive leurs caractères spécifiques.

Collection Pellat, École des mines de Paris; coll. de la Sorbonne, musée de Toulouse (Coll. Leymerie). Faculté des sciences de Nancy (Coll. Delbos); Hébert, coll. Degrange-Touzin, Linder, comte de Bouillé, Boreau, Gauthier, ma collection.

Localités autres que la France. — Priabona, Granella, Val Rovina, Santa-Libera (Vicentin).

Explication des figures. — Pl. 100, fig. 1, *S. rimosus*, de Biarritz, de la collection de M. Pellat, vu de côté; fig. 2, face supérieure; fig. 3, face inférieure; fig. 4, périprocte; fig. 5, portion de l'aire ambulacraire impaire grossie; fig. 6, tubercules de la face inférieure grossis. — Pl. 101, fig. 1, variété élargie, de la collection de M. Degrange-Touzin, vue de côté; fig. 2, face supérieure; fig. 3, portion de l'aire ambulacraire antérieure grossie; fig. 4, variété allongée, de Biarritz, de ma collection, vue sur la face supérieure; fig. 5, individu jeune de Biarritz, de la collection de M. Degrange-Touzin, vu de côté; fig. 6, face supérieure; fig. 7, autre individu jeune, de Biarritz, de la collection de M. Pellat, vu de côté; fig. 8, face supérieure.

N° 91. — **Schizaster Degrangei**, Cotteau, 1887.

Pl. 102.

Espèce de taille moyenne, allongée, anguleuse, rétrécie et émarginée en avant, étroite, acuminée et subtronquée en arrière. Face supérieure médiocrement renflée, épaisse sur les bords, obliquement déclive dans la région antérieure, saillante et carénée dans l'aire interambulacraire impaire, ayant sa plus grande largeur en avant du sommet ambulacraire et sa plus forte épaisseur en arrière, au milieu de la carène dorsale. Face inférieure presque plane, très légèrement bombée dans l'aire interambulacraire postérieure, un peu déprimée en avant du péristome. Face postérieure tronquée, légèrement évidée audessous de la carène postérieure. Sommet ambulacraire central un peu rejeté en arrière. Sillon antérieur étroit, excavé, caréné sur les bords, se rétrécissant et anguleux vers l'ambitus qu'il entame fortement, se prolongeant en s'atténuant jusqu'au péristome. Aire ambulacraire impaire munie, de chaque côté, d'une rangée de petits pores écartés, s'ouvrant à la base de l'excavation, séparés par un petit granule saillant, disposés par paires obliques et serrées qui s'espacent un peu en se rapprochant du fasciole. De petites côtes transverses s'intercalent entre chaque paire de pores et remontent sur la paroi de l'excavation jusqu'au bord supérieur des plaques. Le milieu de l'aire ambulacraire est légèrement creusé et finement granuleux. Aires ambulacraires paires assez larges, excavées, arrondies à leur extrémité, inégales, les antérieures, flexueuses, divergentes, plus longues que les postérieures qui sont beaucoup plus rapprochées. Zones porifères très étendues, occupant le fond de l'aire ambulacraire, composées de pores étroits, allongés, unis par un sillon, disposés par paires transverses que sépare une petite côte granuleuse, au nombre de vingt-huit ou trente dans les aires antérieures, et de dix-neuf ou vingt dans les aires postérieures. Aux approches du sommet, les pores des sept ou huit dernières paires deviennent très petits, surtout dans la zone porifère antérieure. Zone interporifère très étroite. Tubercules fins, serrés, homogènes sur toute la face supérieure, un peu plus gros sur le bord du sillon antérieur et surtout à la face inférieure. Aires interambulacraires saillantes et comprimées autour du sommet. Péristome excentrique en avant, relativement assez éloigné du bord, semi-circulaire, largement ouvert, paraissant labié. Périprocte ovale, longitudinal, s'ouvrant au sommet de la face postérieure sous la carène dorsale. Appareil apical muni de quatre pores génitaux. Fasciole péripétale sinueux, suivant de très près le contour des aires ambulacraires, formant, dans l'aire interambulacraire postérieure, un angle à peine apparent, longeant de près le sillon antérieur, avant de le traverser, largement développé à l'extrémité des aires ambulacraires. Fasciole latéro-sous-anal plus étroit, non flexueux, se détachant du fasciole péripétale en arrière des aires ambulacraires antérieures, à peu près au tiers de leur longueur.

Hauteur 19 millimètres(?), diamètre antéro-postérieur, 40 millimètres; diamètre transversal, 31 millimètres.

Exemplaire de taille plus petite : hauteur, 19 millimètres; diamètre antéro-postérieur, 35 millimètres; diamètre transversal, 29 millimètres.

Rapports et différences. — Cette espèce, de taille moyenne, forme au milieu des nombreux *Schizaster* que nous connaissons, un type particulier que caractérisent sa forme allongée, étroite et anguleuse en avant, sa face supérieure relativement peu élevée, déclive, subacuminée dans la région postérieure, qui est déprimée et évidée au-dessous du périprocte, ses aires ambulacraires larges, peu excavées, ses aires ambulacraires postérieures courtes et rapprochées, sa face inférieure plane et son péristome éloigné du bord.

Localités. — Talaye, couche à *Euspatangus ornatus*,

près Biarritz (Basses-Pyrénées). Rare. Éocène supérieur.

Collection du comte de Bouillé, Degrange-Touzin, Faculté des sciences de Nancy (Delbos).

Explication des figures. — Pl. 102, fig. 1, *S. Degrangei*, de Biarritz, de la collection de la faculté des sciences de Nancy, vu de côté; fig. 2, face supérieure; fig. 3, face inférieure: fig. 4, portion de l'aire ambulacraire impaire grossie; fig. 5, exemplaire jeune, de Biarritz, de la collection de M. Degrange-Touzin, vu de côté; fig. 6, face supérieure.

N° 92. — **Schizaster Studeri** (Agassiz), 1836.

Pl. 103, 104 et 105.

Schizaster Studeri,	Agassiz, *Prod. d'une monog. des radiaires*, Mém. Soc. des sc. nat. de Neuchâtel, t. I, p. 185, 1836.
Spatangus Studeri,	Des Moulins, *Études sur les Échin.*, p. 412, 1837.
Schizaster Studeri,	Agassiz, *Catal. syst. Ectyp. foss. Echinod. Mus. neocom.*, p. 3, 1840.
— —	Sismonda, *Mem. geo. zool. sugli Echin. foss. del contado di Nizza*, p. 32, pl. II, fig. 4, 1841.
— —	Agassiz et Desor, *Catal. rais. des Échin.*, p. 121, 1847.
— —	Bronn, *Index paléont.*, t. I, p. 1121, 1848.
— —	Bellardi, *Catal. rais. des foss. numm. du comté de Nice*, p. 67, Mém. Soc. géol. de France, 2e série, t. IV, 1851.
— —	Desor, *Synops. des Échin. foss.*, p. 391, 1853.

Schizaster Studeri,	Dujardin et Hupé, *Hist. nat. des Zooph. Échinod.*, p. 603, 1862.
Schizaster beloutchistanensis, (non d'Archiac)	Schauroth, *Verzeichniss der Versteinerungen im Herzogl. Naturaliencabinet zur Coburg*, p. 193, pl. XIII, fig. 1, 1865.
Schizaster Studeri,	Laube, *Ein Beitrag. zur Kenntniss der Echinod. der Vicentinischen Tertiärgebietes*, p. 30, 1868.
— —	Taramelli, *Alcuni Echin. eocen. dell. Istria*, p. 24, Istituto veneto de sc., lit. ed art. 1873-1874.
— —	Dames, *Die Echin. der Vicent. und Veron. Tertiär.*, p. 62, pl. IX, fig. 3, 1877.
— —	Bittner, *Beit. zur Kenntniss Altert. Echinidenfaunen der Sudalpen*, p. 23, 1880.

S. 6 (type de l'espèce).

Espèce de grande taille, allongée, émarginée et rétrécie en avant, subacuminée en arrière. Face supérieure haute, renflée en forme de toit, très élevée dans la région antérieure et dans l'aire interambulacraire postérieure, brusquement déclive en avant et sur les côtés, fortement carénée en arrière, ayant sa plus forte épaisseur sur la carène dorsale et sa plus grande largeur au point correspondant au sommet. Face inférieure arrondie sur les bords, déprimée en avant du péristome, légèrement bombée dans l'aire interambulacraire impaire. Face posrieure étroite, verticalement tronquée, évidée. Sommet ambulacraire presque central, un peu rejeté en arrière. Sillon antérieur étroit, allongé, très profond, muni, sur les bords, d'une carène saillante et noduleuse, se rétrécissant encore vers l'ambitus et se prolongeant, en s'atténuant jusqu'au péristome. Aire ambulacraire impaire munie, de chaque côté, d'une rangée de petits pores allongés, écartés, s'ouvrant à la base de l'excavation, séparés par une granulation plus ou moins apparente, disposés par paires très obliques et serrées, au nombre d'environ trente-trois dans l'intervalle compris entre le sommet et le fasciole; les derniers pores sont plus petits, plus rapprochés et les paires s'espacent en même temps que les plaques qui les supportent s'agrandissent. Des côtes fines, granuleuses, transverses, un peu atténuées, s'intercalent entre chaque paire de pores et remontent sur la paroi de l'excavation jusqu'au bord supérieur des plaques. Le milieu de l'aire ambulacraire est un peu creusé et granuleux. Aires ambulacraires paires étroites, fortement excavées, acuminées et cependant ouvertes à leur extrémité, inégales, les antérieures très flexueuses, divergentes, sensiblement infléchies en dehors, beaucoup plus longues que les aires postérieures, qui sont plus rapprochées et moins flexueuses. Zones porifères assez larges, placées sur les parois de l'excavation ambulacraire, formées de pores oblongs, virgulaires, unis par un sillon, disposés par paires transverses que sépare une petite côte granuleuse, au nombre de trente-cinq ou trente-six dans les aires antérieures, de vingt-trois ou vingt-quatre dans les aires postérieures. Aux approches du sommet, les pores des sept ou huit dernières paires deviennent très petits, surtout dans la zone porifère antérieure des aires ambulacraires paires antérieures. Zone interporifère apparente, presque aussi large que l'une des zones porifères. Tubercules en général très fins, serrés, homogènes sur la face supérieure, un peu plus gros vers le bord du sillon antérieur, au sommet des aires interambulacraires et à la face inférieure qui est très tuberculeuse. Aires interambulacraires saillantes, comprimées, subnoduleuses autour du sommet. Péristome excentrique en avant, relativement un peu éloigné du bord, semicirculaire, fortement labié, la lèvre munie d'un petit bourrelet. Les aires ambulacraires forment, de chaque côté du péristome, une dépression allongée, subanguleuse, beaucoup moins accentuée cependant que dans le *S. ambulacrum*. Périprocte ovale, longitudinal, médiocrement développé, s'ouvrant au sommet de la face postérieure, sous la carène dorsale. Appareil apical très étroit, paraissant pourvu de quatre pores génitaux. Fasciole péripétale sinueux, suivant de très près le contour des aires ambulacraires, formant un angle très prononcé au sommet de l'aire interambulacraire impaire et longeant de très près le sillon antérieur avant de le traverser, toujours large à l'extrémité des aires ambulacraires. Fasciole latéro-sous-anal plus étroit, non flexueux, se détachant du fasciole péripétale en arrière des aires ambulacraires antérieures paires, à peu près au tiers de leur longueur. Un de nos exemplaires présente sur plusieurs points une agglomération de petits radioles; ils sont allongés, grêles, cylindriques, aciculés, lisses en apparence, mais certainement garnis de stries très fines et longitudinales.

Nous rapportons à cette espèce trois exemplaires provenant de l'éocène supérieur de Vaugelade près Vence ; leur forme est allongée, le sommet ambulacraire excentrique en arrière, le sillon antérieur étroit et resserré près de l'ambitus ; les aires ambulacraires antérieures sont recourbées, très flexueuses, sensiblement plus grandes que les aires postérieures, qui sont légèrement acuminées à leur extrémité ; cependant ils diffèrent un peu du type par leur taille moins forte, par leurs aires ambulacraires relativement moins longues, un peu plus larges et moins recourbées.

Hauteur, 45 millimètres ; diamètre antéro-postérieur, 60 millimètres ; diamètre transversal, 55 millimètres.

Variété de Vaugelade ; hauteur, 31 millimètres, diamètre antéro-postérieur, 42 millimètres ; diamètre transversal, 39 millimètres.

Rapports et différences. — Cette espèce, qu'on rencontre à Biarritz, associée au *S. rimosus*, s'en distingue d'une manière positive par sa taille plus forte, par sa forme plus allongée, par sa face supérieure renflée en forme de toit, plus épaisse, plus haute, plus brusquement déclive en avant et sur les côtés, par son sommet un peu plus excentrique en arrière, par son sillon antérieur bordé d'une carène plus saillante et plus noduleuse, par ses aires ambulacraires paires antérieures plus longues, plus acuminées et sensiblement infléchies en dehors, par son péristome plus éloigné du bord, par son fasciole péripétale plus sinueux, serrant de plus près les aires ambulacraires, pénétrant plus avant dans l'aire interambulacraire postérieure et longeant le sillon antérieur avant d'y pénétrer.

Histoire. — Il nous paraît avoir existé relativement à cette espèce une assez grande confusion. Le type est le moule en plâtre S. 6, désigné sous le nom de *S. Studeri* par Agassiz, dès 1860. Qu'est devenu l'original ?... provenait-il du comté de Nice ?... avait-il été recueilli dans le Vicentin ?... nous l'ignorons ; toujours est-il que ce moule en plâtre est parfaitement caractérisé et ne saurait être confondu avec aucune autre espèce. C'est à tort, suivant nous, que Desor, dans le *Synopsis des Échinides fossiles*, a réuni au *S. Studeri* le *S. Djulfensis*, du Caucase, qui semble une espèce particulière et le *S. subincurvatus*, qui nous paraît devoir être rapporté de préférence au *S. vicinalis*. L'échantillon figuré par Sismonda, malgré sa taille un peu plus forte et ses aires ambulacraires paires postérieures plus écartées, paraît bien se rapporter au *S. Studeri*; il en est de même de l'individu de taille beaucoup plus petite figurée par Schauroth sous le nom de *S. beloutchistanensis*. L'échantillon dont M. Dames donne la figure, pl. IX, fig. 3, s'éloigne davantage du type d'Agassiz (S. 6) par son sillon antérieur si régulier, par sa face postérieure si acuminée et son sommet ambulacraire très excentrique en arrière. Nous pensons cependant que cet exemplaire, malgré ces différences, peut être considéré comme une variété du *S. Studeri*. Les échantillons que M. Degrange-Touzin et le comte de Bouillé ont recueillis à Biarritz diffèrent un peu du type par leur forme plus épaisse et plus renflée, par leur sommet ambulacraire un peu moins excentrique en arrière, par leurs aires ambulacraires postérieures un peu plus développées. Tous leurs autres caractères les rapprochent tellement du type S. 6, que nous n'avons pas hésité à les y réunir. Cette espèce atteignait de très grandes dimensions et nous lui rapportons un fragment rencontré à Biarritz par M. Degrange-Touzin, dont le diamètre antéro-postérieur mesure plus de 78 millimètres; les aires ambulacraires paires antérieures, tout en conservant leur forme flexueuse et arrondie, grandissent en proportion.

Localités. — Phare Saint-Martin près Biarritz (couches à Operculines), la Gourepe (couche à *Serpula spirulæa*). (Basses-Pyrénées); Vaugelade près Vence (Var); Nice (Alpes-Maritimes). Rare. Éocène supérieur.

Collection Hébert, Degrange-Touzin, Maurice Gourdon, comte de Bouillé.

Localités autres que la France. — Logivo, Laverda, Senago, Montecchio, Monte Arziano près Avesa, Priabona (Italie).

Explication des figures. — Pl. 103, fig. 1, *S. Studeri*, de Biarritz, de la collection de M. Degrange-Touzin, vu de côté; fig. 2, face supérieure; fig. 3, aire ambulacraire antérieure paire grossie; fig. 4, aire ambulacraire paire postérieure grossie. — Pl. 104, fig. 1, le même exemplaire vu sur la face inférieure; fig. 2, portion de l'aire ambulacraire antérieure grossie; fig. 3, péristome grossi; fig. 4, moule en plâtre S. 6, type de l'espèce, vu de côté; fig. 5, face supérieure. — Pl. 105, fig. 1, portion d'un exemplaire de grande taille du *S. Studeri*, de Biarritz, avec radioles, de la collection de M. Degrange-Touzin, vu sur la face supérieure; fig. 2, radiole grossi; fig. 3, *S. Studeri*, variété à aires ambulacraires paires plus courtes, de Vaugelade près Vence, de la collection de M. Hébert, vu de côté; fig. 4, face supérieure; fig. 5, face inférieure; fig. 6, aire ambulacraire paire antérieure grossie.

N° 93. — **Schizaster foveatus**, Agassiz, 1840.

Pl. 106.

Schizaster foveatus,	Agassiz, *Cat. Syst. Ectyp. foss. Echinod. Mus. neoc.*, p. 3, 1840.
Hemiaster foveatus,	Desor *in* Agassiz et Desor, *Cat. rais. des Échin.*, p. 143, 1847.
Schizaster foveatus,	Bronn, *Index paléont.*, t. I, p. 1120, 1848.
Hemiaster foveatus,	d'Archiac, *Descript. des foss. du groupe numm.*, Mém. Soc. géol. de France, 2e sér., t. III, p. 427, 1850.
— —	Leymerie et Cotteau, *Catal. des Échin.*

foss. des Pyrénées, Bull. Soc. géol. de France, 2e sér., t. XIII, p. 344, 1856.

Hemiaster foveatus, Desor, *Synops. des Échin. foss.*, p. 374, 1858.

— — Cotteau, *Échinides des Pyrénées*, p. 113, 1863.

Schizaster foveatus, P. de Loriol, *Mon. des Échin. contenus dans les couches numm. de l'Egypte*, p. 67, pl. IX, fig. 2 et 4, 1880.

— — P. de Loriol, *Eocæne Echinoiden aus der libyschen Wüste*, p. 44, pl. IX, fig. 8 et 9, 1881.

S. 20.

Espèce de petite taille, haute et renflée, ovale, dilatée, presque aussi large que longue, un peu plus étroite en arrière qu'en avant, arrondie et légèrement échancrée dans la région antérieure. Face supérieure élevée, convexe, ayant sa plus forte épaisseur en arrière du sommet apical. Face inférieure presque plane, un peu bombée dans l'aire interambulacraire impaire, arrondie au pourtour. Face postérieure tronquée. Sommet ambulacraire presque central. Sillon antérieur large et profond à sa partie supérieure, s'évasant et s'atténuant vers l'ambitus qu'il échancre à peine, atténué et presque nul aux approches du péristome. Les pores de l'aire ambulacraire antérieure ne sont pas distincts. Aires ambulacraires paires excavées assez larges, très inégales, les aires antérieures flexueuses et beaucoup plus longues que les aires postérieures, qui sont très petites et un peu moins divergentes. Aires interambulacraires resserrées près du sommet en forme de carènes saillantes. Péristome petit, labié, éloigné du bord. Nous n'avons sous les yeux que le moule en plâtre S. 20, type de cette espèce; les tubercules, le périprocte, l'appareil apical, les fascioles ne sont pas visibles. Malgré les recherches que nous avons faites, nous n'avons pu retrouver les échantillons de cette espèce, indiqués par Desor dans la collection d'Orbigny ou dans la collection Delbos (Faculté des sciences de Nancy). Bien que les détails fassent défaut, nous avons cru devoir faire figurer le moule en plâtre qui montre parfaitement la forme générale de l'espèce, l'aspect du sillon antérieur, des aires ambulacraires et du péristome.

Nous réunissons au *S. foveatus* un exemplaire de la collection de M. Raulin, provenant de Louer (Landes). Cet échantillon est incomplet, écrasé; tout en différant un peu de type par sa face supérieure beaucoup moins renflée, par son sommet plus excentrique en arrière, par son aspect plus anguleux en avant, par son sillon antérieur plus profond, il s'en rapproche par sa taille, par la disposition et la structure de ses aires ambulacraires paires, notamment par l'extrême petitesse des aires ambulacraires postérieures, par son péristome labié et éloigné du bord. La face inférieure, très bien conservée, est couverte de gros tubercules plus ou moins espacés, à l'exception des aires ambulacraires, qui sont larges et lisses. Les tubercules placés sur le plastron interambulacraire sont très symétriquement disposés; les fascioles péripétale et latéro-sous-anal sont très visibles.

Type de l'espèce : hauteur, 22 millimètres; diamètre antéro-postérieur et diamètre transversal, 27 millimètres et demi.

Variété déprimée : hauteur, 18 millimètres; diamètre antéro-postérieur, 25 millimètres et demi; diamètre transversal, 25 millimètres.

Rapports et différences. — Cette espèce se distingue de ses congénères par sa forme globuleuse, par son sillon antérieur profond et très accentué à la face supérieure, s'atténuant vers l'ambitus et disparaissant avant d'arriver au péristome. M. de Loriol a retrouvé, à Makattan (Égypte) et en Libye, le *S. foveatus* et en a donné une description détaillée à laquelle nous renvoyons ; il s'est assuré que les exemplaires globuleux, de la même forme que le type désigné par Agassiz, pourvus d'un double fasciole, appartenaient au genre *Schizaster*, où ils avaient été placés dans l'origine, et non au genre *Hemiaster*, dans lequel Desor et la plupart des auteurs avaient cru devoir les transporter.

LOCALITÉS. — Montfort près Dax, Louer (Landes). Très rare. Éocène supérieur.

Muséum de Paris (coll. d'Orbigny) ; faculté des sciences de Nancy (coll. Delbos)? coll. Raulin.

LOCALITÉS AUTRES QUE LA FRANCE. — Mokattan (Égypte) collection d'Orbigny (M. Delanoue), El Guss Abu Saïd, à l'ouest de Farafrah, à l'est de l'Oasis de Siuah, entre Rartehn et Aradj (libysche Wüste), dans les couches nummulitiques les plus élevées.

EXPLICATION DES FIGURES. — Pl. 106, fig. 1, *S. foveatus*, moule en plâtre S. 20, type de l'espèce, vu de côté ; fig. 2, face supérieure ; fig. 3, face inférieure ; fig. 4, exemplaire de Louer, de la collection de M. Raulin, vu de côté ; fig. 5, face supérieure ; fig. 6, face inférieure ; fig. 7, face antérieure ; fig. 8, aire ambulacraire paire antérieure grossie ; fig. 9, péristome grossi.

N° 94. — **Schizaster Meslei**, Peron et Gauthier, 1885,

Pl. 107, fig. 1-6.

Periaster obesus, (non Leymerie), Coquand, *Géol. et Paléont. de la région sud de la province de Constantine*, p. 310, 1862.

Schizaster Meslei, Peron et Gauthier *in* Cotteau Peron et Gauthier, *Échin. foss. de l'Algérie*, 9e fascicule, Étage éocène, p. 62, pl. IV, fig. 4-9, 1885.

Espèce de taille moyenne, ovale, un peu plus longue que large, légèrement rétrécie en avant et en arrière, fortement émarginée dans la région antérieure. Face supérieure très élevée, subgibbeuse et brusquement déclive en avant, ayant sa plus forte épaisseur en arrière du sommet apical, et sa plus grande largeur au point qui correspond à l'appareil apical. Face inférieure légèrement convexe, arrondie sur les bords. Face postérieure verticalement tronquée, sans rostre qui la termine. Sommet ambulacraire presque central. Sillon antérieur large, profond, à bords abruptes, à fond plat, se rétrécissant un peu vers l'ambitus qu'il échancre fortement, s'atténuant et disparaissant à la face inférieure avant d'arriver au péristome. Aire ambulacraire impaire formée, de chaque côté, d'une rangée de pores petits, espacés, les externes arrondis, les internes subvirgulaires, s'ouvrant à la base de l'excavation et s'espaçant lorsqu'ils se rapprochent de l'ambitus. Zone interporifère relativement très large. Aires ambulacraires paires étendues, très excavées, arrondies à leur extrémité, inégales, les antérieures plus longues que les autres, flexueuses, divergentes, les postérieures très courtes, plus rapprochées, formant un angle aigu. Zones porifères larges, composées de pores allongés, acuminés à leur extrémité interne, unis par un sillon, disposés par paires obliques, au nombre d'environ trente-deux dans les aires ambulacraires paires, et d'environ vingt-deux dans les aires postérieures. Zone interporifère apparente moins développée cependant que l'une des zones porifères. Tubercules assez fins, espacés, homogènes à la face supérieure, plus gros sur le bord du sillon antérieur et à la face inférieure. Péristome excentrique en avant, assez éloigné du bord, largement ouvert en forme de croissant, muni d'une lèvre à peine saillante. Périprocte verticalement ovale et de moyenne grandeur, situé au sommet de la face postérieure. Appareil apical muni de quatre pores génitaux, les postérieurs larges et écartés, les antérieurs beaucoup plus petits, à peine plus rapprochés que les autres ; les pores ocellaires bien visibles, sont plus éloignés du centre, sauf le pore de l'aire ambulacraire impaire qui s'avance jusqu'au niveau des pores génitaux antérieurs ; la plaque madréporiforme occupe le milieu de l'appareil et se prolonge en arrière, au milieu des deux plaques ocellaires postérieures. Fasciole péripétale sinueux, suivant à peu de distance le bord des aires ambulacraires paires, formant une légère sinuosité, lorsqu'il traverse en arrière le sommet de l'aire interambulacraire. Le fasciole latéro-sous-anal se détache en arrière des aires ambulacraires antérieures, presque au milieu de leur longueur et va passer sous le périprocte.

Hauteur, 28 millimètres ; diamètre antéro-postérieur, 39 millimètres ; diamètre transversal, 36 millimètres.

Rapports et différences. — Le *S. Meslei* offre assurément quelques rapports avec le *S. concinnus*, que nous décrivons plus loin ; il en diffère par sa face supérieure plus renflée, marquée de saillies interambulacraires, par son sillon antérieur moins profondément excavé sur les bords, plus abrupt, et nul à la face inférieure près du péristome, par ses aires ambulacraires antérieures un peu moins larges et plus flexueuses, par ses aires ambulacraires paires postérieures, un peu plus courtes. Le

S. Meslei se rapproche également du *S. africanus*, de Loriol, mais notre espèce est de taille moins forte, relativement moins haute, un peu plus étroite, plus sensiblement échancrée en avant, et le sommet est moins excentrique en arrière. Le *S. Meslei* a plus de rapports encore avec le *S. mokattanensis*, de Loriol, dont il présente la physionomie, la forme largement ovale, la hauteur et la taille; il nous a paru cependant, ainsi qu'à M. Gauthier, en différer par son sommet un peu plus excentrique en arrière, par son sillon antérieur plus large, plus profond, entamant plus fortement l'ambitus, par ses aires ambulacraires paires plus développées et plus excavées, par son fasciole paraissant plus oblique dans les aires interambulacraires antérieures. Ces caractères n'ont assurément que peu d'importance, mais ils paraissent suffisants pour séparer les deux types. Coquand avait assimilé cette espèce au *S. obesus*. Ce rapprochement ne saurait être maintenu ; le *S. obesus* sera toujours reconnaissable à sa forme carrée, à sa face supérieure plus haute et plus uniformément bombée, à son sommet ambulacraire plus central, à son sillon antérieur moins large, mais encore plus profond, se prolongeant à la face inférieure jusqu'au péristome, à ses aires ambulacraires paires plus courtes, moins flexueuses, moins excavées.

Localités. — Aïn Ougrab, Djelaïl, Zoui, près la frontière tunisienne (Algérie). Assez rare. Étage éocène supérieur.

Collections Gauthier, le Mesle Peron.

Explication des figures. — Pl. 107, fig. 1, *S. Meslei*, de la collection de M. Gauthier, vu de côté; fig. 2, face supérieure; fig. 3, face inférieure; fig. 4, face antérieure; fig. 5, portion de l'aire ambulacraire impaire grossie; fig. 6, autre exemplaire vu sur la face supérieure.

N°. 95. — **Schizaster concinnus**, Peron et Gauthier, 1885.

Pl. 107, fig. 7-9.

Schizaster concinnus, Peron et Gauthier *in* Cotteau, Peron et Gauthier, *Échin. foss. de l'Algérie*, 9e fascicule, Étage éocène, p. 60, pl. IV, fig. 2-3, 1885.

Espèce de taille moyenne, ovale, un peu plus longue que large, à peu près également rétrécie aux deux extrémités, échancrée en avant. Face supérieure médiocrement renflée, déclive dans la région antérieure, saillante, sans être carénée, dans l'aire interambulacraire impaire, ayant sa plus forte épaisseur en arrière du sommet et sa plus grande largeur au point qui correspond à l'appareil apical. Le test n'est pas conservé audessus du périprocte. Face postérieure tronquée un peu obliquement. Sommet ambulacraire à peu près central. Sillon antérieur droit, large, profond, à fond plat, excavé et caréné sur les bords, échancrant très sensiblement l'ambitus, se prolongeant en s'atténuant jusqu'au péristome. Aire ambulacraire impaire formée, de chaque côté, d'une rangée de pores petits, espacés, les externes arrondis, les internes subvirgulaires, s'ouvrant à la base des parois de l'excavation et s'espaçant lorsqu'ils se rapprochent de l'ambitus. Zone interporifère relativement très large. Aires ambulacraires paires fortement excavées. étalées en forme de feuille, inégales, les aires antérieures plus longues que les autres, un peu flexueuses, divergentes, les postérieures moins larges, plus courtes, plus rapprochées. Zones porifères formées de pores allongés acuminés à la partie interne, unis par un sillon, disposés par paires obliques, au nombre d'environ trente-deux dans les aires ambulacraires paires antérieures, et de vingt-trois ou vingt-quatre dans les aires postérieures. Ces pores deviennent très petits et très serrés en se rapprochant du sommet. Zone interporifère apparente, moins large cependant que l'une des zones porifères. Aires interambulacraires, les deux aires antérieures surtout, saillantes et resserrées près du sommet. Tubercules petits, espacés à la face supérieure, plus développés en dessous. Péristome assez éloigné du bord, semi-circulaire, labié, mal conservé dans notre exemplaire. Périprocte placé au sommet de la face postérieure. Appareil apical paraissant muni de quatre pores génitaux. Fasciole péripétale sinueux, s'élargissant à l'extrémité des aires ambulacraires. Fasciole latéro-sous anal se détachant en arrière des aires ambulacraires antérieures paires, plus étroit, non flexueux, descendant obliquement sous le périprocte.

Hauteur, 25 millimètres ; diamètre antéro-postérieur, 40 millimètres ; diamètre transversal, 37 millimètres.

Rapports et différences. — Ainsi que l'a fait M. Gauthier, nous réunissons cette espèce au genre *Schizaster*. Si d'un côté, son sommet central, sa face supérieure peu tourmentée, sa partie postérieure non rostrée, lui donnent, au premier aspect, la physionomie des *Linthia*, d'un autre côté, le sillon antérieur à bords abrupts et excavés, plat au fond, entamant fortement l'ambitus, les pores de l'aire ambulacraire impaire s'ouvrant à la base de la paroi excavée, la forme flexueuse des aires ambulacraires paires antérieures, sont des caractères importants qui ne permettent pas d'éloigner cette espèce des véritables *Schizaster*. Le *S. concinnus* est voisin du

S. Zitteli, de Loriol; il s'en distingue cependant par sa forme moins étroite, par son sillon antérieur plus creusé, échancrant plus profondément l'ambitus, par ses aires ambulacraires paires antérieures plus profondes, plus longues, plus rapprochées du bord, par ses aires ambulacraires paires postérieures descendant plus bas, par ses aires interambulacraires plus renflées près du sommet, par son péristome moins éloigné du bord.

Localité. — Aïn Ougrab Zoui (département de Constantine). Très rare. Étage éocène.

Collection Gauthier.

Explication des figures. — Pl. 107, fig. 7, *S. concinnus*, vu de côté; fig. 8, face supérieure; fig. 9, aire ambulacraire paire postérieure grossie.

Nº 96. — **Schizaster Mac Carthyi**, Pomel, 1885.

Schizaster Mac Carthyi, Pomel, *Echinoïdes du Kef Ighoud*, p. 21, pl. I, fig. 8 et 9, et pl. II, fig. 7-9, 1885.

— — Cotteau Peron et Gauthier, *Échin. foss. de l'Algérie*, 9e fascicule, Étage éocène, p. 60, 1885.

N'ayant à notre disposition aucun exemplaire de cette espèce, nous nous bornons à reproduire la description donnée par M. Pomel et à renvoyer aux planches qui accompagnent cette description : « Oursin cordiforme, très convexe en dessus, proclive en avant dans presque toute sa face supérieure, un peu obliquement tronquée en arrière avec la région du périprocte un peu surplombante; plastron ovale, lancéolé en saillie sur l'interambulacre postérieur, dont il est séparé par des avenues ambulacraires étroites et en talus. Péristome labié, rapproché du bord antérieur, en arrière des trois sillons où se terminent les ambulacres antérieurs. Périprocte ovale verticalement, au sommet d'une aréa concave, bordée par le fasciole. Ambulacre antérieur profond, se rétrécissant en avant et échancrant le bord, les latéraux antérieurs divergeant entre eux de 76°, presque droits, arrondis au bord, atténués et brusquement coudés vers l'apex, occupant les deux tiers entre le sommet et la marge, les postérieurs obovés, n'égalant pas la moitié des antérieurs, assez larges, peu divergents entre eux. Apex au deux cinquièmes du bord postérieur. Aires interambulacraires antérieures très convexe, la postérieure saillante et presque carénée jusqu'à la saillie du périprocte. Granulation serrée, fine à la face supérieure, un peu plus grossières sur les bords en dessous. Celle du plastron également serrée, de plus en plus fine en arrière. Fasciole péripétale étroit, flexueux, le latéral également étroit, linéaire, mais très visible, à granulation excessivement fine, arrivant de la face postérieure au niveau du périprocte et circonscrivant l'aréa déprimée qu'il surmonte.

« Cet oursin a une grande analogie de formes générales avec *Shizaster Scillæ*, mais sa granulation est beaucoup plus fine et ses pétales antérieurs sont plus droits. La manière dont il se rétrécit en arrière pour finir en pointe le différencie des espèces d'Égypte et de l'Inde. *Sch. rimosus* en serait plus voisin, et son contour est à peu près le même, mais ses ambulacres sont bien plus étroits, croisés à angle droit, non courbés vers l'apex, les sillons paraissent contenus d'un côté à l'autre entre les deux paires, le sommet du profil est plus antérieur. *Sch. vicinalis* a à peu près le même profil, mais il est plus brusquement contracté en pointe à l'arrière ; ses pétales sont moins inégaux et les antérieurs sont plus courts. Les autres espèces que je connais en diffèrent encore plus. »

Dimensions du plus grand exemplaire : hauteur, 35 millimètres ; diamètre antéro-postérieur, 60 millimètres ; diamètre transversal, 55 millimètres.

LOCALITÉ. — Kef Ighoud (Algérie). Assez rare. Éocène supérieur.

Collection Pomel.

Résumé géologique sur le Schizaster.

Vingt-six espèces de *Schizaster* ont été rencontrées dans le terrain éocène de la France.

Deux espèces appartiennent à l'étage éocène inférieur : *S. pyrenaicus* et *buanesensis*.

Treize espèces font partie de l'étage éocène moyen : *S. Des Moulinsi*, *Archiaci*, *obesus*, *Rousseli*, *latus*, *globulus*, *Tournoueri*, *Michelini*, *Janeti*, *Deshayesi*, *Velaini*, *Delbosi* et *acuminatus*.

Onze espèces se trouvent dans l'étage éocène supérieur : *S. biarritzensis*, *Leymeriei*, *ambulacrum*, *vicinalis*, *rimosus*, *Degrangei*, *Studeri*, *foveatus*, *Meslei*, *concinnus* et *Mac Carthyi*.

Toutes ces espèces peuvent être considérées jusqu'ici comme caractéristiques de l'étage dans lequel on les rencontre et n'en franchissent pas les limites.

Desor, dans le *Synopsis des Échinides fossiles*, mentionne sept espèces de *Schizaster* éocènes sur lesquelles cinq sont indiquées comme se trouvant en France: *S. vicinalis, latus, rimosus, ambulacrum* et *Studeri*, que nous avons décrites dans notre travail. Les deux autres, *S. beloutchistanensis* et *Newboldi*, sont étrangères à la France. Parmi les espèces que nous avons décrites se trouvent encore quatre espèces que Desor avait placées, à tort, suivant nous, dans des genres différents des *Schizaster: S. Leymeriei, Des Moulinsi, obesus* et *foveatus*, les trois premières rapportées dans le *Synopsis* au genre *Periaster*, et la quatrième espèce considérée par Desor comme appartenant au genre *Hemiaster*.

Voici la synonymie et la diagnose des deux espèces étrangères à la France signalées par Desor et de celles très nombreuses décrites et figurées depuis par les auteurs :

Schizaster beloutchistanensis, d'Archiac et Haime, 1853. — *Spatangus acuminatus* (non Goldf.), Sowerby, *Geol. trans.*, 2e sér., t. V, 2e partie, pl. XXIV, fig. 23, 1840. — *Hemiaster beloutchistanensis*, d'Archiac, *Hist. des progrès de la géol.*, t. III, p. 252, 1850. — *Schizaster beloutchistanensis*, d'Archiac et Haime, *Descript. des animaux foss. du groupe numm. de l'Inde*, p. 221, pl. XV, fig. 9 *a, b*, 1853. — *Id.* Desor, *Synops. des Échin. foss.*, p. 392, 1858. — *Id.*, Dujardin et Hupé, *Hist. nat. des Zooph. Échinod.*, p. 603, 1862. — *Id.*, Duncan et Sladen, *Monog. of the foss. Echinoidea of Sind*, p. 38 et 224, pl. V, fig. 5-8, 1883. Espèce de petite et moyenne taille, un peu allongée, renflée, élevée surtout postérieurement. Sommet ambulacraire excentrique en arrière. Sillon peu évasé, profond, s'atténuant vers l'ambitus. Dans l'aire ambulacraire impaire, les pores ne sont séparés que par un granule saillant et les paires sont assez distantes les unes des autres.

Aires ambulacraires paires excavées, inégales, les antérieures flexueuses et beaucoup plus longues que les autres. Aires interambulacraires antérieures très étroites et saillantes près du sommet. Péristome labié, excentrique en avant, situé au quart antérieur du diamètre longitudinal. Chaîne d'Hala (Sind); Balboa Hill (province de Cutch), Karray, trois milles à l'est de Bair, Pújána tak Khirthar. Geolog. Survey of India.

Schizaster Newboldi, d'Archiac et Haime, 1853. — *Schizaster rimosus*, d'Archiac, *Hist. des progrès de la géol.*, t. III, p. 252, 1850 (non *rimosus*, Agassiz). — *Schizaster Newboldi*, d'Archiac et Haime, *Descript. des animaux foss. du groupe numm. de l'Inde*, p. 222, pl. XV, fig. 2, 1853. — *Id.*, Desor, *Synops. des Éch. foss.*, p. 293, 1858. — *Id.* Dujardin et Hupé, *Hist. nat. des Zooph. Échinod.*, p. 603, 1862. Espèce de grande taille, aussi large que longue, peu élevée, un peu plus haute en arrière qu'en avant. Sommet ambulacraire légèrement excentrique en arrière. Sillon antérieur large et très profond, tout en échancrant faiblement l'ambitus; les pores sont un peu écartés et rejetés sur les côtés. Aires ambulacraires paires excavées, inégales, les antérieures flexueuses, beaucoup plus longues que les autres, qui sont plus rapprochées et en forme de feuille. Face inférieure très légèrement convexe. Aires interambulacraires étroites et saillantes près du sommet. Péristome labié, s'ouvrant au quart antérieur du diamètre antéro-postérieur. Le fasciole péripétale paraît suivre de près le bord des aires ambulacraires, sans cependant pénétrer dans les sommets anguleux des aires interambulacraires. Chaîne d'Hala (Sind). Très rare. Coll. d'Archiac.

Schizaster djulfensis, Dubois, 1831, *Voyage au Caucase, sér. géol.*, pl. 1, fig. 14. — *Id.* Agassiz, *Catal. syst.*

Ectyp. foss. Echinod. Mus. neocom., p. 3, 1840. Bien que l'exemplaire type, le seul connu, soit en très mauvais état, M. de Loriol le considère comme distinct du *S. Studeri*, auquel l'avaient réuni Agassiz et Desor. D'après le moule en plâtre P. 91, que nous avons sous les yeux, la forme paraît un peu plus longue que large ; le sommet ambulacraire est très excentrique en arrière ; le sillon antérieur est large, profond, caréné sur les bords et entame à peine l'ambitus ; les aires ambulacraires paires sont fortement excavées, étroites, inégales, les antérieures flexueuses, beaucoup plus longues que les autres et rapprochées de l'aire ambulacraire impaire ; les aires postérieures sont relativement plus écartées. Caucase. Très rare. Éocène. Musée de Zurich (coll. Dubois).

Schizaster d'Urbani, Forbes, 1852, *Echinod. of the Brit. tertiaries*, p. 36, fig. 1. — Desor, *Synops. des Échinid. foss.* p. 390, 1858. — *Id.* Dujardin et Hupé, *Hist. nat. des Zooph. Échinod.*, p. 603, 1862. Espèce de taille assez grande, large, déprimée et étalée en avant, subacuminée dans la région postérieure. Sommet très excentrique en arrière. Sillon impair excessivement large, à fond plat. Aires ambulacraires antérieures profondes, légèrement flexueuses. Argiles de Londres de Barton. Très rare. Éocène moyen. Collection d'Urban.

Schizaster lucidus, Laube, 1868, *Echinodermen der Vicent. Tertiärg.* p. 2, pl. VI, fig. 1.—*Id.*, Dames, *Die Echiniden der Vicent. und Veron. Tertiär.*, p. 59, pl. X, fig. 2, 1877. — Bittner, *Beit. zur Kenntniss alttert. Echin. Faunen des Südalpen*, p. 68, 1880. Espèce de grande taille, subcirculaire, arrondie en avant, un peu acuminée en arrière. Face supérieure haute et renflée. Face inférieure légèrement bombée. Face postérieure tronquée, évidée au-dessous du périprocte. Sommet un peu excentrique en arrière. Sillon antérieur long, droit, médiocrement excavé, se rétrécissant en se rapprochant de l'ambitus qu'il échancre à peine. Aires ambulacraires paires assez fortement excavées, très inégales, les aires antérieures peu flexueuses, très divergentes, beaucoup plus longues que les postérieures, qui sont relativement très écartées. Fasciole péripétale anguleux. Mossano, Priabona, Lonigo, Scaranto, Lione près Zovencedo (Vicentin). Éocène.

Schizaster Antillarium Cotteau, 1875, *Descrip. des Échin. tert. des îles Saint-Barthélemy et Anguilla*, p. 28, pl. V, fig. 3-5. — *Id.*, Cotteau, *Échin. tert. des îles Saint-Barthélemy et Anguilla, Bull. Soc. géol. de France*, 3e sér., t. V, p. 126. 1876. Espèce de taille moyenne, subcordiforme, dilatée en avant et acuminée en arrière, renflée en dessus, déclive dans la région antérieure, ayant sa plus grande hauteur dans l'aire interambulacraire postérieure. Face inférieure un peu bombée. Face postérieure étroite, subanguleuse, tronquée obliquement. Sommet ambulacraire rejeté en arrière. Sillon antérieur large, profond à la face supérieure, très atténué vers l'ambitus. Aires ambulacraires paires excavées, fermées à leur extrémité, inégales, les antérieures subflexueuses et plus longues que les autres. Zone interporifère plus étroite que l'une des zones porifères. Aires interambulacraires comprimées et saillantes autour du sommet. Péristome labié. Périprocte ovale dans le sens du diamètre antéropostérieur. Ile Saint-Barthélemy (Antilles). Rare. Éocène. Collection du docteur Clève.

Schizaster subyclindricus, Cotteau, 1875, *Descrip. des Échin. tert. des îles Saint-Barthélemy* et *Anguilla*, p. 31, pl. 1, fig. 14-17. — *Id.*, Cotteau, *Échin. tert. des* *îles Saint-Barthélemy* et *Anguilla*, *Bull. Soc. géol. de France*, 3e série, t. V, p, 126, 1876. Espèce de petite taille, oblongue, subcylindrique, arrondie en avant, épaisse, renflée en dessus, presque aussi haute dans la région antérieure que dans la partie postérieure, uniformément bombée en dessous, tronquée subverticalement en arrière. Sommet ambulacraire fortement excentrique en arrière. Sillon antérieur large, à peine excavé, apparent seulement à la face supérieure, très atténué et presque nul vers l'ambitus. Aire ambulacraire impaire formée de pores petits, simples, disposés par paires écartées et qui s'espacent d'autant plus qu'ils se rapprochent du bord. Aires ambulacraires paires excavées, à peine ouvertes à leur extrémité, très inégales, les antérieures flexueuses et beaucoup plus longues que les postérieures. Zone interporifère moins large que les zones porifères. Les aires interambulacraires près du sommet sont étroites, saillantes, comprimées. Péristome labié, rapproché du bord. Périprocte arrondi. Fasciole péripétale moins sinueux que dans certaines espèces. Ile de Saint-Barthélemy (Antilles). Abondant. Éocène. Collection du Dr Cleve. Musée de Stockholm et d'Upsal; ma collection.

Schizaster princeps, Bittner, 1880, *Beit. zur Kenntniss alttert. Echiniden Faunen der Südalpen*, p. 23 et 56, pl. VIII. Espèce de très grande taille, subcirculaire, un peu plus longue que large, arrondie et émarginée en avant, ayant sa plus grande hauteur en arrière du sommet apical, légèrement bombée en dessous, tronquée en arrière du sommet. Sommet ambulacraire très excentrique. Sillon antérieur droit, profond, s'élargissant et s'atténuant vers l'ambitus, presque nul près du péristome. Aires ambulacraires paires excavées, fermées à leur extrémité, inégales, les aires antérieures très flexueuses, beaucoup plus longues que les autres. Péristome étroit, muni d'une lèvre saillante, assez rapproché du bord antérieur. Périprocte paraissant arrondi, s'ouvrant dans une dépression de la face postérieure. Fasciole large et flexueux. Ciuppio, San Giovanni Ilarione (Vicentin). Rare. Geol. Reisanstalt.

Schizaster Laubei, Bittner, 1880. — *Schizaster Studeri*, Laube, *Echinod. der Vicent Tertiärg.*, p. 30, 1868. — *Schizaster, Laubei*, Bittner, *Beit. zur Kenntniss alttert. Echiniden Faunen der Südalpen*, p. 54, 1880. Espèce de taille moyenne, allongée, arrondie en avant, étroite et subacuminée en arrière, médiocrement renflée, obliquement déclive dans la région antérieure, ayant sa plus forte hauteur dans l'aire imterambulacraire postérieure, qui est verticalement tronquée. Face inférieure légèrement bombée. Sommet ambulacraire excentrique en arrière. Sillon antérieur étroit, profond, excavé, anguleux, entamant fortement l'ambitus, se prolongeant, en s'atténuant, jusqu'au péristome. Aires ambulacraires paires excavées, droites, fermées à leur extrémité, inégales, les aires antérieures très flexueuses, les aires postérieures beaucoup plus courtes et plus rapprochées. Zone interporifère très étroite, presque nulle. Péristome semi-circulaire, labié, peu éloigné du bord antérieur. Périprocte ovale, longitudinal. Appareil apical paraissant muni de quatre pores génitaux. Fasciole péripétale sinueux, serrant de près les aires ambulacraires. Monte Postale de Bolca (Vicentin). Rare. Éocène, Musée de l'université de Vienne (Autriche).

Schizaster africanus, de Loriol, 1863, *Descript. de deux Echin. nouv. du Numm, d'Egypte*, p. 5, pl. 1 fig. 2, mém. Soc. phys. et d'hist. nat. de Genève, vol. XXVI, Ire partie. — *Id.*, Fraas. *Geolog. aus dem Orient*, in Würthemb. Jahresheft, p. 279, 1867. — *Id.*, Lartet, *Essai sur la géol. de la Palestine*, p. 84, Ann. des sc. géol., t. III, 1872. — *Id.*, de Loriol, *Monog. des Echin. contenus dans les couches numm. de l'Egypte*, p. 61, pl. VII, fig. 13 et 14, 1880. — *Id.*, de Loriol, *Eocæne Echinoïdeen aus Ægypten und der libyschen Wüste*, p. 49, pl. XI, fig. 1, 1881, Espèce de forte taille, très renflée, largement ovale, arrondie et un peu échancrée en avant, légèrement tronquée en arrière, convexe en dessus, bombée en dessous, ayant sa plus forte hauteur dans la région postérieure. Sommet ambulacraire excentrique en arrière. Sillon antérieur étroit, très profond, aux parois excavées, échancrant plus profondément l'ambitus et se prolongeant, en s'atténuant, jusqu'au péristome ; le fond du sillon est plat et couvert de fins granules. Aires ambulacraires paires très larges, inégales, les antérieures flexueuses, arrondies à leur extrémité, beaucoup plus longues que les autres. Péristome assez éloigné du bord, muni d'une lèvre saillante. Périprocte grand, ovale, longitudinal. Appareil apical pourvu de deux pores génitaux. Fasciolet rès sinueux, serrant de près les aires ambulacraires. Mokattan près du Caire (Égypte). Assez rare, Éocène. Musée de Stuttgard. Collection de Loriol; ma collection.

Schizaster Gaudryi, de Loriol, 1880, *Monog. des Echin. contenus dans les couches numm. de l'Egypte*, p. 6, pl. IX, fig. 1. Espèce de grande taille, ovale, arrondie, médiocrement renflée en dessus, obliquement déclive en avant, ayant sa plus forte hauteur en arrière du sommet apical, régulièrement bombée en dessous. Face postérieure rétrécie et verticalement tronquée. Sommet ambulacraire excentrique en arrière. Sillon large et profond dès l'origine, excavé, couvert de granules serrés et très fins, se rétrécissant vers l'ambitus qu'il échancre fortement par une entaille étroite et arrondie au fond, s'atténuant rapidement en se rapprochant du péristome. Aires ambulacraires larges, très creusées, inégales, les antérieures longues, flexueuses, dirigées en avant et relativement peu divergentes, les aires postérieures beaucoup plus courtes, également un peu flexueuses, avec l'extrémité portée en dehors. Aires interambulacraires très étroites et relevées en carène aux approches du sommet. Péristome relativement grand et peu rapproché du bord, muni d'une lèvre peu saillante, entouré de pores nombreux et très ouverts. Périprocte grand, ovale, longitudinal, acuminé à son extrémité inférieure. Appareil apical muni de deux pores génitaux. Fasciole péripétale paraissant serrer de près les aires ambulacraires. Couches d'Eguillette et Djebel-Fatira, aux environs de Thèbes, Mokattam (Égypte). Rare. Eocène. Muséum de Paris (coll. d'Orbigny).

Schizaster Zitteli, de Loriol, 1880, *Monog. des Échin. contenus dans les couches numm. de l'Égypte*, p. 66, pl. IX, fig. 2. — *Id.*, de Loriol, *Eocæne Echinoideen aus Ægypten und der libyschen Wüste*, p. 46, pl. IX, fig. 9, 1881. Espèce de taille moyenne, ovale, oblongue, arrondie et échancrée en avant, médiocrement renflée en dessus, déclive dans la région antérieure, assez relevée en arrière, ayant sa plus grande hauteur vers l'extrémité de la carène interambulacraire impaire, convexe en dessous et légèrement renflée vers le plastron, non rostrée et subverticalement tronquée en arrière. Sommet ambulacraire presque central, un peu rejeté en arrière. Sillon antérieur à peine excavé, beaucoup moins apparent vers l'ambitus qu'il échancre cependant, et se prolongeant, très atténué, jusqu'au péristome; le fond du sillon est plat et finement granuleux. Aires ambulacraires paires peu creusées, arrondies à leur extrémité, subflexueuses, inégales, les antérieures plus longues que les aires postérieures qui sont ovales et arrondies. Aires interambulacraires ni renflées ni relevées près du sommet. Péristome transverse, assez éloigné du bord. Périprocte grand, ovale, lougitudinal, acuminé aux extrémités. Fascioles distincts. Environs de Thèbes, Esneh, Mokattam (Égypte), recueilli par M. Delanoue. Rare. Muséum de Paris (Coll. d'Orbigny).

Schizaster thebensis, de Loriol, 1880, *Monog. des Échin. contenus dans les couches numm. de l'Égypte*, p. 69, pl. IX, fig. 5 et 6, *Mém. Soc. phys. et d'hist. nat. de Genève*, vol. XXVII, Ire partie. — *Id.*, de Loriol, *Eocæne Echinoideen aus Ægypten und der libyschen Wüste*, p. 49, pl. X, fig. 4 et 5, 1881. Espèce de petite taille, élargie, suborbiculaire, arrondie et fortement échancrée en cœur en avant, rétrécie et tronquée en arrière, très déclive à la face supérieure, fortement relevée en arrière. Sillon antérieur très large, profond dès le sommet, échancrant le bord antérieur et se continuant à la face inférieure jusqu'au péristome. Aires ambulacraires paires inégales, les aires antérieures très excavées, longues, arquées en avant, flexueuses, arrondies à l'extrémité, les aires postérieures extrêmement petites, peu enfoncées. Zones porifères larges. Zone interporifère très étroite, beaucoup moins développée que l'une des zones porifères. Périprocte ovale, paraissant acuminé aux deux extrémités. Environs de Thèbes (Égypte), recueilli par Delanoue. Muséum de Paris (coll. d'Orbigny). Todtenberg près Suit (Liège).

Schizaster mokattamensis, de Loriol, 1881, *Eocæne Echinoideen aus Ægypten und der libyschen Wüste*, p. 41, pl. x, fig. 1 et 2. — Espèce de taille moyenne, subcirculaire, un peu rétrécie et émarginée en avant, renflée en dessus, subdéclive dans la région antérieure, ayant sa plus grande épaisseur dans l'aire interambulacraire impaire, qui est sensiblement carénée, bombée en dessous, tronquée verticalement en arrière. Sommet ambulacraire subcentral, un peu rejeté en arrière. Sillon antérieur large, profond, caréné sur les bords, entamant assez fortement l'ambitus, se prolongeant, en s'atténuant, jusqu'au péristome. Aires ambulacraires paires excavées, inégales, les aires antérieures très flexueuses, divergentes, tendant cependant à se rapprocher de l'aire ambulacraire impaire, les aires postérieures beaucoup plus courtes, non flexueuses, plus rapprochées. Péristome un peu éloigné du bord, semicirculaire, labié. Périprocte ovale, longitudinal, acuminé à ses extrémités. Appareil apical muni de deux pores. Fasciole bien distinct. Mokattam près du Caire (Égypte); Gebel Ter près Esneh. Rare. Éocène.

Schizaster Rohlfsi, de Loriol, 1881, *Eocæne Echinoideen aus Ægypten and der libyschen Wüste*, p. 43, pl. x, fig. 3-6. Espèce de taille moyenne un peu allongée, subglobuleuse, arrondie en avant, haute, renflée, à peine déclive dans la région antérieure, ayant sa plus grande épaisseur en arrière du sommet, bombée en dessous, tronquée subobliquement en arrière. Sillon antérieur large, fortement excavé à la face supérieure, s'atténuant vers l'ambitus, disparaissant entièrement avant d'arriver au péristome. Aire ambulacraire impaire formée de pores simples, séparés par un granule très saillant, disposés par paires obliques et espacées, s'ouvrant à la base de l'excavation. Aires ambulacraires paires excavées, inégales, les antérieures divergentes, flexueuses, beaucoup plus longues que les autres, les aires postérieures arrondies en forme de feuille et rapprochées l'une de l'autre. Péristome semicirculaire, un peu éloigné du bord. Périprocte ovale, longitudinal, placé au sommet de la face postérieure. Appareil apical muni de deux pores génitaux. Fasciole péripétale sinueux. Fasciole latéro-sous-anal non distinct ; si ce dernier fasciole faisait défaut, l'espèce devrait probablement être placée dans le genre *Opissaster*, Pomel. Mokattam (Égypte). Éocène.

Schizaster Jordani, de Loriol, 1881, *Eocæne Echinoideen aus Ægypten and der libyschen Wüste*, p. 47, pl. x, fig. 7-10. Espèce de forte taille, oblongue, arrondie et émarginée en avant, médiocrement renflée en dessus, paraissant avoir sa plus grande épaisseur en arrière de l'appareil apical, déprimée en avant du péristome, légèrement bombée en dessous, dans l'aire interambulacraire postérieure. Sommet ambulacraire subcentral. Sillon antérieur long, étroit, très excavé, entamant fortement l'ambitus, atténué à la face inférieure. Aire ambulacraire impaire formée de petits pores simples, séparés par un granule saillant, disposés par paires obliques et espacées. Aires ambulacraires paires excavées, inégales, les antérieures divergentes, flexueuses, beaucoup plus longues que les aires postérieures qui, cependant, sont assez étendues. Péristome semicirculaire, relativement éloigné du bord. A l'est de l'oasis de Siuah près Aradj. Éocène.

Schizaster alveolatus, Duncan et Sladen, 1882, *Monog. of the foss. Echinod. of Sind*, p. 87, pl. xx, fig. 10-14.

Espèce de taille moyenne, oblongue, rétrécie et un peu échancrée en avant, dilatée et tronquée dans la région postérieure, ayant sa plus grande épaisseur en arrière de l'appareil apical dans l'aire interambulaire impaire qui est sensiblement carénée, et sa plus grande largeur au point qui correspond à l'appareil apical. Sommet ambulacraire subcentral, un peu rejeté en arrière. Sillon antérieur large, profond, entamant légèrement l'ambitus. Aires ambulacraires paires pétaloïdes, excavées, inégales, les aires antérieures flexueuses, arrondies, tendant à se rapprocher du sillon antérieur, beaucoup plus longues que les aires postérieures qui sont arrondies, flexueuses et plus rapprochées. Aires interambulacraires resserrées et saillantes près du sommet. Quelques nodosités tuberculeuses se montrent sur la partie antérieure du test et à la face postérieure, autour de l'aréa anale. Périprocte arrondi, s'ouvrant à la partie supérieure de la face postérieure. Gari-wari, Gorge, sur la route de Bádha à Lynyam. Couches de Ranikott (Éocène).

Schizaster symmetricus, Duncan et Sladen, 1884, *Monog. of the foss. Echinod of Sind*, p. 220, pl. XXXVII, fig. 15-21. Espèce de moyenne taille, oblongue, arrondie et émarginée en avant, rétrécie et tronquée obliquement en arrière, épaisse et renflée en dessus, légèrement bombée en dessous. Sommet ambulacraire central. Sillon antérieur profond, très large, évasé, se prolongeant, en s'atténuant, jusqu'au péristome. Aires ambulaeraires paires très développées, fortement excavées, inégales, les aires antérieures flexueuses, divergentes, arrondies à leur extrémité, rapprochées de l'aire ambulacraire impaire, plus longues que les aires postérieures qui sont en forme de feuille et encore plus rapprochées. Aires interambulacraires resserrées, étroites et très saillantes autour du sommet. Péristome semicirculaire, labié, très excentrique en avant. Périprocte petit, ovale, acuminé à ses extrémités, s'ouvrant au sommet d'une aréa elliptique, noduleuse sur les bords. Fasciole péripétale serrant étroitement les aires ambulacraires. Jangri. Couches de Khirthar (Sind). Éocène.

Schizaster simulans, Duncan et Sladen, 1884, *Monog. of the foss. Echinod. of Sind*, p. 223, pl. XXXIV, fig. 15 et 16. Espèce de taille moyenne, ovale, arrondie et légèrement émarginée en avant, rétrécie et un peu tronquée en arrière, médiocrement renflée en dessus, subdéclive dans la région antérieure, sensiblement carénée dans l'aire interambulacraire impaire où se trouve la plus grande épaisseur. Sommet ambulacraire un peu excentrique en arrière. Sillon antérieur allongé, étroit, paraissant profond, entamant un peu le bord antérieur. Aires ambulacraires paires larges, excavées, inégales, les antérieures à peine flexueuses, peu divergentes, rapprochées de l'aire ambulacraire impaire, plus longues que les autres qui sont courtes, en forme de feuille et très peu écartées, Périprocte s'ouvrant au sommet de la troncature postérieure. Baili, à l'ouest de Tóng. Couches de Khirthar (Éocène).

6e genre. — ANISASTER, Pomel, 1886.

Hemiaster (pars), Michelin, in *Sched.*
Periaster (pars), Fraas, 1867; Cotteau, 1869; Tournouër, 1870.
Agassizia (pars), Cotteau, 1876; de Loriol, 1880 et 1882.
Anisaster, Pomel, 1886.

Test de taille moyenne, renflé, globuleux, arrondi en

avant, tronqué en arrière, légèrement bombé en dessous. Sommet ambulacraire subcentral. Sillon antérieur très faiblement indiqué à la face supérieure, tout à fait nul vers l'ambitus et à la face inférieure. Aire ambulacraire impaire droite, formée de petits pores disposés par paires espacées. Aires ambulacraires paires médiocrement excavées, inégales, les aires antérieures beaucoup plus longues et plus flexueuses que les autres. Zones porifères composées de pores allongés. Dans les aires ambulacraires paires antérieures, la zone porifère antérieure est très étroite et formée de pores relativement beaucoup plus petits, s'atrophiant au fur et à mesure qu'ils se rapprochent du sommet apical. Tubercules crénelés, perforés, scrobiculés, plus ou moins abondants. Péristome semi-circulaire, labié, excentrique en avant. Périprocte transverse, largement ouvert, placé au sommet de la face postérieure. Appareil apical muni de quatre pores génitaux; plaque madréporiforme traversant l'appareil et se prolongeant au delà des plaques ocellaires postérieures. Fasciole péripétale incomplet, entourant seulement les aires postérieures, uni par une branche latérale à un fasciole marginal.

Rapports et différences. — Le genre *Anisaster* présente tout à fait la physionomie des *Agassizia*, dont il se rapproche par plusieurs caractères importants, notamment par la disposition de son fasciole ; il s'en distingue cependant, ainsi que le fait remarquer M. Pomel, par la structure de la première zone porifère des aires ambulacraires paires antérieures. Dans le genre *Agassizia*, cette zone est réduite, sur toute son étendue, à de petits pores microscopiques, et ses plaques, plus longues que larges, forment une étroite série linéaire. Dans le genre *Anisaster*, cette zone porifère est graduellement atrophiée vers le sommet, comme chez beaucoup d'autres genres d'échinides, et les petites plaques qui les supportent conservent leur forme normale. Cette différence dans les deux genres n'est pas sans importance, et bien qu'au premier aspect les *Anisaster* offrent beaucoup de ressemblance avec les *Agassizia*, il nous a paru nécessaire de les séparer.

Le genre *Anisaster* renferme deux espèces propres au terrain tertiaire.

N° 97. — **Anisaster Souverbiei** (Cotteau), Pomel, 1886.

Pl. 108.

Periaster Souverbiei, Cotteau, *Description de quelques Échin. tert. des envir. de Bordeaux*, Actes de la Soc. linn. de Bordeaux, t. XXVII, p. 254, 1869.

— — Tournouër, *Recensement des Échinod. de l'étage du calcaire à Astéries, dans le S.-O. de la France*, p. 35, Actes de la Soc. linn. de Bordeaux, t. XXVII, 1870.

Agassizia Souverbiei, Cotteau, *Description des Échin. tert. des îles Saint-Barthélemy et Anguilla*, Kongl. Swenska Vetenskaps-Acad. Handlingar. Bandet 13, n° 6, p. 32, 1875.

— — Cotteau, *Échinides nouveaux ou peu connus*, 1re série, p. 195, 1876.

Anisaster Souverbiei, Pomel, *Note sur deux Échin. du terrain éocène*, Bull. soc. géol. de France. 3e série, t. XIV, p. 608, 1886.

Espèce de petite et moyenne taille, arrondie en avant, un peu plus étroite en arrière. Face supérieure haute, renflée, brusquement déclive dans la région antérieure. Face inférieure uniformément bombée, arrondie sur les bords, à peine déprimée en avant du péristome. Face postérieure tronquée presque verticalement. Sommet ambulacraire subcentral, un peu rejeté en arrière. Sillon antérieur très atténué à la face supérieure, tout à fait nul vers l'ambitus. Aire ambulacraire impaire étroite, formée de pores très petits, obliquement disposés, séparés par un renflement granuliforme, assez espacés surtout en se rapprochant du bord; le milieu de l'aire ambulacraire est garni de granules fins et inégaux. Aires ambulacraires paires médiocrement excavées, peu flexueuses, inégales, les antérieures sensiblement plus longues que les aires postérieures. Zones porifères très inégales dans les aires ambulacraires antérieures, surtout vers le sommet. La zone antérieure est étroite, composée de pores petits arrondis, et c'est seulement vers l'extrémité de l'aire ambulacraire que la zone porifère s'élargit et que les pores prennent un aspect virgulaire. La zone postérieure, beaucoup plus large, comprend dans toute son étendue des pores allongés, ordinairement plus développés dans la série externe que dans la série interne; les deux zones sont rapprochées l'une de l'autre et laissent à peine la place à une petite bande interporifère fort étroite. Les zones porifères des aires ambulacraires postérieures sont larges, égales, très près de l'une de l'autre et identiques par la structure et la disposition de leurs pores à la zone la plus large des aires ambulacraires antérieures. Les paires de pores sont séparées par une série transverse de petits granules. Tubercules abondants, épars, de petite taille, inégaux, plus gros autour de l'appareil apical, sur les bords du sillon antérieur et à la face inférieure. Granules fins, délicats, homogènes, remplissant l'espace intermédiaire et se groupant en cercle autour des plus gros tubercules. Péristome excentrique en avant, assez grand, semilunaire, fortement labié. Périprocte largement ouvert, transverse, un peu anguleux, placé au sommet de la face postérieure. Appareil apical étroit, allongé, muni de quatre pores génitaux; la plaque madréporiforme traverse l'appareil et paraît se prolonger un peu au delà des plaques ocellaires postérieures (1). Fasciole latéro-marginal uni par une branche au fasciole péripétale qui passe seulement derrière les aires ambulacraires postérieures.

Nous connaissons cette espèce à différents âges et ses caractères varient peu : la face supérieure paraît plus ou moins obliquement déclive dans la région antérieure; le sommet est plus ou moins central; les pores des aires ambulacraires paires sont le plus souvent de même dimension; quelquefois, cependant, la rangée externe est composée de pores sensiblement plus allongés. L'*Anisaster Souverbiei* est une des espèces rares qu'on rencontre à la fois dans l'étage éocène et dans le calcaire à Astéries. L'exemplaire que nous avons fait figurer (*Description des Échinides des environs de Bordeaux*) provient des calcaires à Astéries de Saint-André de Cubzac; il diffère du type par sa taille plus forte, par sa forme plus allongée, par son sommet ambulacraire plus excentrique en arrière, par sa face antérieure plus obliquement déclive. Ces différences ne nous ont pas paru suffisantes pour séparer les exemplaires du calcaire à Astéries de ceux que nous ve-

(1) C'est par erreur que le dessinateur, dans la pl. XIII du tome XIII des *Actes de la Société linnéenne de Bordeaux*, a représenté, chez l'espèce qui nous occupe, les plaques génitales postérieures se rejoignant au milieu et n'étant pas traversées par la plaque madréporiforme.

nons de décrire, auxquels du reste ils se relient par des passages insensibles.

Rapports et différences. — Cette espèce offre quelque ressemblance avec l'*Anisaster gibberulus*, du terrain éocène d'Egypte ; elle s'en distingue par sa forme moins renflée, moins épaisse, moins gibbeuse, par ses aires ambulacraires paires moins excavées, les antérieures moins longues et moins recourbées, par la zone porifère antérieure des aires ambulacraires antérieures relativement un peu plus développée, par ses tubercules moins serrés et moins homogènes, par ses aires ambulacraires plus larges et plus distinctes à la face inférieure, par son appareil apical un peu moins allongé.

Localité. — Pouyanne à Saint-Estèphe, Plassac, Latrème, Marcamps, Bourg, Blaye (Gironde). Rare. Éocène moyen.

Coll. Daleau, Croizier, Linder, ma collection.

Explication des figures. Pl. 108, fig. 1, *A. Souverbiei*, de Plassac, de la collection de M. Daleau, vu de côté; fig. 2, face supérieure; fig. 3, face inférieure; fig. 4, face antérieure; fig. 5, face postérieure; fig. 6, portion de la face supérieure grossie ; fig. 7, péristome grossi ; fig. 8, autre exemplaire, de la collection de M. Daleau, vu sur la face supérieure; fig. 9, échantillon très jeune, de la collection de M. Daleau, vu de côté; fig. 10, face supérieure.

Une seule espèce d'*Anisaster*, *Anisaster gibberulus*, s'est rencontrée au dehors de la France. En voici la diagnose :

Anisaster gibberulus (Michelin), Cotteau, 1887. — *Hemiaster gibberulus*, Michelin *in* collect. — *Periaster subglobosus*, Fraas, *aus dem Orient*, 1, Wurtt. jahreshefte, p. 278, 1867. — *Agassizia gibberula*, Cotteau, *Descript.*

des Échin. tert. des îles Saint-Barthélemy et Anguilla, p. 32, 1875. — *Spatangus*, Quenstedt, *Petrefactenkunde Deutschlands, Echiniden*, p. 661, pl. LXXXVIII, fig. 33, 1875. — *Agassizia gibberula*, Cotteau, *Échin. nouveaux ou peu connus*, 1re série, p. 193, pl. XXVII, fig. 3-7, 1876. — *Id.*, de Loriol, *Monog. des Échin. contenus dans les couches numm. de l'Égypte*, p. 51, pl. VIII, fig. 1-7, 1880. — *Id.*, Cotteau, *Échin. nouveaux ou peu connus*, p. 230, 1880. — *Id.*, de Loriol, *Eocæne Echinoideen aus Ægypten und der libyschen Wüste*, p. 36, 1881. — *Anisaster confusus*, Pomel, *Note sur deux Échinides du terrain éocène*, Bull. Soc. géol. de France, 3e sér., t. XIV, p. 608, 1886. — Espèce de taille moyenne, haute, renflée, arrondie au pourtour, non émarginée en avant, tronquée en arrière, convexe en dessous. Sommet ambulacraire un peu excentrique en arrière. Sillon antérieur nul à l'ambitus. Aire ambulacraire impaire étroite, composée de pores très petits et espacés. Aires ambulacraires paires assez profondément excavées, divergentes, inégales, les aires antérieures plus longues et plus recourbées que les postérieures. Zones porifères composées de pores allongés, larges, à l'exception de la zone porifère antérieure en grande partie atrophiée surtout près du sommet. Zone interporifère presque nulle. Péristome semilunaire, assez développé, rapproché du bord. Périprocte grand, transverse, ouvert au sommet de la troncature verticale de la face postérieure. Appareil apical allongé, muni de quatre pores génitaux; plaque madréporiforme traversant l'appareil. Fasciole latéro-marginal se reliant par une branche au fasciole péripétale qui circonscrit seulement les aires ambulacraires postérieures. Ouadi-el-Tib, Plateau des observations de Vénus, Montagne Rouge, aux environs du Caire.

Djebel-Mokolone, Mokattam. Assez commun. Éocène. Musée de Stuttgard, École des mines de Paris, Musée de Genève, coll. de Loriol, Gauthier, ma collection.

L'histoire de cette espèce est très compliquée : placée dans l'origine parmi les *Hemiaster* par Michelin qui la désignait, dans sa collection, sous le nom d'*Hemiaster gibberulus*, elle a été réunie successivement aux *Periaster* et aux *Agassizia*. Tout récemment M. Pomel en a fait le type du genre nouveau *Anisaster*, lui donnant le nom d'*Anisaster confusus*. Nous avons indiqué plus haut les raisons qui nous ont engagé a adopter ce nouveau genre, malgré sa ressemblance très grande avec les *Agassizia*. Quant au nom nouveau de *confusus* que M. Pomel attribue à cette espèce, il ne saurait remplacer celui de *gibberulus* donné dans l'origine par Michelin. — Pour motiver ce changement, M. Pomel s'appuie sur une prétendue confusion que Michelin et les auteurs, qui après lui se sont occupés de cette espèce, auraient établie entre le *Schizaster gibberulus* vivant actuellement dans la mer Rouge et l'*Hemiaster gibberulus*, Michelin. Cette confusion n'a jamais existé; les deux espèces sont par trop distinctes pour que l'on puisse supposer que Michelin, M. de Loriol et moi ayons jamais pensé à les considérer comme formant une seule et même espèce. Ce qui a pu induire en erreur M. Pomel, c'est qu'à deux reprises différentes, dans la *Description des Échinides des environs de Bordeaux*, p. 256, et plus tard dans la *Description des Échinides des îles de Saint-Barthélemy et Anguilla*, j'ai, par un lapsus regrettable, désigné cette espèce sous le nom *Schizaster gibberulus* et non d'*Hemiaster gibberulus*. Seulement, dès 1876, lorsque dans les *Échinides nouveaux ou peu connus*, 1re sér., p. 193, j'ai donné la description de l'espèce, j'ai remonté aux sources et suivi exactement l'étiquette de Michelin, en substituant le genre *Hemiaster* au genre *Schizaster*. Je me rappelle fort bien du reste, il y a de longues années, chez Michelin, avoir vu dans sa collection les deux espèces parfaitement séparées, l'espèce fossile, *Hemiaster gibberulus*, et l'espèce vivante, *Schizaster gibberulus*. Du reste, quelle que soit l'erreur que j'ai commise, elle ne peut modifier en rien la synonymie de l'espèce et sa dénomination primitive. Michelin connaissait parfaitement le *Schizaster gibberulus* de la mer Rouge, et il était dans son droit, en donnant à une espèce, qu'il plaçait dans un genre tout différent, ce même nom de *gibberulus* que nous n'avons aucun motif de changer aujourd'hui.

7e Genre. — PRENASTER, Desor, 1853.

Prenaster, Desor, 1853, 1857 ; Laube, 1867 ; Cotteau, 1856, 1863 ; de Loriol, 1875 ; Dames, 1877 ; Bittner, 1880 ; Pomel, 1863, 1883.
Brissus (pars), Kœchlin Schlumberger, 1855.

Test de moyenne et petite taille, allongé, subovoïde, plus ou moins renflé en dessus, arrondi et non émarginé en avant, plus étroit et subtronqué en arrière. Sommet ambulacraire très excentrique en avant. Sillon antérieur nul. Aire ambulacraire impaire à fleur de test, à peine distincte. Aires ambulacraires paires plus ou moins excavées, inégales, les antérieures très divergentes, à peu près perpendiculaires à l'axe longitudinal de l'oursin, les aires postérieures plus rapprochées. Zone interporifère très étroite. Tubercules plus ou moins fins et serrés, plus espacés et augmentant de volume à la face inférieure. Péristome excentrique en avant, muni d'une lèvre saillante. Périprocte ovale, ouvert au sommet de la face postérieure. Appareil apical pourvu de quatre pores génitaux. Fasciole péripétale incomplet, faisant défaut dans la partie antérieure, uni par une branche au fasciole marginal qui descend très bas dans la région antérieure.

Rapports et différences. — Le genre *Prenaster* a été conservé dans la méthode tel qu'il a été établi, en 1853, par Desor; il ne renferme qu'un petit nombre d'espèces parfaitement caractérisées par leur taille peu développée, par leur forme ovoïde ou renflée, par leur sommet apical très excentrique en avant, par l'absence complète de sillon, par leurs aires paires antérieures très divergentes et relativement étroites, par leur appareil apical muni de quatre pores génitaux, par la disposition de leurs fascioles. Ce dernier caractère rapproche les *Prenaster* des *Anisaster* et des *Peribrissus*: ils s'éloignent du premier de ces genres par leurs aires ambulacraires antérieures droites et non atrophiées près du sommet, et du second, par l'absence de sillon antérieur.

A l'exception du *P. Sorigneti*, que Desor place dans le calcaire pisolitique du département de l'Eure, toutes les espèces que nous connaissons appartiennent au terrain éocène.

N° 98. — **Prenaster alpinus**, Desor, 1853.

Pl. 109, fig, 1-9.

Prenaster alpinus, Desor, *Notice sur les Échin. du terrain numm. des Alpes*, Arch. des sc. de la Bibl. univers. de Genève, t. XXIX, p. 143, 1853.

Prenaster alpinus, Desor, *Actes soc. helvétique du sc. nat.*, 38e session, Porrentruy, p. 279, 1853.

— — Desor, *Synopsis de Échin. foss.*, p. 401, pl. XLIII, fig. 6-8, 1857.

— — Pictet, *Traité élément. de paléont.*, 2e édit., t. IV, p. 203, 1857.

— — Dujardin et Hupé, *Hist. nat. des Zooph. Échinod.*, p. 605, 1862.

— — Ooster, *Synopsis des Échinod. foss. des Alpes suisses*, p. 112, pl. XXVIII, fig. 208, 1865.

— — Schauroth, *Verz. der Versteiner. im herzogl. natur. cab. zu Coburg*, p. 194, 1865.

— — Laube, *Vicent. tertiär. Echin. Sitzungsber. Wiener Acad.*, t. LVI, 1re partie, p. 247, 1867.

— — Laube, *Echinod. des vicentin. tertiäregebietes*, p. 32, 1863.

— — Taramelli, *Echin. del Friul*, istituto veneto di scienze, 3e sér., t. XIV, p. 2175, 1868.

— — Taramelli, *Di alcuni Echin. eocen.*, istituto veneto di scienze, 4e sér., t. III, p. 972, 1874.

— — Quenstedt, *Petrefactenkunde Deutschlands, Echiniden*, p. 669, pl. LXXXVIII, fig. 41, 1875.

— — De Loriol, *Descript. des Échin. tertiaires de la Suisse*, p. 116, pl. XX, fig. 2-5, 1875.

— — Dames, *Die Echiniden der Vicentin. und veron. tertiärablag.*, p. 67, 1877.

— — Bittner, *Beiträge zur kenntniss alttertiärer, Echin. faunen der sudälpen*, p. 24, 1880.

— — Pomel, *Classif. méth. et genera des Échin. vivants et fossiles*, p. 36, 1883.

— — Koch, *Die alttertiärer Echin. Siebenbürgens*, p. 48, 1885.

Espèce de petite taille, ovoïde, allongée et arrondie en avant, un peu rétrécie en arrière. Face supérieure élevée, renflée surtout dans l'aire interambulacraire impaire, qui est légèrement carénée et se recourbe au-dessus du périprocte, ayant sa plus grande épaisseur en arrière du sommet apical, déclive dans la région antérieure. Face inférieure presque plane, un peu bombée dans l'aire interambulacraire impaire, arrondie sur les bords. Face postérieure étroite, verticalement tronquée. Sommet ambulacraire très excentrique en avant. Sillon antérieur tout à fait nul. Aire ambulacraire impaire à fleur de test, peu apparente, formée de pores très petits, disposés par paires espacées. Aires ambulacraires paires étroites, médiocrement excavées, les antérieures très divergentes, formant un angle droit avec l'axe longitudinal de l'oursin, les postérieures plus rapprochées, disposées en angle aigu, les unes et les autres non flexueuses, ouvertes à leur extrémité. Zone interporifère très étroite, presque nulle. Péristome muni d'une lèvre saillante, relativement éloigné du bord. Périprocte ovale, acuminé aux deux extrémités, placé au sommet d'une aréa presque plane, légèrement évidée, marquée à la base d'une protubérance plus ou moins distincte. Appareil apical étroit, présentant quatre pores génitaux, les antérieurs un peu plus rapprochés que les deux autres. La plaque madréporiforme, resserrée par les plaques génitales, paraît très étroite. Les exemplaires assez nombreux que nous avons sous les yeux sont presque tous à l'état de moules intérieurs et ne laissent voir ni les tubercules ni les fascioles.

Hauteur, 18 millimètres; diamètre antéro-postérieur, 25 millimètres; diamètre transversal 22 millimètres.

Individu plus jeune : hauteur, 16 millimètres ; diamètre antéro-postérieur, 20 millimètres; diamètre transversal, 18 millimètres et demi.

RAPPORTS ET DIFFÉRENCES. — Le *P. alpinus*, parfaitement

caractérisé par sa forme ovoïde, par son sommet ambulacraire très excentrique en avant, par ses aires ambulacraires paires médiocrement excavées, par son péristome labié et éloigné du bord, est considéré comme le type du genre; malheureusement les exemplaires recueillis en France ne laissent apercevoir qu'une partie de leurs caractères; ils nous ont paru suffisants, cependant, pour rapporter sans aucun doute ces échantillons au *P. alpinus*.

Nous n'avons pu retrouver l'exemplaire unique qui a servi à établir le *P. birostratus*, Desor (*Hemiaster*, Sorignet). Nous croyons, comme M. de Loriol, que cette espèce, lorsqu'elle sera mieux connue, devra être réunie au *P. alpinus*, dont elle ne paraît séparée par aucune différence importante.

Localités. — Monze (Vaucluse); Aragon, Montagne-Alaric (Aude). Assez commun. Éocène moyen.

Collection de M. Hébert, Roussel, Toucas.

Localités autres que la France. — Gitzischrœttli, Gschwänd, Blangg, Riegel, Stockweid, Gross près Einsiedeln (Schwitz); Aebiskraut Fæhnern (Appenzell). Suisse. — Ciuppo, San Giovani Ilarione, Castione (Vicentin) (Vicence).

Explication des figures. — Pl. 109, fig. 1, *P. alpinus*, vu de côté; fig. 2, face supérieure; fig. 3, face inférieure; fig. 4, face postérieure; fig. 5, autre exemplaire vu de côté; fig. 6, face supérieure; fig. 7, face inférieure; fig. 8, face antérieure; fig. 9, face postérieure.

N° 99. — **Prenaster subacutus** (d'Archiac), Desor, 1858.

Pl. 109, fig. 10-12.

Micraster subacutus, D'Archiac, *Descript. des foss. des couches numm. des environs de Bayonne*, Mém. Soc. géol. de France, 2e sér., t. II, p. 201, pl. VII, fig. 15 *a*, 1846.

Brissus subacutus, Agassiz et Desor, *Catal. rais. des Échinides*, p. 120, 1847.

— — D'Orbigny, *Prod. de Paléont. strat.*, t. II, p. 330, 1850.

— — Delbos, *Essai d'une descript. géol. du bassin de l'Adour*, Mém. de la Soc d'hist. nat. de Bordeaux, t. I, p. 315, 1855.

— — Leymerie et Cotteau, *Catal. des Échin. foss. des Pyrénées*, Bull. Soc. géol. de France, 2e sér., t. XIII, p. 338, 1856.

— — Pictet, *Traité de paléont.*, 2e éd., t. IV, p. 203, 1857.

Prenaster subacutus, Desor, *Synopsis des Échin. foss.*, p. 402, 1858.

— — Dujardin et Hupé, *Hist. nat. des zooph. Échinod.*, p. 604, 1862.

— — Cotteau, *Échin. foss. des Pyrénées*, p. 137, 1863.

— — Cotteau, *Note sur les Échin. des couches numm. de Biarritz*, Bull. Soc. géol. de France, 2e sér., t. XXI, p. 81, 1863.

T. 45 (type de l'espèce).

L'exemplaire qui a servi de type à cette espèce faisait partie de la collection d'Archiac et n'a pas été retrouvé. N'ayant sous les yeux que le moule en platre, nous en donnons nécessairement une description très incomplète :

Espèce de petite taille, allongée, subcylindrique.

arrondie en avant, étroite et très acuminée en arrière. Face supérieure uniformément renflée, plus haute et subcarénée dans la région postérieure. Face inférieure bombée, saillante à l'extrémité de l'aire interambulacraire impaire. Face postérieure très obliquement déclive, prolongée en forme de rostre. Sommet ambulacraire excentrique en avant. Sillon antérieur à peine indiqué, presque nul. Aires ambulacraires paires étroites, médiocrement excavées, les antérieures très divergentes, transverses, les postérieures plus rapprochées et formant un angle aigu. Péristome paraissant rapproché du bord. Périprocte ovale, longitudinal, s'ouvrant au sommet de la face postérieure.

Hauteur, 15 millimètres ; diamètre antéro-postérieur, 24 millimètres ; diamètre transversal, 18 millimètres.

Rapports et différences. — Cette petite espèce, placée successivement dans les genres *Micraster* et *Brissus*, appartient bien certainement au genre *Prenaster*, auquel Desor l'a réunie. Bien que l'exemplaire type soit très fruste, il se distingue nettement des autres espèces du genre par sa forme très allongée, étroite, subcylindrique, par sa face postérieure très oblique, prolongée en arrière et vers la base en un rostre acuminé. Dans la figure que d'Archiac a donnée de cette espèce, les aires ambulacraires paires et surtout l'aire ambulacraire impaire sont dessinées d'une manière beaucoup trop précise.

Localité. — Chemin de Villefranque près Biarritz (Basses-Pyrénées). Très rare. Éocène supérieur.

Coll. d'Archiac.

Explication des figures. — Pl. 109, fig. 10, moule en plâtre T. 45, vu de côté ; fig. 11, face supérieure fig. 12, face inférieure.

N° 100. — **Prenaster Jutieri** (Schlumberger), Desor, 1857.

Pl. 110.

Brissus Jutieri, Kœchlin-Schlumberger, *Notice sur la falaise entre Biarritz et Bidart*, Bull. Soc. géol. de France, 2e sér., t. XII, p. 1244, pl. XXXIII, fig. 3 et 4, 1855.

Prenaster alpinus, (non Desor) Leymerie et Cotteau, *Catal. des Échin. foss. des Pyrénées*, Bull. Soc. géol. de France, 2e sér., t. XIII, p. 339, 1856.

Prenaster Jutieri, Desor, *Synopsis des Échin. foss.*, p. 402, 1857.

— — Dujardin et Hupé, *Hist. nat. des zooph. Échinod.*, p. 604, 1862.

— — Cotteau, *Échin. foss. des Pyrénées*, p. 137, 1863.

— — Pellat, *Note sur les falaises de Biarritz*, Bull. Soc. géol. de France, 2e sér., t. XX, p. 678, 1863.

— — Cotteau, *Note sur les Échin. des couches numm. de Biarritz*, Bull. Soc. géol. de France, 2e sér., t. XXI, p. 85, 1863.

— — Jacquot, *Descript. géol. des falaises de Biarritz, Bidart*, etc., p. 40, Actes de la Soc. linnéenne de Bordeaux, t. XXV, 1864.

— — Comte de Bouillé, *Paléont. de Biarritz et de quelques autres loc. des Basses-Pyrénées*, p. 21, 1873.

— — Comte de Bouillé, *Paléont. de Biarritz et de quelques autres localités des Basses Pyrénées*, p. 67, Soc. des sc., lettres et arts de Pau, 1876.

Espèce de taille moyenne, allongée, ovoïde, plus ou moins dilatée, arrondie en avant, un peu rétrécie en arrière. Face supérieure uniformément bombée, brusquement déclive en avant, ayant sa plus grande épaisseur dans la région postérieure qui est légèrement carénée. Face inférieure presque plane, arrondie sur les bords, un peu renflée dans l'aire interambulacraire impaire. Face postérieure verticalement tronquée, un peu évidée, présentant à la base une protubérance plus ou moins apparente, correspondant au milieu de l'aire interambulacraire impaire. Sommet ambulacraire très excentrique en avant. Sillon antérieur tout à fait nul. Aire ambulacraire impaire étroite, formée de petits pores logés dans des fossettes et disposés par paires espacées, disparaissant au milieu des tubercules, au fur et à mesure qu'elles se rapprochent de l'ambitus. Aires ambulacraires paires allongées, médiocrement excavées, les aires antérieures très divergentes, presque horizontales, les postérieures un peu plus longues, plus rapprochées et formant un angle aigu. Zones porifères composées de pores ovales, à peu près égaux, rangés par paires serrées que sépare une petite bande granuleuse. Dans l'aire ambulacraire antérieure, la zone porifère antérieure est moins large que l'autre et les pores sont moins ouverts. Dans les aires ambulacraires paires postérieures, les deux zones porifères paraissent d'égale largeur. Zone interporifère très étroite, presque nulle. Tubercules fins, abondants, très serrés, scrobiculés, un peu plus développés dans la région antérieure et à la face inférieure, aux approches du péristome; granules intermédiaires délicats et nombreux, disposés en cercle autour des tubercules. Péristome excentrique en avant, semicirculaire, labié. Périprocte assez grand, ovale, acuminé à ses deux extrémités, placé au sommet d'une aréa plane, un peu évidée au milieu et garnie de petits tubercules. Appareil apical peu développé, muni de quatre pores génitaux. Fasciole péripétale disparaissant à quelque distance des aires ambulacraires antérieures paires et se reliant par une branche latérale au fasciole marginal, qui est anguleux en arrière et descend très bas dans la région antérieure.

Le test de cette espèce est fragile, souvent comprimé dans un sens ou dans un autre ; il en résulte que la forme générale des exemplaires assez nombreux que nous avons sous les yeux est très variable et s'éloigne sensiblement de l'exemplaire type de Kœchlin-Schlumberger. Ce dernier est subcirculaire, aussi large que long ; les aires ambulacraires sont assez fortement excavées et les zones porifères séparées par un intervalle apparent. Nos échantillons, au contraire, sont allongés, moins dilatés et les aires ambulacraires paraissent plus étroites. Malgré ces différences, nous avons cru devoir les réunir au *P. Jutieri* qu'on rencontre dans la même localité et au même niveau.

Type du *P. Jutieri :* hauteur, 16 millimètres et demi ; diamètre antéro-postérieur et diamètre transversal, 22 millimètres.

Variété allongée : hauteur, 21 millimètres ; diamètre antéro-postérieur, 29 millimètres ; diamètre transversal, 26 millimètres.

Individu jeune : hauteur, 15 millimètres ; diamètre antéro-postérieur, 22 millimètres ; diamètre transversal, 20 millimètres.

Rapports et différences. — Le type de cette espèce, tel qu'il a été décrit et figuré par Kœchlin-Schlumberger, se distingue du *P. alpinus* par sa forme moins ovoïde, aussi large que longue, par ses aires ambulacraires paraissant plus excavées, par sa face supérieure plus uniformément bombée et moins haute en arrière. Nos variétés allongées se rapprochent davantage du *P. alpinus;* elles en diffèrent, cependant, par leur face postérieure plus acuminée, par leur sommet plus excentrique en avant, par leurs aires ambulacraires paires plus étroites et plus grêles, tout en étant un peu plus excavées. Dans un certain nombre d'exemplaires, par suite de la compression qu'elles ont subie, les aires ambulacraires paires antérieures et postérieures se trouvent réduites à une simple fissure linéaire.

Localités. — La Gourepe près Biarritz (Basses-Pyrénées). Assez commun. Éocène supérieur.

École des Mines de Paris (M. Jacquot); Muséum de Paris (Coll. d'Orbigny); Coll. Pellat, comte de Bouillé, Degrange-Touzin, Kœchlin-Schlumberger, Blanchet, ma collection.

Explication des figures. — Pl. 110, fig. 1, *P. Jutieri*, individu de petite taille, de ma collection, vu de côté; fig. 2, face supérieure; fig. 3, face inférieure; fig. 4, face postérieure; fig. 5, face antérieure; fig. 6, sommet ambulacraire grossi; fig. 7, individu de taille plus forte, de la collection de M. Pellat, vu de côté; fig. 8, face supérieure; fig. 9, face inférieure.

N° 101. — **Prenaster Desori**, Cotteau, 1863.

Pl. 111 et pl. 112, fig. 1-5.

Prenaster Desori, Cotteau, *Échinides foss. des Pyrénées*, p. 138, 1863.

— — Cotteau, *Échin. nouveaux ou peu connus*, 1re série, p. 91, pl. XII, fig. 17 et 18, 1863.

Espèce de taille moyenne, allongée, ovoïde, arrondie en avant, un peu rétrécie en arrière. Face supérieure épaisse, renflée, uniformément bombée, obliquement déclive dans la région antérieure, convexe sur les côtés, ayant sa plus grande hauteur en arrière du sommet, sans trace de carène dans l'aire interambulacraire impaire. Face inférieure légèrement renflée, arrondie sur les bords, déprimée en avant du péristome. Face postérieure tronquée, plane, anguleuse au-dessus du périprocte, un peu rentrante à la base. Sommet ambulacraire très excentrique en avant. Sillon antérieur tout à fait nul. Aire ambulacraire impaire à fleur de test, formée de pores simples, arrondis, rangés par paires espacées. Aires ambulacraires paires à peine excavées, allongées, étroites, subpétaloïdes, les antérieures presque droites, horizontales, les postérieures longues, un peu flexueuses, plus rapprochées, les unes et les autres à peu près de même étendue et ouvertes à leur extrémité. Zones porifères composées de pores ovales, presque égaux, disposés par paires transverses, serrées, que sépare une petite bande granuleuse, au nombre de trente à trente-deux dans chaque zone, devenant très petits aux approches du sommet; dans les aires ambulacraires paires antérieures, la zone porifère antérieure, un peu moins large que l'autre et composée de pores plus arrondis, plus ouverts, paraît descendre moins bas. Zone interporifère très étroite, presque nulle. Tubercules épars, plus ou moins espacés, de taille très inégale, finement crénelés et perforés, développés surtout dans la région antérieure, sur les bords de l'aire ambulacraire impaire et à la face inférieure dans le voisinage du péristome. Le plastron de l'aire interambulacraire est garni de tubercules homogènes, finement crénelés et perforés, scrobiculés, disposés en séries obliques très régulières.

Granules délicats, abondants sans être très serrés, formant, autour des plus gros tubercules, des cercles plus ou moins complets. Péristome labié, excentrique en avant. Périprocte très grand, longitudinal, acuminé à ses deux extrémités, à fleur de test, s'ouvrant au sommet d'une aréa plane et vaguement circonscrite, présentant seulement quelques tubercules épars, accompagnés de nombreux granules. Appareil apical étroit, presque carré, muni de quatre pores génitaux très apparents ; plaque madréporiforme longue et étroite. Fasciole péripétale non distinct. Fasciole marginal assez large, descendant très bas, visible en avant sur la face inférieure, entre le péristome et le pourtour du test.

Hauteur, 20 millimètres; diamètre antéro-postérieur, 31 millimètres; diamètre transversal, 26 millimètres.

Individu de grande taille : hauteur, 25 millimètres, diamètre antéro-postérieur, 38 millimètres; diamètre transversal, 29 millimètres.

Rapports et différences. — Cette espèce se distingue nettement de ses congénères et notamment du *P. alpinus* par sa taille plus forte et plus allongée, par sa face supérieure plus uniformément bombée, par sa face postérieure plus plane et légèrement rentrante, par ses aires ambulacraires plus longues, plus superficielles et ses aires postérieures un peu flexueuses, par ses tubercules plus gros et plus espacés, surtout dans la région antérieure, par son périprocte beaucoup plus développé.

Localité. — Hastingues (Landes). Très rare. Éocène moyen.

Coll. Raulin.

Explication des figures. — Pl. **111**, fig. 1, *P. Desori*, vu de côté ; fig. 2, face supérieure ; fig. 3, face inférieure ;

fig. 4, sommet ambulacraire grossi. — Pl. 112, fig. 1, le même exemplaire, vu sur face antérieure ; fig. 2, face postérieure ; fig. 3, plastron grossi, montrant la disposition des tubercules ; fig. 4, fasciole marginal grossi ; fig. 5, autre exemplaire, de taille plus forte, vu sur la face inférieure.

N° 102. — **Prenaster Blancheti**, Cotteau, 1887.

Pl. 112, fig. 6 et 7.

L'exemplaire que nous désignons sous ce nom est dans un mauvais état de conservation et ne laisse voir que la face supérieure, mais les caractères qu'il présente sont tellement tranchés et le distinguent si nettement de ses congénères, que nous avons cru devoir en faire le type d'une espèce particulière et en donner la description, tout incomplète qu'elle soit :

Espèce de taille moyenne, snbcirculaire, presque aussi large que longue, arrondie et légèrement émarginée en avant, un peu rétrécie en arrière. Face supérieure médiocrement renflée. Sommet ambulacraire très excentrique en avant. Sillon antérieur vaguement indiqué. Aire ambulacraire impaire étroite près du sommet, s'élargissant un peu en se rapprochant de l'ambitus. Aires ambulacraires paires allongées, relativement assez larges, fortement excavées, les antérieures très divergentes, presque transverses, les postérieures plus longues, beaucoup plus rapprochées, formant un angle aigu. Zone porifères placées sur les parois de l'excavation ambulaçraire, formées de pores égaux, arrondis, devenant plus petits près du sommet. Zone interporifère déprimée, apparente, au moins aussi large que l'une des zones porifères. Tubercules abondants, inégaux. Les autres caractères ne sont pas visibles et l'exemplaire est trop déformé pour que nous puissions en donner les dimensions.

Rapports et différences. — Le *P. Blancheti* se distingue de ses congénères par les traces de sillon que présente la face antérieure, par ses aires ambulacraires paires fortement excavées, par ses aires postérieures sensiblement plus longues que les autres, par sa zone interporifère déprimée et au moins aussi large que l'une des zones porifères. Bien que les fascioles soient très peu distincts, nous avons cru devoir placer provisoirement cette espèce dans le genre *Prenaster*, en raison de son sommet très excentrique en avant et de la disposition de ses aires ambulacraires. Le sillon antérieur est trop vague et trop atténué pour que nous puissions ranger cette espèce parmi les *Peribrissus*.

Localités. — Mouligna (Basses-Pyrénées). Très rare. Éocène supérieur.

Collection Blanchet.

Explication des figures. — Pl. 112, fig. 6, *P. Blancheti*, vu sur la face supérieure; fig. 7, aire ambulacraire postérieure grossie.

Résumé géologique sur les Prenaster.

Nous connaissons cinq espèces de *Prenaster* dans le terrain éocène de France. Deux espèces appartiennent à l'Éocène moyen : *P. alpinus* et *Desori*. Trois espèces ont été rencontrées dans l'Éocène supérieur : *P. Jutieri*, *subacutus* et *Blancheti*. Aucune de ces espèces n'est jusqu'ici commune aux deux étages.

Desor, dans le *Synopsis des Échinides fossiles*, mentionne huit espèces de *Prenaster* éocènes ; trois seulement se trouvent en France, et nous en avons donné la description, *Prenaster alpinus*, *subacutus* et *Jutieri*; le *P. birostratus*, nous a paru devoir être réuni au *P. alpinus*; le *P. perplexus*, suivant M. de Loriol, est un *Pericosmus*, probablement identique au *P. spatangoides*; le *P. Sowerbyi*, de l'Inde, appartient au genre *Metalia*, et il en est de même sans doute du *P. elongatus*, de la même région. Reste le *P. helveticus* dont nous donnons la diagnose.

Prenaster helveticus (Agassiz), Desor, 1877. — *Micraster helveticus*, Agassiz, *Descript. des Échin. foss. de la Suisse*, I, p. 27, pl. III, fig. 19-20, 1839. — *Id.*, Agassiz, *Catal. syst. Ectyp. foss. Echinod. Mus. neocom.*, p. 2, 1840. — *Brissus helveticus*, Agassiz et Desor, *Catal. rais. des Échin.*, p. 120, 1847. — *Micraster helveticus*, Bronn, *Index paleont*, t. I, p. 724, 1848. — *Brissus helveticus*, d'Orbigny, *Prod. de paléont. strat.*, t. II, p. 330, 1850. — *Id.*, Desor, *Notice sur les Échin. du terr. numm. des Alpes*, arch., des sc., de la bibl. univ. de Genève, t. XXIV, p. 143, 1853. — *Id.*, Desor, *Acta Soc. helv. des sc. nat.*, 38me sess., Porrentruy, p. 272, 1853. — *Id.*, Pictet, *Traité élém. de paléont.*, 2e éd., t. IV, p. 403, 1857. — *Prenaster helveticus*, Desor., *Synopsis des Échin. foss.*, p. 401, 1858. — *Id.*, Dujardin et Hupé, *hist. nat. des zooph. Échinod.*, p. 604, 1862. — *Id.*. Ooster, *Synopsis des Échin. foss. des Alpes suisses*, p. 113, pl. XXVIII, fig. 9-10, 1865. — *Id.*, de Loriol, *Descript. des Échin. tert. de la Suisse*, p. 118, pl. XX, fig. 6, 1875. Espèce de taille assez forte, très élevée, très renflée, arrondie en avant, rétrécie et tronquée en arrière, régulièrement convexe en dessus, bombée en dessous. Sommet ambulacraire très excentrique en avant. Sillon antérieur nul. Aires ambulacraires paires à peine distinctes, les antérieures un peu infléchies en avant, presque à fleur de test; les aires postérieures paraissent au moins aussi longues que les antérieures. Péristome non déprimé, assez éloigné du bord. Périprocte ovale, petit, ouvert au sommet de la face postérieure. Tubercules et fascioles inconnus. Yberg, Sauerbrunn (Schwytz), Suisse. Rare. Éocène moyen. Musées de Zurich et de Berne.

Prenaster paradoxus, Bittner, 1880, *Beiträge zur Kenntniss alttertiärer Echinid. faunen der Südalpen*, p. 24, pl. III, fig. 3. Espèce de taille moyenne, subcirculaire, presque aussi large que longue, arrondie en avant, rétrécie et subrostrée en arrière, renflée en dessus, déclive dans la région antérieure et sensiblement carénée dans l'aire interambulacraire impaire. Sommet ambulacraire excentrique en avant. Sillon antérieur très atténué. Aires ambulacraires paires un peu excavées, les antérieures divergentes, légèrement infléchies, droites, sensiblement plus longues que les autres. Périprocte labié, assez éloigné du bord. Péristome ovale, longitudinal, très acuminé au sommet, s'ouvrant à la face postérieure, sous l'expansion très accusée de l'aire interambulacraire impaire. Fasciole péripétale et marginal distincts. Pedena. Très rare. Éocène. Reichsanstalt.

Prenaster bericus, Bittner, 1880, *Beiträge zur Kenntniss Alttertiärer, Echinid. Faunen der Südalpen*, p. 59, pl. 11, fig. 4. Espèce de taille moyenne, un peu allongée, arrondie en avant, rétrécie et verticalement tronquée en arrière, uniformément bombée en dessus, légèrement carénée dans la région postérieure, renflée en dessous dans l'aire interambulacraire impaire, déprimée en avant du péristome. Sommet ambulacraire très excentrique en avant. Sillon antérieur tout à fait nul. Aires ambulacraires paires étroites, excavées, les antérieures très divergentes, transverses, les aires postérieures un peu plus longues, plus rapprochées, formant un angle aigu. Péristome labié, assez éloigné du bord. Périprocte ovale, s'ouvrant sur le sommet de la face postérieure. Appareil apical muni de quatre pores génitaux. Fascioles bien distincts : fasciole marginal anguleux sous le périprocte et passant en avant sur la face inférieure, à une égale distance du péristome et du bord antérieur. Mossano près Vicence. Rare. Éocène. Wiener Universität.

Prenaster oviformis, Duncan et Sladen, 1882, *Monog. of the foss. Echinoidea of Sind*, p. 90, pl. XIX, fig. 1-6. Espèce de petite taille, allongée, ovoïde, arrondie en avant, un peu rétrécie et subtronquée en arrière, uniformément bombée en dessus, avec une légère carène au milieu de l'aire interambulacraire impaire, renflée également en dessous. Sommet ambulacraire excentrique en avant. Sillon antérieur nul. Aire ambulacraire impaire composée de pores petits, simples, très obliquement placés. Aires ambulacraires paires peu excavées, les antérieures très divergentes, subflexueuses, transverses, les postérieures plus droites, plus rapprochées. La zone porifère antérieure des aires ambulacraires antérieures est plus étroite que l'autre; aux approches du sommet, les pores deviennent très petits. Zone interporifère peu développée. Tubercules fins, homogènes, plus gros dans la région antérieure et sur le plastron de la face inférieure. Péristome labié, éloigné du bord. Périprocte un peu arrondi. Appareil apical muni de quatre pores génitaux. Fascioles bien distincts : le fasciole marginal passe en arrière près du périprocte et est visible en avant, sur la face inférieure. Peliàne. Rare. Couches de Ranikot. Éocène. Geol. Survey.

En ajoutant aux cinq espèces de *Prenaster* de France que nous avons décrites, les quatre espèces étrangères dont nous venons de donner la diagnose, nous avons neuf espèces éocènes appartenant au genre *Prenaster*.

8e Genre. — TRACHYASTER, Pomel, 1883.

Hemiaster (pars), Agassiz et Desor, 1847; Desor, 1858; Cotteau, 1863.
Periaster (pars), Desor, 1858.
Trachyaster, Pomel, 1883.

Test de taille moyenne, subcirculaire, plus ou moins renflé en dessus, tronqué en arrière, légèrement bombé en dessous. Sommet ambulacraire subcentral. Sillon antérieur assez fortement creusé près du sommet, très atténué vers l'ambitus, nul à la face inférieure. Aire ambulacraire impaire droite, formée de petits pores disposés par paires obliques, plus ou moins espacées. Aires ambulacraires paires excavées, peu flexueuses, inégales, les aires antérieures très divergentes et beaucoup plus longues que les autres. Zones porifères composées de pores étroits, allongés, diminuant très sensiblement de dimension près du sommet. Tubercules crénelés et perforés, développés surtout à la face inférieure et dans la région antérieure. Péristome semicirculaire, labié, excentrique en avant. Périprocte allongé dans le sens du diamètre antéro-postérieur, s'ouvrant au sommet de la face postérieure. Appareil apical muni de quatre pores génitaux ; plaque génitale madréporiforme traversant l'appareil et se prolongeant un peu au delà des plaques ocellaires postérieures. Fasciole péripétale unique.

Rapports et différences. — Le genre *Trachyaster* a été établi par M. Pomel, en 1883 ; il se distingue des véritables *Hemiaster* du terrain crétacé par le développement de la plaque madréporiforme qui traverse l'appareil et se prolonge un peu au delà des plaques ocellaires postérieures. Ce caractère perd assurément de sa valeur depuis que M. Gauthier a démontré que, chez certaines espèces d'*Hemiaster* crétacés, la plaque madréporiforme, variant dans sa disposition et son étendue, pénétrait plus ou moins profondément dans l'appareil apical et séparait quelquefois les plaques génitales postérieures, arrivant jusqu'aux dernières plaques ocellaires. M. Pomel indique, comme un des caractères essentiels de ce genre, la présence de quatre pores génitaux, et il cite parmi les types l'*Hemiaster nux*, que nous décrivons plus loin. Ainsi que l'a reconnu M. Munier-Chalmas, c'est par suite d'une erreur que l'appareil apical de cette espèce a été représenté jusqu'ici comme muni de quatre pores génitaux; en réalité, il n'en renferme que deux, et c'est avec raison que M. Munier-Chalmas en a fait le type du genre *Ditremaster*, que nous avons adopté.

Le genre *Trachyaster*, tel qu'il nous paraît devoir être circonscrit, renferme deux espèces du terrain éocène de la France.

N° 103. — **Trachyaster Heberti**, Cotteau, 1887.

Pl. 113 et 114, fig. 1.

Espèce de taille moyenne, aussi large que longue, rétrécie et légèrement émarginée en avant, ayant sa plus grande largeur un peu en arrière du sommet apical. Face supérieure haute, renflée, subdéclive dans la région antérieure, élevée et carénée en arrière. Face inférieure arrondie sur les bords, non déprimée en avant du péristome, un peu bombée, surtout dans l'aire interambulacraire impaire. Face postérieure étroite, verticalement tronquée. Sommet apical subcentral. Sillon antérieur bien accusé, se prolongeant en s'atténuant vers l'ambitus, disparaissant complètement à la face inférieure. Aire ambulacraire impaire droite, large, formée de pores très petits près du sommet, ensuite un peu plus ouverts, séparés par un renflement granuliforme très saillant, disposés par paires obliques assez serrées, s'espaçant en se rapprochant de l'ambitus; le milieu de l'aire ambulacraire est finement granuleux et présente seulement quelques petits tubercules vers l'ambitus et près des zones porifères. Aires ambulacraires paires excavées, larges, ouvertes à leur extrémité, inégales, les antérieures divergentes, plus longues que les autres, les aires postérieures beaucoup plus rapprochées. Zones porifères assez larges, formées de pores allongés, très étroits, unis par un sillon, disposés par paires transverses, au nombre de trente-quatre dans les aires antérieures et de vingt-six ou vingt-sept dans les aires postérieures. Aux approches du sommet, les pores deviennent très petits, presque simples.

Zone interporifère bien apparente, lisse, un peu plus développée que l'une des zones porifères. Tubercules visiblement crénelés et perforés, petits, serrés, saillants, homogènes sur toute la face supérieure, un peu plus gros sur les bords du sillon antérieur, autour du sommet et à la face inférieure, espacés comme toujours aux approches du péristome. Granulation intermédiaire fine, éparse. Péristome excentrique en avant, un peu éloigné de l'ambitus, muni d'une lèvre saillante et relevée sur le bord. Périprocte longitudinal, acuminé à ses deux extrémités, s'ouvrant à la face postérieure, au sommet d'une aréa plane, presque dépourvue de tubercules, garnie de petits granules épars et espacés. Appareil apical subquadrangulaire, muni de quatre pores génitaux ; plaque madréporiforme bien développée traversant l'appareil sans dépasser de beaucoup les plaques ocellaires postérieures. Fasciole péripétale anguleux, un peu flexueux (1).

Hauteur, 30 millimètres ; diamètre antéro-postérieur et diamètre transversal, 40 millimètres.

Rapports et différences. — Cette espèce, dont nous ne connaissons encore qu'un seul exemplaire, est parfaitement caractérisée par sa forme aussi longue que large, par son sommet ambulacraire presque central, par son sillon antérieur atténué vers l'ambitus, tout à fait nul à la face inférieure, par la largeur relative de ses aires ambulacraires. Son fasciole péripétale, son appareil apical muni de quatre pores génitaux, sa plaque madréporiforme traversant l'appareil, la placent certainement dans le genre *Trachyaster*. Depuis que les *T. nux*, *digonus*, etc., pourvus de deux pores génitaux, doivent en être re-

(1) C'est par erreur, je crois, que le dessinateur, dans les figures 1 et 2 de la pl. 113, a indiqué quelques traces d'un fasciole latéro-sous-anal.

tranchés, cette espèce peut être considérée comme le type de ce genre.

Localités. — Entre Camarade et Lézères (Ariège). Très rare. Éocène moyen.

Coll. de M. Hébert.

Explication des figures. — Pl. 113, fig. 1, *T. Heberti*, vu de côté ; fig. 2, face supérieure ; fig. 3, face inférieure ; fig. 4, face antérieure ; fig. 5, face postérieure. — Pl. 114, fig. 1, portion de la face supérieure prise sur le même exemplaire, grossie.

N° 104. — **Trachyaster Raulini**, Cotteau, 1887.

Pl. 114, fig. 2-4 et Pl. 115, fig. 1-3.

Espèce de taille moyenne, subcirculaire, arrondie et non échancrée en avant. Face supérieure renflée, déclive en avant, ayant sa plus grande hauteur dans la région postérieure qui est subcarénée. Face inférieure presque plane, non déprimée en avant du péristome, légèrement bombée, surtout dans l'aire interambulacraire impaire qui présente, au milieu, une protubérance saillante autour de laquelle rayonnent les tubercules. Face postérieure un peu obliquement tronquée. Sommet ambulacraire subcentral. Sillon antérieur bien accusé à la face supérieure, disparaissant complètement vers l'ambitus. Aire ambulacraire impaire formée de pores petits, séparés par un renflement granuliforme, disposés par paires obliques et espacées. Le milieu de l'aire ambulacraire paraît lisse ; de petits granules très délicats se montrent sur les bords et accompagnent les paires de pores. Aires ambulacraires paires fortement excavées, inégales, les antérieures divergentes, assez longues, les aires postérieures beaucoup plus courtes et plus rapprochées. Zones porifères formées de pores étroits, unis par un sillon, disposés par paires transverses que sépare une bande de test finement granuleuse. Zone interporifère lisse, distincte, un peu moins large que l'une des zones porifères. Tubercules visiblement crénelés et perforés, petits, serrés, saillants, homogènes sur toute la face supérieure, un peu plus gros sur les bords du sillon antérieur, autour du sommet et à la face inférieure, espacés près du péristome. Granulation intermédiaire fine et éparse. Péristome excentrique en avant, semicirculaire, muni d'une lèvre saillante et relevée sur le bord. Périprocte longitudinal, acuminé à ses deux extrémités, s'ouvrant à la face postérieure, au sommet d'une aréa plane, presque dépourvue de tubercules, garnie de petits granules épars et espacés. Appareil apical non distinct. Fasciole péripétale peu flexueux, entourant les aires ambulacraires, bordé le plus souvent de petits granules disposés très régulièrement.

Hauteur, 26 millimètres; diamètre antéro-postérieur, 37 millimètres? diamètre transversal, 38 millimètres?

Rapports et différences. — Cette espèce ne saurait être confondue avec aucune autre; elle diffère du *T. Heberti* par sa forme plus circulaire, par sa face supérieure plus épaisse, plus rapidement déclive en avant, par son sommet ambulacraire plus excentrique en arrière, par son sillon antérieur moins large et moins allongé, par ses aires ambulacraires paires plus étroites. L'appareil apical de notre espèce n'est pas connu, et c'est en raison de l'ensemble de ses caractères et de sa physionomie générale que nous la plaçons dans le genre *Trachyaster*; si plus tard il était constaté que l'appareil apical ne présente que deux pores génitaux, au lieu de quatre, il y aurait lieu de la reporter parmi les *Ditremaster*.

Localités. — Poyanne près Magron (Landes) ; Biarritz (Basses-Pyrénées). Rare. Éocène supérieur.

École des mines de Paris (Coll. Michelin), coll. Raulin.

Explication des figures. — Pl. 114, fig. 1, *T. Raulini*, de la coll. de M. Raulin, vu de côté ; fig. 2, face supérieure ; fig. 3, face inférieure. — Pl. 115, fig. 1, le même exemplaire, vu sur la face postérieure ; fig. 2, sillon antérieur grossi ; fig. 3, portion de la face inférieure grossie.

Résumé géologique sur les Trachyaster.

Le terrain éocène de la France nous a offert deux espèces de *Trachyaster* : l'une appartient à l'Éocène moyen, *T. Heberti*, et la seconde, *T. Raulini*, à l'Éocène supérieur.

M. Desor, dans le *Synopsis des Échinides fossiles*, ne mentionne parmi les *Hemiaster* ou autres genres voisins, aucune espèce qui nous paraisse devoir être rapportée aux *Trachyaster*, à l'exception cependant du *Brissopsis branderiana* (*Hemiaster branderianus*, Forbes), que sa taille assez forte et son appareil apical muni de quatre pores génitaux me semblent rapprocher des *Trachyaster*. Depuis la publication du *Synopsis*, les auteurs ont décrit quelques espèces éocènes que nous rapportons également à ce genre et dont voici la diagnose.

Trachyaster branderianus (Forbes), Cotteau, 1887. — *Hemiaster branderianus*, Forbes, *Echinod. of the brit. tertiaries*, p. 28, pl. III, fig. 8, a, b, c, d, 1852. — *Id.*, Morris, *Catal. of brit. foss.*, p. 81, 1854. — *Brissopsis branderiana*, Desor, *Synops. des Échin. foss.*, p. 381, 1858. — *Id.*, Dujardin et Hupé, *Hist. nat. des zooph. Échinod.*, p. 598, 1862. — Espèce de taille assez forte, allongée, subcordiforme. Sommet subcentral. Sillon antérieur à peine concave. Aires ambulacraires paires faiblement excavées, inégales, les postérieures beaucoup plus courtes que les autres, peu flexueuses, ouvertes à leur extrémité. Zone interporifère plus large au milieu que l'une des zones porifères. Appareil apical paraissant muni de quatre pores génitaux. Fasciole péripétale large, pentagone, non rentrant. Argile de Londres de Barton et de Haverstock Hill (Éocène). Coll, Bowerbank, Edwards.

Trachyaster princeps (Bittner), Cotteau, 1887). — *Hemiaster princeps*, Bittner, *Beiträge zur Kenntniz altert. Echiniden faunen der Südalpen*, p. 45, pl. V, fig. 2, 1880. — Espèce de taille assez forte, subcirculaire, un peu plus longue que large, arrondie et très légèrement émarginée en avant, un peu plus étroite en arrière. Sommet ambulacraire excentrique en avant. Aires ambulacraires paires excavées, allongées, les aires antérieures divergentes et sensiblement plus longues que les autres. Péristome éloigné du bord, semicirculaire, labié. Périprocte longitudinal. Fasciole étroit, anguleux, sinueux. Negrar près Vérone. Rare. Éocène.

Trachyaster Archiaci (de Loriol), Cotteau, 1887. — *Hemiaster Bowerbanki*, Delanoue et d'Archiac (non Forbes), *Note sur la constitution géol. des envir. de Thèbes*, Compte rendu des séances de l'Acad. des sciences, 1868. — *Hemiaster Archiaci*, de Loriol, *Mon. des Échin. contenus dans les couches numm. de l'Égypte*, p. 48, pl. VII, fig. 7 et 8, 1880. Espèce de petite taille, globuleuse, largement ovale, renflée en dessus, déclive en avant et très relevée en arrière, bombée en dessous et arrondie au pourtour.

Sommet ambulacraire excentrique en avant. Sillon antérieur peu profond, mais bien défini, s'arrêtant au fasciole, sans entamer le pourtour. Aires ambulacraires paires inégales, les aires antérieures très larges, peu divergentes, relativement peu développées, les postérieures encore plus courtes, presque superficielles. Péristome très ouvert, peu labié, éloigné du bord. Périprocte ovale, longitudinal. Appareil apical muni de quatre pores génitaux bien ouverts. Fasciole péripétale large, à peine anguleux. Environs de Thèbes (Delanoue). Rare. Éocène. Muséum de Paris (collection d'Orbigny).

Trachyaster decipiens (Duncan et Sladen), Cotteau, 1887. — *Hemiaster decipiens*, Duncan et Sladen, *Monog. of the foss. Echinoidea of Sind*, p. 34, pl. VI, fig. 3-5, 1883. Espèce de grande taille, subcirculaire, arrondie et à peine émarginée en avant, un peu rétrécie en arrière. Sommet ambulacraire subcentral. Sillon antérieur profond à la face supérieure, caréné sur les bords, très atténué vers l'ambitus. Aires ambulacraires paires longues, excavées, inégales, fermées et acuminées à leur extrémité, les antérieures plus divergentes et un peu plus longues que les autres. Zones porifères relativement étroites, formées de pores oblongs, unis par un sillon, disposés par paires transverses que sépare une bande granuleuse. Zone interporifère plus large que l'une des zones porifères. Fasciole droit en arrière, anguleux en avant et sur les côtés, descendant très bas dans la région antérieure. L'appareil apical n'est pas visible dans l'exemplaire figuré, et c'est d'après sa forme générale, que nous plaçons cette espèce dans le genre *Trachyaster*. Maniara-Fort Karray (Inde). Rare. Couches de Kutch (Éocène). Geological Survey.

Trachyaster apicalis (Duncan et Sladen), Cotteau, 1887. — *Hemiaster apicalis*, Duncan et Sladen, *Monog. of the foss. Echinoidea of Sind*, p. 193, pl. XXXIV, fig. 1-7, 1884. Espèce de grande taille, subcirculaire, arrondie et un peu émarginée en avant, renflée, fortement déclive dans la région antérieure, très élevée et carénée en arrière du sommet apical, dans l'aire interambulacraire impaire, obliquement tronquée sur la face postérieure, presque plane en dessous. Sommet subcentral, un peu rejeté en avant. Sillon antérieur large, bordé d'une carène subnoduleuse. Aires ambulacraires paires longues, excavées, les aires antérieures presque droites, plus divergentes et un peu plus étendues que les autres. Zones porifères relativement peu développées. Zone interporifère plus large que l'une des zones porifères. Tubercules fins serrés, homogènes. Appareil apical muni de quatre pores génitaux, les deux antérieurs plus rapprochés et moins ouverts que les autres. Fasciole péripétale peu flexueux, descendant très bas dans la région antérieure. L'aspect général de cette espèce la rapproche des *Linthia*, ainsi que le font remarquer MM. Duncan et Sladen, mais elle s'en distingue d'une manière positive par l'absence de fasciole latéro-sous-anal. Báranriver, au nord-est de Búla, Khan's Thána. Rare. Khirthar series (Éocène).

Trachyaster nobilis (Duncan et Sladen), Cotteau, 1887. — *Hemiaster nobilis*, Duncan et Sladen, *Monog. of the foss. Echinoidea of Sind*, p. 196, pl. XXXIV, fig. 8-11, 1884. Espèce de grande taille, ovale, subcordiforme, uniformément bombée en dessus, également déclive en avant et dans la région postérieure. Sommet ambulacraire excentrique en arrière. Sillon antérieur allongé, médiocrement excavé, très atténué vers l'ambitus. Aires ambulacraires paires excavées, les antérieures plus longues, plus divergentes et plus flexueuses que les autres. Zones porifères relativement peu développées. Zone interporifère plus large que l'une des zones porifères. Fasciole péripétale flexueux, éloigné du bord antérieur. Sud-est de Trak-Hill. Rare. Khirthar series (Éocène).

Trachyaster carinatus (Duncan et Sladen), Cotteau, 1887. *Hemiaster carinatus*, Duncan et Sladen *Monog. of the foss. Echinoidea of Sind*, p. 198, pl. XXXIV, fig. 12-14, 1884. L'exemplaire qui a servi à établir cette espèce est représenté par un seul fragment; il a paru cependant aux auteurs se distinguer nettement de ses congénères: le sommet ambulacraire est subcentral; l'aire interambulacraire postérieure est marquée d'une carène très prononcée; le sillon antérieur est large, tuberculeux sur les bords, finement granuleux au milieu, muni de pores simples, assez rapprochés, séparés par un renflement granuliforme, saillant; les aires ambulacraires paires antérieures sont très divergentes; les pores sont allongés, aigus, unis par un sillon et séparés par une bande de test finement granuleuse; les aires ambulacraires paires postérieures, bien que moins longues que les autres, sont relativement développées; l'appareil apical est pourvu de quatre pores génitaux; le fasciole péripétale, peu flexueux, paraît descendre bas. Kotri. Très rare. Khirthar series (Éocène).

Sous ce même nom d'*Hemiaster carinatus*, MM. Duncan et Sladen ont figuré, en 1882, pl. XI, fig. 1-4, un échinide tout différent, que ses deux pores génitaux placent dans le genre *Ditremaster*.

Si aux deux espèces de *Trachyaster* du terrain éocène de France nous réunissons les sept espèces étrangères dont nous avons donné la diagnose, nous aurons en tout neuf espèces de *Trachyaster* éocènes.

9e genre. — DITREMASTER, Munier-Chalmas, 1885.

Hemiaster (pars),	Desor, 1857 ; Cotteau, 1863 ; Laube, 1867 ; de Loriol, 1875.
Trachyaster (pars),	Pomel, 1883.
Ditremaster,	Munier-Chalmas, 1885.

Test de taille moyenne, subcirculaire, plus ou moins renflé, tronqué en arrière, légèrement bombé en dessous. Sillon antérieur plus ou moins apparent. Aire ambulacraire impaire droite, formée de petits pores disposés par paires obliques. Aires ambulacraires paires excavées, subflexueuses, inégales, les aires antérieures beaucoup plus longues que les autres. Zones porifères composées de pores étroits, allongés, diminuant très sensiblement de volume près du sommet. Tubercules crénelés et perforés, développés surtout à la face inférieure et dans la région antérieure. Péristome semicirculaire, labié, excentrique en avant. Périprocte allongé dans le sens du diamètre antéro-postérieur, s'ouvrant au sommet de la face postérieure. Appareil apical muni de deux pores génitaux ; la plaque madréporiforme et la plaque génitale antérieure de gauche en sont dépourvues ; plaque madréporiforme traversant l'appareil et se prolongeant un peu au delà des plaques ocellaires postérieures. Fasciole péripétale unique.

Rapports et différences. — Comme le genre précédent, le genre *Ditremaster*, créé récemment par M. Munier-Chalmas, diffère des véritables *Hemiaster* du terrain crétacé par le développement de la plaque madréporiforme qui traverse l'appareil et se prolonge un peu au delà des plaques ocellaires postérieures; il en diffère également par son appareil apical muni de deux pores génitaux seulement, au lieu de quatre. Ce dernier caractère empêche de confondre le genre *Ditremaster* avec les *Trachyaster* qui présentent quatre pores génitaux.

Nous connaissons, dans le terrain éocène de la France, trois espèces de *Ditremaster*.

N° 105. — **Ditremaster Alarici** (Tallavignes), Cotteau, 1887.

Pl. 115, fig. 4 et 5.

Hemiaster Alarici,	Tallavignes, *Résumé d'un mém. sur les terr. à Nummulites du département de l'Aude et des Pyrénées*, Bull. Soc. géol. de France, 2e sér., t. IV, p. 1141, 1847.
— —	D'Archiac, *Hist. du progrès de la géol.*, t. III, p. 251, 1850.
— —	Leymerie et Cotteau, *Catal. des Échin. foss. des Pyrénées*, Bull. Soc. géol. de France, 2e sér., t. XIII, p. 344, 1856.
Brissopsis Alarici,	Desor, *Synopsis des Échin. foss.*, p. 381, 1857.
— —	Dujardin et Hupé, *Hist. nat. des zooph. Échinod.*, p. 598, 1862.
Hemiaster Alarici,	Cotteau, *Échin. foss. des Pyrénées*, p. 116, 1863.

Espèce de taille moyenne, un peu plus longue que large, à peine échancrée en avant, subtronquée en arrière. Face supérieure médiocrement renflée, déclive sur les côtés, très légèrement carénée dans la région postérieure. Face inférieure presque plane, arrondie sur les bords. Sommet ambulacraire subcentral. Sillon antérieur étroit, aigu, assez apparent à la face supérieure, s'atténuant et disparaissant vers l'ambitus. Aire ambulacraire impaire formée de petits pores simples, séparés par un renflement granuliforme, disposés par paires obliques et espacées; le milieu de l'aire ambulacraire est occupé par des granules inégaux. Aires ambulacraires paires excavées, inégales, les aires antérieures beaucoup plus longues que les autres. Zones porifères larges, composées de pores étroits, allongés. Zone interporifère beaucoup moins étendue que l'une des zones porifères. Tubercules saillants, assez gros, inégaux et épars. Appareil apical paraissant muni de deux pores génitaux. Le péristome, le périprocte, les fascioles ne sont visibles dans aucun de nos exemplaires, en général très mal conservés.

Hauteur, 15 millimètres; diamètre antéro-postérieur, 29 millimètres ; diamètre transversal 28 millimètres?

Rapports et différences. — Cette espèce se distingue de ses congénères par sa forme presque aussi large que longue, par son sillon étroit, sensiblement excavé aux approches du sommet, presque nul vers l'ambitus, par sa face supérieure subcarénée, déclive sur les côtés, par sa face postérieure verticalement tronquée, par ses aires ambulacraires paires inégales et ses zones porifères formées de pores très allongés.

Localité. — Alaric, Comelles (Aude). Rare. Éocène moyen.

Musée de Toulouse (coll. Leymerie).

Explication des figures. — Pl. III, fig. 4, *D. Alarici*, vu de côté ; fig. 5, face supérieure.

N° 106. — **Ditremaster Gregoirei**, Cotteau, 1887.

Pl. 116.

Espèce de petite taille, allongée, ovale, un peu rétrécie et subtronquée en avant. Face supérieure renflée, arrondie sur les bords, ayant sa plus grande largeur au point qui correspond à l'appareil apical et sa plus forte épaisseur en arrière du sommet, au milieu de l'aire interambulacraire postérieure qui est légèrement carénée et se recourbe au-dessus du périprocte. Face inférieure régulièrement et faiblement bombée. Sommet ambulacraire subcentral, un peu rejeté en arrière. Sillon antérieur large, accentué, entamant l'ambitus, se prolongeant en s'atténuant jusqu'au péristome. Aire ambulacraire impaire très granuleuse, formée de petits pores simples, disposés par paires serrées près du sommet, s'espaçant au fur et à mesure qu'elles se rapprochent de l'ambitus. Aires ambulacraires paires excavées, inégales, les antérieures longues, très flexueuses, les aires postérieures très courtes, en formes de feuille, les unes et les autres arrondies et fermées à leur extrémité. Zones porifères bien développées, composées de pores étroits, très allongés, à peu près égaux, unis par un sillon, disposés par paires transverses, que sépare une petite bande granuleuse, au nombre de vingt-deux ou vingt-quatre dans les aires antérieures, de quatorze ou quinze dans les aires postérieures. Zone interporifère très étroite. Dans chaque zone porifère, les pores deviennent très petits, presque microscopiques aux approches du sommet. Aires interambulacraires saillantes et comprimées près du sommet, notamment les aires antérieures. Tubercules inégaux, fins et espacés sur une grande partie de la face supérieure, plus gros sur le bord du sillon antérieur, autour du sommet, dans la région inframarginale et sur le plastron interambulacraire, très espacés aux environs du péristome et laissant presque lisses, à la face inférieure, les plaques ambulacraires. Péristome excentrique en avant, subpentagonal, légèrement labié à la base, anguleux à la partie supérieure, marqué d'un faible bourrelet. Périprocte ovale, acuminé à ses deux extrémités, placé au sommet d'une aréa couverte de petits tubercules espacés. Appareil apical muni en arrière de deux pores génitaux ronds, très ouverts, saillants sur les bords; les plaques génitales antérieures en sont dépourvues; la plaque madréporique très étroite traverse l'appareil. Fasciole péripétale large, bien distinct, arrondi en avant, sinueux sur les côtés.

Nous rapportons à cette espèce un exemplaire de taille plus forte, recueilli par M. Hébert; il diffère du type que nous venons de décrire par sa forme un peu moins allongée, par son sillon antérieur moins évasé, par ses aires ambulacraires antérieures moins flexueuses et moins divergentes; l'aspect, la disposition des tubercules et du fasciole sont les mêmes et ne permettent pas, quant à présent, d'en faire une espèce particulière.

Hauteur, 12 millimètres; diamètre antéro-postérieur, 16 millimètres; diamètre transversal, 14 millimètres.

Exemplaire de taille plus forte : hauteur, 19 millimètres; diamètre antéro-postérieur, 23 millimètres; diamètre transversal, 22 millimètres.

Rapports et différences. — Par sa forme allongée et

légèrement hexagonale, cette petite espèce rappelle le *D. Corvazii* (*Hemiaster*, Taramelli); elle s'en distingue cependant, par sa forme moins hexagonale et moins anguleuse, par son sillon antérieur plus large, par ses aires ambulacraires paires plus flexueuses, par son péristome plus anguleux. Notre espèce, par la largeur de son sillon antérieur, par la structure de ses aires ambulacraires paires, offre également quelque ressemblance avec le *D. elongatus* (*Hemiaster*, Duncan et Sladen), du terrain nummulitique du Sind (Inde); cette dernière espèce sera toujours facilement reconnaissable à sa forme plus allongée, plus régulièrement ovale, à ses aires ambulacraires paires munies d'une zone interporifère plus large, à son fasciole plus étroit, à son péristome moins anguleux. Le *D. Gregoirei* offre aussi quelques rapports de forme et de taille avec les *D. Prestwichi* et *branderianus* (*Hemiaster*, Forbes, de l'argile de Londres). Malheureusement ces exemplaires assez mal conservés, ne peuvent être, d'après les figures, que très difficilement comparés aux nôtres. Le *D. Prestwichi* paraît beaucoup moins accentué à la face supérieure; ses aires ambulacraires sont moins larges, moins excavées, moins flexueuses, beaucoup plus ouvertes, son périprocte est plus petit. Quant au *D. branderianus*, il est muni d'un sillon antérieur plus profond et plus nettement circonscrit, son périprocte est moins développé, son péristome plus rapproché du bord et moins anguleux en avant.

Localités. — Faure-Negre, Saint-Jean-de-Vergues, Montegut (Ariège); le Frechet (Haute-Garonne). Assez commun. Eocène moyen.

Collections Roussel, Grégoire, Hébert, ma collection.

Explication des figures. — Pl. 116, fig. 1, *D. Gregoirei*,

de la collection de M. Roussel, vu de côté; fig. 2, face supérieure; fig. 3, face inférieure; fig. 4, face antérieure; fig. 5, face postérieure; fig. 6, portion de la face supérieure grossie; fig. 7, portion de la face inférieure grossie; fig. 8, autre exemplaire, de la collection de M. Hébert, vu sur la face supérieure; fig. 9, autre exemplaire, de la collection de M. Roussel, vu sur la face supérieure.

N° 107. — **Ditremaster Passyi** (Sorignet), Cotteau, 1887.

Pl. 117, fig. 1-6.

Hemiaster passyanus, Sorignet, *Oursins foss. de deux arrond. du dép. de l'Eure*, p. 58, 1850.

Periaster passyanus, Desor, *Synop. des Échin. foss.*, p. 385, 1857.

— — Dujardin et Hupé, *Hist. nat. des Zooph. Échinod.*, p. 599, 1862.

Espèce de très petite taille, un peu plus longue que large, fortement échancrée en avant, rétrécie en arrière. Face supérieure épaisse, uniformément bombée, un peu déclive en avant, subcarénée dans la région postérieure, ayant sa plus grande largeur en arrière du sommet apical. Face postérieure verticalement tronquée. La face inférieure manque dans l'exemplaire unique que nous avons sous les yeux. Sommet ambulacraire excentrique en avant. Sillon antérieur large, renflé sur les bords, paraissant émarginer assez fortement l'ambitus. Aires ambulacraires paires antérieures excavées, inégales, les antérieures longues, droites, divergentes, les aires postérieures beaucoup plus courtes et plus rapprochées. Zones porifères assez larges, composées de pores étroits, allongés, les externes plus développés que les autres. Zone interporifère presque nulle. Tubercules, péristome et fasciole non distincts. Suivant l'abbé Sorignet, qui a eu à sa disposition d'autres exemplaires que celui que nous connaissons, le péristome est excentrique en avant, labié et s'ouvre à l'extrémité du sillon antérieur. Périprocte longitudinal assez grand, placé au sommet de la face postérieure, à la partie supérieure d'une aréa plane et lisse. Appareil apical muni seulement de deux pores génitaux ouverts en arrière. Sur certaines parties du test adhèrent de petits radioles; ils sont grêles, allongés, quelquefois recourbés, paraissent lisses et sont terminés par un bouton assez volumineux.

Hauteur, 8 millimètres; diamètre antéro-postérieur, 15 millimètres; diamètre transversal, 14 millimètres et demi.

Rapports et différences. — Bien que très incomplètement connue, cette petite espèce, signalée pour la première fois par l'abbé Sorignet, nous a semblé se distinguer nettement de ses congénères par sa petite taille, par son sommet excentrique en avant, par son sillon antérieur large, émarginant profondément l'ambitus et se prolongeant jusqu'au péristome, par ses aires ambulacraires paires très excavées, les postérieures relativement assez longues, par son appareil apical muni de deux pores génitaux ; ce dernier caractère nous a engagé à retirer cette espèce du genre *Linthia,* qui présente toujours quatre pores génitaux, pour la reporter parmi les *Ditremaster;* malheureusement le fasciole, qui seul pourrait nous donner une certitude sur la place générique que doit occuper cette petite espèce, n'est pas visible.

Localités. — Vesly, Fontenay, Authevernes (Eure). Rare. Éocène moyen (calcaire grossier).

Institut catholique (collection Sorignet).

Explication des figures. — Pl. 117, fig. 1, *D. Passyi*, vu de côté; fig. 2, face supérieure; fig. 3, face inférieure; fig. 4, aire ambulacraire paire antérieure grossie; fig. 5, aire ambulacraire paire postérieure grossie.

N° 108. — **Ditremaster nux** (Desor), Munie-Chalmas, 1885.

Pl. 117, fig. 7-12 et pl. 118, fig. 1-4.

Hemiaster nux,	Desor, *Notice sur les Échin. du terrain numm. des Alpes*, Actes de la Soc. helvét. des sc. nat., 38e session, p. 278, 1853.
— —	Desor, *Synops. des Échin. foss.*, p. 375, 1875.
— —	Pictet, *Traité de paléont.*, 2e éd., t. IV, p. 197, 1857.
Hemiaster Pellati,	Cotteau, *Échin. des Pyrénées*, p. 117, pl. vi, fig. 7-9, 1863.
— —	Cotteau, *Note sur les Échin. des couches numm. de Biarritz*, Bull. Soc. géol. de France, 2e sér., t. XXI, p. 85, 1863.
— —	Pellat, *Note sur les falaises de Biarritz*, Bull. Soc. géol. de France, 2e sér., t. XXI, p. 678, 1863.
— —	Jacquot, *Descript géol. des falaises de Biarritz, Bidart*, etc., p. 20, Actes de la Soc. linnéenne de Bordeaux, t. XXV, 1864.
Hemiaster nux,	Ooster, *Synopsis des Échin. foss., des Alpes suisses*, p. 107, pl. xxvi, fig. 2, 1865.
Hemiaster corculum,	Laube, *Ein Beitrag zur Kenntniss der Echinod. des Vicent. Tertiär.*, p. 7, Sitzungsber. Wiener Acad., t. LVI, 1re part., p. 245, 1867.

Hemiaster corculum, Laube, *Ein Beitrag zur Kenntniss des Echinod. Vicentin. Tertiär.*, p. 26, pl. vi, fig. 2, 1868.

Hemiaster nux, de Loriol, *Descript. des Échin. tert. de la Suisse*, p. 92, pl. xvi, fig. 2-4, et pl. xvii, fig. 3, 1875.

Hemiaster Pellati, Comte de Bouillé, *Paléont. de Biarritz et de quelques autres loc. des Basses-Pyrénées*, p. 44, Soc. des sc., lettres et arts de Pau, 1875-1876.

Hemiaster nux, Dames, *Die Echiniden der Vicent. und Veron. Tertiärablag.*, p. 48. 1877.

— — Bittner, *Beiträge zur Kenntniss alttertiärer Echiniden Faunen der Sudälpen*, p. 63, 1880.

Hemiaster Pellati, de Loriol, *Monog. des Échin. contenus dans les couches numm. de l'Égypte*, p. 46, pl. vii, fig. 6, 1880.

Hemiaster nux, Cotteau, *Descript. des Échin. tert. de la Belgique*, p. 38, pl. iv, fig. 29-31, 1880.

— — Cotteau, *Sur les Échin. du terr. tert. de la Belgique*, Compte rendu des séances de l'Acad. des sc., 1880.

— — Cotteau, *Note sur les Échin. du terr. tert. de la Belgique*, Bull. Soc. géol. de France, 3e sér., t. IX, p. 213, 1881.

— — Mourlon, *Géologie de la Belgique*, t. II, p. 150, 1881.

Trachyaster nux, Pomel, *Class. méth. et generale des Échin. vivants et foss.*, p. 38, 1883.

Hemiaster nux, Koch, *Die Alttertiärer Echiniden Siebenburgens*, p. 43, 1885.

Ditremaster nux, Munier-Chalmas, *Obs. sur l'appareil apical de quelques Échin. crétacés et tertiaires*, Compte rendu des séances de l'Acad. des sciences, 1885.

V. (type de l'espèce).

Espèce de taille moyenne, subglobuleuse, un peu plus longue que large, arrondie et non échancrée en avant, rétrécie en arrière. Face supérieure renflée, presque aussi haute en avant qu'en arrière, subcarénée dans la région postérieure, ayant sa plus grande largeur vers le milieu de son étendue, et sa plus grande hauteur correspondant à peu près au sommet. Face inférieure subconvexe, arrondie sur les bords, un peu déprimée en avant du péristome. Face postérieure tronquée verticalement. Sommet ambulacraire excentrique en arrière. Sillon antérieur large, excavé, caréné sur les bords à la face supérieure, très atténué, presque nul vers l'ambitus et en se rapprochant du péristome. Aire ambulacraire impaire droite, formée de petits pores séparés par un léger renflement granuliforme saillant, disposés par paires obliques et espacées ; le milieu de l'aire ambulacraire est couvert de granules serrés et inégaux. Aires ambulacraires paires fortement excavées, très inégales, les antérieures flexueuses, relativement rapprochées de l'aire ambulacraire impaire, les aires postérieures très courtes, en forme de feuille. Zones porifères assez larges, composées de pores obliques, disposés par paires transverses. Zone interporifère étroite. Tubercules fins et très serrés à la face supérieure, disposés çà et là en séries linéaires bien distinctes, plus gros et un peu plus espacés dans la région antérieure et à la face inférieure. Aires interambulacraires saillantes, comprimées aux approches du sommet, notamment les deux aires antérieures. Péristome semi-circulaire, assez rapproché du bord, pourvu d'une lèvre saillante et marginée. Périprocte longitudinal aigu à sa partie supérieure, s'ouvrant au sommet de la face postérieure, qui est lisse et couverte de granules épars, espacés et atténués. Appareil apical peu distinct, muni de deux pores génitaux postérieurs. Fasciole péripétale large, anguleux. Cette espèce, bien qu'elle soit rare à Biarritz, présente quelques variétés qu'il n'est point inutile de signaler : la forme est en général globuleuse et très renflée ; quelques exemplaires cependant sont un peu déprimés ; ils sont tous légèrement ovales, mais chez certains échantillons la forme ovalaire est beaucoup plus prononcée. Le sillon antérieur, toujours saillant sur les bords par suite de la compression des aires interambulacraires, est plus ou moins large ; la face postérieure, constamment tronquée, est quelquefois un peu rentrante.

Hauteur, 12 millimètres ; diamètre antéro-postérieur, 26 millimètres ; diamètre transversal, 25 millimètres.

Variété déprimée : hauteur, 11 millimètres ; diamètre antéro-postérieur, 30 millimètres ; diamètre transversal, 29 millimètres.

Variété ovale : hauteur, 15 millimètres ; diamètre antéro-postérieur, 35 millimètres ; diamètre transversal, 30 millimètres.

Rapports et différences. — Le *D. nux* est parfaitement caractérisé par sa forme subglobuleuse, par sa face inférieure bombée et arrondie sur les bords, par son sillon antérieur large, vaguement accusé à la face supérieure vers l'ambitus, par ses aires ambulacraires paires antérieures flexueuses et ses aires postérieures extrêmement petites.

Histoire. — Le *D. nux*, établi en 1853 par Desor, a été décrit et figuré, en 1875, par M. de Loriol. Il nous a paru que notre *Hemiaster Pellati* et l'*H. corculum*, de Laube, ne différaient de notre espèce par aucun caractère important. En 1885, M. Munier-Chalmas a fait de cette espèce le type du genre *Ditremaster*.

Localités. — Phare Saint-Martin, lou Cout, la Gourèpe près Biarritz (Basses-Pyrénées) ; Montfort (Landes). Rare. Éocène supérieur.

Coll. Pellat, Degrange-Touzin, Faculté des sciences de Nancy (coll. Delbos), comte de Bouillé, Blanchet, Gauthier, ma collection.

Localités autres que la France.—Sauerbrunn (canton de Schwytz) Suisse. — Lincent, Wansin, Tournay (Belgique). Landenien inférieur. — Lonigo, Val Scaranto, San Giovanni Ilarione, Maregnano, San Florano, Cazzano, Montecchio, Avesa, environs de Vérone, etc. Éocène.

Explication des figures. — Pl. 117, fig. 7, *D. nux*, de la coll. de M. Pellat, vu de côté ; fig. 8, face supérieure ; fig. 9, face inférieure ; fig. 10, face antérieure ; fig. 11, face postérieure ; fig. 12, appareil apical pris sur un autre exemplaire de ma collection. — Pl. 118, fig. 1, autre exemplaire, de la coll. de M. Pellat, vu de côté ; fig. 2, face supérieure ; fig. 3, aire ambulacraire antérieure et fasciole grossis ; fig. 4, autre exemplaire de la coll. de M. Degrange-Touzin, vu sur la face supérieure.

N° 109. — **Ditremaster Degrangei**, Cotteau, 1887,

Pl. 118, fig. 5-9.

Espèce de taille moyenne, subcordiforme, un peu plus longue que large, rétrécie et émarginée en avant, subacuminée en arrière, ayant sa plus grande largeur au point qui correspond à l'appareil apical. Face supérieure médiocrement renflée, brusquement déclive en avant, légèrement carénée dans la région postérieure. Face inférieure presque plane, arrondie sur les bords, déprimée en avant du péristome, un peu bombée dans l'aire interambulacraire. Face postérieure tronquée, rentrante. Sommet ambulacraire subcentral. Sillon antérieur étroit, profond, se prolongeant en s'atténuant jusqu'au péristome. Aire ambulacraire impaire étroite, logée dans une excavation bien circonscrite, limitée en avant par le fasciole péripétale, formée de pores petits, séparés par un renflement granuliforme très saillant et disposés par paires obliques. Aires ambulacraires paires fortement excavées, très inégales, les antérieures flexueuses, les aires postérieures très petites, en forme de feuille. Zones porifères assez larges, composées de pores allongés, rangés par paires transverses. Zone interporifère étroite, moins large que l'une des zones porifères. Tubercules visiblement crénelés et perforés, saillants et non scrobiculés, fins, plus ou moins serrés à la face supérieure, disposés çà et là en séries linéaires bien distinctes, plus gros et un peu plus espacés dans la région antérieure et à la face inférieure, laissant presque lisse en dessus et en dessous l'intervalle qui correspond aux aires ambulacraires. Granules intermédiaires épars, inégaux, peu abondants. Aires interambulacraires comprimées, carénées aux approches du sommet. Péristome semi-circulaire, excentrique en avant, muni d'une lèvre proéminente et marginée. Périprocte longitudinal subquadrangulaire, aigu, s'ouvrant au sommet de la face postérieure qui est à peine tuberculeuse, presque lisse. Appareil apical non distinct. Fasciole péripétale large, anguleux.

Hauteur, 13 millimètres ; diamètre antéro-postérieur, 24 millimètres ; diamètre transversal, 23 millimètres.

Rapports et différences. — Cette espèce est voisine du *D. nux*, qu'on rencontre dans les mêmes couches ; elle nous a paru cependant s'en distinguer d'une manière positive par sa forme moins globuleuse, moins renflée, plus acuminée en arrière, par sa face inférieure plus plane, par son sillon antérieur plus étroit, plus nettement excavé à la face supérieure, plus accusé vers l'ambitus et aux approches du péristome. Nous avons décrit et figuré une variété déprimée du *D. nux* qui tend certainement à se rapprocher de notre espèce ; cependant la physionomie générale du *D. Degrangei* est tellement différente que nous avons cru devoir en faire un type particulier.

Localités. — La Gourèpe près Biarritz (Basses-Pyrénées) ; Montfort (Landes). Rare. Éocène supérieur.

Coll. Degrange-Touzin, Boreau, Faculté des sciences de Nancy (coll. Delbos).

Explication des figures. — Pl. 118, fig. 5, *D. Degrangei*, de la collection de M. Degrange-Touzin, vu de côté ; fig. 6, face supérieure ; fig. 7, face inférieure ; fig. 8, face antérieure ; fig. 9, face postérieure.

Résumé géologique sur les Ditremaster.

Le terrain éocène de la France renferme cinq espèces de *Ditremaster*.

Trois espèces, *D. Alarici*, *Passyi* et *Gregoirei* font partie de l'Éocène moyen ; deux espèces, *D. nux* et *Degrangei*, se rencontrent dans l'Éocène supérieur.

Desor, dans le *Synopsis des Échin. fossiles*, mentionne, parmi les *Hemiaster* et genres voisins, huit espèces se rapportant au genre *Ditremaster*. Trois espèces que nous avons décrites et figurées proviennent du terrain éocène de la France, *D. nux*, indiqué, dans le *Synopsis*, sous le nom d'*H. nux*, *D. Passyi* désigné sous le nom de *Periaster Passyi* et *D. Alarici*, sous le nom de *Brissopsis Alarici*. Restent cinq espèces étrangères à la France, les *D. Bowerbanki*, *Prestwichi*, *digonus* et *Conradi*, placés par Desor dans le genre *Hemiaster*, et le *D. branderianus* réuni aux *Brissopsis*. Voici la diagnose de ces cinq espèces.

Ditremaster Bowerbanki (Forbes), Cotteau, 1887. *Hemiaster Bowerbanki*, Forbes, *Echinid. of the Brit. tertiaries*, p. 24, 1854. — *Id.*, Morris, *Catal. of brit. foss.*, p. 81, 1854. — *Id.*, Desor, *Synopsis des Échin. foss.*, p. 375, 1858. Espèce de très petite taille, allongée, indistinctement hexagonale. Sommet ambulacraire à peu près central. Sillon antérieur large et profond près du sommet, s'atténuant et disparaissant vers le bord. Aires ambulacraires paires fortement excavées, inégales, les aires antérieures médiocrement divergentes, beaucoup plus développées que les autres. Aires interambulacraires renflées en forme de carène. Péristome labié. Périprocte longitudinal très petit. Argile de Londres de Sheppey (Angleterre). Rare. Éocène. Coll. Bowerbank.

Ditremaster Prestwichi (Forbes), Cotteau, 1887. *Hemiaster Prestwichi*, Forbes, *Echinod. of the Brit. tertiaries*, p. 25, pl. III, fig. 5 *abc*, 1854. — *Id.*, Morris, *Catal. of brit. foss.*, p. 81, 1854. — *Id.*, Desor, *Synopsis des Échin. foss.*, p. 375, 1858. Espèce de petite taille, haute, déclive en avant, tronquée verticalement en arrière. Sommet ambulacraire subcentral. Sillon antérieur très atténué. Aires ambulacraires paires peu excavées, ne paraissant pas flexueuses, les aires antérieures plus courtes que les autres. Ce n'est qu'avec doute, et d'après sa forme générale, que nous plaçons cette espèce parmi les *Ditremaster*; si la figure grossie (fig. 5 *a*) donnée par Forbes était exacte, le *D. Prestwichi*, en raison des quatre pores génitaux dont est muni son appareil apical, devrait être réuni aux *Trachyaster*. Argile de Londres de Sheppey. Rare. Éocène. Coll. Bowerbank.

Ditremaster branderianus (Forbes), Cotteau, 1887. *Hemiaster branderianus*, Forbes, *Echinod. of the Brit. tertiaries*, p. 25, pl. III, fig. 8, 1852. — *Id.* Morris, *Catal. of Brit. foss.*, p. 81. 1854. — *Brissopsis branderiana*, Desor, *Catal. rais. des Échin.*, p. 381, 1858. — *Id.*, Dujardin et Hupé *Hist. nat. des Zooph. Échinod.*, p. 398, 1862. Espèce assez grande, cordiforme. Sommet subcentral. Aires ambulacraires légèrement concaves, très inégales, les aires antérieures à peu près deux fois aussi longues que les postérieures. Zone interporifère plus développée que les zones porifères. Fasciole péripétale large, pentagonal, non rentrant. Argile de Londres de Barton et de Haverstock Hill. Rare. Éocène. Coll. Bowerbank et Edwards.

Ditremaster Conradi (Bouvé), Cotteau, 1887. — *Hemiaster Conradi*, Bouvé, *Proceeding of the Acad. of nat. sc. of Boston*, t. IV, p. 3. — *Id.*, Desor, *Synopsis des Échin. foss.*, p. 373, 1878. Espèce de très petite taille, ovoïde et renflée. Le côté postérieur est si fortement tronqué que la largeur égale presque la longueur ; c'est par analogie et seulement d'après sa forme générale que nous rangeons cette espèce, dont l'appareil apical n'est pas connu, dans le genre *Ditremaster*. Géorgie. Rare. Éocène. Coll. Bouvé.

Ditremaster digonus (d'Archiac), Cotteau, 1887. — *Hemiaster digonus*, d'Archiac, *Hist. des progrès de la géo-*

logie, t. III, p. 252, 1850. — *Id.*, d'Archiac et Haime, *Descript. des animaux foss. du groupe numm. de l'Inde*, p. 220, pl. XV, fig. 10 *abc*, 1853. — *Id.*, Desor, *Synopsis des Échin. foss.*, p. 376, 1858. — *Id.*, Duncan et Sladen, *Monog. of the foss. Echinoidea of Sind*, p. 200, pl. XXXV, fig. 4-9, 1884. Espèce de petite taille, médiocrement renflée, dilatée en avant, un peu rétrécie en arrière. Sommet ambulacraire excentrique en arrière. Sillon antérieur très large, limité de chaque côté par un renflement des aires interambulacraires en forme de carène. Aires ambulacraires paires excavées, mais peu profondes, les antérieures flexueuses, beaucoup plus longues que les autres, qui sont très petites et en forme de feuille. Péristome subanguleux, excentrique en avant. Appareil apical muni de deux pores génitaux bien distincts. Bolari Bridge au S.-O. de Kotri, Meting (Sind). Eocène. Khirthar Series.

Ditremaster Corvazi (Taramelli), Cotteau, 1887. — *Hemiaster Corvazi*, Taramelli, *Di alcuni Echin. eocenici dell' Istria*, Istituto veneto di. sc., litt. ed arte, p. 21, pl. I, fig. 8-11, 1873. — *Id.*, Bittner, *Beiträge zur Kenntniss alttert. Echiniden Faunen der Südalpen*, p. 21, pl. VI, fig. 6-7, 1880. Espèce de petite taille, de forme hexagonale, rétrécie en avant et en arrière, ayant sa plus forte épaisseur dans l'aire interambulacraire postérieure. Sommet ambulacraire subcentral. Sillon antérieur étroit, peu accusé, très atténué vers l'ambitus. Aires ambulacraires excavées, inégales, les antérieures sensiblement plus longues que les aires postérieures. Péristome semi-lunaire, labié. Périprocte longitudinal, ovale. Fasciole étroit, anguleux. Pisino Gherdosella (Istrie). Éocène.

Ditremaster Schweinfurthi (de Loriol), Cotteau, 1887. — *Hemiaster Schweinfurthi*, de Loriol, *Eocæne Echinoi-*

deen aus Ægypten und der Libysch. Wüste, p. 34, pl. VIII, fig. 3-5, 1881. Espèce de petite taille, un peu rétrécie et émarginée en avant, dilatée et tronquée obliquement en arrière. Sommet ambulacraire subcentral, légèrement rejeté en arrière. Sillon antérieur allongé. médiocrement excavé. Aires ambulacraires paires très inégales, les antérieures subflexueuses et beaucoup plus longues que les autres. Péristome semi-circulaire, à peine labié. Périprocte longitudinal, situé au sommet d'une aréa déprimée et noduleuse sur les bords. Fasciole péripétale peu flexueux. El Guss Abu Saïd, à l'O. de Farafrah Libysche Stufe. Éocène.

Ditremaster elongatus (Duncan et Sladen), Cotteau, 1887. — *Hemiaster elongatus*, Duncan et Sladen, *Monog., of the Echinoidea of Sind*, p. 78, pl. XIX, pl. 7-15, 1882. Espèce de petite taille, allongée, ovale, arrondie en avant, un peu rétrécie en arrière, déclive dans la région antérieure, ayant sa plus forte épaisseur dans l'aire interambulacraire postérieure. Sommet ambulacraire excentrique en arrière. Sillon antérieur large, atténué, disparaissant avant d'arriver à l'ambitus. Aires ambulacraires paires excavées, inégales, les aires antérieures longues, très flexueuses, rapprochées du sillon antérieur, les postérieures beaucoup plus courtes, en forme de feuille. Aires interambulacraires saillantes autour du sommet. Péristome labié, un peu anguleux en avant. Appareil apical muni de deux pores génitaux. Fasciole étroit, anguleux, serrant de près les aires ambulacraires. Petiani, Lynyan à l'est de Kandaïra, etc. (Inde). Assez commun. Éocène. Série Ranikot. Geol. Survey.

Ditremaster carinatus (Duncan et Sladen), Cotteau, 1887. — *Hemiaster carinatus*, Duncan et Sladen, *Monog.*, *of the Echinoidea of Sind*, p. 35, pl. XI, fig. 1-4, 1883. Espèce de taille moyenne, allongée, étroite et un peu émarginée en avant, haute, renflée et fortement carénée dans la région postérieure, subconvexe et déclive en avant, obliquement tronquée en arrière, bombée en dessous. Sommet ambulacraire subcentral. Sillon antérieur profond, très large, caréné sur les bords, entamant l'ambitus et se prolongeant très atténué jusqu'au péristome. Aires ambulacraires paires excavées, flexueuses, inégales, les antérieures rapprochées du sillon antérieur, arrondies à leur extrémité, plus longues que les autres. Zone interporifère apparente, à peu près de même largeur que l'une des zones porifères. Péristome subcirculaire, labié, éloigné du bord. Appareil apical muni de deux pores génitaux largement ouverts. Fasciole péripétale anguleux, serrant de près les aires ambulacraires, traversant le sillon antérieur à une assez grande distance du bord. Entre la colline de Maniara-Fort et Karray, environ trois mille à l'est de Bair. Rare. Éocène. Groupe de Kachh. Geol. Survey.

Les neuf espèces dont nous venons de donner la diagnose élèvent à quatorze le nombre des *Ditremaster* éocènes que nous connaissons.

10e Genre. — PERICOSMUS, Agassiz, 1847.

Micraster (pars), Agassiz, 1840.
Schizaster (pars), Sismonda, 1841.
Hemiaster (pars), Desor, 1847.
Pericosmus, Agassiz, 1847; Cotteau, 1856; Laube, 1868; de Loriol, 1875; Dames, 1877; Bittner, 1881; Pomel, 1883; Peron et Gauthier, 1885.

Test de moyenne et forte taille, subcirculaire ou un peu allongé, cordiforme, échancré en avant, renflé, quelquefois subconique en dessus, presque plan en dessous. Sommet ambulacraire subcentral, un peu excentrique en avant. Sillon antérieur plus ou moins profond. Aires ambulacraires paires longues, droites, excavées, divergentes, les aires postérieures ordinairement un peu plus courtes et plus rapprochées que les autres. Tubercules crénelés et perforés, petits, homogènes, épars, un peu plus gros sur les bords du sillon antérieur et en dessous. Péristome excentrique en avant, labié. Périprocte transverse assez ouvert, placé au sommet de la face postérieure. Appareil apical étroit, muni de trois pores génitaux; la plaque madréporiforme pénètre à travers l'appareil et divise les plaques ocellaires postérieures, ainsi que nous nous en sommes assuré en étudiant à un fort grossissement l'appareil apical du *Pericosmus latus*, du terrain miocène de l'île de Corse. Fasciole péripétale et fasciole marginal.

Rapports et différences. — Le genre *Pericosmus* ne saurait être confondu avec aucun autre : sa forme générale, la structure et la disposition des ses aires ambulacraires, ses tubercules toujours très petits, son périprocte largement ouvert et transverse, son appareil apical muni de trois pores génitaux et traversé par la plaque madréporiforme, son double fasciole péripétale et marginal, en font un type particulier qu'il est toujours facile de reconnaître, lors même que quelques-uns des caractères que nous venons d'indiquer ne sont pas visibles.

Le terrain éocène de la France nous a offert quatre espèces de *Pericosmus*.

N° 110. — **Pericosmus bastennesensis** (Tournouër), Cotteau, 1883.

Pl. 119.

Linthia bastennesensis, Tournouër, *in collect.*, 1883.

Espèce de taille assez forte, subcordiforme, un peu allongée, arrondie et émarginée en avant, rétrécie et subtronquée en arrière. Face supérieure renflée, subconique, rapidement déclive en avant et sur les côtés, plus doucement oblique en arrière, ayant sa plus grande hauteur au point qui correspond à l'appareil apical. Face inférieure presque plane, déprimée en avant du péristome, très légèrement bombée dans l'aire interambulacraire impaire, arrondie sur les bords. Face postérieure peu élevée, subtriangulaire, verticalement tronquée. Sommet ambulacraire excentrique en avant. Sillon antérieur presque nul à sa partie supérieure, large et profond vers l'ambitus, se prolongeant jusqu'au péristome. Aire ambulacraire impaire droite, composée de pores très petits, s'espaçant au fur et à mesure qu'ils s'éloignent du sommet. Aires ambulacraires paires droites, médiocrement développées, assez profondément excavées, de dimension à peu près égale, fermées à leur extrémité, les aires antérieures très divergentes, presque transverses, les aires postérieures plus arquées. Zones porifères assez larges, égales, formées de pores ovales, les externes un peu plus allongés que les autres, unies par un sillon, disposées par paires serrées, à peu près au nombre de vingt-cinq, dans chacune des aires. Zone interporifère très étroite, presque nulle. Tubercules crénelés, mamelonnés et perforés, petits, inégaux, épars, peu serrés, plus développés sur le bord du sillon antérieur et à la face inférieure. Granulation intermédiaire fine et abondante. Péristome excentrique en avant, étroit, semi-circulaire, labié. Périprocte grand, transversalement ovale, s'ouvrant au milieu de la face postérieure, vers le sommet de la troncature. L'appareil apical paraît muni de trois pores génitaux. Les fascioles péripétale et marginal ne se distinguent que par quelques traces très atténuées, mais ne laissant aucun doute sur leur disposition.

Hauteur, 30 millimètres; diamètre antéro-postérieur, 42 millimètres ; diamètre transversal, 41 millimètres.

Rapports et différences. — Cette espèce, dont nous ne connaissons qu'un seul exemplaire, présente tout à fait la physionomie des *Pericosmus*, et, bien que les fascioles soient peu distincts, nous n'avons pas hésité à la placer dans ce genre; elle se distingue des autres *Pericosmus* par sa face supérieure élevée, rapidement déclive en avant et sur les côtés, se prolongeant obliquement en arrière, par sa face postérieure courte et tronquée, par son sommet ambulacraire très excentrique en avant, par son sillon atténué près du sommet, entamant fortement l'ambitus et descendant jusqu'au péristome, par ses aires ambulacraires paires postérieures à peu près de même longueur que les aires antérieures, très divergentes, par son périprocte transverse et très grand.

Cette espèce se rapproche du P. *spatangoides* par quelques-uns de ses caractères; elle nous a paru, cependant, en différer d'une manière positive par sa forme plus circulaire, par sa face supérieure plus élevée, plus conique, plus déclive en arrière, par son sommet ambulacraire plus excentrique en avant, par son périprocte plus large et s'ouvrant plus bas.

Localité. — Bastennes (Landes). Très rare. Éocène moyen.

Institut catholique (coll. Tournouër).

Explication des figures. — Pl. 119, fig. 1, *P. bastennesensis*, vu de côté ; fig. 2, face supérieure ; fig. 3, face inférieure ; fig. 4, face postérieure ; fig. 5, aire ambulacraire paire antérieure grossie ; fig. 6, aire ambulacraire paire postérieure grossie.

N° 111. — **Pericosmus Bouillei**, Cotteau, 1887.

Pl. 120, fig. 1-4.

Espèce de taille moyenne, allongée, cordiforme, anguleuse et très fortement échancrée en avant, subacuminée en arrière. Face supérieure haute, renflée, abrupte en avant, déclive sur les côtés et en arrière, paraissant avoir sa plus forte épaisseur en avant de l'appareil apical. Face inférieure presque plane, déprimée dans la région antérieure. Face postérieure étroite et tronquée. Sommet ambulacraire excentrique en avant. Sillon antérieur presque nul près du sommet, s'accentuant rapidement, devenant anguleux et très profond, surtout vers l'ambitus, se prolongeant jusqu'au péristome. Pores ambulacraires très petits, espacés, à peine visibles. Aires ambulacraires paires fortement excavées, à peu près d'égale longueur, les aires antérieures très divergentes, presque transverses, les aires postérieures plus rapprochées. Zones porifères formées de pores oblongs, unis par un sillon, disposés par paires transverses espacées, au nombre de dix-sept ou dix-huit dans les aires postérieures. Zone interporifère apparente, mais plus étroite que l'une des zones porifères. Tubercules fins, saillants, espacés, épars sur la face supérieure, plus serrés, plus abondants et plus développés dans la région marginale et à la face inférieure, sur le plastron interambulacraire, laissant presque lisse l'espace occupé en dessous par les aires ambulacraires. Péristome semi-circulaire, labié, s'ouvrant à peu de distance du bord, à la base de la dépression formée par le sillon antérieur. Fasciole péripétale très peu développé et serrant de près les aires ambulacraires. Fasciole marginal un peu élevé sur les côtés, mais traversant très bas le sillon antérieur.

Hauteur, 20 millimètres; diamètre antéro-postérieur, 38 millimètres; diamètre transversal, 33 millimètres.

Rapports et différences. — Bien que tous les caractères de cette espèce ne soient pas visibles, elle nous a paru former, dans le genre *Pericosmus*, un type toujours facilement reconnaissable à sa forme allongée, rétrécie et anguleuse en avant, à son sommet excentrique, à son sillon large, profond, entamant fortement l'ambitus et se prolongeant jusqu'au péristome, à sa face inférieure plane, à ses aires ambulacraires paires larges et relativement peu développées, à son péristome rapproché du bord, à son fasciole péripétale serrant de très près les aires ambulacraires.

Localités. — La Gourèpe près Biarritz, Mouligna (Basses-Pyrénées). Rare. Éocène supérieur.

Faculté des sciences de Nancy (coll. Delbos), coll. Blanchet, coll. du comte de Bouillé.

Explication des figures. — Pl. 120, fig. 1, *P. Bouillei*, de la coll. de M. Blanchet, vu de côté; fig. 2, face supérieure ; fig. 3, face inférieure ; fig. 4, face antérieure.

N° 112. — **Periscomus Pellati**, Cotteau, 1887.

Pl. 120, fig. 5-7.

Espèce de taille moyenne, cordiforme, dilatée et échancrée en avant, rétrécie en arrière. Face supérieure assez uniformément renflée, abrupte et subcarénée dans la région postérieure, où se trouve la plus grande épaisseur. Face inférieure presque plane, déprimée en avant du péristome. Face postérieure étroite et tronquée. Sommet ambulacraire excentrique en avant. Sillon antérieur large, évasé, atténué sur les bords, entamant à peine l'ambitus. Aire ambulacraire impaire aiguë près du sommet, s'élargissant au fur et à mesure qu'elle s'en éloigne, formée de pores simples, très petits, séparés par un renflement granuliforme, disposés par paires assez serrées près du sommet, s'espaçant en se rapprochant du bord antérieur. Aires ambulacraires paires excavées, étroites, inégales, les antérieures presque transverses, un peu plus longues que les autres, les aires postérieures plus rapprochées, formant un angle aigu. Zones porifères assez larges, composées de pores oblongs, étroits, unis par un sillon, disposés par paires transverses assez serrées, s'ouvrant sur les parois de l'excavation; les pores les plus rapprochés du sommet deviennent très petits. Zone interporifère étroite, beaucoup moins large que l'une des zones porifères. Tubercules fins, serrés sur toute la face supérieure, un peu plus gros dans la région antérieure et à la face inférieure. Péristome labié, excentrique en avant. Périprocte paraissant transverse. Appareil apical muni de trois pores génitaux.

Fasciole péripétale peu développé, suivant de près les aires ambulacraires. Fasciole marginal à peine visible.

Les exemplaires que nous connaissons sont trop mal conservés et trop déprimés pour que nous puissions en donner les dimensions exactes.

Rapports et différences. — Cette espèce se distingue nettement du *P. Blancheti* que nous venons de décrire, par son aspect plus cordiforme, plus dilaté en avant, par son sommet ambulacraire moins rapproché du bord antérieur, par son sillon plus atténué, beaucoup moins anguleux et entamant bien moins fortement l'ambitus, par ses aires ambulacraires paires plus longues et plus étroites, par ses tubercules plus fins et plus serrés. Ce sont deux types qu'on rencontre associés, mais qui sont bien différents.

Localités. — La Gourèpe près Biarritz (Basses-Pyrénées). Assez rare. Éocène.

Collection Pellat, Blanchet, ma collection.

Explication des figures. — Pl. 120, fig. 7, *P. Pellati*, de la collection de M. Pellat, vu sur la face supérieure ; fig. 6, autre exemplaire, de ma collection, vu de côté ; fig. 7, face supérieure.

N° 113. — **Pericosmus complanatus** (d'Archiac), Cotteau, 1887.

Pl. 121, fig. 1-3.

Hemiaster complanatus, d'Archiac *in* Agassiz, et Desor, *Catal. rais. des Échin.*, p. 125, 1847.

— — D'Archiac, *Descript. des foss. du groupe numm.*, Mém. Soc. géol. de

France, 2e sér., t. III, p. 424, pl. XI, fig. 6 *a*, *b*, *c*, 1850.

Hemiaster complanatus d'Orbigny, *Prod. de pal. strat.*, t. II, p. 330, 1850.

— — Delbos, *Essai d'une descript. géol. du bassin de l'Adour*, p. 315, 1855.

— — Leymerie et Cotteau, *Catal. des Échin. foss. des Pyrénées*, Bull. Soc. géol. de France, 2e sér., t. XIII, p. 344, 1856.

Periaster complanatus, Desor, *Synopsis des Échin foss.*, p. 387, 1857.

Hemiaster complanatus, Pictet, *Traité de paléont.* 2e éd., t. IV, p. 198, 1857.

Periaster complanatus, Dujardin et Hupé, *Hist. nat. des Zooph. Échinod.*, p. 598, 1862.

Hemiaster complanatus, Cotteau, *Échin. foss. des Pyrénées*, p. 115, 1863.

Nous ne connaissons de cette espèce que la description et les figures données par d'Archiac, l'exemplaire type n'ayant pu être retrouvé. Voici la description que d'Archiac a faite de cette espèce :

« Corps ovalaire un peu relevé en arrière et déprimé en avant, à bords arrondis, légèrement convexe en dessous. Sommet submédian. Ambulacre impair profond, se continuant jusqu'à la bouche. Point de pores visibles. Ambulacres antérieurs un peu arqués, assez courts, profonds, ouverts à l'extrémité inférieure, garnis de deux rangs de doubles pores assez espacés non réunis. Ambulacres postérieurs égaux aux précédents et claviformes. L'espace ambulacraire, réduit à un sillon étroit, est garni de vingt paires de pores, de chaque côté. Bouche très rapprochée du bord. Ouverture anale inconnue. Surface supérieure couverte de tubercules perforés, assez espacés, portés sur une base circulaire et dont les intervalles sont remplis de granulations extrêmement délicates. Face inférieure présentant deux espaces lisses qui s'étendent de la bouche à la protubérance sous-anale et comprenant entre eux une région médiane couverte de tubercules; ceux-ci sont posés sur une base plane, squamiforme et surmontés d'un mamelon perforé. La dimension et la forme exacte de cet Échinide sont encore inconnues. »

Depuis que cette espèce a été décrite et figurée, aucun autre exemplaire pouvant lui être rapporté n'a été recueilli. Placée dans l'origine au nombre des *Hemiaster*, elle a été, en 1857, réunie par Desor aux *Periaster*. L'espèce ne nous paraît appartenir ni à l'un ni à l'autre de ces genres : sa forme générale, son sommet presque central et surtout la longueur et la disposition de ses aires ambulacraires nous ont semblé la rapprocher bien davantage des *Pericosmus*, et c'est parmi les espèces de ce genre que nous avons cru devoir la ranger.

Localité. — Brassempouy (Landes). Très rare. Éocène supérieur (Étage moyen de M. Delbos).

Coll. d'Archiac.

Explication des figures. — Pl. 121, fig. 1, *P. complanatus*, vu sur la face supérieure ; fig. 2, face inférieure ; fig. 3, tubercules grossis. Ces trois figures sont copiées dans le Mémoire de d'Archiac, pl. XI, fig. 6 *a*, *b*, *c*.

Résumé géologique sur les Pericosmus.

Le terrain tertiaire éocène de la France renferme quatre espèces de *Pericosmus*.

Une seule espèce, *P. bastennesensis*, appartient à l'étage éocène moyen.

Trois espèces, *P. Blancheti, Pellati* et *complanatus*, se sont rencontrées dans l'étage supérieur.

Aucune de ces espèces n'est mentionnée dans le *Synopsis* de Desor, qui indique seulement deux espèces éocènes, *P. pomum* et *P. scutiformis;* la première de ces espèces, ainsi que nous l'avons reconnu à la disposition de ses fascioles et au nombre de ses pores génitaux, est un *Linthia*, dont nous avons donné précédemment la description et les figures; la seconde espèce, *P. scutiformis*, provenant du terrain nummulitique de l'Inde, présente bien, au premier aspect, la physionomie des *Pericosmus*, et nous n'aurions pas hésité à la laisser dans ce dernier genre, si MM. Duncan et Sladen, qui ont décrit de nouveau cette espèce, n'avaient indiqué, dans une figure grossie, que l'appareil apical est muni de quatre pores génitaux bien distincts, au lieu de trois. Nous avons laissé provisoirement cette espèce dans le genre *Metalia* où MM. Duncan et Sladen l'ont placée, à côté des *Metalia depressa* et *agariciformis*, qui offrent également la physionomie des *Pericosmus*, mais dont l'appareil apical est muni de quatre pores génitaux.

Deux espèces de *Pericosmus* étrangères à la France ont été décrites par les auteurs; en voici les diagnoses.

Periscomus spatangoides (Desor), de Loriol, 1875. — *Hemiaster spatangoides*, Desor, *Arch. des sc. phys. et nat. de Genève*, t. XXIV, p. 143, 1853. — *Linthia spatangoides* Desor, *Actes Soc. helv, sc. nat.*, 38e sess., *Porrentruy*, p. 279, 1853. — *Periaster spatangoides*, Desor, *Synops. des Éch. foss.*, p. 385, 1857. — *Id.*, Dujardin et Hupé, *Hist. nat. des Zooph. Échinod.*, p. 598, 1862. — *Pericosmus spatangoides*, de Loriol, *coup d'œil d'ensemble sur la faune échin. foss. de la Suisse*, Arch. de la Bibl. univers., année 1875, p. 8, 1875. — *Id.*, de Loriol, *Descript. des Échin. tertiaires de la Suisse*, p. 112, pl. XIX et pl. XX, fig. 1, 1875. — *Id.*, Dames, *Die Echin. der Vicent. und Veron. Tertiärablag.*, p. 64, 1877. — *Id.*, Bittner, *Beit. zur Kenntniss Alttert. Echin. Faunen der Südalpen*, p. 66 et 100, pl. IX, fig. 3, 1880. Espèce cordiforme, un peu plus longue que large, échancrée en avant, rétrécie en arrière, peu élevée et régulièrement convexe en dessus. Sommet ambulacraire excentrique en avant. Aires ambulacraires paires longues, étroites, peu excavées, les aires antérieures droites, dirigées en avant, les aires postérieures un peu plus courtes et un peu moins divergentes. Zones porifères notablement plus larges que l'espace interporifère. Péristome très excentrique en avant. Périprocte transverse. Fasciole péripétale serrant de près les aires ambulacraires. Fasciole marginal étroit. Trittfluh près Einsiedeln, Stœckweid (canton de Schwytz). Suisse. S. Giovanni Ilarione, Vicentin. Éocène.

Pericosmus montevialensis (Schauroth), Dames, 1877. *Schizaster montevialensis*, Schauroth, *Verzeig. der Versteiner im herzogl. Nat. Cab. zu Coburg*, p. 193, pl. XII, fig. 2, 1865. — *Periaster Capellini*, Laube, *Ein Beitr. zur Kenntniss der Echinod. des Vicent. Tertiäragebietes*, p. 29, pl. VI, fig. 3, 1868. — *Pericosmus montevialensis*, Dames, *Die Echin. der Vicent. und Veron. Tertiärablag.*, p. 65, pl. X, fig. 3, 1877. Espèce cordiforme, haute et renflée en dessus, très fortement échancrée en avant, rétrécie en arrière. Sommet ambulacraire excentrique en avant. Sillon antérieur large, profond. Aires ambulacraires paires droites, excavées, inégales, les antérieures très divergentes et plus longues que les autres. Péristome elliptique, excentrique en avant. Périprocte transverse.

Fasciole péripétale bien distinct, contournant de près les aires ambulacraires, sans pénétrer dans les aires interambulacraires. Monte Pilato (Vicentin). Éocène.

Une espèce de *Pericosmus* dont nous avons donné la description dans les *Échinides des Pyrénées*, p. 151, sous le nom de *Pericosmus Leymeriei*, est à supprimer. Grâce à l'obligeance de M. Trutat, conservateur du musée de Toulouse, nous avons pu examiner de nouveau l'exemplaire qui nous avait servi à établir l'espèce et que M. Lartet, dans l'atlas qui accompagne le mémoire de M. Leymerie sur les Pyrénées de la Haute-Garonne, a fait figurer, Pl. Z 5, fig. 1. Nous avons reconnu que cette espèce n'était pas un *Pericosmus,* mais un véritable *Linthia*, très voisin du *L. Rousseli* que nous avons décrit et figuré précédemment, p. 235, pl. 71 et 72, mais qui, cependant, paraît s'en distinguer par quelques détails et notamment par la disposition de son fasciole péripétale, beaucoup plus anguleux dans la région antérieure. C'est seulement dans le supplément que nous aurons à nous occuper de cette intéressante espèce.

Les deux espèces étrangères que nous avons signalées élèvent à six le nombre des *Pericosmus* éocènes que nous connaissons (1).

11e Genre. — CYCLASTER, Cotteau, 1856.

Cyclaster,	Cotteau, 1856 ; Laube, 1868 ; de Loriol, 1875 ; Dames, 1877 ; Bittner, 1881 ; Pomel, 1883.
Brissopsis (pars),	Desor, 1857.

(1) Aux quatre espèces de *Pericosmus* de France il faut en ajouter une cinquième, *Pericosmus Nicaisei*. Pomel, de Kef Iroud (Algérie); elle a été oubliée et sera décrite et figurée dans le supplément.

Test de taille moyenne, un peu plus long que large, arrondi en avant, rétréci en arrière, plus ou moins renflé, légèrement bombé en dessous. Sommet ambulacraire subcentral. Sillon antérieur plus ou moins accusé à la face supérieure, tout à fait nul vers l'ambitus et aux approches du péristome. Aires ambulacraires paires en général peu excavées, les aires postérieures un peu moins longues que les autres. Tubercules petits, crénelés. perforés, homogènes, épars, accompagnés de nombreux granules. Péristome excentrique en avant, labié. Périprocte subcirculaire, s'ouvrant au sommet de la face postérieure. Appareil apical muni de trois pores génitaux; la plaque madréporiforme dépourvue de pore ne traverse pas l'appareil et s'arrête aux plaques génitales postérieures. Fasciole péripétale circonscrivant d'une manière assez nette les aires ambulacraires postérieures, mais plus vague et diffus dans la région antérieure. Fasciole sous-anal bien distinct.

Rapports et différences. — Le genre *Cyclaster* que nous avons établi, en 1856, a été adopté par tous les auteurs; il se distingue des *Micraster* par la présence d'un fasciole péripétale, et des *Hemiaster* par son fasciole sous-anal. M. Munier-Chalmas a constaté que l'appareil apical des *Cyclaster* était muni de trois pores génitaux; c'est un caractère qui vient s'ajouter à ceux que nous avons indiqués lorsque nous avons établi le genre, et ne permet plus de lui réunir, comme nous l'avons fait dans l'origine, certaines espèces crétacées qui s'en rapprochent par leur forme et leur aspect général.

Nous connaissons en France deux espèces de *Cyclaster* éocènes.

N° 114. — **Cyclaster declivus**, Cotteau, 1856.

Pl. 121, fig. 4 et pl. 122.

Cyclaster declivus, Leymerie et Cotteau, *Catal. des Échin. foss. des Pyrénées*, Bull. Soc. géol. de France, 2e sér., t. III, p. 345, 1856.

Brissopsis decliva, Desor, *Synopsis des Échin. foss.*, p. 418, 1857.

— — Dujardin et Hupé, *Hist. nat. des Zooph. Échinod.* p. 598, 1862.

Cyclaster declivus, Cotteau, *Échin. foss. des Pyrénées*, p. 118, pl. vi, fig. 3-6, 1863.

— — Ooster, *Synopsis des Echin. foss. des Alpes suisses*, p. 108, pl. xxvi, fig. 3 et 4, 1865.

— — Laube, *Ein Beitrag zur Kenntniss der Echinod. des Vicent. Tertiär.*, p. 7, Sitzjungsberg der Wiener Acad., t. LVI, 1re partie, p. 245, 1867.

— — Laube, *Ein Beitrag zur Kenntniss der Echinod des Vicent. Tertiär.*, p. 28, 1868.

— — De Loriol, *Descript. des Échin. tertiaires de la Suisse*, p. 90, pl. xv, fig. 2, 1875.

— — Dames, *Die Echiniden der Vicent. und Veron. Tertiärablag*, p. 50, 1877.

— — Bittner, *Beiträge zur Kenntniss Alttertiärer Echiniden Faunen der Südalpen*, p. 68, 1880.

— — Pomel, *Class. méthod. et generale des Échin. vivants et foss.*, p. 34, 1883.

Espèce de taille moyenne, oblongue, arrondie et dilatée en avant, plus étroite en arrière, ayant sa plus grande largeur au point qui correspond à l'appareil apical. Face supérieure médiocrement renflée, sensiblement déclive en avant, haute et légèrement carénée dans la région postérieure. Face inférieure presque plane, à peine convexe, arrondie sur les bords. Face postérieure verticalement tronquée. Sommet ambulacraire excentrique en avant. Sillon antérieur très peu apparent à la face supérieure, tout à fait nul vers l'ambitus et aux approches du péristome. Aires ambulacraires paires très peu excavées, presque égales, les antérieures un peu plus longues cependant que les autres, divergentes, presque transverses, les aires postérieures un peu plus courtes et beaucoup plus rapprochées. Zones porifères larges, formées de pores étroits, allongés, unis par un sillon, disposés par paires transverses que sépare une petite bande granuleuse, au nombre de dix-huit ou dix-neuf dans les aires ambulacraires antérieures, de dix-sept ou dix-huit dans les aires ambulacraires postérieures. Zone interporifère très étroite, nulle à l'extrémité des pétales ambulacraires qui sont fermés. Tubercules petits, abondants, espacés, augmentant de volume au-dessous de l'ambitus et à la face inférieure. Granulation intermédiaire fine, serrée, homogène. Péristome petit, labié, rapproché du bord antérieur. Périprocte subcirculaire, s'ouvrant au sommet de la face postérieure, à la partie supérieure d'une aréa tout à fait plane et granuleuse. Appareil apical étroit, muni de trois pores génitaux; la plaque madréporiforme en est dépourvue; elle pénètre dans l'appareil, mais s'arrête aux plaques génitales postérieures. Fasciole péripitale peu sinueux, subhexagonal, disparaissant dans la région antérieure. Fasciole sous-anal formant un anneau allongé et étroit.

Nous rapportons à cette espèce un exemplaire de taille beaucoup plus forte rencontré à la Gourèpe près Biarritz, par M. Collot. Sa forme est plus épaisse, la région postérieure plus haute et plus sensiblement carénée; le sommet ambulacraire est plus central, les aires ambulacraires paraissent beaucoup plus déprimées et plus étroites; mais ces différences sont dues sans doute à la compression et à la brisure, et nous n'avons pas osé, quant à présent, faire de cet exemplaire unique le type d'une espèce distincte.

Hauteur, 17 millimètres (?) diamètre antéro-postérieur, 29 millimètres; diamètre transversal, 28 millimètres.

Exemplaire de grande taille : hauteur, 28 millimètres; diamètre antéro-postérieur, 42 millimètres; diamètre transversal, 38 millimètres.

Rapports et différences. — Cette espèce, qui a servi de type à notre genre *Cyclaster*, ne saurait être confondue avec aucune autre; elle sera toujours très reconnaissable à sa face supérieure très déclive en avant, à son sillon antérieur à peine indiqué près du sommet, tout à fait nul vers l'ambitus, à ses aires ambulacraires paires très peu excavées, les postérieures presque aussi longues que les autres, à ses tubercules fins, espacés, homogènes, à son fasciole péripétale anguleux et disparaissant dans la région antérieure.

Localités. — Bresse, Monfort, carrière de Bertranon (Landes); Biarritz (Basses-Pyrénées). Très rare. Éocène supérieur, couche à *Serpula spirulæa*.

Musée de Toulouse (coll. Leymerie), Faculté des sciences de Nancy (coll. Delbos) (1), coll. Collot.

Localités autres que la France. — Niederhorn (Berne), Suisse. Éocène (Bathonien). — San Giovanni Ilarione (Vicentin).

Explication des figures. — Pl. 121, fig. 4, portion

(1) Il ne nous a pas été possible de retrouver les exemplaires qui faisaient partie de la collection Delbos, et que nous avons étudiés en 1863.

grossie de la face supérieure du *C. declivus*. — Pl. 122, fig. 1, *C. declivus*, type de l'espèce, du musée de Toulouse vu de côté; fig. 2, face supérieure; fig. 3, face inférieure; fig. 4, face postérieure; fig. 5, autre exemplaire de taille plus forte, provenant de Biarritz, de la coll. Collot, vu de côté; fig. 6, face supérieure; fig. 7, face inférieure.

N° 115. — **Cyclaster ovalis, Cotteau**, 1887.

Pl. 123.

Espèce de taille moyenne, allongée, cylindrique, arrondie en avant, rétrécie en arrière, ayant sa plus grande largeur au point qui correspond au sommet ambulacraire. Face supérieure uniformément renflée, à peine déclive en avant, très arrondie sur les bords. Face inférieure régulièrement bombée, légèrement déprimée dans la région antérieure. Sommet ambulacraire excentrique en avant. Sillon antérieur très faiblement creusé, apparent seulement à la face supérieure, tout à fait nul vers l'ambitus et en dessus. Aire ambulacraire impaire étroite, formée de pores simples, séparés par un renflement granuliforme, logés dans de petites fossettes et disposés par paires obliques qui s'espacent en s'éloignant au sommet; chaque fossette est bordée de granules fins et délicats qui se prolongent jusqu'au centre de l'aire ambulacraire. Vers le pourtour, les pores ne sont plus visibles et disparaissent au milieu des granules. Aires ambulacraires paires très faiblement excavées, ouvertes à leur extrémité, à peu près égales, les aires antérieures divergentes et un peu plus longues que les autres, les aires postérieures plus rapprochées. Zones porifères composées de pores étroits, allongés, unis par un sillon, les pores externes plus développés que les autres, disposés par paires transverses que sépare une bande couverte de granules, au nombre de dix-huit ou dix-neuf dans les aires antérieures, de dix-sept ou dix-huit dans les aires postérieures. Zone interporifère bien distincte, lisse, moins large que l'une des zones porifères. A la face inférieure, les aires ambulacraires postérieures sont occupées par de petits granules serrés et vermiculés qui leur donnent un aspect particulier très remarquable. Ce caractère existe également dans les autres espèces du genre, mais il est beaucoup moins prononcé que chez le *C. ovalis*. Tubercules petits, saillants, espacés, abondants à la face supérieure, plus développés et ordinairement scrobiculés au-dessous de l'ambitus et à la face inférieure. Granulation intermédiaire serrée, homogène, très délicate. Péristome subcirculaire, marginé, labié, rapproché du bord antérieur. Appareil apical étroit, muni de trois pores génitaux; la plaque madréporiforme en est dépourvue; elle pénètre assez largement dans l'appareil, mais s'arrête aux plaques génitales postérieures. Fasciole péripétale peu distinct, souvent diffus, paraissant faire complètement défaut dans la région antérieure, où il n'est plus représenté que par quelques petits granules très délicats envahis par les tubercules et qui tendent à se confondre avec les autres granules. Fasciole sous-anal large, formant, à l'extrémité postérieure, un anneau bien accusé et comprenant au milieu des tubercules, de chaque côté, trois paires de pores ambulacraires logées dans des fossettes très apparentes.

Hauteur, 10 millimètres; diamètre antéro-postérieur 30 millimètres; diamètre transversal, 25 millimètres.

Rapports et différences. — Cette espèce ne saurait être confondue avec le *C. declivus;* elle en diffère par sa forme plus allongée, plus cylindrique, beaucoup moins déclive en avant, par sa face inférieure plus régulièrement bombée, par son sillon antérieur encore moins apparent, par ses aires ambulacraires paires à peine excavées, munies d'une zone interporifère plus apparente, occupées à la face inférieure par des granules d'un aspect vermiculé très prononcé, par son fasciole péripétale disparaissant presque complètement dans la région antérieure.

Localité. — Cette curieuse espèce nous a été donnée comme recueillie dans le midi de la France ; elle est probablement éocène, mais nous ignorons sa provenance certaine.

Ma collection.

Explication des figures. — Pl. 123, fig. 1, *C. ovalis*, vu de côté ; fig. 2, face supérieure ; fig. 3, face inférieure ; fig. 4, face antérieure ; fig. 5, portion de la face supérieure grossie ; fig. 6, portion de la face inférieure grossie ; fig. 7, portion d'une aire ambulacraire de la face inférieure fortement grossie.

Résumé géologique sur les Cyclaster.

Plusieurs espèces de *Cyclaster* ont été décrites et figurées par les auteurs. Desor, dans le *Synopsis des Échinides fossiles*, en mentionne une seule, sous le nom de *Periaster subquadratus*.

Cyclaster subquadratus (Desor), Dames, 1877. — *Periaster subquadratus*, Desor, *Synops. des Échin. foss.*

p. 388, 1857. — *Id.*, Dujardin et Hupé, *Hist. nat. des zooph. Échinod.*, p. 529, 1862. — *Cyclaster amœnus*, Laube, *Ein Beit. zur Kenntniss der Echinod. des Vicent. Tertiärgebietes*, p. 27, pl. IV, fig. 6, 1868. — *Cyclaster subquadratus*, Dames, *Die Echin. der Vicent. und Veron. Tertiärablag.*, p. 51, pl. VII, fig. 2, 1877. Espèce de grande taille, épaisse, renflée, arrondie en avant, un peu rétrécie et fortement tronquée en arrière, légèrement bombée en dessous, sans aucune trace de sillon antérieur. Sommet ambulacraire excentrique en avant. Aires ambulacraires paires à peu près égales, médiocrement excavées, les aires antérieures très divergentes, les postérieures plus rapprochées. Fasciole péripétale non distinct. Fasciole sous-anal plus apparent. Maregnano, Senago, Lungarine près Avesa, Monte Mezzano. Assez commun. Éocène.

Cyclaster tuber, Laube, 1868, *Ein Beit. zur Kenntniss der Echinod des Vicent. Tertiäregebietes*, p. 27, pl. V, fig. 5. — *Id.*, Dames, *Die Echin. der Vicent. und Veron. Tertiärablag.*, p. 49, 1877. Espèce de taille moyenne, allongée, épaisse, renflée, arrondie en avant et en arrière, un peu plus étroite, cependant, dans la région postérieure. Sommet ambulacraire excentrique en avant. Aucune trace de sillon antérieur. Aires ambulacraires paires bien développées, presque surperficielles. Zones porifères paraissant très étroites. Périprocte longitudinal. Cette espèce, par sa forme, par ses aires ambulacraires presque superficielles, par son péristome allongé, se distingue nettement de ses congénères et pourrait bien appartenir à un genre différent. Monte Postale. Rare. Terrain nummulitique.

Cyclaster oblongus, Dames, 1877, *Die Echin. der Vicent. und Veron. Tertiärablag.*, p. 50, pl. II, fig. 4. Espèce de taille moyenne, allongée, dilatée et arrondie en avant, rétrécie en arrière, régulièrement bombée en dessus, presque plane en dessous. Sommet ambulacraire excentrique en avant. Sillon antérieur tout à fait nul. Aires ambulacraires à peine excavées, à peu près d'égale dimension, les aires antérieures très divergentes, presque transverses, les aires postérieures plus rapprochées. Zone interporifère étroite, mais distincte. Périprocte s'ouvrant au sommet de la face postérieure. Le péristome et les fascioles ne sont pas visibles. Monte Spelecco. Rare. Éocène.

Cyclaster Stachei (Taramelli), Bittner, 1880. *Micraster stacheanus*, Taramelli, *di alcuni Echinidi eocenici dell' Istria*, p. 22, pl. II, fig. 4-7 Istituto veneto di scienze, lett. ed arte, ser. IV, t. III, 1873-74. — *Cyclaster stacheanus*, Bittner, *Beit. zur Kenntniss Alttert. Echiniden Faunen der Südalpen*, p. 18, pl. III, fig. 4 et 5, 1880. Espèce de taille moyenne, allongée, arrondie en avant, un peu rétrécie en arrière, épaisse et renflée en dessus, légèrement bombée en dessous. Sommet ambulacraire un peu excentrique en avant. Sillon antérieur tout à fait nul. Aires ambulacraires paires médiocrement développées, les aires antérieures un peu plus larges et plus divergentes que les autres. Zone interporifère moins large que l'une des zones porifères, et cependant bien distincte. Péristome excentrique en avant, faiblement labié. Périprocte transverse. Appareil apical muni de trois pores génitaux. Fasciole péripétale visible en arrière, disparaissant dans la région antérieure. Fasciole sous-anal bien accentué. Pedena Nugla, Gherdosella, etc., Istrie. Assez commun. Éocène. Reichsanstatt. Ces quatre espèces élèvent à six le nombre des *Cyclaster* éocènes.

FAMILLE DES ÉCHINONÉIDÉES, Wright, 1856.

Galéridées (pars), Albin Gras, 1846; Agassiz et Desor, 1848.
Échinoconidées (pars), d'Orbigny, 1853.
Échinonéidées, Wright, 1856 et 1863; Cotteau, 1859, 1862 et 1867; Pomel, 1868 et 1883; de Loriol, 1873; A. Agassiz, 1874.

Pores ambulacraires simples, convergeant en ligne toujours directe du sommet au péristome, se multipliant quelquefois autour de la bouche. Aires ambulacraires non disjointes. Aire ambulacraire impaire semblable aux autres par la structure de ses pores. Tubercules petits, inégaux, subscrobiculés, ordinairement crénelés et perforés. Péristome situé à la face inférieure, plus ou moins central, tantôt oblique, tantôt pentagonal, quelquefois subcirculaire, sans floscelle, toujours dépourvu de mâchoires. Périprocte très variable dans sa forme et dans sa position. Appareil apical compacte, subcompacte ou allongé.

Rapports et différences. — La famille des *Échinonéidées* a pour type le genre vivant *Echinoneus* que plusieurs caractères rapprochent des véritables *Échinoconidées*, mais qui s'en distinguent d'une manière positive par l'absence d'un appareil masticatoire. A côté des *Echinoneus*, Wright avait placé le genre *Pyrina*, identique par sa forme générale, la disposition de ses pores et la structure de son péristome. J'ai cru devoir y joindre encore certains genres à pores simples qui, suivant toute apparence, sont également édentés : *Galeropygus*, *Hybocly-*

peus, *Desorella*, *Pachyclypeus* et *Infraclypeus*. L'ensemble de ces genres forme un groupe qui me paraît très naturel. Parmi ces genres, il en est un qui semble faire exception à la règle, c'est le genre *Galeropygus* : dans quelques espèces, les pores ambulacaires sont un peu inégaux à la face supérieure, et offrent une certaine tendance à devenir subpétaloïdes ; ils se multiplient autour du péristome et forment même quelquefois un rudiment de floscelle. D'un autre côté cependant, la forme générale du test, la disposition linéaire des aires ambulacraires, la structure habituelle du péristome et du périprocte, relient ce genre aux *Hyboclypeus*, dont il a longtemps fait partie. Du reste cette tendance subpétaloïde des aires ambulacraires n'existe que chez un petit nombre d'espèces.

Dans la *Paléontologie française*, en 1873, nous avons cru devoir placer la famille qui nous occupe loin de celle des *Collyritidées* ; il nous avait paru qu'elle reliait assez bien les *Cassidulidées* aux *Échinoconidées*. La découverte d'un appareil masticatoire chez les *Conoclypeus*, que tant de caractères rapprochent des *Cassidulidées*, nous a engagé à changer la place que nous lui avions assignée. Tout en reconnaissant qu'il existe une ligne profonde de démarcation entre les *Echinolampas*, qui sont édentés et les *Conoclypeus*, qui sont munis de mâchoires, nous ne pouvions séparer ces deux types si voisins, par une famille aussi différente que celle des *Échinonéidées* ; il fallait bien alors reporter cette dernière famille dans le voisinage des *Collyritidées* qui n'en forment pas moins, suivant nous, une famille parfaitement distincte et bien caractérisée par son aspect général et ses aires ambulacraires disjointes.

Voici les caractères opposables des genres qui composent la petite famille des *Échinonéidées* :

A. Aires ambulacraires formées de pores simples du sommet au péristome.
  a. Appareil apical allongé.
    b. Péristome elliptique dans le sens du diamètre antéro-postérieur.
      c. Périprocte placé à la face supérieure.
        d. Périprocte au sommet d'un sillon profond, s'ouvrant près du sommet. — HYBOCLYPEUS, Agassiz.
        dd. Périprocte très grand, superficiel, placé près du bord postérieur. — DESORELLA, Cotteau.
      cc. Périprocte infra-marginal. — INFRACLYPEUS, Gauthier.
    bb. Péristome central, arrondi, subanguleux. — PACHYCLYPEUS, Desor.
  aa. Appareil apical subcompacte.
    b. Périprocte ovale, placé au bord postérieur, remontant un peu sur la face supérieure. — PYRINA, Des Moulins.
    bb. Périprocte ovale, longitudinal, placé à la face inférieure, entre la bouche et le bord. — ECHINONEUS, V. Phoels.

B. Aires ambulacraires à pores quelquefois inégaux. GALEROPYGUS, Cotteau.

La famille des *Échinonéidées* a commencé à se montrer à l'époque jurassique, elle y est représentée par six genres : *Hyboclypeus*, *Desorella*, *Infraclypeus*, *Pachyclypeus*, *Pyrina* et *Galeropygus*. Un seul genre, *Pyrina*, existe à l'époque crétacée et persiste dans le terrain tertiaire, où il est extrêmement rare et disparaît avec l'époque éocène. Le genre *Echinoneus*, le seul qui se rencontre encore actuellement, commence à se montrer vers la fin du terrain tertiaire.

12e Genre. — PYRINA, Des Moulins, 1887.

Nucleolites (pars),	Lamarck, 1816 ; Deslongchamps, 1824 ; Brongniart, 1842.
Galerites (pars),	Agassiz, 1839.
Nucleopygus (pars),	Agassiz, 1839 ; Agassiz, et Desor, 1847 ; Desor, 1862 et 1858.
Globator,	Agassiz, 1839 ; Agassiz et Desor, 1847 ; Desor, 1842 et 1856.
Pyrina,	Des Moulins, 1837 ; Agassiz, 1839 ; Agassiz et Desor, 1847 ; Desor, 1842 et 1858 ; Cotteau, 1856 et 1863 ; de Loriol, 1873 ; Pomel, 1863 et 1883.

Test de taille variable, ovale ou arrondi, quelquefois subpentagonal, plus ou moins renflé en dessus, subpulviné en dessous. Sommet ambulacraire subcentral. Zones porifères formées de pores simples, petits, arrondis, convergeant en droite ligne du sommet au péristome, se groupant autour de la bouche par triples paires obliques.

Tubercules de petite taille, crénelés, perforés, scrobiculés, épars, plus gros en dessous qu'à la face supérieure. Péristome oblique, irrégulier, incliné de droite à gauche. Périprocte elliptique dans le sens du diamètre antéro-postérieur, tantôt marginal et tantôt supérieur. Appareil apical subcompacte, composé de quatre plaques génitales perforées et de cinq plaques ocellaires également perforées; les deux plaques génitales postérieures reposent directement sur les deux plaques ocellaires postérieures qui se touchent par le milieu.

Rapports et différences. — Le genre *Pyrina* est voisin des *Echinoneus* par sa forme, par la structure de ses aires ambulacraires, de son péristome et de son appareil apical; il s'en distingue par la position de son périprocte qui est postérieur ou supérieur, au lieu d'être rapproché du péristome.

Le genre *Pyrina*, tel qu'il est circonscrit, commence à se montrer dans le terrain jurassique, où il est rare et représenté par quelques espèces que nous avions réunies dans l'origine aux *Desorella*, mais qui sont de véritables *Pyrina*, ainsi que l'a reconnu M. de Loriol. Le genre atteint son maximum de développement à l'époque crétacée. L'espèce découverte dans le terrain nummulitique de l'Ariège nous montre que le genre *Pyrina* existe encore dans les couches inférieures du terrain tertiaire.

N° 116. — **Pyrina Raulini**, Cotteau, 1863.

Pl. 124.

Pyrina Raulini, Cotteau, *Échinides foss. des Pyrénées*, p. 80, pl. III, fig. 1-3, 1863.

Espèce de taille relativement grande, plus longue que large, arrondie en avant et en arrière. Face supérieure haute, renflée, épaisse sur les bords, déprimée en dessus. Face inférieure subpulvinée. Aires ambulacraires à fleur de test, étroites et aiguës près du sommet, s'élargissant en se rapprochant de l'ambitus, se rétrécissant de nouveau aux approches du péristome. Zones porifères composées de pores petits, circulaires, homogènes, disposés par paires régulières et légèrement obliques à la face supérieure. A la face inférieure, les pores deviennent plus petits, les paires sont obliques, plus espacées, plus irrégulières en se rapprochant du péristome et s'ouvrent dans de petites fossettes plus prononcées. Les pores, tout en affectant autour de la bouche une tendance à se grouper par triples paires, se multiplient à peine. Tubercules crénelés et perforés, abondants et sensiblement scrobiculés vers l'ambitus et dans la région inframarginale, plus espacés et plus superficiels à la face supérieure. Péristome s'ouvrant au milieu de la face inférieure, allongé, subpentagonal, sensiblement oblique. Périprocte elliptique, acuminé à sa partie supérieure, légèrement arrondi à la base, marginal, non visible de la face supérieure. Appareil apical peu distinct, paraissant subcompacte comme celui des *Pyrina*.

Hauteur, 28 millimètres; diamètre antéro-postérieur, 45 millimètres; diamètre transversal, 40 millimètres.

Rapports et différences. — Cette espèce se distingue de ses congénères par sa grande taille, par sa forme épaisse, renflée sur les bords, déprimée au sommet, par son périprocte étroit et allongé. Elle offre, au premier aspect, beaucoup de rapports avec une espèce récemment découverte dans l'étage cénomanien de l'Aude et de l'Ariège par M. Roussel, et à laquelle nous donnons le nom de *P. Rousseli;* elle s'en distingue, cependant, par sa taille encore plus forte, par sa face supérieure plus épaisse sur les bords et plus déprimée en dessus, par sa face postérieure plus large et plus arrondie, par son périprocte plus étroit, moins développé et descendant moins bas.

Localité. — Villeneuve de Bosc (Ariège). Très rare. Éocène moyen.

Ma collection (M. l'abbé Pouech).

Explication des figures. — Pl. 124, fig. 1, *P. Raulini*, vu de côté; fig. 2, face supérieure ; fig. 3, face inférieure; fig. 4, face postérieure; fig. 5, aire ambulacraire paire vue sur la face supérieure, grossie; fig. 6, tubercules pris dans la région inframarginale, grossis.

FAMILLE DES CASSIDULIDÉES, Agassiz, 1866.

Cassidulides (pars), Agassiz et Desor, 1847.
Nucléolitidées, Albin Gras, 1846.
Echinobrissidées, d'Orbigny, 1853; Wright, 1856, 1863.
Cassidulidées, Desor, 1857; Cotteau, 1862; Pomel, 1867, 1868 et 1883; de Loriol, 1873.

Pores ambulacraires pétaloïdes ou subpétaloïdes, serrés aux approches du sommet, plus espacés et souvent à peine visibles à la face inférieure, reparaissant et se multipliant autour du péristome. Aires ambulacraires non disjointes. Aire ambulacraire impaire tantôt différente, le plus souvent semblable aux autres. Tubercules petits, inégaux, subscrobiculés, ordinairement crénelés et perforés. Péristome situé à la face inférieure, subcentral, pentagonal ou allongé, quelquefois transversalement elliptique, entouré d'un floscelle dû au renflement des aires interambulacraires et plus ou moins apparent, toujours dépourvu de mâchoires. Périprocte très variable dans sa position, tantôt supérieur, tantôt supramarginal, marginal, inframarginal, parfois même tout à fait inférieur. Appareil apical compacte, remarquable par le développement de la plaque madréporiforme, qui se prolonge au milieu de l'appareil.

Rapports et différences. — La famille des *Cassidulidées* comprend un grand nombre de genres d'aspect bien différent, mais qui présentent tous ce caractère commun d'avoir les aires ambulacraires pétaloïdes ou subpétaloïdes, le péristome subcentral et dépourvu de mâchoires; elle diffère de la famille des *Échinonéidées* qui la précède, par ses aires ambulacraires pétaloïdes ou subpétaloïdes, au lieu d'être simples.

Lorsque nous avons, dans la *Paléontologie française*, en 1869, fixé les caractères de la famille des *Cassidulidées*, nous avons cru devoir retrancher de cette famille les genres *Archiacia*, *Claviaster*, *Asterostoma*, pour les rapprocher des *Spatangidées*. Il nous paraît plus naturel, avec la plupart des auteurs, de laisser ces genres dans la famille des *Cassidulidées*, où ils forment avec les *Sphelatus*, Pomel, et les *Pseudopygaulus*, Coquand, un petit groupe remarquable par la structure de l'aire ambulacraire impaire, qui diffère des aires ambulacraires paires. Par contre, nous avons séparé des *Cassidulidées*, les *Conoclypeus*, depuis qu'il a été constaté que les espèces de ce genre, malgré leur très grande ressemblance avec les *Echinolampas*, étaient munies d'un appareil masticatoire.

La structure des aires ambulacraires, le floscelle plus ou moins prononcé qui entoure le péristome, la forme et la position du périprocte très variable, mais toujours très constante dans chaque genre, servent à distinguer et à grouper les différents types qui partagent cette nombreuse famille. Voici les caractères opposables des genres :

A. Aire ambulacraire impaire différente, par la structure des pores, des aires ambulacraires paires.
  a. Floscelle à peu près nul.
    b. Test de grande taille ; périprocte arrrondi, marginal. — ASTEROSTOMA, Agassiz.
    bb. Test de petite taille ; périprocte subtriangulaire, inframarginal.
      c. Zones porifères des aires ambulacraires égales. — PSEUDOPYGAULUS, Coquand.
      cc. Zones porifères des aires ambulacraires antérieures paires inégales, la zone antérieure beaucoup plus étroite que l'autre. — SPHELATUS, Pomel.
  aa. Floscelle apparent.
    b. Aire ambulacraire impaire logée dans un sillon ; zones porifères formées de pores très petits. — CORYSTUS, Pomel.
    bb. Aire ambulacraire impaire à fleur de test.

c. Sommet prolongé obliquement en avant. — ARCHIACIA, Agassiz.

cc. Sommet cylindrique en forme de doigt. — CLAVIASTER, d'Orbigny.

B. Aire ambulacraire impaire non différente, par la structure des pores, des aires ambulacraires paires.

a. Floscelle nul.

b. Périprocte supérieur s'ouvrant très près du sommet. — GALEROCLYPEUS, Cotteau.

bb. Périprocte infra-marginal.

c. Périprocte longitudinal. — PYGAULUS, Agassiz.

cc. Périprocte triangulaire. — CARATOMUS, Agassiz.

bbb. Périprocte inférieur.

c. Péristome pentagonal. — HAIMEA, Desor.

cc. Péristome elliptique, transverse. — OLIGOPYGUS, de Loriol,

aa. Floscelle plus ou moins apparent, mais en général peu prononcé.

b. Périprocte supérieur, longitudinal.

c. Péristome oblique. — TREMATOPYGUS, d'Orbigny.

cc. Péristome pentagonal.

d. Périprocte très rapproché du sommet. — PSEUDODESORELLA, Étallon.

dd. Périprocte plus ou moins éloigné du sommet.

e. Aires ambulacraires subpétaloïdes, formées de pores ronds ou ovales non conjuguées. — NUCLEOLITES, (Lamarck), Desor.

ee. Aires ambulacraires pétaloïdes formées de pores inégaux, conjugués par un sillon. — ECHINOBRISSUS, Breynius.

bb. Périprocte inférieur et longitudinal.

c. Péristome oblique. — AMBLYPYGUS, Agassiz.

bbb. Périprocte inframarginal et longitudinal.

c. Tubercules crénelés et perforés. — ORIOLAMPAS, Munier-Chalmas.

cc. Tubercules imperforés et non crénelés. — PLESIOLAMPAS, Duncan et Sladen.

bbbb. Périprocte marginal ou supramarginal.

c. Périprocte longitudinal.

d. Péristome oblique.

e. Aires ambulacraires subpétaloïdes — PYGOPYSTES, Pomel.

ee. Aires ambulacraires pétaloïdes. — BOTHRIOPYGUS, d'Orbigny.

dd. Péristome pentagonal, à fleur de test, bordé d'une étroite bande granuleuse. — ILARIONIA, Dames.

cc. Périprocte transverse subcirculaire ; péristome pentagonal. — NEOCATOPYGUS, Duncan et Sladen.

aaa. Floscelle très apparent.

b. Périprocte supérieur.

c. Péristome entouré de nodosités. — HARDOUINIA. d'Archiac.

cc. Péristome non entouré de nodosités.

d. Périprocte longitudinal.

e. Face inférieure non pourvue d'une bande médiane.

f. Péristome central. — CLYPEUS, Klein.

ff. Péristome très excentrique en avant. — CLYPEOPYGUS, d'Orbigny.

e. Face inférieure pourvue

d'une bande médiane. CASSIDULUS, Lamarck.

dd. Périprocte transverse, recouvert par une saillie plus ou moins proéminente, échancrée. RHYNCHOPYGUS, d'Orbigny.

ddd. Périprocte subcirculaire surmonté, dans une échancrure du rostre, d'un petit canal longitudinal. CYRTHOMA. Clellande.

bb. Périprocte supramarginal.

c. Périprocte transverse.

d. Face inférieure pourvue d'une bande longitudinale. PYGORHYNCHUS. Agassiz.

dd. Face inférieure dépourvue d'une bande longitudinale. PARALAMPAS, Duncan et Sladen.

cc. Périprocte longitudinal.

d. Aires ambulacraires pétaloïdes.

e. Face inférieure subpulvinée. ECHINANTHUS, Breynius.

ee. Face inférieure plate.

f. Péristome pentagonal. PHYLLOBRISSUS, Cotteau.

ff. Péristome un peu allongé dans le sens du diamètre antéro-postérieur. — CATOPYGUS, Agassiz.

dd. Aires ambulacraires non pétaloïdes ; face inférieure plate. — OOLOPYGUS, d'Orbigny.

bbb. Périprocte marginal.

c. Aires ambulacraires à zones porifères égales. — PARAPYGUS, Pomel.

cc. Aires ambulacraires à zones porifères inégales. — EURHODIA, d'Archiac.

bbbb. Périprocte infra-marginal.

c. Aires ambulacraires simples à la face supérieure, formant autour du péristome un floscelle très accentué. — NEOLAMPAS, Agassiz.

cc. Aires ambulacraires pétaloïdes à la face supérieure.

d. Périprocte ovale, longitudinal. — PYGURUS, Agassiz.

dd. Périprocte transverse.

e. Face inférieure plate.

f. Aires ambulacraires toutes fermées. — FAUJASIA, Agassiz.

ff. Aires ambulacraires longues, ouvertes. — CLYPEOLAMPAS, Pomel.

ee. Face inférieure subpulvinée. — ECHINOLAMPAS, Gray.

La famille des *Cassidulidées*, à partir de l'étage bajocien dans lequel elle se montre pour la première fois, parcourt toute la série des étages jurassiques, crétacés et tertiaires. C'est à l'époque crétacée qu'elle atteint le maximum de son développement; elle est également très répandue à l'époque tertiaire, dans les couches inférieures surtout, en espèces et en individus, mais le nombre des genres a déjà diminué d'une manière sensible. Dans la période actuelle, cette famille est en pleine voie de décroissement, et n'est plus représentée que par des espèces fort rares, appartenant à des types qui presque tous ont fait leur apparition aux époques précédentes.

Sur les quarante et un genres dont se compose la famille des *Cassidulidées*, six seulement ont leur origine dans le terrain jurassique : *Galeroclypeus*, *Phyllobrissus*, *Echinobrissus*, *Pseudodesorella*, *Clypeus* et *Pygurus*. Trois de ces genres, *Galeroclypeus*, *Pseudodesorella* et *Clypeus* sont propres au terrain jurassique et n'en franchissent pas les limites; les trois autres se retrouvent dans les couches inférieures du terrain crétacé qui renferme en outre les genres *Archiacia*, *Claviaster*, *Caratomus*, *Nucleolites*, *Pygopystes*, *Bothriopygus*, *Pygaulus*, *Clypeopygus*, *Trematopygus*, *Cassidulus*, *Rhynchopygus*, *Clypeolampas*, *Cyrthoma*, *Echinanthus*, *Catopygus*, *Oolopygus*, *Parapygus*, et *Faujasia*. Sur ce nombre, cinq seulement, *Echinobrissus*, *Cassidulus*, *Rhynchopygus*, *Trematopygus* et *Echinanthus*, se retrouvent dans le terrain tertiaire où nous voyons apparaître pour la première fois les genres *Sphelatus*, *Asterostoma*, *Pseudopygaulus*, *Corrystus*, *Haimea*, *Olygopygus*, *Ilariona*, *Amblypygus*, *Oriolampas*, *Paralampas*, *Neocatopygus*, *Hardouinia*, *Pygorhynchus*, *Eurhodia*, *Plesiolampas* et *Echinolampas*. Un seul type particulier, se rapportant à la famille des *Cassidulidées*, existe dans les mers actuelles : c'est le genre *Neolampas*, A. Agassiz, provenant des grandes profondeurs. Les quelques autres espèces qu'on a rencontrées appartiennent aux genres *Nucleolites*, *Pygorhynchus* et *Echinolampas*.

1er Genre. — PSEUDOPYGAULUS, Coquand, 1862.

Pseudopygaulus, Coquand, 1862; Peron et Gauthier, 1885.
Eolampas, Duncan et Sladen, 1882.
Petalaster, Cotteau, 1884.

Test ovale ou subcirculaire, de petite taille, plus ou moins renflé, presque plan en dessous. Sommet excentrique en avant. Aire ambulacraire impaire différente des autres, formée de petites paires de pores descendant en ligne directe jusqu'au bord et au péristome. Aires ambulacraires paires pétaloïdes, presque fermées, superficielles. Tubercules petits, homogènes, finement crénelés et perforés, scrobiculés. Péristome excentrique en avant, transverse, plutôt ovale qu'anguleux, sans entailles et sans lèvre saillante. Périprocte inframarginal, transverse, subtriangulaire. Appareil apical compact, composé de quatre plaques génitales peu développées et de cinq plaques ocellaires très petites, intercalées dans les angles; la plaque madréporiforme, relativement peu étendue, se prolonge au centre de l'appareil et forme bouton.

Rapports et différences. — Le genre *Pseudopygaulus* est un type à part, parfaitement caractérisé par son aire ambulacraire impaire différente des autres, par son péristome subtriangulaire et inframarginal. L'ensemble de ses caractères place ce genre dans le voisinage des *Archiacia;* il s'en distingue, cependant, très nettement par la structure de son aire ambulacraire impaire, par son sommet beaucoup moins excentrique et non gibbeux, par ses aires ambulacraires paires relativement plus développées, enfin par son périprocte transverse et subtriangulaire. Le genre *Pseudopygaulus* est beaucoup plus voisin du genre *Sphelatus*, établi par M. Pomel pour une espèce éocène de Belgique, que j'ai décrite et figurée sous le nom de *Caratomus Lehoni*, mais qui ne saurait, en raison de la structure de son aire ambulacraire impaire, rester dans le genre *Caratomus*. L'inégalité très prononcée des zones porifères des aires ambulacraires paires antérieures suffit pour séparer, d'une manière positive, le genre *Sphelatus* des *Pseudopygaulus*. Ainsi que l'explique M. Gauthier (*Échinides foss. de l'Algérie, étage éocène*, p. 71), Coquand a recueilli, le premier, des exemplaires de *Pseudopygaulus*. Après avoir décrit la seule espèce connue, sous le nom de *Catopygus Trigeri* (1), il se ravisa et comprit que son espèce ne pouvait rester parmi les *Catopygus;* son texte était déjà imprimé, et il se contenta, dans l'atlas, à la légende de la planche, d'indiquer, pour son espèce, le nom générique de *Pseudopygaulus;* il n'en a donné aucune diagnose et n'a pas même consigné le fait dans un erratum. Lorsque j'ai établi, en 1883, dans mes *Échinides nouveaux ou peu connus*, 3e article, p. 40, le genre *Petalaster*, j'ignorais ces

(1) Coquand, *Géol. et Paléont. de la région sud de la province de Constantine*, p. 274.

détails. Le nom de *Pseudopygaulus*, remontant à 1862, a dû nécessairement être préféré à celui de *Petalaster*.

En 1882, Duncan et Sladen, dans leur *Monographie des Échinides fossiles du Sind*, ont établi le genre *Eolampas*, qui correspond exactement au genre *Pseudopygaulus*, de Coquand, et doit être abandonné, comme le genre *Petalaster*, à cause de sa date plus récente.

Le genre *Pseudopygaulus* est spécial jusqu'ici au terrain éocène, nous en décrivons cinq espèces : une seule a été rencontrée en France ; trois proviennent de l'Algérie et la cinquième de Tunisie.

N° 117. — **Pseudopygaulus Toucasi**, Cotteau, 1887.

Pl. 125.

Espèce de petite taille, subcirculaire, un peu plus longue que large, arrondie et étroite en avant, dilatée en arrière du sommet apical, se rétrécissant un peu dans la région postérieure. Face supérieure médiocrement renflée, arrondie sur les bords, légèrement déprimée vers le sommet. Face inférieure subpulvinée, un peu concave au milieu. Sommet ambulacraire très excentrique en avant. Aire ambulacraire impaire bien différente des autres, étroite, aiguë au sommet, s'élargissant un peu en descendant vers l'ambitus. Zones porifères déprimées en forme de sillon, composées de pores simples, très petits, à peine visibles au milieu des tubercules, se resserrant sans paraître se multiplier autour du péristome. Aires ambulacraires paires fortement pétaloïdes, acuminées et à peu près fermées à leur extrémité, de longueur presque égale, les aires postérieures un peu plus étendues que les autres. Zones porifères relativement assez larges, composées de pores étroits, unis par un sillon, disposés par paires obliques que sépare une bande finement granuleuse, au nombre de dix-huit à vingt dans les aires antérieures, de vingt-quatre à vingt-six dans les aires postérieures. Zone interporifère étroite, moins large que l'une des zones porifères. Tubercules petits, crénelés, perforés et scrobiculés, abondants, épars et espacés à la face supérieure, serrés et un peu plus développés vers l'ambitus, s'espaçant de nouveau aux approches du péristome. Granulation intermédiaire fine, abondante, homogène. Péristome excentrique en avant, transverse et ovale sans lèvre proéminente, s'ouvrant dans une dépression de la face inférieure. Périprocte assez grand, inframarginal, subtriangulaire. Appareil apical compact; plaque madréporiforme largement développée, occupant le milieu de l'appareil et faisant saillie en forme de bouton.

Hauteur, 9 millimètres ; diamètre antéro-postérieur, 19 millimètres ; diamètre transversal, 17 millimètres.

Individu plus jeune: hauteur, 7 millimètres ; diamètre antéro-postérieur, 14 millimètres et demi; diamètre transversal, 13 millimètres.

Rapports et différences. — Le *P. Toucasi* est voisin par sa forme subcirculaire du *P. buccalis* que nous décrivons plus loin; il nous a paru s'en distinguer par sa forme plus rétrécie en arrière, par ses aires ambulacraires postérieures beaucoup moins longues et plus pétaloïdes, par son péristome s'ouvrant dans une dépression de la face inférieure. Le peu d'étendue des aires ambulacraires rapproche notre espèce du *P. Trigeri*, mais elle en diffère par sa forme allongée, moins ovoïde, par son péristome moins grand et placé dans une dépression du test, au lieu d'être superficiel.

Localité. — Aragon (Ariège). Assez rare. Éocène moyen.

Collection Toucas, ma collection.

Explication des figures. — Pl. 125, fig. 1, *P. Toucasi*, vu de côté; fig. 2, face supérieure; fig. 3, face inférieure; fig. 4, face postérieure; fig. 5, appareil apical et portion de la face supérieure, grossis; fig. 6, autre exemplaire plus allongé, vu de côté; fig. 7, face supérieure; fig. 8, autre exemplaire, vu de côté; fig. 9, face inférieure; fig. 10, péristome grossi.

N° 118. — **Pseudopygaulus Trigeri**, Coquand, 1862.

Pl. 126.

Catopygus Trigeri,	Coquand, *Géol. et paléont. de la région sud de la Prov. de Constantine*, p. 274, 1862.
Pseudopygaulus Trigeri,	Coquand, *Géol. et paléont. de la région sud de la Prov. de Constantine*, Atlas, pl. XXXI, fig. 14-16, 1862.
— —	Gauthier *in* Cotteau, Peron et Gauthier, *Échinides fossiles de l'Algérie, étage éocène*, p. 71, pl. VI, fig. 2-7, 1887.

Espèce de petite taille, plus longue que large, subovoïde, légèrement pentagonale, arrondie et étroite en avant, rétrécie et subrostrée en arrière, ayant sa plus grande largeur aux deux tiers postérieurs. Face supérieure épaisse, renflée surtout en avant, où se trouve son point culminant, beaucoup plus saillante dans certains exemplaires que dans d'autres, régulièrement déclive dans la région postérieure et sur les côtés. Face inférieure à peu près plate, légèrement déprimée autour du péristome. Sommet ambulacraire très excentrique en avant. Aire ambulacraire impaire différente des autres, étroite près du sommet, s'élargissant à peine vers l'ambitus, se rétrécissant en dessous, aux approches du péristome. Zones porifères droites, descendant du sommet à la bouche, formées de pores très petits, simples, disposés par paires serrées à la face supérieure, qui s'espacent et dévient un peu de la ligne droite au-dessous de l'ambitus. Aires ambulacraires paires fortement pétaloïdes, lancéolées, acuminées et et presque fermées à l'extrémité, inégales, les aires antérieures sensiblement moins longues que les aires postérieures. Zones porifères larges, formées de pores inégaux, les internes presque ronds, les externes allongés, étroits, unis par un sillon, disposés par paires obliques que sépare une petite bande granuleuse, au nombre d'environ trente-deux dansles aires antérieures, et de quarante au moins dans les aires postérieures. Zone interporifère subcostulée, variable dans sa largeur, quelquefois plus étroite que l'une des zones porifères, toujours plus large dans les aires antérieures que dans les aires postérieures. Tubercules finement crénelés et perforés, scrobiculés, partout abondants, épars et homogènes, un peu plus gros, cependant, et un peu plus espacés à la face inférieure, aux approches de la bouche. Granulation intermédiaire fine et serrée. Péristome excentrique en avant, moins cependant que le sommet, transverse et ovale; les cinq aires ambulacraires montrent, autour du péristome, des pores un peu plus ouverts, plus nombreux que dans le reste de la zone porifère et forment une sorte de phyllode. Périprocte inframarginal, transverse et subtriangulaire.

Appareil apical compact et peu développé; quatre pores génitaux, les deux postérieurs un peu plus écartés que les autres; la plaque madréporiforme, légèrement saillante, se prolonge au centre de l'appareil et dépasse les pores génitaux postérieurs; plaques ocellaires très petites, intercalées dans les angles des plaques génitales.

Le *P. Trigeri* présente quelques variétés qu'il importe de noter : sa forme générale est plus ou moins pentagonale, sa face supérieure plus ou moins renflée et subgibbeuse en avant; la largeur de la zone interporifère des aires ambulacraires paires varie également ; elle est ordinairement plus large que l'une des zones porifères ; parfois, cependant, elle est un peu plus étroite, mais ces différences sont sans importance et n'empêchent pas cette espèce d'être parfaitement caractérisée.

Hauteur, 11 millimètres ; diamètre antéro-postérieur, 22 millimètres; diamètre transversal, 18 millimètres.

Rapports et différences. — Cette espèce, qui a servi de type au genre, se distingue facilement à sa forme allongée, subovoïde, légèrement pentagonale; à sa face supérieure renflée en avant, régulièrement déclive dans la région postérieure, sur les côtés et à la face inférieure, à peine déprimée autour du péristome ; à son aire ambulacraire antérieure étroite et formée de pores très petits; à ses aires ambulacraires paires fortement pétaloïdes, inégales, les aires postérieures sensiblement plus longues que les autres; à son péristome transverse et ovale. La taille, la forme de cette espèce, l'étroitesse de l'aire ambulacraire impaire, l'inégalité des aires ambulacraires paires, lui donnent beaucoup de ressemblance avec le *Pseudopygaulus excentricus* (*Eolampas*, Duncan et Sladen); mais cette dernière espèce, d'après les figures que les auteurs anglais en ont données, se distingue de la nôtre par sa région antérieure plus carénée, par son aire ambulacraire impaire encore plus étroite, par la zone interporifère des aires ambulacraires paires beaucoup plus longue.

Localité. — Zoui (département de Constantine), près de la frontière de Tunisie. Assez commun. Éocène supérieur.

Collection Gauthier, le Mesle, ma collection.

Explication des figures. — Pl. 126, fig. 1, *P. Trigeri*, de de la collection de M. Gauthier, vu de côté ; fig. 2, face supérieure ; fig. 3, face inférieure ; fig. 4, appareil apical et portion de la face supérieure, grossis ; fig. 5, péristome grossi, fig. 6, autre exemplaire à aires ambulacraires plus étroites, de ma collection, vu de côté ; fig. 7, face supérieure ; fig. 8, face inférieure ; fig. 9, aire ambulacraire postérieure grossie ; fig. 10, tubercules pris à la face inférieure, grossis.

N° 119. — **Pseudopygaulus buccalis**, Peron et Gauthier, 1885.

Pl. 127, fig. 1-7.

Pseudopygaulus buccalis, Peron et Gauthier *in* Cotteau, Peron et Gauthier, *Échin. foss. de l'Algérie, étage éocène*, p. 73, pl. VI, fig. 8 et 9 (excl. fig. 10 et 11), 1885.

Espèce de petite taille, subcirculaire, arrondie et un peu étroite en avant, dilatée et très légèrement rostrée en arrière. Face supérieure convexe, mais peu élevée et subdéprimée, à peine plus relevée dans la région antérieure, épaisse et arrondie sur les bords. Face inférieure presque plane, subpulvinée, un peu déprimée autour du péristome. Sommet ambulacraire très excentrique en avant. Aire ambulacraire impaire étroite, à fleur de test. Zones porifères descendant directement du sommet au péristome, formant une double série linéaire, étroite, composée de pores simples, très petits, à peine visibles vers l'ambitus, un peu plus apparents près du péristome. Aires ambulacraires paires pétaloïdes, lancéolées, à peu près fermées à leur extrémité, inégales, les aires postérieures un peu plus longues, formées de pores inégaux, les internes presque ronds, les externes allongés, étroits, unis par un sillon, disposés par paires obliques que sépare une petite bande granuleuse, au nombre de trente environ dans les aires antérieures, et de quarante dans les aires postérieures. Zone interporifère à fleur de test, moins large que l'une des zones porifères. Tubercules très petits, scrobiculés, couvrant toute la surface du test, un peu plus apparents à la face inférieure. Péristome excentrique en avant, transverse en amande, acuminé aux deux extrémités. Périprocte inframarginal, assez grand, subtriangulaire.

Hauteur, 7 millimètres ; diamètre antéro-postérieur, 14 millimètres ; diamètre transversal, 12 millimètres.

Rapports et différences. — Le *P. buccalis* se rapproche par quelques-uns de ses caractères du *P. Trigeri*, décrit plus haut ; il en diffère certainement par sa forme plus large, plus circulaire, moins élevée et moins gibbeuse, par son péristome plus étendu, plus étroit dans le sens du diamètre antéro-postérieur, fortement acuminé de chaque côté, par son périprocte relativement plus développé. M, Gauthier a cru devoir réunir à cette espèce un exemplaire qu'il considère comme une variété de forme plus ovoïde. Cet exemplaire nous paraît, par l'ensemble de ses caractères et malgré la ressemblance de son péristome avec celui du *P. buccalis*, constituer une espèce particulière que nous décrirons plus loin sous le nom de *P. Gauthieri*, et qui sera toujours reconnaissable à sa taille un peu plus forte, à sa forme plus allongée, plus ovoïde, à ses aires ambulacraires paires plus larges, moins allongées, les postérieures surtout, et plus égales entre elles. Le *P. buccalis* présente également quelque ressemblance avec le *P. Toucasi;* il en diffère par ses aires ambulacraires plus effilées, par sa face inférieure plus plane, par son péristome plus large, moins haut, beaucoup plus fortement acuminé à ses extrémités, enfin par son périprocte relativement plus grand.

Localité. — Zoui (département de Constantine), près la frontière de Tunisie. Rare. Éocène supérieur.

Collections le Mesle. Gauthier.

Explication des figures. — Pl. 127, fig. 1, *P. buccalis*, de la collection de M. Gauthier, vu de côté ; fig. 2, face supérieure ; fig. 3, face inférieure ; fig. 4, face antérieure; fig. 5, face postérieure ; fig. 6, appareil apical et portion de la face supérieure grossis ; fig. 7, péristome grossi.

N° 120. — **Pseudopygaulus Gauthieri**, Cotteau, 1887.

Pl. 127, fig. 8-12.

Espèce de petite taille, à peu près ovale, presque aussi large en avant qu'en arrière. Face supérieure subconvexe, peu élevée, épaisse et arrondie sur les bords. Face inférieure presque plane, subpulvinée, légèrement déprimée autour du péristome. Sommet ambulacraire très excentrique en avant. L'aire ambulacraire impaire fait en grande partie défaut, mais elle paraît, comme chez toutes les espèces du genre, composée de pores simples et très petits. Aires ambulacraires paires pétaloïdes, larges, presque fermées à leur extrémité, à peu près égales. Zones porifères bien développées, larges, composées de pores inégaux, les internes arrondis, les externes étroits et allongés, unis par un sillon, disposés par paires obliques, au nombre de ving-neuf ou trente, dans les aires postérieures comme dans les aires antérieures. Zone interporifère à peu près de même étendue que l'une des zones porifères, un peu plus étroite dans les aires postérieures. Tubercules petits, scrobiculés, abondants, épars, peu distincts sur certaines parties du test. Péristome excentrique en avant, en forme d'amande, transversalement très large, étroit dans le sens du diamètre antéro-postérieur, sans trace de floscelle et de bourrelet; les pores cependant sont un peu plus nombreux et plus apparents que sur le reste de la face inférieure. La face postérieure n'est pas conservée dans l'exemplaire unique que nous avons sous les yeux.

Hauteur, 10 millimètres; diamètre antéro-postérieur, 20 millimètres; diamètre transversal, 17 millimètres.

Rapports et différences. — En décrivant le *P. buccalis*, nous avons indiqué les motifs qui nous ont engagé à séparer les deux espèces. Le *P. Gauthieri* se rapproche peut-être davantage du *P. Toucasi*; il nous a paru s'en distinguer par sa forme plus allongée, plus ovale, par ses aires ambulacraires paires plus larges, par sa face inférieure plus plane, par son péristome moins étendu transversalement et moins étroit dans le sens du diamètre antéro-postérieur. Sa forme moins élevée, moins gibbeuse et régulièrement convexe, ses aires ambulacraires plus larges et moins étendues, ainsi que la forme de son péristome, le distinguent nettement du *P. Trigeri*.

Localité. — Zoui (département de Constantine). Très rare. Éocène supérieur.

Collection Gauthier.

Explication des figures. — P. 127, fig. 8, *P. Gauthieri*, vu de côté; fig. 9, face supérieure; fig. 10, face inférieure; fig. 11, appareil apical et portion de la face supérieure grossis; fig. 12, péristome grossi.

N° 121. — **Pseudopygaulus Maresi** (Cotteau), Gauthier, 1885.

Pl. 128, fig. 1-8.

Petalaster Maresi, Cotteau, *Échin. nouv. ou peu connus*, 2e sér., p. 39, pl. V, fig. 6-12, 1884.

Pseudopygaulus Maresi, Gauthier *in* Cotteau, Peron et Gauthier, *Échin. foss. de l'Algérie, étage éocène*, p. 74, 1885.

Espèce de taille moyenne, subcirculaire, un peu plus longue que large, arrondie en avant, dilatée en arrière. Face supérieure renflée et légèrement gibbeuse dans la région antérieure, oblique en arrière. Face inférieure presque plane, subpulvinée sur les bords, concave au milieu. Sommet ambulacraire très excentrique en avant. Aire ambulacraire impaire étroite et aiguë près du sommet, s'élargissant un peu en descendant vers l'ambitus.

Zones porifères formées de pores simples, très petits, directement superposés, difficilement visibles au milieu des tubercules. Aires ambulacraires paires fortement pétaloïdes, presque fermées à leur extrémité, inégales, les postérieures beaucoup plus longues et un peu plus étroites que les autres. Zones porifères larges, composées de pores inégaux, unis par un sillon très allongé et oblique. Chaque paire de pores est séparée par une bande transverse, oblique et finement granuleuse. A quelque distance de l'ambitus, les pores cessent d'être pétaloïdes, deviennent très petits et ne sont plus visibles au milieu des tubercules; ils reparaissent plus nombreux autour du péristome, sans former, cependant, un floscelle bien distinct, autant qu'on peut en juger d'après nos exemplaires, dont la face inférieure est mal conservée. Tubercules petits, finement crénelés et perforés, scrobiculés, uniformément répandus sur toute la surface du test. Granulation intermédiaire peu abondante, homogène. Péristome excentrique en avant, transverse, subpentagonal, s'ouvrant dans une dépression de la face inférieure. Périprocte inframarginal, transverse, subtriangulaire. Appareil apical compact, remarquable par la petitesse des plaques génitales et ocellaires, groupées autour de la plaque madréporiforme, qui est très développée, fait saillie comme un bouton et occupe le centre de l'appareil.

Associés aux échantillons que nous venons de décrire, se rencontrent des exemplaires beaucoup plus petits, plus circulaires et dont la face supérieure est plus déprimée. Malgré ces différences, ils présentent les caractères essentiels de l'espèce et nous ne pensons pas qu'ils doivent en être séparés.

Hauteur, 10 millimètres ; diamètre antéro-postérieur,

23 millimètres; diamètre transversal, 22 millimètres et demi.

Individu jeune : hauteur, 5 millimètres ; diamètre antéro-postérieur et diamètre transversal, 11 millimètres.

Rapports et différences. — Tout en se rapprochant des espèces précédentes par l'ensemble de ces caractères, le *P. Maresi* s'en distingue par sa taille plus forte, par sa forme plus dilatée, plus arrondie et surtout plus amincie à la face postérieure, par sa face inférieure plus déprimée, par son périprocte affectant, malgré sa forme transverse, une tendance à devenir pentagonal.

C'est par suite de renseignements erronés que nous avons, dans les *Échinides nouveaux et peu connus*, rapporté cette espèce à l'étage sénonien. D'après les observations de M. Rolland et de M. Marès lui-même, elle appartient bien certainement, comme ses congénères, à l'étage éocène.

Localité. — Environs du Kef (Tunisie). Assez rare. éocène supérieur.

Collection Marès, Gauthier, ma collection.

Explication des figures. — Pl. 128, fig. 1, *P. Maresi*, vu de côté ; fig. 2, face supérieure; fig. 3, face inférieure ; fig. 4, autre exemplaire, de petite taille, vu de côté ; fig. 5, face supérieure; fig. 6, face inférieure ; fig. 7, appareil apical et portion de la face supérieure, grossis ; fig. 8, péristome grossi.

Deux espèces étrangères à la France ont été décrites par MM. Duncan et Sladen.

Pseudopygaulus antecursor (Duncan et Sladen), Cotteau, 1887. — *Eolampas antecursor*, Duncan et Sladen, *Monog. of the foss. Echinoidea of Sind*, p. 62, pl. XVII, fig. 11-15, 1882. Espèce de petite taille, renflée, élevée, déclive en arrière, légèrement bombée en dessous. Sommet ambulacraire excentrique en avant. Aire ambulacraire impaire assez large, mais formée de pores très petits. Aires ambulacraires paires pétaloïdes, rétrécies et fermées à l'extrémité, à peu près d'égale étendue. Zone interporifère pétaliforme, étroite au sommet et à l'extrémité inférieure, large au milieu. Tubercules scrobiculés, abondants, épars sur toute la surface du test, aussi bien dans les aires ambulacraires que dans les aires interambulacraires. Péristome transversal, étroit. Périprocte subtriangulaire, inframarginal. Appareil apical muni de quatre pores génitaux. Lynyan ; au nord-est de Bond Vero, dans les couches à Operculines. Éocène. Série Ranikot (Sind).

Pseudopygaulus excentricus (Duncan et Sladen), Cotteau, 1887. — *Eolampas excentricus*, Duncan et Sladen, *Monog. of the foss. Echinoidea of Sind*, p. 150, pl. XXXI, fig. 11-15, 1884. Espèce de petite taille, allongée, ovale, arrondie et étroite en avant, ayant sa plus grande largeur au point qui correspond à l'extrémité des aires ambulacraires paires postérieures. Face supérieure renflée et subcarénée en avant, obliquement déclive en arrière. Face inférieure presque plane. Sommet ambulacraire très excentrique en avant. Aire ambulacraire impaire étroite, formée de pores microscopiques. Aires ambulacraires paires fortement pétaloïdes, inégales, les aires postérieures plus longues que les autres. Péritosme elliptique, transverse. Périprocte subtriangulaire. Appareil apical muni de quatre pores génitaux. A 8 milles à l'est nord-est de Júngsháhi, à 4 milles de Kotri. Éocène. Couches de Khirthar (Sind).

Les deux espèces dont nous venons de donner la diagnose élèvent à sept le nombre des *Pseudopygaulus* que nous connaissons.

2e Genre. — ECHINOBRISSUS, Breyn, 1734.

Echinobrissus, Breyn, 1734; d'Orbigny, 1855; Desor, 1857; Cotteau, 1858 et 1871; Wright, 1859; Pomel, 1863 et 1883; de Loriol, 1871 et 1873; Gauthier, 1876.

Nucleolites (pars), Lamark, 1801; Goldfuss, 1826; Agassiz, 1837.

Test de petite et moyenne taille, subcirculaire, plus ou moins allongé, arrondi en avant, ordinairement tronqué ou subrostré en arrière, concave ou légèrement pulviné en dessous. Sommet ambulacraire subcentral, le plus souvent rejeté un peu en avant. Aires ambulacraires pétaloïdes à la face supérieure, se resserrant aux approches de l'ambitus, à pores distincts, disparaissant à peu près au milieu des tubercules et aboutissant directement au péristome, dans des dépressions plus ou moins apparentes. Aire ambulacraire impaire plus droite, mais à peu près de même largeur que les autres. Zones porifères plus ou moins développées à la face supérieure et formées de pores inégaux. Tubercules petits, scrobiculés, crénelés et perforés, homogènes et uniformément espacés à la face supérieure, plus serrés et un peu plus développés dans la région inframarginale, ordinairement plus écartés à la face inférieure. Péristome excentrique en avant, pourvu d'un floscelle souvent très atténué. Périprocte supérieur, allongé, aigu à son extrémité, très variable dans sa position, s'ouvrant dans un sillon profond qui tantôt prend naissance près du sommet, tantôt à quelque distance du bord postérieur. Appareil apical granuleux, subcompact, composé de quatre plaques génitales et de cinq plaques ocellaires; la plaque madréporiforme, moins grande qu'elle ne l'est dans certains genres, se prolonge cependant au centre de l'appareil et empêche presque toujours les deux plaques génitales postérieures de se toucher par le milieu.

Rapports et différences. — Le genre *Echinobrissus* se rapproche de certaines espèces de *Clypeus* par l'ensemble de ses caractères; il s'en distingue par sa taille plus petite, par ses aires ambulacraires moins pétaloïdes, par son péristome ne présentant le plus souvent que des rudiments de floscelle, par son appareil apical plus allongé. Sa taille et sa forme générale le rapprochent beaucoup, au premier aspect, des *Nucleolites;* il en diffère par ses zones porifères pétaloïdes à la face supérieure, c'est-à-dire composées de pores inégaux et unis par un sillon, tandis que ces mêmes zones, chez les *Nucleolites*, sont subpétaloïdes, c'est-à-dire que, tout en se resserrant un peu vers l'ambitus, elles sont formées de pores petits, égaux et non reliés par un sillon.

Le périprocte, très instable dans sa position, s'ouvre, suivant les espèces, tantôt près du sommet, tantôt à une distance plus ou moins éloignée; quelquefois même près du bord. La plaque madréporiforme est aussi variable dans son développement et pénètre plus ou moins profondément dans l'intérieur. Chez certaines espèces, de petites plaques complémentaires, irrégulières, plus ou moins nombreuses, viennent s'intercaler entre les plaques génitales ou ocellaires, au-dessous de la plaque madrépériforme; mais, ainsi que j'ai cherché à l'établir dans les *Échinides nouveaux ou peu connus* (1), ces diverses variations n'ont que peu d'importance, et me paraissent insuffisantes pour établir, parmi les *Echinobrissus*, les cinq genres ou sous-genres de M. Pomel. Ces coupes nouvelles, que notre savant collègue nous propose, reposent sur des caractères trop peu tranchés, trop peu constants et le plus souvent trop difficiles à bien préciser, pour que nous puissions les adopter.

Le genre *Echinobrissus* commence à se montrer dans les couches les plus inférieures de l'étage bajocien, et c'est à l'époque jurassique qu'il atteint le maximum de son développement ; il existe encore, mais beaucoup moins nombreux, dans le terrain crétacé, et n'est plus représenté, à l'époque tertiaire, que par quelques rares espèces.

N° 122. — **Echinobrissus Daleaui**, Cotteau, 1883.

Pl. 128, fig. 9-13 et pl. 129.

Echinobrissus Daleaui, Cotteau, *Échinides nouveaux ou peu connus*, 2e sér., p. 34, pl. IV, fig. 14-16, 1883.

Espèce de taille moyenne, oblongue, étroite et arrondie en avant, élargie et subrostrée en arrière. Face supérieure peu élevée, subdéprimée, régulièrement bombée, ayant sa plus grande épaisseur dans la région postérieure qui est très obliquement déclive. Face inférieure fortement creusée au milieu, pulvinée sur les bords, aplatie et dilatée en arrière. Sommet ambulacraire excentrique en avant. Aires ambulacraires péta-

(1) 3e fascicule, p. 45.

loïdes, ouvertes à leur extrémité, tout en se rétrécissant un peu aux approches de l'ambitus, inégales, les aires postérieures un peu plus longues et plus recourbées que les autres. Aire antérieure plus droite. Zones porifères composées de pores inégaux, les internes arrondis, les autres légèrement allongés, unis par un sillon, à peine apparents, disposés par paires obliques que sépare une petite côte saillante, finement granuleuse. Tubercules crénelés, perforés, scrobiculés, partout très abondants, petits, homogènes à la face supérieure et vers l'ambitus, augmentant un peu de volume et s'espaçant à peine aux approches du péristome. Granules intermédiaires formant autour de chaque scrobicule une série fine, délicate, hexagonale. Péristome excentrique en avant, très allongé dans le sens du diamètre antéro-postérieur, granuleux sur les bords, s'ouvrant dans une dépression profonde, entouré d'un floscelle atténué. Périprocte elliptique, placé à peu près à la moitié de l'espace compris entre le sommet et le bord postérieur, au fond d'un sillon qui s'évase, s'atténue et disparaît vers l'ambitus. Appareil apical étroit, allongé. Nous avons sous les yeux un moule intérieur que nous a communiqué M. Linder : les caractères sont absolument les mêmes ; seulement le floscelle est indiqué par des protubérances plus marquées.

Nous réunissons provisoirement à cette espèce un échantillon de très grande taille, recueilli par M. Daleau, associé aux exemplaires que nous venons de décrire. La face inférieure est seule visible et présente bien, malgré ses énormes dimensions, les caractères de l'*E. Daleaui ;* la dépression de la face inférieure est encore plus prononcée ; le péristome, avec rudiments de floscelle, a la même forme allongée ; cependant les tubercules qui se montrent à la face inférieure, autour du péristome, sont moins nombreux et plus espacés ; mais c'est là une différence qui peut être due à l'âge et aux grandes proportions de notre exemplaire. Tant que la face supérieure ne sera pas connue, nous ne pourrons avoir aucune certitude sur l'identité spécifique de ce curieux exemplaire.

Individu de taille moyenne, type de l'espèce : hauteur, 9 millimètres ; diamètre antéro-postérieur, 23 millimètres ; diamètre transversal, 19 millimètres.

Individu jeune : hauteur, 6 millimètres ; diamètre antéro-postérieur, 15 millimètres ; diamètre transversal, 13 millimètres.

Individu de très grande taille, rapporté provisoirement à l'*E. Daleaui* : diamètre antéro-postérieur, 50 millimètres ; diamètre transversal, 37 millimètres.

Rapports et différences. — L'*E. Daleaui* se distingue nettement de ses congénères ; il sera toujours facilement reconnaissable à sa forme très déprimée, étroite en avant, élargie en arrière, à sa face inférieure fortement excavée, pulvinée sur les bords, déprimée dans la région postérieure, à son péristome allongé et granuleux, à son périprocte elliptique, profond, placé dans un sillon vague et atténué.

Localité. — Peyredoule, commune de Besson (Gironde). Rare. Terrain éocène moyen.

Collections Daleau, Linder, ma collection.

Explication des figures. — Pl. 128, fig. 9, *E. Daleaui*, exemplaire de petite taille, de ma collection, vu de côté ; fig. 10, face supérieure ; fig. 11, face postérieure ; fig. 12, autre exemplaire de taille plus forte, de la collection de M. Daleau, vu de côté ; fig. 13, face inférieure. — Pl. 129, fig. 1, autre exemplaire, de la collection de M. Daleau, vu sur la face inférieure; fig. 2, péristome et portion de la face inférieure grossie; fig. 3, portion de la face supérieure grossie; fig. 4, autre exemplaire, à l'état de moule intérieur, de la collection de M. Linder; fig. 5, face supérieure; fig. 6, face inférieure; fig. 7, face postérieure; fig. 8, exemplaire de très grande taille, de la collection de M. Daleau, vu sur la face inférieure.

3e Genre. — AMBLYPYGUS, Agassiz, 1840.

Amblypygus, Agassiz, 1840; Agassiz et Desor, 1847; Desor, 1857; Cotteau, 1856 et 1863; Pomel, 1863 et 1883; de Loriol, 1871.

Test de grande taille, subcirculaire, médiocrement renflé en dessus, déprimé en dessous, renflé sur les bords. Sommet ambulacraire subcentral. Aires ambulacraires pétaloïdes, très ouvertes à leur extrémité et atteignant à peu près le bord. Zones porifères relativement assez étroites, formées de pores oblongs et conjugués par un sillon. Au pourtour et à la face inférieure, les pores sont très petits, disposés par paires écartées, logées dans une étroite cavité et ne se dédoublant pas près du péristome. Tubercules très petits, crénelés, perforés et scrobiculés, homogènes, uniformément répandus sur toute la surface du test. Granulation intermédiaire abondante et extrêmement fine. Péristome subcentral, oblique, sans trace de floscelle, formant un pentagone oblique et à côtés inégaux. Périprocte ovale, elliptique dans le sens du diamètre antéro-postérieur, situé à la face inférieure, occupant une grande partie de l'espace compris entre le bord postérieur et le péristome. Appareil apical très petit, compact, muni de quatre plaques génitales et de cinq plaques ocellaires ; la plaque madréporiforme se prolonge, en forme de bouton, au centre de l'appareil.

Rapports et différences. — Le genre *Amblypygus* constitue un type particulier, toujours facilement reconnaissable à sa forme déprimée, à ses aires ambulacraires médiocrement développées, à son péristome oblique, irrégulièrement pentagonal, dépourvu de floscelle, à son périprocte très étendu et placé à la face inférieure.

Le genre *Amblypygus*, spécial au terrain tertiaire, ne renferme qu'un petit nombre d'espèces ; deux seulement ont été rencontrées en France.

N° 123. — **Amblypygus dilatatus**, Agassiz, 1840.

Pl. 130 et pl. 131, fig. 1-3.

Amblypygus dilatatus, Agassiz, *Catalog. syst. Ectyp. foss. Echinod. Mus. neocom.*, p. 5, 1840.
Amblypygus apheles, Agassiz, *id.*, 1840.
— — Agassiz et Desor, *Catal. rais. des Échin.*, p. 108, 1847.
Amblypygus dilatatus, Agassiz et Desor, *id.*, p. 109, 1847.
Amblypygus apheles, Bronn, *Index paleont.*, t. I, p. 28, 1848.
Amblypygus dilatatus, Bronn, *id.*, 1848.
Amblypygus apheles, d'Orbigny, *Prod. de paléont. strat.*, t. II, p. 330, 1850.
Amblypygus dilatatus, d'Orbigny, *id.*, 1850.
— — Desor, *Arch. des sc. phys. et nat. de Genève*, t. XXIV, p. 143, 1853.
— — Desor, *Actes Soc. helvét. sc. nat.*, Porrentruy, 38e sess., 1853.
Amblypygus apheles, Pictet, *Traité de paléont.*, 2e éd., t. IV, p. 211, 1857.
Amblypygus dilatatus, Pictet, *id.*, 1857.

Amblypygus apheles, Desor, *Synopsis des Échin. foss.*, p. 259, 1857.

Amblypygus dilatatus, Desor, *id.*, p. 254, 1857.

— — Ooster, *Synopsis des Échin. foss. des Alpes suisses*, p. 67, pl. II, fig. 7, 1867.

Amblypygus apheles, Ooster, *id.*, p. 66, 1867.

Amblypygus Studeri, Fraas, *Geologisches aus dem Orient*, p. 278, 1867.

Amblypygus dilatatus, Laube, *Ein Beitrag zur Kenntniss der Echinod. des Vicent. Tertiärgebietes*, p. 5, 1867.

— — Laube, *Ein Beitrag zur Kenntniss der Echinod, der Vicent. Tertiärgebietes*, p. 20, 1868.

— — Taramelli, *Di alcuni Echinidi eocenici dell' Istria*, p. 14, *Istutito Veneto de scienze lettere ed arte*, sér. IV, t. III, 1874.

— — Quenstedt, *Petrefactunkunde Deutschlands, Echinodermen*, p. 484, pl. LXXX, fig. 3, 1875.

— — de Loriol, *Descript. des Échin. tertiaires de la Suisse*, p. 44, pl. III, fig. 8, pl. IV, et pl. V, fig. 1, 1875.

— — Dames, *Die Echiniden der Vicent. und Veron. Tertiärblag.*, p. 26, 1875.

— — Mayer, *Paléont. der Parisen Stufe von Einsiedeln*, Beiträge Geol. Karte der Schweiz, 14e Lietg. p. 74, 1877.

— — de Loriol, *Monogr. des Échin. contenus dans les couches numm. de l'Égypte*, p. 28, pl. III, fig. 2, 1880.

— — Bittner, *Beiträge zur Kenntniss Alttertiärer Echiniden Faunen der Sudalpen*, p. 49, 1880.

— — de Loriol, *Eocæne Echinoderm. aus Ægypten und der libyschen Wüste*, p. 16, pl. II, fig. 5 *a*, *b*, 1881.

— — Hébert, *Groupe numm. du midi de la France*, Bull. soc. géol. de France, 3e série, t. X, p. 384 et suiv., 1882.

S. 26 (type de l'*Ambl. dilatatus*) ; 43 (type de l'*Ambl. apheles*).

Espèce de taille assez grande, subcirculaire, un peu plus longue que large, quelquefois même légèrement allongée. Face supérieure subdéprimée, régulièrement convexe, épaisse et arrondie sur les bords. Face inférieure pulvinée, très enfoncée autour du péristome. Sommet ambulacraire subcentral, un peu rejeté en avant. Aires ambulacraires larges, pétaloïdes, très ouvertes. Zones porifères assez développées, conservant leur forme pétaloïde jusqu'à l'ambitus, composées de pores très inégaux, les internes arrondis, les externes allongés, étroits, unis par un sillon, disposés par paires serrées, transverses, que sépare une petite côte finement granuleuse. Un peu au-dessus de l'ambitus, les pores cessent d'être pétaloïdes, se rapprochent, deviennent simples, très petits et forment, de chaque côté de l'aire ambulacraire, une série linéaire qui se prolonge jusqu'au péristome; à la face inférieure, ces pores sont disposés par paires très obliques, espacées, ne paraissant pas se multiplier près de la bouche. A la face supérieure, la zone interporifère occupe un espace à peu près double de l'une des zones porifères. Tubercules de petite taille, épars, abondants, serrés surtout vers l'ambitus, un peu plus gros et plus espacés aux approches du péristome, partout visiblement scrobiculés. Granulation intermédiaire fine et homogène. Péristome situé dans une dépression profonde de la face inférieure, oblique, en forme de pentagone à côtés inégaux. Périprocte très grand, ovale, allongé, acuminé à ses deux extrémités, occupant la majeure partie de l'espace compris entre le bord postérieur et le péristome. Appareil apical compact, muni de quatre plaques génitales largement perforées, les deux pores postérieurs un peu plus écartés que les deux autres ; plaque madréporiforme se prolongeant au centre de l'appareil; plaques ocellaires très petites, intercalées à l'angle des plaques génitales.

Cette espèce n'est pas très rare dans le terrain éocène de la montagne d'Alaric, et présente quelques variétés qu'il importe de noter : sa forme générale, le plus souvent subcirculaire, s'allonge quelquefois un peu dans le sens du diamètre antéro-postérieur. Le périprocte varie un peu dans sa forme plus ou moins large, plus ou moins acuminée à ses deux extrémités, mais ces différences sont très légères et se relient par des passages insensibles. Nos exemplaires sont un peu moins développés que celui qui a servi de type à Agassiz, mais ne sauraient cependant en être distingués.

Hauteur, 19 millimètres ; diamètre antéro-postérieur, 56 millimètres et demi; diamètre transversal, 56 millimètres.

Individu plus allongé et de taille plus petite : hauteur 17 millimètres; diamètre antéro-postérieur, 47 millimètres et demi; diamètre transversal, 41 millimètres.

Rapports et différences. — L'*A. dilatatus* est bien caractérisé par sa forme subcirculaire, peu élevée, régulièrement convexe en dessus, fortement concave en dessous, par son péristome enfoncé, irrégulièrement pentagonal, par son périprocte ovale, très étendu, acuminé à ses deux extrémités; il ne saurait être confondu avec l'A. *Arnoldi*. dont la forme est plus élevée et plus épaisse, la face inférieure moins concave, le périprocte moins développé et beaucoup plus éloigné du péristome.

Comme l'ont fait MM. de Loriol et Dames, nous réunissons à l'*A. dilatatus*, l'*A. apheles*, dont l'original provient de Vérone, et qui n'est, suivant toute probabilité, qu'un exemplaire de l'*A. dilatatus* allongé par accident.

Localités. — Monze, Saint-Martin, montagne d'Alaric (Aude). Assez rare. Étage éocène moyen.

Collection de M. Hébert, Coll. Roussel.

Localités autres que la France. — Sihlthal (canton de Schwytz. Suisse). — Vérone; Gran Croce di San Giovanni Ilarione (Vicentin). — Aragon (Espagne).

Explication des figures. — Pl. 130, fig. 1, *A. dilatatus*, de Monze, de la collection de M. Hébert, à l'état de moule intérieur ayant conservé quelques fragments de test, vu de côté; fig. 2, face supérieure; fig. 3, face inférieure; fig. 4, aire ambulacraire grossie, prise sur un exemplaire figuré pl. 131, de la collection de M. Roussel; fig. 5, appareil apical pris sur le même exemplaire, grossi; fig. 6, tubercules pris à la face inférieure, grossis. — Pl. 131, fig. 1, exemplaire de taille plus petite et de forme plus allongée, de la collection de M. Roussel, vu de côté; fig. 2, face supérieure; fig. 3, face inférieure.

N° 124. — **Amblypygus Pellati**, Cotteau, 1887.

Pl. 131, fig. 4 et pl. 132.

Amblypygus Arnoldi, (non Agassiz)	Cotteau, *Échinides fossiles des Pyrénées*, p. 109, 1863.
— —	Pellat, *Sur les falaises de Biarritz*, Bull. Soc. géol. de France, 2e sér., t. XX, p. 677, 1863.
— —	Cotteau, *Note sur les Échin. des couches nummul. de Biarritz*, Bull. Soc. géol. de France, t. XXXI, p. 87, 1863.

Amblypygus Arnoldi, Jacquot, *Descript. géol. des falaises de Biarritz, Bidart*, etc., p. 53. Actes de la Soc. linnéenne de Bordeaux, t. XXX, 1864.

Espèce de grande taille, subcirculaire, plus longue que large, arrondie au pourtour. Face supérieure épaisse, renflée, régulièrement convexe. Face inférieure plane, profondément excavée au milieu, pulvinée et arrondie sur les bords. Sommet ambulacraire subcentral, un peu rejeté en avant. Aires ambulacraires assez fortement pétaloïdes, très ouvertes à leur extrémité. Zones porifères larges, conservant jusqu'à l'ambitus leur structure pétaloïde, formées de pores inégaux, les internes arrondis, les externes étroits, allongés, unis par un sillon, disposés par paires transverses, régulières, que sépare une petite côte subflexueuse et finement granuleuse. La zone interporifère légèrement saillante, couverte de tubercules identiques à ceux qui garnissent le test, s'élargit au fur et à mesure qu'elle se rapproche de l'ambitus. Vers le pourtour, les zones porifères se rétrécissent; les pores deviennent très petits, se groupent en paires obliques, espacées et forment des séries linéaires qui descendent vers le péristome, sans cependant se multiplier. Tubercules de petite taille, finement crénelés, perforés et subscrobiculés, épars et espacés à la face supérieure, plus nombreux et plus serrés vers l'ambitus et dans la région inframarginale, un peu plus gros et plus écartés en se rapprochant du péristome. Granulation intermédiaire abondante, inégale, légèrement écartée à la face supérieure et autour de la bouche. Péristome grand, très enfoncé, oblique, subpentagonal, à côtés inégaux, sans trace de floscelle. Périprocte très grand, allongé, subpiriforme, acuminé surtout vers la base, rapproché du péristome et occupant plus des deux tiers de l'espace compris entre le bord postérieur et la bouche. Appareil apical peu développé, muni de quatre pores génitaux et de cinq pores ocellaires; la plaque madréporiforme se prolonge au milieu de l'appareil.

Le type que nous venons de décrire est épais, renflé, sensiblement plus long que large; mais, associés à cet exemplaire et dans la même couche, il s'en rencontre d'autres moins élevés, plus régulièrement circulaires et qui cependant, en raison de l'étendue de leur périprocte et de la structure de leurs aires ambulacraires, ne sauraient en être distingués.

Hauteur, 27 millimètres; diamètre antéro-postérieur, 75 millimètres; diamètre transversal, 67 millimètres.

Rapports et différences. — Dans l'origine, nous avons considéré cette belle espèce comme identique à l'*A. Arnoldi*, dont elle se rapproche par sa forme générale ovale, renflée et très règulièrement convexe en dessus. Depuis, nous avons comparé nos exemplaires au type de de l'*A. Arnoldi*, et nous avons reconnu qu'ils en différaient certainement par leurs zones porifères plus larges à la face supérieure, par leur face inférieure plus concave, par leur périprocte plus allongé, plus étroit, un peu plus élargi au bord et plus rapproché du péristome. Sa forme épaisse et renflée et son périprocte très rapproché du péristome ne permettent pas de confondre notre espèce avec l'*A. dilatatus*, qui appartient du reste à un horizon inférieur.

Localité. — La Gourépe près Briarritz (Basses-Pyrénées). Rare. Éocène supérieur.

Collections Pellat, Hébert, ma collection

Explication des figures. — Pl. 131, fig. 4, *A. Pellati*,

de la collection de M. Pellat, vu sur la face supérieure. — Pl. 132, fig. 1, le même exemplaire vu de côté; fig. 2, face inférieure; fig. 3, pores ambulacraires pris sur un exemplaire de la collection de M. Hébert, grossis; fig. 4, les mêmes fortement grossis.

Résumé géologique sur les Amblypygus.

Nous ne connaissons que deux espèces d'*Amblypygus* recueillies dans le terrain éocène de la France.

L'une d'elles, *A. dilatatus*, appartient au terrain éocène moyen.

La seconde, *A. Pellati*, fait partie du terrain éocène supérieur.

Le *Synopsis des Échinides fossiles*, de Desor, mentionne trois espèces d'*Amblypygus* éocènes : l'*Amblypygus dilatatus*, que nous avons décrit; l'*A. apheles*, qui n'est, suivant M. de Loriol dont nous avons suivi l'opinion, qu'un exemplaire un peu comprimé de l'*A. dilatatus*, et l'*A. Arnoldi*, du Val d'Era (Toscane), qui n'a pas encore été signalé en France.

Amblypygus Arnoldi, Desor, 1847. — *Id.*, Agassiz et Desor, *Catal. rais. des Échin.*, p. 109. — *Id.*, Desor, *Synops. des Échin. foss.*, p. 256, 1857.—*Id.*, Pictet, *Traité de Paléont.*, 2ᵉ éd., t, IV, p. 211, 1857. — *Id.*, Dujardin et Hupé, *Hist. nat. des Zooph. Echinod.*, p. 577, 1862. Espèce de grande taille, arrondie en avant et en arrière, un peu plus longue que large, se rétrécissant légèrement dans la région postérieure. Face supérieure renflée, uniformément bombée. Face inférieure presque plane, subconcave au milieu. Sommet ambulacraire presque central, un peu rejeté en avant. Aires ambulacraires droites, ouvertes. Zones porifères médiocrement développées, conservant leur forme pétaloïde jusqu'au bord. Périprocte ovale, à fleur de test, moins grand qu'il ne l'est ordinairement chez les *Amblypygus*, beaucoup plus rapproché du bord que du péristome. Val d'Era (Toscane). Très rare. Éocène. Coll. de l'École des mines de Paris.

Les espèces de l'Inde, décrites par MM. Duncan et Sladen, sont nombreuses.

Amblypygus altus, Duncan et Sladen, 1883, *Monog. of the tertiary Echinoidea of Kachh and Kattywar*, p. 16, fig. 1-3. Espèce de grande taille, haute, renflée, hémisphérique, subcirculaire, arrondie en avant et en arrière. Sommet ambulacraire presque central, un peu rejeté en avant. Aires ambulacraires fortement pétaloïdes, ouvertes. Zones porifères larges, conservant jusque vers le bord leur forme pétaloïde. Péristome oblique, sans trace de floscelle, subcentral. Périprocte très grand, large, longitudinal, un peu acuminé vers la base, plus rapproché du bord que du péristome. Appareil apical muni de quatre pores génitaux. Ravin situé entre Maniara-Fort et Karray. Éocène. Couches nummulitiques de Kachh.

Amblypygus pentagonalis, Duncan et Sladen, 1883, *Monog. of the tertiary Echinoidea, of Kachh and Kattywar*, p. 18, pl. IV, fig. 4-11. Espèce voisine de la précédente, mais plus haute, plus renflée, d'un aspect moins circulaire et plus pentagonal. Sommet ambulacraire paraissant un peu excentrique en arrière. Aires ambulacraires fortement pétaloïdes, ouvertes. Zones porifères larges. Péristome oblique, étroit, anguleux. Appareil muni de quatre pores génitaux et de cinq petites plaques ocellaires ; plaque madréporiforme très développée, occupant le centre de l'appareil. Ravin situé entre Maniara-Fort et Karray. Éocène. Couches nummulitiques de Kachh.

Amblypygus subrotundus, Duncan et Sladen, 1884. *Monog. of the foss. Echinoidea of Sind*, p. 140, pl. XXVI. Espèce de forte taille, circulaire, souvent un peu plus longue que large, arrondie en avant et en arrière, épaisse sur les bords, uniformément bombée en dessus, quelquefois légèrement subconique. Face inférieure pulvinée, déprimée autour du péristome. Sommet ambulacraire subcentral. Aires ambulacraires très pétaloïdes, ouvertes à leur extrémité. Zones porifères larges, moins développées cependant que l'intervalle qui les sépare. Péristome obliquement pentagonal, un peu excentrique en avant, placé dans une dépression du test bien accusée. Périprocte très grand, ovale, piriforme, occupant plus de la moitié de l'aire interambulacraire postérieure, plus rapproché du péristome que de l'ambitus. Appareil apical muni de quatre pores génitaux bien ouverts. Environs de Trak, nord-est de Kale-Ka-Kúa, environ de Kotri, etc. Éocène. Khirthar series.

Amblypygus patellæformis, Duncan et Sladen, 1884, *Monog. of the foss. Echinoidea of Sind*, p. 144, pl. XVIII. Espèce déprimée, subcirculaire, un peu plus longue que large, arrondie en avant, un peu rétrécie en arrière, anguleuse sur les bords, plane en dessous. Sommet ambulacraire excentrique en avant. Aires ambulacraires très pétaloïdes, ouvertes à leur extrémité. Zones porifères se resserrant et cessant d'être pétaloïdes à une assez grande distance du bord. Péristome inconnu. Périprocte ovale, allongé, éloigné du bord. Cette espèce se distingue de ses congénères de l'Inde par sa forme déprimée, par son ambitus anguleux, par ses aires ambulacraires postérieures légèrement recourbées. Montagne de Trak, montagne de Roïs près Damaj, au sud de Bulá Khán. Éocène. Khirthar series.

Amblypygus tumidus, Duncan et Sladen, 1884, *Monog. of the foss. Echinoidea of Sind*, p. 146, pl. XXVII, fig. 4-6. Espèce subcirculaire, un peu plus longue que large, épaisse et uniformément renflée en dessus. Face inférieure pulvinée, paraissant très déprimée au milieu. Sommet ambulacraire subcentral, un peu rejeté en en avant. Aires ambulacraires droites, ouvertes. Zones porifères pétaloïdes, se rétrécissant en se rapprochant de l'ambitus. Périprocte ovale, relativement petit, très éloigné du bord postérieur. Voisine de l'*A. altus*, cette espèce s'en distingue par son test plus allongé et ovale et surtout par son périprocte plus petit, placé à une plus grande distance du bord postérieur. Montagne de Kambhú, à l'ouest de Batchani. Éocène. Khirthar series.

Amblypygus latus, Duncan et Sladen, 1884, *Monog. of the foss. Echinoidea of Sind*, p. 148, pl. XXVII, fig. 7-9. Espèce déprimée, subcirculaire, transversalement dilatée, ayant sa plus grande largeur un peu en arrière des aires ambulacraires paires antérieures, régulièrement convexe en dessus, épaisse sur les bords. Face inférieure subpulvinée, concave au milieu. Sommet ambulacraire excentrique en avant. Aires ambulacraires largement ovales. Zones porifères conservant leur forme pétaloïde jusqu'à l'ambitus. Péristome obliquement pentagonal, subcentrique en avant, placé dans une dépression de la face inférieure. Périprocte allongé, subpiriforme, relativement petit, un peu plus rapproché du bord postérieur que du péristome. Voisine de l'*A. dilatatus*, cette espèce, suivant MM. Duncan et Sladen, s'en distingue par son diamètre transversal plus étendu, par son sommet apical plus excentrique en avant, par ses zones porifères relativement plus développées, par son périprocte moins large et par sa face inférieure plus pulvinée. Rare. Éocène. Khirthar series.

Les sept espèces d'*Amblypygus* étrangères à la France, dont nous venons de donner la diagnose, élèvent à neuf le nombre des espèces que nous connaissons.

4e Genre. — ORIOLAMPAS, Munier-Chalmas, 1882.

Amblypygus (pars), Cotteau *in* Leymerie et Cotteau, 1856; Desor, 1857; Cotteau, 1863.
Echinolampas (pars), Cotteau, 1877.
Oriolampas, Munier-Chalmas, 1882.

Test de grande taille, allongé, ovale, arrondi en avant et en arrière, plus ou moins renflé, uniformément bombé en dessus, presque plan en dessous, subpulviné sur les bords, légèrement déprimé autour du péristome. Sommet ambulacraire un peu excentrique en avant. Aires ambulacraires larges, pétaloïdes, très ouvertes à leur extrémité, cessant brusquement d'être pétaloïdes aux approches de l'ambitus, inégales, l'aire antérieure plus droite, plus étroite et moins longue que les autres. Zones porifères bien développées, formées de pores inégaux, conjugués par un sillon; à la face inférieure, les pores sont simples, disposés par paires espacées, obliques, presque verticales, et forment une série linéaire qui aboutit directement au péristome près duquel ils se resserrent et tendent à se multiplier. Tubercules crénelés, perforés, scrobiculés, épars et espacés à la face supérieure, plus rapprochés vers la région inframarginale et dans le voisinage du péristome. Granulation intermédiaire fine, abondante, homogène. Péristome pentagonal, allongé dans le sens du diamètre transversal, présentant un très faible rudiment de floscelle. Périprocte allongé, ovale, à fleur de test, inframarginal, souvent presque inférieur, entamant plus ou moins fortement le bord postérieur. Appareil apical assez grand, muni de quatre pores génitaux et de cinq plaques ocellaires groupées autour de la plaque madréporiforme qui se prolonge au centre de l'appareil.

Rapports et différences. — Ce genre présente la physionomie des *Echinolampas;* il s'en distingue d'une manière positive par son périprocte allongé dans le sens du diamètre antéro-postérieur, au lieu d'être transverse, par son péristome muni d'un floscelle très atténué, à peine apparent, par ses tubercules plus espacés à la face supérieure et accompagnés de granules plus abondants. Le genre *Oriolampas* est voisin des *Plesiolampas,* Duncan et Sladen ; il nous a paru, cependant, s'en éloigner par ses tubercules crénelés et perforés, tandis que chez les *Plesiolampas* ils sont, suivant MM. Duncan et Sladen, imperforés et dépourvus de crénelures.

Nous connaissons deux espèces du genre *Oriolampas* provenant du terrain éocène de la France.

N° 125. — **Oriolampas Michelini** (Cotteau), Munier-Chalmas, 1882.

Pl. 133-135.

Amblypygus Michelini	Cotteau, *in* Cotteau et Leymerie, *Catalogue des Échin. foss. des Pyrénées*, Bull. Soc. géol. de France, 2e sér., t. XIII, p. 335, 1856.
— —	Desor, *Synops. des Échin. foss.*, p. 252, 1857.
— —	Cotteau, *Note sur les Échin. recueillis en Espagne par MM. de Verneuil, Triger et Colomb*, Bull. Soc. géol. de France, 2e sér., p. 372, 1860.
— —	Cotteau, *Échin. fossiles des Pyrénées*, p. 110, 1863. *Congrès scientifique de Bordeaux.*
Echinolampas Michelini,	Cotteau, *Échin. de la colonie du Garumnien, in* Leymerie, *Mém. sur le type garumnien*, Ann. des sc. géol., t. IX, p. 61, pl. V, fig. 13, 1877.
Oriolampas Michelini (pars),	Hébert, *Groupe numm. du midi de la France*, Bull. soc. géol. de France, 3e sér., t. X, p. 384 et suiv., 1882.
— —	Hébert, *Notes sur la géologie du département de l'Ariège*, Bull. soc. géol. de France, 3e sér., t. X, p. 655, 1882.
— —	Munier-Chalmas *in* Jacquot et Munier-Chalmas, *Sur l'existence de l'Éocène inférieur dans la Chalosse et sur la position des*

couches de Bos d'Arros, Comptes rendus des séances de l'Académie des sciences, 1886.

Modèle en plâtre Y. 8.

Espèce de grande taille, allongée, ovale, arrondie en avant et en arrière. Face supérieure plus ou moins renflée, uniformément bombée, épaisse sur les bords, quelquefois subconique. Face inférieure tantôt tout à fait plane, tantôt subconcave au milieu, toujours légèrement pulvinée sur les bords. Sommet ambulacraire un peu excentrique en avant. Aires ambulacraires pétaloïdes, larges, très ouvertes à leur extrémité, cessant brusquement d'être pétaloïdes à quelque distance de l'ambitus, inégales, l'aire ambulacraire antérieure plus courte et plus étroite que les autres, les aires postérieures plus longues. Zones porifères de même longueur dans chacune des aires, composées de pores très inégaux, les externes étroits et allongés, les internes arrondis, unis par un sillon, disposés par paires obliques que sépare une petite côte subflexueuse et finement granuleuse. Zone interporifère étroite près du sommet, s'élargissant en descendant près de l'ambitus, garnie de tubercules identiques à ceux qui couvrent le test; lorsque les pores cessent d'être pétaloïdes, ils deviennent simples, très petits et se réduisent à une série linéaire qui aboutit directement au péristome près duquel les paires de pores se resserrent et se multiplient un peu. Tubercules crénelés, perforés, fortement scrobiculés, espacés à la face supérieure, plus nombreux et beaucoup plus serrés dans la région inframarginale et sur toute la face inférieure. Granulation intermédiaire fine, abondante, homogène. Péristome transverse, pentagonal, muni d'un rudiment de floscelle, granuleux sur les bords, s'ouvrant dans une dépression plus ou moins accusée de la face inférieure. Périprocte grand, ovale, superficiel, allongé dans le sens du diamètre antéro-postérieur, inframarginal, s'étendant sur la face inférieure et n'entamant que faiblement l'ambitus postérieur, sans être visible d'en haut. Appareil apical peu développé, compacte, muni de quatre pores génitaux, remarquable par le développement de la plaque madréporiforme qui est saillante et occupe le milieu de l'appareil; les autres plaques sont relativement petites.

Cette espèce est très variable dans sa forme et sa taille. Le type de l'espèce, médiocrement développé, est remarquable par sa face supérieure subconique, par sa face inférieure très sensiblement déprimée et pulvinée sur les bords, par son périprocte entièrement placé à la face inférieure, sans entamer le bord postérieur. Dès 1860, nous avons rapporté à cette même espèce, avec quelque doute, des exemplaires provenant d'Espagne, que distinguent leur face supérieure régulièrement bombée et leur face inférieure tout à fait plane. Les échantillons assez nombreux que nous avons recueillis depuis, dans diverses localités, nous démontrent que cette détermination est exacte et que cette variété appartient bien au même type. Nous rapportons également à l'O. *Michelini* un exemplaire de grande taille, à sommet conique et à face inférieure plane, rencontré par M. l'abbé Pouech dans l'Éocène de l'Ariège.

Ainsi que nous l'avons fait dans notre notice sur les *Échinides de la colonie du Garumnien*, nous réunissons également à l'*O. Michelini* un échantillon recueilli par M. Peron à Ausseing, dans la colonie garumnienne. Cet exemplaire, bien qu'à l'état de moule intérieur, est parfaitement reconnaissable à sa grande taille, à sa forme oblongue, à sa face supérieure subconique, à sa face inférieure un peu déprimée au milieu, subpulvinée, épaisse et arrondie sur les bords, à ses aires ambulacraires très ouvertes à leur extrémité, à son péristome central, transverse, subpentagonal, à son périprocte rapproché du bord et elliptique.

Type de l'espèce : hauteur, 32 millimètres ; diamètre antéro-postérieur, 68 millimètres ; diamètre transversal, 60 millimètres.

Variété surbaissée : hauteur 30 millimètres ; diamètre antéro-postérieur, 74 millimètres ; diamètre transversal, 69 millimètres.

Variété de grande taille : hauteur, 41 millimètres ; diamètre antéro-postérieur, 94 millimètres ; diamètre transversal, 89 millimètres.

Rapports et différences. — Cette espèce, très variable dans sa taille et dans sa forme, sera toujours facilement reconnaissable à son sommet apical excentrique en avant, à la structure de ses aires ambulacraires largement ouvertes à leur extrémité, à ses tubercules espacés à la face supérieure, beaucoup plus serrés en dessous, à son péristome transverse, subpentagonal, muni d'un rudiment de floscelle, à son périprocte s'ouvrant très près du bord et se prolongeant sur la face inférieure. Nous indiquons plus loin les caractères qui distinguent cette espèce de l'*O. Heberti*, avec lequel on la rencontre associée.

Histoire. — Cette espèce, que nous avons placée dans l'origine parmi les *Amblypygus* et réunie plus tard aux *Echinolampas*, a paru avec raison à M. Munier-Chalmas former le type du genre *Oriolampas*, que nous avons adopté.

Localités. — Ausseing; environs de Saint-Michel et de Tapiau, Borde-Neuve, à la base du mont Saboth (Haute-Garonne); Montardit, Mas d'Azil (Ariège); Belbez, Cerizol, pont de Loutz près Louer (Landes). Assez commun. Éocène moyen.

Coll. de M. Hébert, musée de Toulouse (M. Leymerie); abbé Pouech, Peron, ma collection.

Localités autres que la France. — Entre Mœsta et Salando (province d'Alava, Espagne).

Explication des figures. — Pl. 133, fig. 1, *O. Michelini*, de Louer, de la Coll. de M. Hébert, vu de côté; fig. 2, face supérieure; fig. 3, plaques ambulacraires et interambulacraires grossies. — Pl. 134, fig. 1, autre exemplaire, de la même localité, de la Coll. de M. Hébert, vu sur la face inférieure; fig. 2, péristome grossi. — Pl. 135, fig. 1, autre exemplaire, type de l'espèce, du mont d'Ausseing, du musée de Toulouse, vu sur la face supérieure; fig. 2, portion de la face inférieure; fig. 3, exemplaire de grande taille, de Montardit, de la collection de M. l'abbé Pouech, vu de côté; fig. 4, plaques ambulacraires grossies; fig. 5, tubercules grossis. — Pl. 136, fig. 1, exemplaire déjà figuré pl. 135, type de l'espèce, vu de côté; fig. 2, exemplaire de grande taille déjà figuré pl. 135, vu sur la face inférieure.

N° 126. — **Oriolampas Heberti**, Cotteau, 1887.

Pl. 137 et 138.

Oriolampas Michelini (pars), Hébert, *Groupe numm. du midi de la France*, Bull. soc. géol. de France, 3e sér., t. X, p. 384 et suiv., 1882.

Oriolampas Michelini (pars), Hébert, *Notes sur la géologie du département de l'Ariège*, Bull. soc. géol. de France, 3e sér., t. X, p. 655, 1882.

— Munier-Chalmas *in* Jacquot et Munier-Chalmas, *Sur l'existence de l'Éocène inférieur dans la Chalosse et sur la position des couches de Bos-d'Arros*, Comptes rendus des séances de l'Acad. des sciences, 1886.

Espèce de taille moyenne, allongée, ovale, arrondie en avant et en arrière. Face supérieure plus ou moins renflée, uniformément bombée, épaisse sur les bords. Face inférieure presque plane, subpulvinée, légèrement déprimée aux approches du péristome. Sommet ambulacraire un peu excentrique en avant. Aires ambulacraires pétaloïdes, larges, très ouvertes à leur extrémité, cessant brusquement d'être pétaloïdes à quelque distance de l'ambitus, inégales, l'aire ambulacraire antérieure sensiblement plus courte et plus étroite que les autres. Zones porifères de même longueur dans chacune des aires, composées de pores inégaux, les externes étroits et allongés, les internes arrondis, unis par un sillon, disposés par paires obliques que sépare une petite côte subflexueuse et finement granuleuse. Zone interporifère étroite près du sommet, s'élargissant en descendant vers l'ambitus, garnie de tubercules identiques à ceux qui couvrent le test. Lorsque les zones porifères cessent d'être pétaloïdes, elles se réduisent à une série linéaire de petits pores simples, aboutissant directement au péristome, près duquel les paires de pores se resserrent et se multiplient un peu. Tubercules crénelés, perforés, profondément scrobiculés, espacés à la face supérieure, plus nombreux dans la région inframarginale. Granulation intermédiaire fine, abondante, homogène. Péristome pentagonal, un peu irrégulier, transverse, muni d'un rudiment de floscelle, granuleux sur les bords, à fleur de test, s'ouvrant dans une dépression très atténuée de la face inférieure. Périprocte inframarginal, ovale, longitudinal, superficiel, entamant très fortement le bord postérieur, visible à la fois et d'en haut et d'en bas, mais beaucoup plus apparent à la face inférieure. Appareil apical assez grand, compacte, muni de quatre pores génitaux, remarquable par le développement de la plaque madréporiforme qui occupe le milieu de l'appareil ; les autres plaques sont relativement très petites.

Les échantillons que nous rapportons à cette espèce sont de taille variable, mais très constants dans leurs caractères. Si, chez certains individus, le périprocte parait s'avancer un peu plus bas sur la face inférieure, il n'en reste pas moins marginal, et cette différence d'aspect est due au bord postérieur, qui est plus ou moins renflé et pulviné.

Hauteur, 28 millimètres; diamètre antéro-postérieur, 60 millimètres ; diamètre transversal, 50 millimètres.

Individu de forme plus large : hauteur, 29 millimètres ; diamètre antéro-postérieur, 66 millimètres ; diamètre transversal, 57 millimètres.

Rapports et différences. — Cette espèce, par l'ensemble de ses caractères, est très voisine de l'*O. Michelini;* elle s'en distingue par sa forme plus ovale et plus épaisse, par sa face inférieure plus déprimée autour du péristome, plus sensiblement pulvinée sur les bords, surtout par la position de son périprocte, qui entame fortement l'ambitus postérieur et se trouve visible à la fois de la face supérieure et de la face inférieure.

Localités. — Pont de Loutz près Louer, Biholoup (Landes). Assez rare, Éocène supérieur.

Collection de M. Hébert, Institut catholique (Tournouër).

Explication des figures. — Pl. 137, fig. 1, *O. Heberti* de Louer, de la collection de M. Hébert, vu de côté; fig. 2, face supérieure; fig. 3, face inférieure; fig. 4, appareil apical grossi; fig. 5, plaques ambulacraires grossies; fig. 6, tubercules interambulacraires grossis. — Pl. 138, fig. 1, le même exemplaire, vu sur la face postérieure; fig. 2, autre exemplaire, de la collection de M. Hébert, de Biholoup, vu de côté; fig. 3, péristome grossi.

5e Genre. — CASSIDULUS, Lamarck, 1816.

Cassidulus, Lamarck, 1816; Agassiz, 1836 et 1840; Agassiz et Desor, 1847; d'Orbigny, 1853; Wright, 1856, etc., tous les auteurs.

Test de taille moyenne, ovale, arrondi en avant, subrostré en arrière, plus ou moins renflé en dessus, plan en dessous. Sommet ambulacraire subcentral. Aires ambulacraires pétaloïdes, se rétrécissant un peu, fermées ou à peine ouvertes à l'extrémité. Zones porifères formées de pores inégaux, unis par un sillon, disposés par paires obliques que sépare une bande étroite et granuleuse. Tubercules très petits à la face supérieure, finement crénelés, perforés et scrobiculés, plus gros et moins nombreux à la face inférieure que partage, dans le sens du diamètre antéro-postérieur, une bande dépourvue de gros tubercules et plus ou moins apparente. Péristome pentagonal, un peu excentrique en avant, muni d'un floscelle très prononcé. Périprocte oblong, s'ouvrant en dessus, à la face postérieure, à la naissance d'un sillon plus ou moins évasé. Appareil apical compacte; plaque madréporiforme saillante, se prolongeant au centre de l'appareil.

Nous réunissons au genre *Cassidulus* plusieurs espèces qui diffèrent du type par leur face inférieure concave et pulvinée, au lieu d'être tout à fait plane ; ces espèces se rapprochent des *Echinanthus*, mais comme elles présentent, sur la face inférieure, la bande lisse qui caractérise les *Cassidulus*, nous avons préféré les laisser dans ce dernier genre.

Rapports et différences. — Les *Cassidulus* sont bien caractérisés par leur forme oblongue, par leur face inférieure ordinairement plane et traversée par une bande longitudinale et lisse, par leurs tubercules très petits à la face supérieure, par leur péristome entouré d'un floscelle très prononcé, par leur périprocte longitudinal, plus ou moins évasé et s'ouvrant sur la face postérieure. Leur taille en général peu développée, leur face inférieure plane et la présence d'une bande longitudinale sur la face inférieure les éloignent des *Echinanthus*. D'Orbigny a démembré des *Cassidulus*, les *Rhynchopygus*, dont le périprocte est transverse et recouvert par une saillie plus ou moins proéminente, échancrée des deux côtés.

Le genre *Cassidulus* a commencé à se montrer dans le terrain crétacé moyen et supérieur, et renferme un assez grand nombre d'espèces éocènes.

N° 127. — **Cassidulus faba**, Defrance, 1817.

Pl. 139.

Cassidulus faba,	Defrance, *Dict. des sc. nat.*, t. VII, p. 227, 1817.
— —	Agassiz, *Catal. syst. Ectyp. foss. Échinod. Musei neoc.*, p. 4, 1840.
Lenita faba,	Agassiz et Desor, *Catal. rais. des Échin.*, p. 84, 1847.
Nucleolites faba,	Agassiz et Desor, *id.*, p. 93, 1847.
Cassidulus faba,	Graves, *Essai sur la topog. géogn. du départ. de l'Oise*, p. 687, 1847.
— —	Bronn, *Index paléont.*, p. 244, 1848.
Nucleolites faba,	Sorignet, *Oursins foss. de deux arrondiss. du dép. de l'Eure*, p. 42, 1850.
Lenita faba,	Pictet, *Traité de paléont.*, 2e édit., t. IV, p. 419, 1858.
Cassidulus faba,	Desor, *Synop. des Échin. foss.*, p. 289, 1858.
— —	Dujardin et Hupé, *Hist. nat. des Zooph., Échinod.*, p. 583, 1862.

Espèce de petite taille, allongée, arrondie en avant, subrostrée en arrière. Face supérieure médiocrement renflée, déclive sur les côtés, obliquement tronquée dans la région postérieure. Face inférieure tout à fait plane, tranchante sur les bords. Sommet ambulacraire excentrique en avant. Aires ambulacraires pétaloïdes, inégales, effilées, se rétrécissant à l'extrémité, tout en restant ouvertes. Zones porifères assez larges, formées de pores inégaux, les pores internes arrondis, les pores externes allongés, étroits, unis par un sillon, disposés par paires obliques, cessant brusquement d'être pétaloïdes à une assez grande distance de l'ambitus. Zone interporifère plus large vers le milieu que l'une des zones porifères. Les aires ambulacraires paires antérieures sont très divergentes et un peu moins longues que les autres. Tubercules très fins, scrobiculés, serrés, abondants, homogènes, plus gros et plus espacés à la face inférieure, qui présente, au milieu, une bande longitudinale presque entièrement recouverte de petites dépressions scrobiculaires irrégulières. Péristome excentrique en avant, pentagonal, un peu allongé, entouré d'un floscelle apparent. Périprocte aigu à sa partie supérieure, s'ouvrant au fond d'un petit sillon subtriangulaire qui s'atténue et disparaît avant d'arriver au bord. Appareil apical muni de quatre pores génitaux, les deux antérieurs un peu plus rapprochés que les deux autres; plaque madréporiforme se prolongeant au milieu de l'appareil; plaques ocellaires très petites.

Exemplaire type de l'espèce : hauteur, 6 millimètres; diamètre antéro-postérieur, 19 millimètres; diamètre transversal, 14 millimètres.

Rapports et différences. — Cette espèce, très anciennement connue, ne saurait être confondue avec aucune autre; elle sera toujours parfaitement reconnaissable à sa forme allongée, très peu élevée et subrostrée en arrière, à sa face inférieure tout à fait plane et même déprimée, tranchante sur les bords, à son péristome allongé, subpentagonal, excentrique en avant, à son périprocte placé à la face postérieure, au sommet d'un sillon subtriangulaire.

Localité. — Saint-Félix (Oise). Rare. Étage éocène moyen.

École des Mines de Paris (Michelin), ma collection.

EXPLICATION DES FIGURES. — Pl. 139, fig. 1, *C. faba*, de la collection de l'École des Mines de Paris (type de l'espèce), vu de côté; fig. 2, face supérieure; fig. 3, face inférieure; fig. 4, face postérieure; fig. 5, face antérieure; fig. 6, portion de la face supérieure, grossie; fig. 7, portion de la face inférieure, grossie; fig. 8, autre exemplaire, de taille plus forte, de la collection de l'École des Mines, vu de côté; fig. 9, autre exemplaire, de l'École des Mines, vu sur la face inférieure.

N° 128. — **Cassidulus Sorignetі**, Michelin, 1849.

Pl. 140, fig. 1-5.

Espèce de taille moyenne, allongée, arrondie en avant, subrostrée en arrière. Face supérieure renflée en forme de toit, déclive sur les côtés, échancrée et obliquement inclinée dans la région postérieure. Face inférieure plane, déprimée, un peu relevée sur les côtés, tranchante sur les bords. Sommet ambulacraire excentrique en avant. Aires ambulacraires pétaloïdes, courtes, inégales, l'aire antérieure plus longue que les autres, les aires paires antérieures très divergentes, les aires postérieures beaucoup plus rapprochées, formant un angle aigu, les unes et les autres rétrécies, effilées, à peine ouvertes à l'extrémité, à l'exception de l'aire ambulacraire impaire qui est moins effilée. Zones porifères larges, formées de pores inégaux, les internes circulaires, les externes étroits, allongés, unis par un sillon. Zone interporifère un peu moins large que l'une des zones porifères. Tubercules très petits, scrobiculés, abondants, serrés, homogènes, plus gros et plus espacés à la face inférieure qui est assez mal conservée et présente cependant les traces de la bande longitudinale qui partage, au milieu, la face inférieure. Le péristome, aux trois quarts détruit, était entouré d'un floscelle apparent. Périprocte relativement assez grand, s'ouvrant au sommet de la face postérieure, dans un sillon triangulaire, qui se prolonge, très atténué, jusqu'au bord. Appareil apical muni de quatre pores génitaux ; la plaque madréporiforme pénètre au centre de l'appareil.

Hauteur, 13 millimètres ; diamètre antéro-postérieur, 28 millimètres ; diamètre transversal, 21 millimètres.

Rapports et différences. — Nous ne connaissons de cette espèce qu'un seul exemplaire décrit depuis longtemps par Michelin ; il se distingue très nettement de ses congénères par sa face supérieure déclive sur les côtés et s'élevant en forme de toit, par sa face postérieure fortement échancrée, par son périprocte subtriangulaire, par sa face inférieure très plane et relevée sur les bords. L'espèce se rapproche un peu du *C. faba*, que nous avons décrit précédemment ; elle en diffère par sa taille plus forte, par sa face supérieure renflée en forme de toit, par sa face postérieure échancrée et amincie sur le bord, par son périprocte triangulaire et largement ouvert, par ses aires ambulacraires plus inégales et autrement disposées.

Localités. — Four, Fontenay (Eure). Très rare. Éocène moyen (1).

École des Mines de Paris (coll. Michelin).

Explication des figures. — Pl. 140, fig. 1, *C. Sorigneti*,

(1) En décrivant cette espèce, dans nos *Échinides nouveaux ou peu connus* (*loc. cit.*, 1863), nous avons indiqué par erreur qu'elle provenait du calcaire pisolithique de Montainville (Oise).

vu de côté ; fig. 2, face supérieure ; fig. 3, face inférieure ; fig. 4, face postérieure ; fig. 5, portion de la face supérieure grossie.

N° 129. — **Cassidulus Munieri**, Cotteau, 1888.

Pl. 140, fig. 6-10.

Cassidulus Sorigneti, Michelin *in* Goubert, *Quelques mots sur l'étage éocène moyen dans le bassin de Paris*, Bull. soc. géol. de France, 2e série, t. XVII, p. 147, pl. II, fig. 3, 1859.

— — Cotteau, *Échin. nouv. ou peu connus*, 1re série, p. 160, pl. XXI, fig. 1-3, 1863.

Espèce de taille moyenne, allongée, arrondie et un peu étroite en avant, dilatée et subrostrée en arrière. Face supérieure uniformément renflée, ayant sa plus grande épaisseur en arrière du sommet apical, légèrement et obliquement tronquée dans la région postérieure. Face inférieure plane, presque tranchante en avant et en arrière, un peu renflée et arrondie sur les côtés. Sommet ambulacraire excentrique en avant. Aires ambulacraires pétaloïdes, larges, effilées, se rétrécissant à leur extrémité, tout en restant un peu ouvertes. Aire ambulacraire antérieure plus droite et un peu plus longue que les autres. Zones porifères bien développées, formées de pores inégaux, les internes arrondis, les externes étroits, allongés, unis par un sillon et disposés par paires obliques. Zone interporifère relativement large, plus étendue que l'une des zones porifères. Les aires ambulacraires cessent d'être pétaloïdes à une assez grande distance de l'ambitus et se réduisent à de petits pores simples, espacés, qui se multiplient autour du péristome. Tubercules fins, scrobiculés, abondants, serrés et homogènes sur toute la face supérieure, paraissant beaucoup plus gros, plus espacés à la face inférieure, et laissant à peine voir la bande lisse marquée de dépressions qui s'étend au milieu. Péristome très excentrique en avant, subpentagonal, un peu allongé, entouré d'un floscelle apparent. Périprocte étroit, s'ouvrant à la face postérieure, au sommet d'un sillon profond qui s'atténue et disparaît avant d'arriver à l'ambitus. L'appareil apical n'est pas conservé.

Hauteur, 13 millimètres; diamètre antéro-postérieur, 30 millimètres; diamètre transversal, 25 millimètres.

Rapports et différences. — Cette espèce, par sa taille, par sa forme générale, rappelle le *C. Sorigneti;* elle en diffère par sa face supérieure moins renflée, moins épaisse sur les bords, par sa face postérieure plus obliquement tronquée, par sa face inférieure plus plane et latéralement moins pulvinée, par ses aires ambulacraires relativement plus larges et moins effilées, par ses zones interporifères plus développées et plus pétaloïdes, par son péristome plus excentrique en avant. Notre espèce offre également quelque ressemblance avec le *C. testudinarius*, du Vicentin, mais cette dernière espèce sera toujours reconnaissable à sa taille plus petite, à sa forme plus oblongue, à sa face postérieure plus obliquement tronquée, à sa face inférieure beaucoup moins plane, concave au milieu, très sensiblement pulvinée sur les bords.

Localité. — Chalosse (Landes). Très rare. Éocène inférieur.

Coll. de la Sorbonne (M. Jacquot).

Explication des figures. — Pl. 140, fig. 6, *C. Munieri*, vu de côté ; fig. 7, face supérieure ; fig. 8, face inférieure ; fig. 9, face postérieure ; fig. 10, aire ambulacraire postérieure grossie.

N° 130. — **Cassidulus Vasseuri**, Cotteau, 1888.

Pl. 141.

Espèce de grande taille, allongée, arrondie en avant, subrostrée en arrière. Face supérieure renflée, déclive en avant et sur les côtés, obliquement tronquée en arrière. Face inférieure tout à fait plane, tranchante sur les bords. Sommet ambulacraire un peu excentrique en avant. Aires ambulacraires pétaloïdes, inégales, l'aire antérieure plus droite, un peu plus large et plus ouverte que les autres. Aires ambulacraires paires antérieures plus courtes ; aires postérieures plus longues, plus effilées, subflexueuses, et à peine ouvertes à leur extrémité. Zones porifères bien développées, cessant d'être pétaloïdes à une assez grande distance du bord, composées de pores inégaux, les internes petits, arrondis, les externes étroits, allongés, unis par un sillon, disposés par paires obliques que sépare une bande granuleuse. Tubercules très petits, épars, serrés à la face supérieure, plus gros, plus espacés à la face inférieure que partage une bande lisse, garnie, sur certains points, de petites dépressions inégales, irrégulières. Péristome très excentrique en avant, pentagonal, un peu allongé, entouré d'un floscelle très apparent ; les phyllodes sont courts, étroits à leur base et ne renferment qu'un petit nombre de pores ; les protubérances interambulacraires sont très accentuées.

Périprocte s'ouvrant au sommet de la face postérieure, dans un sillon très aigu qui descend en s'élargissant vers le bord et entame légèrement l'ambitus. Appareil apical petit, compact, à en juger par l'empreinte qu'il a laissée.

Hauteur, 17 millimètres; diamètre antéro-postérieur, 50 millimètres; diamètre transversal, 35 millimètres.

Rapports et différences. — Cette espèce ne saurait être confondue avec aucune autre; elle est remarquable par sa grande taille, par sa forme oblongue, arrondie en avant, subrostrée et émarginée en arrière, par sa face inférieure tout à fait plane, par ses aires paires postérieures plus développées que les aires paires antérieures, les unes et les autres larges et un peu ouvertes à l'extrémité, par son péristome subpentagonal, très excentrique en avant, muni d'un floscelle accentué, par son périprocte placé dans un sillon aigu à sa partie supérieure, s'élargissant en descendant vers le bord. La physionomie générale de cette espèce rappelle le *C. Benedicti*, de l'Éocène des environs de Bordeaux. Cette dernière espèce, de taille un peu moins forte, s'en distingue par sa forme encore plus étroite, par sa face inférieure très plate, tranchante sur les bords et sensiblement relevée sur les côtés : ce sont deux types très curieux, voisins l'un de l'autre, mais cependant bien distincts.

Localité. — Fresville (Manche). Très rare. Éocène moyen.

Collection de la Sorbonne (M. G. Vasseur).

Explication des figures. — Pl. 141, fig. 1, *C. Vasseuri*, vu de côté; fig. 2, face supérieure; fig. 3, face inférieure; fig. 4, face postérieure; fig. 5, aire ambulacraire grossie; fig. 6, péristome et portion de la face inférieure, grossis.

N° 131. — **Cassidulus Benedicti**, Des Moulins, 1872.

Pl. 142, fig. 1-3.

Cassidulus Benedicti, Des Moulins, *in litteris*, 1872.
— — Cotteau, *Échin. nouv. ou peu connus*, 1re sér., p. 162, pl. XXI, fig. 4, 1872.

Espèce de grande taille, très allongée, arrondie en avant, légèrement rostrée en arrière. Face supérieure renflée, subgibbeuse dans la région antérieure, obliquement déclive et paraissant un peu amincie dans la région postérieure. Face inférieure évidée, plane en avant et en arrière, relevée de chaque côté, tranchante sur les bords. Le sommet apical, les aires ambulacraires et le périprocte ne sont pas visibles, mais la face inférieure est admirablement conservée. Les tubercules qui paraissent fins, serrés, homogènes à la face supérieure, sont beaucoup plus gros en dessous, visiblement crénelés, perforés, scrobiculés, bordés de granules et disposés en séries obliques assez régulières ; en se rapprochant de l'ambitus, les tubercules diminuent de volume, se resserrent et sont entourés de granules plus fins. Les aires ambulacraires, très étroites à la face inférieure et composées de hautes plaques et de pores à peine visibles, s'élargissent autour du péristome, formant un floscelle très apparent. Les phyllodes contiennent des séries de petits pores disposés par paires espacées et unis par un sillon. La rangée interne est plus régulière et renferme une plus grande quantité de pores que la rangée externe. Les phyllodes sont séparés par des boutons saillants et granuleux. Péristome excentrique en avant, pentagonal, allongé, déprimé. La face inférieure est traversée dans toute sa longueur par une large bande subgranuleuse et dépourvue de gros tubercules.

Hauteur, 16 millimètres; diamètre antéro-postérieur, 42 millimètres; diamètre transversal, 28 millimètres et demi.

Rapports et différences. — Cette espèce, dont nous ne connaissons ni les aires ambulacraires, ni le périprocte, ni l'appareil apical, nous a paru appartenir au genre *Cassidulus;* elle sera toujours parfaitement reconnaissable à sa grande taille, à sa forme très allongée, à sa face inférieure plane, évidée, relevée et tranchante sur les bords, à l'étroitesse de ses aires ambulacraires sur la face inférieure, à la structure de son périprocte et du floscelle qui l'entoure.

Localité. — Blaye (Gironde). Très rare. Éocène moyen. Muséum de Bordeaux (Coll. Benoist).

Explication des figures. — Pl. 142, fig. 1, *C. Benedicti*, vu de côté; fig. 2, face inférieure; fig. 3, face inférieure grossie.

N° 132. — **Cassidulus ovalis**, Cotteau, 1856.

Pl. 142, fig. 4-8.

Cassidulus ovalis, Leymerie et Cotteau, *Catal. des Échin. foss. des Pyrénées*, Bull. Soc. géol. de France, 2e sér., t. III, p. 332, 1856.

— — Desor, *Synopsis des Échin. foss.*, p. 290, 1858.

— — Dujardin et Hupé, *Hist. nat. des zooph. Échinod.*, p. 583, 1862.

— — Cotteau, *Échin. foss. des Pyrénées*, p. 87, pl. IV, fig. 1-5, 1863.

— — Leymerie, *Descript. géol. et paléont. des Pyrénées de la Haute-Garonne*, p. 817, 1881.

Espèce de petite taille, oblongue, ovale, légèrement renflée en dessus, subconcave en dessous, arrondie en avant, tronquée obliquement en arrière. Sommet excentrique en avant. Aires ambulacraires sensiblement pétaloïdes. Zones porifères composées, à la face supérieure, de pores très inégaux, les internes ovales, subcirculaires, les externes obliques, allongés et unis aux premiers par un sillon. Un peu au-dessous de l'ambitus, les pétales ambulacraires s'interrompent brusquement; les pores deviennent simples, beaucoup plus petits, sont disposés par paires obliques et disparaissent au milieu des tubercules; ils se montrent de nouveau près du péristome et forment un floscelle très apparent. Tubercules crénelés, scrobiculés, très petits en dessus, augmentant de volume à la face inférieure qui présente, dans le sens du diamètre antéro-postérieur, une bande dépourvue de tubercules, marquée çà et là de petites dépressions irrégulières. Péristome un peu excentrique en avant, allongé, entouré de cinq bourrelets saillants, alternant avec les phyllodes porifères. Périprocte supramarginal, ovale, correspondant à une dépression assez sensible du test. Appareil apical subpentagonal, remarquable par la grandeur de la plaque madréporiforme; plaques génitales, au nombre de quatre, largement perforées.

Hauteur, 10 millimètres; diamètre antéro-postérieur, 17 millimètres; diamètre transversal, 15 millimètres.

Rapports et différences. — Cette espèce se distingue nettement de ses congénères et notamment du *C. lapis-cancri*, par sa forme plus renflée, plus ovale et tronquée moins obliquement, par son périprocte allongé, par sa face inférieure plus déprimée.

Localité. — Boussan (Haute-Garonne). Éocène moyen.

Musée de Toulouse (Coll. Leymerie).

Explication des figures. — Pl. 142, fig. 4, *C. ovalis*, vu de côté; fig. 5, face supérieure; fig. 6, face inférieure; fig. 7, face postérieure; fig. 8, aire ambulacraire antérieure grossie. Ces cinq figures sont copiées dans les *Échinides des Pyrénées*, pl. IV, fig. 1-5.

Résumé géologique sur les Cassidulus.

Nous connaissons, dans le terrain tertiaire éocène de la France, six espèces de *Cassidulus:* une seule espèce s'est rencontrée dans l'Éocène inférieur, *C. Munieri*. Les cinq autres espèces, *C. faba*, *Sorigneti*, *Vasseuri*, *Benedicti* et *ovalis*, appartiennent à l'étage éocène moyen.

La *Synopsis* de Desor mentionne quatre espèces de *Cassidulus* éocènes, *C. faba* et *ovalis*, que nous avons décrits, et deux espèces étrangères à la France, *C. amygdala* et *C. patelliformis*. Nous donnons plus loin la diagnose du *C. aymgdala*. Quant au *C. patelliformis*, du terrain tertiaire inférieur de Georgie (États-Unis), son périprocte, transverse au lieu d'être allongé, ne permet pas de le laisser parmi les *Cassidulus;* Desor, du reste, ne l'avait placé qu'avec beaucoup de doute dans ce dernier genre. Au *C. amygdala*, il y a lieu de joindre le *C. testudinarius*, que Desor a réuni au genre *Echinanthus*, mais qui est un véritable *Cassidulus*.

Cassidulus amygdala, Desor, 1853, *Archiv. de la Soc. phys. et nat*, t. XXIV, p. 143. — *Id.*, *Actes Soc. helvét. des sc. nat.*, 38e session, p. 277, 1853. — *Id.*, Desor, *Synopsis des Échin. foss.*, p. 290, 1857. — *Id.*, Dujardin et Hupé, *Hist. nat. des Zooph. Échinod.*, p. 583, 1862. — *Id.*, Ooster, *Synopsis des Échin. des Alpes suisses*, p. 72. — *Id.*, De Loriol, *Descript. des Échin. tertiaires de la Suisse*, p. 49, pl. III, fig. 5 et 6, 1875. Espèce ovale, allongée, uniformément convexe en dessus, légèrement déprimée dans la région postérieure, tout à fait plane en dessous. Sommet ambulacraire excentrique en avant. Aires ambulacraires très pétaloïdes, presque fermées à leur extrémité. Tubercules petits, serrés et homogènes à la face supérieure, notablement plus développés à la face inférieure, sauf une bande longitudinale médiane. Péristome excentrique en avant, à fleur de test, subpentagonal, muni d'un floscelle très apparent. Périprocte ovale, rapproché du bord postérieur, s'ouvrant dans un sillon large et profond qui disparaît bien avant le bord, ne donnant lieu qu'à une faible dépression du test. Yberg (Schwytz). Éocène moyen, Musée de Zurich.

Cassidulus testudinarius, Brongniart, 1822, *Mém. sur les terr. de séd. sup. calcaréo-trapp. du Vicentin*, p. 83, pl. V, fig. 15. — *Nucleolites testudinarius*, Des Moulins, *Tableaux synon.*, p. 356, 1836. — *Cassidulus testudinarius*, Agassiz et Desor, *Catal. rais. des Échin.*, p. 99, 1847. — *Nucleolites testudinarius*, Bronn, *Index paléont.*, p. 819, 1848. — *Echinanthus testudinarius*, Desor, *Synops. des Échin. foss.*, p. 293, 1857. — *Nucleolites testudinarius*, Laube, *Ein Beit. zur Kenntniss der Echinod. des Vicent. tertiär.*, p. 20, pl. V, fig. 4, *a*, *b*, *c*, *d*, 1868. — *Id.*, Dames, *Die Echin. der vicent. und veron. tertiärabl.*, p. 27, 1877. — *Id.*, Bittner, *Beit. zur Kenntniss Alttert. Echiniden faunen der südalpen*, p. 34, pl. I, fig. 6, *a*, *b*, *c*. Espèce de taille moyenne, ovale, arrondie et un peu étroite en avant, légèrement dilatée et subrostrée en arrière, uniformément renflée en dessus, obliquement tronquée dans la région postérieure, subconcave en dessous, pulvinée sur les bords. Tubercules très petits en dessus, beaucoup plus gros à la face inférieure qui présente les traces d'une bande lisse, dépourvue de gros tubercules, marquée de petites dépressions irrégulières. Aires ambulacraires pétaloïdes, étroites, médiocrement développées. Péristome pentagonal, allongé, muni d'un floscelle très apparent. Périprocte placé dans un sillon étroit, profond, atténué vers le bord. Quatre pores génitaux. S. Giovanni Ilarione (Vicentin). Geolog. Sammelang, ma collection. C'est à tort que nous avons, dans nos *Échinides fossiles des Pyrénées*, p. 95, pl. IV, fig. 11-14, rapporté au *Cassidulus testudinarius*, sous le nom d'*Echinanthus testudinarius*, Desor, un échinide, qui appartient à un tout autre type, et que nous décrivons un peu plus loin parmi les espèces du genre *Echinanthus*.

Cassidulus ellipticus, Duncan et Sladen, 1882, *Monog. of the foss. Echinoidea of Sind*, p. 65, pl. XV, fig. 7-10. Espèce de taille assez forte, allongée, arrondie en avant, subrostrée et évidée en arrière, régulièrement convexe en dessus, plane en dessous, présentant, sur la face inférieure, une bande longitudinale dépourvue de gros tubercules, marquée de petites dépressions éparses, irrégulières. Sommet ambulacraire un peu excentrique en avant. Aires ambulacraires fortement pétaloïdes, resserrées, mais ouvertes à leur extrémité, inégales, les deux aires paires antérieures un peu plus courtes que les autres. Tubercules très petits à la face supérieure, beaucoup plus gros en dessous, de chaque côté de la bande longitudinale. Péristome excentrique en avant, muni d'un floscelle très apparent. Périprocte subtriangulaire, aigu au sommet, s'élargissant vers la base. Appareil apical pourvu de quatre pores génitaux. Au nord-est de Petiáni, à l'ouest de Kotri. Ranikot series.

Cassidulus subinvaginatus, Duncan et Sladen, 1884, *Monog. of the foss. Echinoidea of Sind*, p. 182, pl. XXXIII, fig. 17-20. Espèce de petite taille, allongée, arrondie en avant, subrostrée et obliquement tronquée en arrière, ayant sa plus grande hauteur dans la région postérieure, au-dessus du périprocte, déprimée et subconcave en dessous, légèrement renflée sur les bords. Sommet ambulacraire excentrique en avant. Aires ambulacraires fortement pétaloïdes, assez larges. Péristome excentrique en avant, peu distinct dans l'exemplaire décrit. Périprocte placé dans un sillon très étroit, aigu au sommet, disparaissant avant d'atteindre le bord postérieur. Baili, à l'ouest de Tong. Khirthar Series.

Les quatre espèces de *Cassidulus* étrangères à la France dont nous venons de donner la description élèvent à dix le nombre des *Cassidulus* éocènes connus.

6e Genre. — PYGORHYNCHUS, Agassiz, 1840.

Nucleolites, Defrance, 1825.
Pygorhynchus, Agassiz, 1840; Agassiz et Desor, 1847; d'Orbigny, 1853; Wright, 1856, etc., tous les auteurs.

Test de taille moyenne, oblong, plus ou moins renflé en dessus, arrondi en avant, subtronqué en arrière, plan en dessous. Sommet ambulacraire subcentral. Aires ambulacraires pétaloïdes, plus ou moins ouvertes à leur extrémité, ordinairement longues et inégales, les postérieures plus allongées que les autres. Zones porifères formées de pores inégaux, unis par un sillon, disposés par paires obliques. Tubercules très petits à la face supérieure, finement crénelés, perforés et scrobiculés, plus gros et moins nombreux à la face inférieure que partage, dans le sens du diamètre antéro-postérieur, une bande dépourvue de gros tubercules, paraissant lisse, mais en réalité finement granuleuse et couverte çà et là de petites incisions apparentes surtout dans la région postérieure. Péristome excentrique en avant, pentagonal, subtransversal, entouré d'un floscelle distinct, plus ou moins prononcé. Périprocte supramarginal, transverse, souvent recouvert par une légère saillie du test. Appareil apical compact, muni de quatre pores génitaux et de cinq pores ocellaires. Plaque madréporiforme se prolongeant au centre de l'appareil.

Rapports et différences. — Les *Pygorhynchus* sont voisins des *Cassidulus* par leur forme oblongue, par leur face inférieure traversée d'une bande longitudinale d'apparence lisse, par leurs tubercules très petits en dessus, plus gros à la face inférieure, par leur péristome pentagonal et entouré d'un floscelle distinct; ils en diffèrent par leur forme plus renflée, par leur face inférieure ordinairement plus pulvinée, par leur périprocte transverse, au lieu d'être longitudinal. Ce dernier caractère rapproche les *Pygorhynchus* des *Rhynchopygus;* mais ce dernier genre, tel qu'il a été caractérisé par d'Orbigny, sera facilement reconnaissable à sa taille toujours plus petite, à ses aires ambulacraires moins pétaloïdes et formées de pores presque égaux, à son périprocte plus étroit, recouvert par une expansion du test plus apparente et un peu relevée de chaque côté.

Le genre *Pygorhynchus*, connu depuis longtemps, a commencé à se montrer à l'époque tertiaire, et existe encore dans les mers actuelles. C'est au genre *Pygorhynchus* qu'appartiennent plusieurs espèces vivantes, placées par les auteurs dans le genre *Rhynchopygus*, *R. pacificus*, *R. Caraibœorum*.

N° 133 — **Pygorhynchus grignonensis** (Defrance), Agassiz, 1840

Pl. 143-145.

Nucleolites grignonensis, Defrance, *Nucleolites*, Dict. sc. nat., t. XXXV, p. 214, 1825.
— — Blainville, *Zoophytes*, Dict. sc. nat., t. LX, p. 188, 1830.
— — Des Moulins, *Études sur les Échin., tableaux synon.*, p. 358, 1836.
Pygorhynchus grignonensis, Agassiz, *Catal. syst. Ectyp. foss. Echinod. mus. neoc.*, p. 4, 1840.
— — Agassiz et Desor, *Cat. rais. des Échin.*, p. 102, 1847.
— — Graves, *Essai sur la topog. géognost. du départ. de l'Oise*, p. 687, 1847.
— — Bronn, *Index paléont.*, p. 1066, 1848.
— — d'Archiac, *Hist. des progrès de la géologie*, de 1834 à 1845, t. II, p. 590, 1849.
— — Sorignet, *Oursins foss. de deux arrondissements du département de l'Eure*, p. 44, 1850.
— — d'Orbigny, *Prodrome de paléont. strat.*, t. II, p. 399, 1850.
— — Pictet, *Traité de paléont.*, 2e édit., p. 213, 1857.
— — Desor, *Synop. des Échin. foss.*, p. 298, pl. XXI, fig. 1-3, 1858.
— — Goubert, *Quelques mots sur l'étage*

éocène moyen dans le bassin de Paris, Bull. Soc. géol. de France, 2e sér., t. XVII, p. 147, 1859.

Pygorhynchus grignonensis, Dujardin et Hupé, *Hist. nat. des zooph. Échinod.*, p. 585, 1862.

— — Quenstedt, *Petrefactenkunde Deutschlands, Echiniden*, p. 484, pl. CXXX, fig. 2, 1875.

— — Pomel, *Classif. méth. et génér. des Échin. vivants et foss.*, p. 61, 1883.

Espèce de taille moyenne, un peu allongée, arrondie en avant, légèrement tronquée en arrière. Face supérieure renflée, plus ou moins élevée, uniformément bombée, à peine un peu carénée dans la région postérieure. Face inférieure plane, pulvinée et arrondie sur les bords, subconcave autour du péristome. Face postérieure très légèrement tronquée, faiblement émarginée au-dessous du périprocte. Sommet ambulacraire un peu excentrique en avant. Aires ambulacraires pétaloïdes, légèrement renflées, un peu effilées, et cependant largement ouvertes à l'extrémité, inégales, l'aire antérieure plus droite et plus courte que les autres, les aires postérieures un peu plus longues. Zones porifères assez larges, déprimées, formées de pores petits, presque égaux, unis par un sillon très prononcé, disposés par paires obliques, serrées, séparées par une bande saillante et granuleuse, cessant brusquement d'être pétaloïdes, à quelque distance de l'ambitus, remplacées par de petits pores simples, à peine visibles au milieu des tubercules, se multipliant et se resserrant autour du péristome. Zone interporifère assez large, se rétrécissant un peu à l'extrémité. Tubercules petits, crénelés, perforés, scrobiculés, épars, abondants, homogènes sur toute la face supérieure, encore plus petits et plus serrés dans la région inframarginale, plus espacés et augmentant de volume à la face inférieure, au fur et à mesure qu'ils se rapprochent du péristome; granulation intermédiaire fine, égale, serrée.

La face inférieure présente au milieu une bande longitudinale dépourvue de tubercules, lisse en apparence, en réalité couverte de granules, visible surtout dans la région postérieure et disparaissant complètement vers le bord antérieur. Péristome un peu excentrique en avant, pentagonal, subtransverse, granuleux sur les bords, muni d'un floscelle apparent. Périprocte transverse, supramarginal, visible de la face supérieure, au-dessus d'une dépression vague et très atténuée. Appareil apical pourvu de quatre pores génitaux, les deux antérieurs plus rapprochés que les deux autres ; la plaque madréporiforme, très développée, est saillante et occupe le milieu de l'appareil.

Cette espèce varie dans sa forme, toujours oblongue, mais plus ou moins allongée ; la face supérieure ordinairement est régulièrement bombée. Chez quelques exemplaires, elle se renfle et prend un aspect subconique ; parfois au contraire elle se déprime, s'élargit et est relativement très peu élevée. La face postérieure présente, chez certains échantillons plus allongés que les autres, les traces d'une carène plus ou moins prononcée ; dans les exemplaires courts et tronqués, les traces de la carène disparaissent complètement. La longueur des aires ambulacraires varie également un peu ; elles sont ordinairement bien développées ; quelquefois cependant, elles affectent une forme plus étroite et plus effilée. Nous avons sous les yeux deux exemplaires du calcaire grossier de

Chaumont, appartenant à cette dernière variété et qui ne sauraient cependant être séparés du type. La bande lisse et dépourvue de gros tubercules qui partage la face inférieure, dans le sens du diamètre antéro-postérieur, est apparente chez presque tous les exemplaires ; parfois cependant elle est envahie par les gros tubercules et disparaît alors en partie.

Hauteur, 21 millimètres ; diamètre antéro-postérieur, 37 millimètres ; diamètre transversal, 33 millimètres.

Variété déprimée : hauteur, 15 millimètres ; diamètre antéro-postérieur, 30 millimètres ; diamètre transversal, 28 millimètres.

Variété subconique : hauteur, 19 millimètres ; diamètre antéro-postérieur, 28 millimètres ; diamètre transversal, 16 millimètres.

Rapports et différences. — Bien que variable dans sa forme et dans sa taille, cette espèce sera toujours reconnaissable à son aspect oblong, arrondi en avant, à sa face supérieure plus ou moins élevée, mais régulièrement convexe, à son sommet excentrique en avant, à sa face inférieure pulvinée et subconcave au milieu, à son péristome pentagonal, muni d'un floscelle distinct, à son périprocte assez élevé et visible seulement d'en haut. Plusieurs caractères rapprochent du *P. grignonensis* le *P. Mayeri*, du terrain nummulitique de la Suisse, que M. de Loriol a cru devoir en séparer et qui s'en distingue effectivement par sa forme plus régulièrement ovale, non tronquée en arrière, par son périprocte ouvert plus près du bord, au sommet d'une aréa rentrante, visible seulement d'en bas, tandis que, chez le *P. grignonensis*, il ne se voit que de la face supérieure.

Histoire. — Le *P. grignonensis*, connu depuis longtemps, a été signalé souvent par les auteurs. Desor, en 1858, en a donné, dans le *Synopsis des Échinides fossiles*, une excellente figure, mais l'espèce n'avait jamais été décrite avec détail; placée dans l'origine parmi les *Nucleolites*, elle a servi, en 1840, de type au genre *Pygorhynchus*. Dans nos *Échinides fossiles des Pyrénées*, nous avons indiqué, comme se rencontrant à Biarritz et dans la montagne des Corbières, le *P. grignonensis*. Un nouvel examen nous a démontré que ces exemplaires, en raison de leur forme subcirculaire et de l'étroitesse de leurs zones porifères, s'éloignaient du *P. grignonensis* et se rapprochaient davantage du *P. Desori*. Desor et plus tard Ooster avaient signalé le *P. grignonensis* dans le terrain nummulitique de la Suisse. Suivant M. de Loriol, les exemplaires appartiendraient à une tout autre espèce, qu'il décrit et figure sous le nom de *P. Mayeri*. Dans l'état actuel de nos observations, il nous paraît établi que le *P. grignonensis* est spécial au bassin parisien.

Localités. — Vaugirard (Seine); Grignon-les-Boves, Guisy, Chaussy, Banthelu (Seine-et-Oise); les Groux, Ully-Saint-Georges, Chaumont, Liancourt, Fontenay-en-Vexin, Reilly (Oise); Fours, Écos, Beauregard (Eure); Fismes (Marne); Luzancy (Seine-et-Marne); Brasles, Laon, les Creuettes (Aisne). Assez commun. Éocène moyen.

École des Mines de Paris, collection de M. Hébert, collection de la Sorbonne, Institut catholique, collection Gauthier, ma collection.

Explication des figures. — Pl. 143, fig. 1, *P. grignonensis*, de Grignon, de ma collection, vu de côté; fig. 2, face supérieure; fig. 3, face inférieure; fig. 4, portion supérieure du test grossie; fig. 5, pores ambulacraires fortement grossis. — Pl 144, fig. 1, le même exemplaire, vu sur la face antérieure; fig. 2, face postérieure; fig. 3, péristome et portion de la face inférieure, grossis; fig. 4, autre exemplaire, variété allongée, de Chaumont, de la collection de l'École des mines, vu de côté; fig. 5, face supérieure; fig. 6, face inférieure. — Pl. 145, fig. 1, autre exemplaire, variété déprimée, de Fismes (Marne), de la collection de l'École des mines, vue de côté; fig. 2, face supérieure; fig. 3, autre exemplaire, de Grignon, de la collection de l'École des mines, vu de côté; fig. 4, face inférieure; fig. 5, autre variété, de Liancourt, de la collection de M. Hébert, vue de côté; fig. 6, face supérieure; fig. 7, autre exemplaire, de Fontenay-en-Vexin, de la collection de M. Hébert, vu sur la face inférieure, montrant que la bande lisse longitudinale a disparu en grande partie; fig. 8, exemplaire de petite taille, de Brasles, de la collection de M. Hébert, vu de côté; fig. 9, portion de la bande longitudinale grossie.

N° 134. — **Pygorhynchus Gregoirei**, Cotteau, 1880.

Pl. 146 et 147, fig. 1-5.

Pygorhynchus Gregoirei, Cotteau, *Descript. des Échin. tertiaires de la Belgique*, p. 37, pl. III, fig. 9-13, 1880.

— — Cotteau, *Note sur les Échin. des terrains tertiaires de la Belgique*, p. 1, Comptes rendus des séances de l'Académie des sciences, 1880.

— — Cotteau, *Note sur les Échin. des terrains tertiaires de la Belgique*, Bull. Soc. géol. de France, 3e sér., t. IX, p. 215, 1881.

— — Mourlon, *Géol. de la Belgique*, p. 181, 1881.

Espèce de taille moyenne, ovale, allongée, arrondie en avant, un peu dilatée et subtronquée en arrière. Face supérieure médiocrement renflée, uniformément bombée, ayant sa plus grande hauteur à peu près au point qui correspond au sommet apical. Face inférieure subconcave autour du péristome, arrondie et subpulvinée en avant, plus aplatie dans l'aire interambulacraire postérieure. Sommet ambulacraire excentrique en avant. Aires ambulacraires pétaloïdes, subcostulées, lancéolées, effilées, ouvertes à leur extrémité, tout en se rétrécissant sensiblement, inégales, les aires postérieures un peu plus longues que les autres, l'aire antérieure plus courte et plus étroite. Zones porifères peu larges, composées de pores presque égaux, les externes cependant un peu plus allongés que les autres, unis par un sillon, disposés par paires obliques que sépare une bande granuleuse, plus ou moins distincte. Zone interporifère beaucoup plus large que l'une des zones porifères, également effilée à l'extrémité. A quelque distance de l'ambitus, les aires ambulacraires cessent d'être pétaloïdes; les pores deviennent très petits et ne sont plus visibles; ils reparaissent dans les phyllodes qui entourent le péristome, mais ils sont petits, rapprochés les uns des autres et peu abondants. Tubercules nombreux, homogènes, fortement scrobiculés, fins à la face supérieure, un peu plus gros aux approches du péristome, recouvrant toute la surface du test, à l'exception de la bande granuleuse, qui occupe, à la face inférieure, le milieu de l'aire interambulacraire postérieure, et se prolonge un peu sur l'aire ambulacraire antérieure. Cette bande, dépourvue de tubercules, indépendamment des granules, présente, sur plusieurs points, et parfaitement distinctes, de petites impressions profondes, inégales, irrégulières et disposées sans ordre. Péristome pentagonal, transversal, très excentrique en avant, s'ouvrant dans une dépression du test, entouré d'un floscelle apparent. Périprocte subtransversal, souvent un peu arrondi, supramarginal, assez éloigné du bord. Appareil apical compact, granuleux, muni de quatre pores génitaux.

Un des exemplaires que nous avons sous les yeux, faisant partie de la collection de l'École des mines, offre un cas de monstruosité qu'il importe de signaler : les deux zones porifères internes des aires ambulacraires postérieures sont anormales. Dans l'aire ambulacraire de gauche, les pores de la partie supérieure de la zone porifère interne sont atrophiés, presque simples, irrégulièrement disposés, tandis que dans l'aire ambulacraire de droite, c'est la partie inférieure de la zone porifère interne qui est sensiblement modifiée ; les pores cessent alors d'être unis par un sillon, deviennent simples et sont irrégulièrement disposés. Un renflement particulier de la région supérieure de l'aire ambulacraire postérieure de droite accompagne cette monstruosité, qui n'a du reste, au point de vue organique, qu'une importance secondaire, et ne paraît pas avoir nui au développement complet et régulier de l'individu.

Hauteur, 13 millimètres; diamètre antéro-postérieur, 27 millimètres; diamètre transversal, 24 millimètres.

Échantillon de Belgique (type de l'espèce) : hauteur, 13 millimètres ; diamètre antéro-postérieur, 33 millimètres; diamètre transversal, 30 millimètres.

Rapports et différences. — Cette espèce est assurément très voisine du *P. grignonensis ;* elle nous a paru cependant s'en distinguer par sa taille un peu moins forte, par sa face supérieure beaucoup moins renflée, un peu déclive sur les côtés, quelquefois légèrement carénée dans la région postérieure ; par son sommet ambulacraire plus excentrique en avant ; par ses aires ambulacraires plus larges, plus effilées, plus costulées, moins ouvertes à leur extrémité ; par son périprocte placé plus obliquement et un peu plus éloigné du bord postérieur.

Localités. — Vanves, Gentilly, Clamart (Seine) ; Chaumont (Oise) ; Fontenay-en-Vexin (Seine-et-Oise) ; Gisors (Eure) ; Parfondru, la Maison-Rouge à Aubigny (Aisne). Rare. Éocène moyen.

École des mines de Paris, coll. de M. Hébert, ma collection.

Localités autres que la France. — Saint-Gilles près Bruxelles, Dieghem. Rare. Laekenien.

Explication des figures. — Pl. 146, fig. 1, *P. Gregoirei*, de la station de Clamart, de ma collection, vu de côté ; fig. 2, face supérieure ; fig. 3, face inférieure ; fig. 4, face antérieure ; fig. 5, face postérieure ; fig. 6, portion de la face supérieure grossie ; fig. 7, autre exemplaire, variété à aires ambulacraires plus étroites, de Fontenay-en-Vexin, de la coll. de M. Hébert, vu de côté ; fig. 8, face supérieure ; fig. 9, face postérieure. — Pl. 147, fig. 1, exemplaire présentant une monstruosité, de Chaumont, de la collection de l'École des mines de Paris, vu de côté ; fig. 2, face supérieure ; fig. 3, face postérieure ; fig. 4, aires ambulacraires postérieures grossies ; fig. 5, péristome et zone longitudinale de la face inférieure, pris sur un autre exemplaire, de Chaumont, de ma collection, grossis.

N° 135. — **Pygorhynchus Heberti**, Cotteau, 1888.

Pl. 147, fig. 6-9.

Espèce de taille moyenne, oblongue, allongée, étroite et arrondie en avant, subrostrée en arrière. Face supérieure uniformément bombée, subcarénée dans la région postérieure, très obliquement déclive au-dessous du périprocte, ayant sa plus grande épaisseur un peu en arrière du sommet apical. Face inférieure subconcave autour du péristome et en avant, plane dans l'aire ambulacraire postérieure, pulvinée latéralement. Sommet ambulacraire très excentrique en avant. Aires ambulacraires pétaloïdes, subcostulées, un peu lancéolées, mais très ouvertes à leur extrémité, inégales, l'aire antérieure longue, presque droite, plus étroite que les autres, les deux aires postérieures beaucoup plus étendues que les aires antérieures. Zones porifères assez larges, formées de pores inégaux, unis par un sillon, les internes arrondis, les externes allongés, virgulaires, disposés par paires obliques séparées par une bande de test granuleux. Zone interporifère beaucoup plus large que l'une des zones porifères. Le test est un peu usé ; on reconnaît cependant qu'il était partout recouvert de tubercules homogènes, scrobiculés, fins à la face supérieure, un peu plus gros aux approches du péristome, laissant entre le péristome et le bord postérieur une bande lisse en apparence, mais en réalité granuleuse, et marquée çà et là de petites impressions irrégulières. Péristome excentrique en avant, pentagonal, muni d'un floscelle apparent, irrégulier par suite de la compression du test. Périprocte subcirculaire, superficiel, s'ouvrant à la base de la carène dorsale, au sommet d'une aréa subtriangulaire, vaguement circonscrite, et qui se prolonge en s'atténuant jusqu'au bord. Appareil apical muni de quatre pores génitaux.

Hauteur, 17 millimètres; diamètre antéro-postérieur, 40 millimètres; diamètre transversal, 30 millimètres.

Rapports et différences. — Nous ne connaissons, de cette espèce, qu'un seul exemplaire, mais il diffère si nettement des autres *Pygorhynchus* que nous n'avons pas hésité à en faire le type d'une espèce nouvelle. Elle se distinguera toujours facilement du *P. grignonensis* par sa forme beaucoup plus allongée et plus étroite, par sa face supérieure moins élevée, par sa face inférieure plus concave, par son sommet ambulacraire plus excentrique en avant, par son aire ambulacraire impaire relativement plus longue, par ses aires ambulacraires paires moins effilées, plus ouvertes à leur extrémité, par son péristome paraissant plus pentagonal et moins transverse, par son périprocte plus circulaire, s'ouvrant un peu plus haut, à la base d'une carène dorsale très prononcée.

Localité. — Issy (Seine). Très rare. Éocène moyen.

Coll. de la Sorbonne.

Explication des figures. — Pl. 147, fig. 6, *P. Heberti*, vu de côté; fig. 7, face supérieure; fig. 8, face inférieure; fig. 9, face postérieure.

N° 136. — **Pygorhynchus Desnoyersi**, Desor, 1857.

Pl. 148 et 149.

Pygorhynchus Desnoyersi, Desor, *Synopsis des Echin. foss.*, p. 298, 1857.

Pygorhynchus Desnoyersi, Dujardin et Hupé, *Hist. nat. des zooph. Échinod.*, p. 585, 1862.

— — Bonissent, *Essai géol. sur le département de la Manche*, p. 319, 1870.

Espèce de taille assez forte, allongée, subcylindrique, aussi large en avant qu'en arrière, arrondie dans la région antérieure, subtronquée verticalement sur la face postérieure. Face supérieure épaisse, renflée, uniformément bombée, ayant sa plus grande hauteur en arrière du sommet apical. Face inférieure presque plane, légèrement concave autour du péristome, arrondie et subpulvinée sur les bords. Sommet ambulacraire excentrique en avant. Aires ambulacraires subcostulées, inégales, l'aire antérieure ordinairement plus droite et plus étroite que les autres. Aires ambulacraires paires effilées, mais ouvertes à leur extrémité, inégales, les antérieures presque transverses, subflexueuses, les aires postérieures plus longues et plus rapprochées. Zones porifères à peine déprimées, peu développées, formées de petits pores inégaux, les internes arrondis, les externes plus allongés, unis par un sillon, disposés par paires obliques que sépare une petite bande étroite, saillante, granuleuse. Le plus souvent, les zones porifères des aires ambulacraires paires sont de même longueur; cependant, chez un exemplaire de grande taille que nous avons sous les yeux, elles sont inégales : la zone externe, dans les aires ambulacraires paires, est un peu plus courte que l'autre, tandis que dans les aires postérieures paires, c'est la zone porifère interne qui descend un peu moins bas. Zone interporifère plus ou moins large, légèrement costulée, plus courte à la base dans les aires postérieures que dans les aires antérieures, couverte de tubercules identiques à ceux qui garnissent les aires interambulacraires. Tubercules abondants, épars, scrobiculés, finement crénelés et perforés, petits à la face supérieure, plus serrés dans la région marginale, un peu plus gros, plus fortement scrobiculés et plus espacés aux approches du péristome, laissant lisse une bande bien distincte, finement granuleuse, qui s'étend sur la face inférieure, en avant et en arrière du péristome ; en arrière, elle se prolonge jusqu'au bord; en avant, elle disparaît, envahie par les tubercules, à quelque distance de l'ambitus. Péristome pentagonal, légèrement transverse, granuleux sur les bords, muni d'un floscelle très apparent; les phyllodes, bien que les pores soient peu nombreux, sont nettement accusés. Périprocte transverse, assez grand, s'ouvrant à peu de distance du bord. Appareil apical étroit, allongé, pourvu de quatre pores génitaux, les deux antérieurs plus rapprochés que les deux autres ; plaque madréporiforme bien développée, occupant le milieu de l'appareil ; plaques ocellaires très petites.

Nous avons fait figurer, comme appartenant à cette espèce, un moule intérieur, provenant de Fresville et faisant partie de la collection de l'Institut catholique ; il est de petite taille, épais, subcylindrique, et remarquable par le renflement très prononcé des aires ambulacraires, à la face supérieure.

Hauteur, 26 millimètres; diamètre antéro-postérieur, 48 millimètres; diamètre transversal, 38 millimètres.

Exemplaire de taille plus petite : hauteur, 22 millimètres; diamètre antéro-postérieur, 35 millimètres; diamètre transversal, 29 millimètres.

Rapports et différences. — Cette espèce est très voisine du *P. grignonensis*, avec lequel quelques auteurs l'ont confondue; elle nous a paru cependant s'en distinguer par plusieurs caractères apparents, surtout lorsque l'on compare une certaine série d'individus. Le *P. Desnoyersi* sera toujours reconnaissable, quels que soient sa taille et son âge, à sa forme plus cylindrique, plus épaisse et plus régulièrement bombée en dessus, aussi large en avant qu'en arrière; à ses aires ambulacraires paraissant plus étroites à leur extrémité, bien que ce caractère ne soit pas constant; à sa face inférieure pulvinée; à son péristome plus pentagonal et muni d'un floscelle plus accusé; à son périprocte plus largement ouvert.

Localités. — Nehou, Mare Chapuy, Fresville, Orglandes, Hauteville, Gouberville (Manche). Assez commun. Calcaire noduleux, Éocène moyen.

Musée de Cherbourg (Coll. de Gerville), Coll. Hébert, Coll. de la Sorbonne (Velain, Vasseur), Institut catholique, Coll. Bigot, ma collection.

Explication des figures. — Pl. 148, fig. 1, *P. Desnoyersi*, du musée de Cherbourg, vu de côté; fig. 2, face supérieure; fig. 3, face inférieure; fig. 4, portion de la face supérieure, grossie. — Pl. 149, fig. 1, le même exemplaire, vu sur la face antérieure; fig. 2, face postérieure; fig. 3, péristome et bande finement granuleuse, grossis; fig. 4, autre exemplaire, de taille plus petite, de la coll. de M. Bigot, vu sur la face supérieure; fig. 5, face postérieure; fig. 6, moule intérieur, de Fresville, de la collection de l'Institut catholique, vu de côté; fig. 7, face supérieure; fig. 8, face postérieure.

N° 137. — **Pygorhynchus Carentonensis**, Cotteau, 1888.

Pl. 150, fig. 1-6.

Espèce de petite taille, allongée, arrondie en avant, partout de même largeur, subtronquée en arrière. Face supérieure assez élevée, régulièrement convexe, ayant sa plus grande hauteur au point qui correspond au sommet ambulacraire, légèrement carénée dans la région postérieure. Face inférieure presque plane, subconcave aux approches du péristome, pulvinée sur les bords, un peu déprimée sur l'aire interambulacraire postérieure. Sommet ambulacraire excentrique en avant (1). Aire ambulacraire impaire étroite, longue. Aires ambulacraires paires de médiocre longueur, non effilées, très ouvertes à leur extrémité, inégales, les aires antérieures un peu arrondies, presque transverses, les aires postérieures beaucoup plus longues. Zones porifères étroites, formées de petits pores à peu près égaux, les internes un peu plus allongés que les autres. Zone interporifère relativement large, couverte de petits tubercules identiques à ceux qui garnissent les aires interambulacraires. Zones porifères de même étendue dans chacune des aires ambulacraires. Tubercules abondants, épars, scrobiculés, petits à la face supérieure, plus gros et beaucoup plus espacés à la face inférieure. La bande dépourvue de tubercules, qui s'étend du péristome à l'ambitus postérieur, n'est pas très visible dans l'exemplaire unique que nous avons sous les yeux.

(1) Le sommet est beaucoup plus excentrique en avant que dans la figure 2 de la planche 150.

Péristome médiocrement développé, pentagonal, étoilé, très excentrique avant, muni d'un floscelle atténué. Périprocte de petite taille, transverse, recouvert par une expansion du test, s'ouvrant à la base de la carène très atténuée de la face postérieure.

Hauteur, 14 millimètres; diamètre antéro-postérieur, 28 millimètres; diamètre transversal, 23 millimètres.

Rapports et différences. — Cette petite espèce est bien caractérisée par sa forme allongée, aussi large en avant qu'en arrière, par sa face supérieure régulièrement convexe, vaguement carénée dans la région postérieure et légèrement proéminente au-dessus du périprocte, par sa face inférieure presque plane, à peine un peu pulvinée sur les bords, par son sommet très excentrique en avant, par ses aires ambulacraires grêles, étroites, allongées, très ouvertes à leur extrémité. L'étroitesse de ses aires ambulacraires donne à cette espèce quelque ressemblance avec le *P. Desori*, de l'Éocène supérieur de Biarritz; elle en diffère certainement par sa taille, par sa forme allongée au lieu d'être subcirculaire, par sa face inférieure plus plane, par son sommet plus excentrique en avant, par ses aires ambulacraires encore plus grêles, par son péristome et son périprocte relativement plus petits.

Localité. — Saint-Palais (Charente-Inférieure). Très rare. Éocène moyen.

Collection de la faculté des sciences de Nancy (Coll. Delbos).

Explication des figures. — Pl. 150, fig. 1, *P. Carentonensis* vu de côté; fig. 2, face supérieure; fig. 3, face inférieure; fig. 4, face antérieure; fig. 5, face postérieure; fig. 6, portion de la face supérieure, grossie.

N° 138. — **Pygorhynchus Gauthieri**, Cotteau, 1888.

Pl. 150, fig. 7-10 et pl. 151, fig. 1-6.

Espèce de taille moyenne, un peu plus longue que large, arrondie et légèrement rétrécie en avant, dilatée et subtronquée en arrière. Face supérieure médiocrement renflée, subconvexe, déclive sur les côtés, ayant sa plus grande hauteur dans la région postérieure, qui est carénée. Face inférieure presque plane, à peine pulvinée sur les bords. Sommet ambulacraire subcentral, un peu rejeté en avant. Aire ambulacraire impaire plus droite et plus étroite que les autres. Aires ambulacraires paires lancéolées, effilées et presque fermées à leur extrémité, inégales ; les aires antérieures subflexueuses, et un peu plus courtes que les autres. Zones porifères assez larges, formées de pores inégaux, les internes arrondis, les externes allongés, unis par un sillon bien accusé, disposés par paires très obliques que sépare une bande saillante et finement granuleuse. Zone interporifère effilée, relativement étroite, à peine un peu plus large que l'une des zones porifères. Dans les aires ambulacraires paires postérieures, la zone porifère interne est sensiblement plus courte que l'autre. L'étoile ambulacraire n'est pas très développée, et les zones porifères cessent d'être pétaloïdes à une assez grande distance du bord. Tubercules abondants, épars, scrobiculés, finement crénelés et perforés, petits à la face supérieure, un peu plus gros et plus espacés aux approches du péristome. La bande dépourvue de tubercules, qui s'étend du péristome à l'ambitus postérieur, est assez visible. Péristome pentagonal, étoilé, subtransverse, excentrique en avant, muni d'un floscelle distinct. Périprocte étroit, transverse, recouvert par une légère expansion du test s'ouvrant un peu au-dessus du bord, à la face postérieure, au-dessous de la carène médiane.

Hauteur, 15 millimètres; diamètre antéro-postérieur, 33 millimètres ; diamètre transversal, 32 millimètres.

Individu de petite taille : hauteur, 10 millimètres; diamètre antéro-postérieur, 20 millimètres ; diamètre transversal, 18 millimètres.

Rapports et différences. — Nous ne connaissons qu'un petit nombre d'exemplaires appartenant à cette espèce; ils nous ont paru se distinguer des autres espèces de *Pygorhynchus* par leur forme subcirculaire un peu allongée, arrondie en avant, subdilatée en arrière, tronquée dans la région postérieure; par leur face supérieure médiocrement renflée, déclive sur les côtés, sensiblement carénée en arrière; par leur face inférieure plane, à peine pulvinée sur les bords; par les aires ambulacraires courtes, effilées, presque fermées à leur extrémité; par leur zone interporifère étroite; par leur péristome pentagonal, excentrique en avant; par leur périprocte étroit et transverse, s'ouvrant au-dessus du bord, à la base de la carène postérieure. L'étroitesse du périprocte recouvert par une légère expansion du test nous avait engagé d'abord à réunir cette espèce aux *Rhynchopygus*, mais ce dernier genre est remarquable par la double échancrure latérale qui marque l'expansion anale.

Localités. — Montolieu, Aragon (Aude). Rare. Tertiaire éocène moyen.

Coll. Gauthier, Toucas.

Explication des figures. —Pl. 150, fig. 7, *P. Gauthieri*,

de Montolieu, de la collection de M. Gauthier, vu du côté; fig. 8, face supérieure; fig. 9, face inférieure; fig. 10, aire ambulacraire antérieure grossie. — Pl. 151, fig. 1, le même exemplaire figuré pl. 150, vu sur la face postérieure; fig. 2, individu plus jeune, d'Aragon (Aude), de la collection de M. Toucas, vu de côté; fig. 3, face supérieure; fig. 4, face inférieure; fig. 5, face postérieure; fig. 6, aire ambulacraire paire postérieure, grossie.

N° 139. — **Pygorhynchus Desori**, d'Archiac, 1847.

Pl. 151, fig. 7-9, pl. 152 et 153.

Pygorhynchus Desori,	d'Archiac in Agassiz et Desor, *Catal. rais. des Échin.*, p. 102, 1847.
— —	d'Archiac, *Descript. des foss. du groupe numm.*, Mém. soc. géol. de France, 2e sér., t. III, p. 422, pl. X, fig. 18, *a*, *b*, 1850.
— —	d'Orbigny, *Prod. de pal. strat.*, t. II, p. 331, 1850.
— —	Leymerie et Cotteau, *Catal. des Échin. foss. des Pyrénées*, Bull. soc. géol. de France, 2e sér., t. XIII, p. 333, 1856.
— —	Pictet, *Traité de paléont.*, 2e édit. t. IV, p. 213, 1857.
— —	Desor, *Synopsis des Échin. foss.*, p. 298, 1857.
— —	Dujardin et Hupé, *Hist. nat. des zooph. Échinod.*, p. 585, 1862.
— —	Cotteau, *Échin. foss. des Pyrénées*, p. 101, 1863.
Pygorhynchus grignonensis, (non Agassiz).	Cotteau, *id.*, p. 101, 1863.
Pygorhynchus Desori,	Pellat, *Note sur les falaises de*

	Biarritz, Bull. soc. géol. de France, 2e sér., t. XXI, p. 677, 1863.
Pygorhynchus grignonensis, (non Agassiz)	Pellat, *id.*, p. 677, 1863.
— —	Cotteau, *Note sur les Échin. des couches numm. de Biarritz*, Bull. soc. géol. de France, 2e sér., t. XXI, p. 85, 1863.
Pygorhynchus Desori,	Cotteau, *id.*, p. 85, 1863.
— —	Jacquot, *Descript. géol. des falaises de Biarritz*, p. 52, Actes de la soc. linnéenne de Bordeaux, t. XXV, 1864.
Pygorhynchus grignonensis, (non Agassiz)	Jacquot, *id.*, p. 52, 1864.
Pygorhynchus Desori,	Comte de Bouillé, *Paléont. de Biarritz et de quelques autres loc. des Basses-Pyrénées*, p. 15, 1873.
— —	Comte de Bouillé, *Paléont. de Biarritz*, p. 53 et 66, Soc. des sc., lettres et arts de Pau, 1876.
Pygorhynchus grignonensis, (non Agassiz)	Comte de Bouillé, *id.*, p. 66, 1876.

Espèce de taille assez forte, subcirculaire, un peu plus longue que large, arrondie en avant, très légèrement rostrée et tronquée en arrière. Face supérieure renflée, uniformément bombée, un peu plus élevée dans l'aire interambulacraire postérieure, ayant sa plus grande épaisseur en arrière du sommet apical. Face inférieure plane, subconcave autour du péristome, à peine pulvinée sur les bords. Sommet ambulacraire subcentral, légèrement rejeté en avant. Aires ambulacraires longues, étroites, subcostulées, très ouvertes à leur extrémité, inégales; aire impaire plus droite; aires paires antérieures arrondies au sommet, presque transverses; aires paires postérieures plus longues que les autres. Zones porifères très étroites, composées de petits pores presque égaux, les externes cependant un peu plus allongés que les pores internes, ne paraissant pas unis par un sillon, disposés par paires plus ou moins obliques. Dans les aires paires antérieures, la zone porifère externe est sensiblement plus courte que l'autre. Dans les aires paires postérieures, c'est la zone porifère interne qui est la moins longue. Tubercules crénelés, perforés, scrobiculés, épars, abondants, serrés et de petite taille à la face supérieure, un peu plus gros et plus fortement scrobiculés à la face inférieure, surtout aux approches du péristome, laissant, à la face inférieure, une bande subgranuleuse, très apparente et très nettement circonscrite, entre le péristome et le bord postérieur. Péristome assez grand, pentagonal, subtransverse, muni d'un floscelle peu prononcé, s'ouvrant dans une dépression assez profonde. Périprocte subtransverse, placé audessus du bord.

Le *P. Desori* n'est pas très rare dans les falaises de Biarritz, notamment à la Gourèpe, et nous en avons sous les yeux une nombreuse série qui nous a permis de rattacher au type plusieurs individus qui paraissent, au premier aspect, s'en éloigner. L'échantillon recueilli par M. Pratt, et qui a servi à d'Archiac pour établir l'espèce, fait aujourd'hui partie de la collection de l'École des mines de Paris : il est de taille relativement très petite, de forme tout à fait circulaire, et remarquable par ses aires ambulacraires grêles, formées de zones porifères très étroites. L'espèce atteint des dimensions beaucoup plus considérables, et certains exemplaires sont deux et trois fois plus développés, tout en conservant parfaitement les caractères du type. Chez quelques échantillons, nous voyons le test s'allonger un peu et les aires ambulacraires devenir plus larges, ainsi que les zones porifères. Pour ces exemplaires, point de difficultés, et nous n'avons jamais hésité à les réunir au *P. Desori;* mais à côté de ces exemplaires, il s'en rencontre d'autres, beaucoup plus allongés, chez lesquels les aires ambulacraires sont sensiblement plus développées et les zones porifères formées de pores inégaux, unis par un sillon bordé de petites bandes granuleuses. Dans l'origine, nous avons rapporté ces exemplaires au *P. grignonensis;* nous renonçons aujourd'hui à ce rapprochement, car les aires ambulacraires, chez le *P. grignonensis*, sont plus pétaloïdes et plus effilées. Nous préférons quant à présent y voir des variétés du *P. Desori*, auquel les relient quelques exemplaires intermédiaires.

Provisoirement nous réunissons également au *P. Desori* un exemplaire de taille moyenne, provenant de la collection du comte de Bouillé. Il se distingue de tous les autres échantillons que nous connaissons par sa face supérieure gibbeuse et subconique en avant, fortement déclive en arrière, par ses aires ambulacraires effilées, tout en étant largement ouvertes, par sa face inférieure plane, à peine arrondie sur les bords, par son périprocte circulaire et très développé. Nous ne connaissons de cette variété qu'un seul exemplaire assez mal conservé. Si d'autres échantillons étaient rencontrés plus tard, il y aurait lieu peut-être d'en faire une espèce particulière, en raison surtout de la forme circulaire de son périprocte; en tout cas c'est une variété curieuse à signaler.

Type figuré par d'Archiac : hauteur, 15 millimètres ;

diamètre antéro-postérieur et diamètre transversal, 28 millimètres.

Exemplaire de grande taille : hauteur, 25 millimètres ; diamètre antéro-postérieur, 47 millimètres ; diamètre transversal, 45 millimètres.

Variété à aires ambulacraires larges : hauteur 22 millimètres ; diamètre antéro-postérieur, 40 millimètres ; diamètre transversal, 33 millimètres.

Variété subconique : hauteur, 19 millimètres ; diamètre antéro-postérieur, 30 millimètres ; diamètre transversal 27 millimètres.

Rapports et différences. — Le *P. Desori*, tel qu'on le rencontre le plus souvent dans les couches de Biarritz, quelles que soient les variations de sa taille, se distingue nettement des autres *Pygorhynchus*, et sera toujours facilement reconnaissable à sa forme subcirculaire, un peu plus longue que large, à sa face supérieure uniformément bombée, à sa face inférieure plane, concave autour du péristome, à ses aires ambulacraires longues et grêles, à ses zones porifères étroites, formées de pores très petits et presque égaux, à son péristome assez grand, transverse, muni d'un floscelle atténué. Quant à la variété beaucoup plus rare que nous avions réunie au *P. grignonensis*, nous avons reconnu que, si elle s'éloignait du type du *P. Desori* par sa forme allongée et ses aires ambulacraires plus larges, elles se distinguait plus encore du *P. grignonensis* par sa forme moins dilatée en arrière, par ses aires ambulacraires moins effilées et par conséquent plus ouvertes à leur extrémité.

Localités. — La Gourépe, Cachaou près Biarritz (Basses-Pyrénées). Assez commun. Éocène supérieur.

École des mines de Paris (MM. Pratt, Jacquot) ; Coll.

Pellat, comte de Bouillé, Degrange-Touzin, ma collection.

Explication des figures. — Pl. 151, fig. 7, *P. Desori*, de grande taille, de la collection de M. Pellat, vu de côté; fig. 8, face supérieure; fig. 9, face inférieure. — Pl. 152, fig. 1, le même exemplaire, vu sur la face postérieure; fig. 2, portion de la face supérieure, grossie; fig. 3, exemplaire de taille moins forte, de la coll. de M. Pellat, vu de côté; fig. 4, face supérieure; fig. 5, péristome et bande longitudinale granuleuse, grossis; fig. 6, exemplaire de petite taille, type de l'espèce, de la collection de l'École des mines de Paris (M. Pratt), vu de côté; fig. 7, face supérieure. — Pl. 153, fig. 1, *P. Desori*, de la collection de M. Pellat, vu sur la face supérieure; fig. 2, individu jeune, de la collection de M. de Bouillé, vu sur la face supérieure; fig. 3, face inférieure; fig. 4, exemplaire à aires ambulacraires très larges, de ma collection, vu sur la face supérieure; fig. 5, face inférieure; fig. 6, face postérieure; fig. 7, variété subconique, de la collection de M. de Bouillé, vue de côté fig. 8, face supérieure; fig. 9, face postérieure.

Résumé géologique sur les Pygorhynchus.

Nous connaissons en France sept espèces de *Pygorhynchus*.

Six espèces appartiennent à l'Éocène moyen, *P. grignonensis, Gregoirei, Heberti, Desnoyersi, Delbosi*, et *Gauthieri*.

Une seule espèce, *P. Desori*, provient de l'Éocène supérieur.

Dans le *Synopsis des Échinides fossiles*, Desor mentionne huit espèces de *Pygorhynchus* éocènes ; trois d'entre elles, *P. grignonensis*, *Desnoyersi* et *Desori*, sont décrites et figurées dans notre ouvrage. Le *P. subcylindricus*, ainsi que nous l'avons reconnu, est un fossile crétacé, appartenant au genre *Oolopygus*, probablement notre *Oolopygus Orbignyi*. Le *P. Wrighti* est un *Echinanthus*, dont nous aurons à nous occuper plus tard ; les trois autres espèces sont des *Pygorhynchus*, étrangers à la France et dont nous allons donner la diagnose :

Pygorhynchus Gouldi, Bouvé, 1847, *A new Echinus from the millstone grit of Georgia*, Ann. nat. hist., XX, p. 142. — Id., Silleman journal, III, p. 437, 1847. — *Nucleolites Mortoni*, Conrad, *Descript. of one new cretaceous and seven new eocene foss.*, Philadelphia journal Acad. nat. sc., II, p. 40, pl. I, fig. 2, 1850-1854. — *Pygorhynchus Gouldi*, Bouvé, *Descript. of new sp. of. foss. Echinoderms from the lower tert. rocks of Georgia*, Boston, Soc. nat. hist. Proc. IV, p. 2, 1851-1854. — Id., Desor, *Synops. des Échin. foss.*, p. 299, 1857. — Id. Dujardin et Hupé, *Hist. nat. des zooph. Échinod.* p. 585, 1862. Espèce de taille assez grande, subcirculaire, plus longue que large. Face supérieure renflée, subconique dans la région antérieure, obliquement déclive en arrière. Sommet ambulacraire excentrique en avant. Aires ambulacraires larges, lancéolées, se rapprochant du bord, inégales, l'aire antérieure un peu plus étroite que les autres. Péristome très excentrique, situé au tiers antérieur. Périprocte transverse. Géorgie (États-Unis). Rare. Éocène. Musée de Boston.

Pygorhynchus Lyelli (Gould), Cotteau 1888, *Nucleolites Lyelli*, Conrad, *Descript. one new cretaceous and seven new eocene fossils*, Philadelphia journal, Acad. nat.

sc., II, p. 40, pl. 1, fig. 14, 1850-1854. Espèce de petite taille, ovale, déprimée, un peu plus longue que large, peu élevée, régulièrement convexe à la face supérieure et vaguement carénée dans la région postérieure. Face inférieure plane. Sommet ambulacraire très excentrique en avant. Aires ambulacraires longues, pétaloïdes, ouvertes à leur extrémité, les aires postérieures plus développées que les autres. Périprocte transverse. Baker. Très rare. Éocène.

Pygorhynchus testudo, Forbes, 1856, *Report on the foss. invertebrata from southern India*, p. 161, pl. XIX, fig. 2. — *Id.*, Desor, *Synopsis des Échin. foss.*, p. 299, 1857. — *Id.*, Dujardin et Hupé, *Hist. nat. des zooph. Échinod.*, p. 585, 1862. Cette espèce, par sa forme générale, rappelle le *P. grignonensis*, mais elle est plus déprimée en avant et plus haute en arrière. Environs de Pondichéry, Cunliffe. Éocène.

Pygorhynchus planatus, Forbes, 1856, *Report on the foss. invertebrata from southern India*, p. 162, pl. XIX, fig. 3. — *Id.*, Desor, *Synopsis des Échin. foss.*, p. 299, 1857. — *Id.*, Dujardin et Hupé, *Hist. nat. des zooph. Échinod.*, p. 585, 1862. Très voisine de la précédente, cette espèce s'en distingue par sa face supérieure plus plane et moins déprimée en avant. Peut-être, suivant M. Desor, n'en est-elle qu'une variété? Environs de Pondichéry, Cunliffe. Éocène.

Pygorhynchus Mayeri, P. de Loriol, 1875. — *Pygorhynchus grignonensis*, Desor, *Arch. des sc. phys. et nat. de Genève*, t. XXIV, p. 143, 1853. — *Id.*, Desor, *Actes de la Soc. helv. des sc. nat.*, 38e session, Porrentruy, p. 272, 1853. — *Id.*, Ooster, *Synops. des Échin. des Alpes suisses*, p. 74, pl. XII, fig. 7, 1865. — *Pygorhynchus Mayeri*, P. de

Loriol, *Descript. des oursins tert. de la Suisse*, p. 51, pl. V, fig. 2-5, 1875. — *Id.*, Dames, *Die Echiniden der vicent. und veron tertiärablag.*, p. 28, 1877. Espèce ovale, allongée, arrondie en avant, un peu rétrécie en arrière, ordinairement déprimée en dessus, plane en dessous, un peu évidée autour du péristome. Sommet ambulacraire excentrique en avant. Voisine du *P. grignonensis*, avec lequel elle a été confondue dans l'origine, cette espèce s'en distingue par sa forme plus ovale, par son périprocte ouvert bien plus bas et au sommet d'une aréa rentrante, par ses aires ambulacraires plus fermées, par ses tubercules plus gros et plus espacés. Gross Steinbach, près d'Einsiedeln, Blangg près d'Yberg, Stockweide (Schwytz). Éocène.

Pygorhynchus Taramellii, Bittner, 1880, *Beitrage zur Kenntniss alttertiärer Echiniden Faunen der Südalpen*, p. 9, pl. I, fig. 7 et 8. Espèce de taille moyenne, un peu allongée, subcirculaire, arrondie en avant et en arrière, convexe et plus ou moins renflée en dessus. Sommet ambulacraire presque central, un peu rejeté en avant. Aires ambulacraires étroites, allongées, ouvertes à leur extrémité, les aires postérieures paraissant plus longues que les autres. Péristome très excentrique en avant, transverse, pentagonal, muni d'un floscelle atténué. Périprocte transverse, bien développé, placé très bas. Nugla Pedena (Dalmatie). Éocène.

Pygorhynchus Lesinensis, Bittner, 1880, *Beitrage zur Kenntniss alttertiärer Echiniden Faunen der Südalpen*, p. 11, pl. I, fig. 9. Espèce de taille assez forte, un peu allongée, subcirculaire, arrondie en avant et en arrière, plane en dessous, subpulvinée sur les bords, déprimée autour du péristome. Sommet ambulacraire presque central. Aires ambulacraires bien développées, sensiblement renflées, ouvertes à leur extrémité, les aires postérieures un peu plus longues que les autres. Zones porifères étroites. Péristome pentagonal, stelliforme, entouré d'un floscelle très accusé. Périprocte transverse, situé très bas, sans cependant être visible de la face inférieure. Lesina (Dalmatie). Éocène.

Sous le nom de *Rhynchopygus*, quelques auteurs ont décrit certaines espèces fossiles qui pourraient bien appartenir au genre *Pygorhynchus*. Mais comme nous n'avons pas sous les yeux les exemplaires types, nous préférons les laisser quant à présent dans le genre où elles ont été placées à l'origine.

Les sept espèces de *Pygorhynchus*, dont nous venons de donner la diagnose, élèvent à quatorze le nombre des *Pygorhynchus* éocènes que nous connaissons.

7e Genre. — ECHINANTHUS, Breyn, 1732.

Echinanthus,	Breyn, 1732; Desor, 1857; Cotteau, 1863, 1882; Pomel, 1868, 1883; de Loriol, 1875; Zittel, 1879; Peron et Gauthier, 1885.
Scutum,	Klein, 1734.
Clypeaster,	Munster, 1829.
Echinolampas (pars),	Agassiz, 1836; Des Moulins 1838; Dujardin *in* Lamarck, 1840.
Pygorhynchus (pars),	Agassiz, 1840; Agassiz et Desor, 1847; d'Orbigny, 1850; Desor, 1853; Cotteau, 1863.

Test très variable dans ses dimensions, oblong, plus ou moins renflé en dessus, plane et ordinairement un peu creusé en dessous. Sommet ambulacraire excentrique en avant. Aires ambulacraires pétaloïdes, plus ou moins effilées à leur extrémité, médiocrement développées. Quelquefois inégales, les postérieures plus allongées que les autres. Zones porifères formées de pores inégaux, unis par un sillon, disposés par paires obliques. Tubercules très petits, surtout à la face supérieure, perforés, paraissant dépourvus de crénelures, fortement scrobiculés, presque toujours un peu moins nombreux et plus espacés à la face inférieure, aux approches de la bouche. Péristome excentrique en avant, pentagonal, muni d'un floscelle très accusé. Périprocte ovale, longitudinal, marginal ou quelquefois supramarginal, s'ouvrant au sommet d'un sillon plus ou moins distinct. Appareil apical compact, pourvu de quatre pores génitaux, remarquable par le développement de la plaque madréporiforme qui occupe le centre de l'appareil apical; cinq plaques ocellaires perforées et très petites.

Rapports et différences. — Le genre *Echinanthus* est aujourd'hui adopté par presque tous les auteurs, tel qu'il a été circonscrit, en 1857, par Desor, dans le *Synopsis des Échinides fossiles*. C'est une coupe générique très naturelle qui a le double avantage de conserver un nom donné par Breynius, dès 1732, et d'être parfaitement reconnaissable à l'ensemble de ses caractères. Confondus dans l'origine avec les *Echinolampas*, et plus tard avec les *Pygorhynchus*, les *Echinanthus* se distinguent des premiers par leur périprocte longitudinal et supramarginal, et des seconds, par leur périprocte longitudinal, au lieu d'être transverse.

Le genre *Echinanthus* a commencé à se montrer à l'époque crétacée où il est très rare; il atteint le maximum de son développement dans le terrain éocène, devient plus rare dans les couches miocènes et n'existe plus à l'époque actuelle.

N° 140. — **Echinanthus Issyaviensis** (Klein), Munier-Chalmas, 1887.

Echinanthus,	Breyn, *Schediasma de Échinis*, p. 59, pl. IV, fig. 4-5, 1732.
Scutum issyaviense,	Klein, *Nat. dispos. Echinodermatum*, p. 29, pl. X, fig. *a*, *b*, 1734.
—	Klein, *Ordre naturel des Oursins de mer et foss.*, p. 89, pl. X, fig. E, 1754.
Echinanthus ovatus (pars),	Leske, *Natur. dispos. Echinodermatum*, p. 193, pl. XX, fig. *a*, *b*, 1778.
Clypeaster Cuvieri,	Munster *in* Goldfuss, *Petref. Mus. Univers. reg. borrus. rhen. bonn.*, p. 133, pl. XLII, fig. 2, 1829.
Echinolampas Cuvieri,	Agassiz, *Prodr. d'une monogr. des radiaires*, Mém. Soc. des sc. nat. de Neufchâtel, t. I, p. 187, 1836.
— —	Des Moulins, *Études sur les Échin.*, *tableaux synon.*, p. 348, 1836.
— —	Agassiz, *Prod. d'une monog. des radiaires*, Ann. des sc. nat., t. VII, zoologie, p. 280, 1837.
— —	Dujardin *in* Lamarck, *Animaux sans vertèbres*, t. III, p. 297, 1840.
Pygorhynchus Cuvieri,	Agassiz, *Catal. syst. Ectyp. foss. Echinod. Musei neoc.*, p. 5, 1840.
— —	Agassiz et Desor, *Catal. rais. des Échin.*, p. 102, 1847.
— —	Graves, *Essai sur la topog. géognost. du département de l'Oise*, p. 687, 1867.
— —	Bronn, *Index paleont.*, p. 1066, 1848.

Pygorhynchus affinis,	Sorignet, *Oursins foss. de deux arrondiss. du département de l'Eure*, p. 43, 1850.
Pygorhynchus Cuvieri,	d'Orbigny, *Prod. de paléont. strat.*, t. II, p. 399, 1850.
— —	Schafhautl, *Der Kressenberg in Bayern* in Leonh. und Bronn neues Jahrbuch, p. 151, 1852.
— —	Desor, *Act. Soc. helv., sc. nat.*, 38e session, p. 272, 1853.
— —	Desor, *Archives des sc. phys. et nat. de Genève*, t. XXIV, p. 143, 1853.
— —	d'Orbigny, *Paléont. française, terr. crétacés*, t. VI, p. 321, 1855.
— —	Pictet, *Traité de paléont.*, 2e éd., t. IV, p. 213, 1857.
Echinanthus Cuvieri,	Desor, *Synops. des Échin. foss.*, p. 292, pl. XXXIV, fig. 17 et 18, 1857.
— —	Goubert, *Quelques mots sur l'étage éocène moyen dans le bassin de Paris*, Bull. Soc. géol. de France, 2e sér., t. XVII, p. 147, 1859.
— —	Dujardin et Hupé, *Hist. natur. des zooph. Échinod.*, p. 583, 1862.
— —	Schafhautl, *Sud Bayern Lethea geognostica*, p. 118, pl. XVII, fig. 2, 1863.
— —	Ooster, *Synopsis des Échin. des Alpes suisses*, p. 72, 1865.
— —	Matheron, *Note sur les dépôts tert. du Médoc et les env. de Blaye*, Bull. Soc. géol. de France, 2e sér., t. XXIV, p. 202, 1867.
Cassidulus Cuvieri,	Quenstedt, *Petref. Deustchlands, Echiniden*, p. 470, pl. LXXIX, fig. 21, 1875.

Pygorhynchus Cuvieri,	De Loriol, *Descr. des Échin. tert. de la Suisse,* p. 56, pl. VII, fig. 2, 1875.
— —	Bittner, *Beiträge zur Kenntniss alttertiärer Echin. Faunen der Südalpen,* p. 36, 1880.
— —	Pomel, *Classif. meth, et genera des Échin. vivants et fossiles,* p. 61, 1883.
Echinanthus issyaviensis,	Munier-Chalmas, *in collectione,* 1887.

48.; 47. B.; Q. 8.

Espèce de taille assez forte, allongée, ovale, un peu rétrécie et arrondie en avant, dilatée en arrière du sommet, se rétrécissant de nouveau plus ou moins rapidement dans la région postérieure, qui est le plus souvent échancrée par l'aréa anale. Face supérieure bombée, renflée en forme de toit, légèrement déclive sur les côtés et très vaguement carénée en arrière. Face inférieure plane, pulvinée sur les bords, fortement creusée dans le sens du diamètre antéro-postérieur. Face postérieure courte, tronquée, émarginée. Sommet ambulacraire excentrique en avant. Aires ambulacraires pétaloïdes, courtes, assez larges, effilées, rétrécies vers l'extrémité, presque égales, l'aire antérieure plus étroite et un peu plus droite que les autres, les aires postérieures à peine plus allongées. Zones porifères bien développées, subdéprimées, formées de pores petits, inégaux, les internes arrondis, les externes étroits, allongés, unis par un sillon bien accusé, disposés par paires obliques que sépare une bande finement granuleuse, au nombre de cinquante-deux à cinquante-quatre dans les aires antérieures, de cinquante-six à cinquante-huit dans les aires postérieures. Les zones porifères sont égales dans chacune des aires, et se composent, aux approches du sommet, de pores très petits, presque simples; elles cessent brusquement d'être pétaloïdes à une grande distance de l'ambitus, et sont remplacées par des pores simples, microscopiques, dont les paires espacées sont à peine visibles au milieu des tubercules. Les pores se multiplient et deviennent plus apparents autour du péristome. Zone interporifère un peu bombée et relativement assez large surtout vers le milieu de son étendue. Tubercules petits, perforés, scrobiculés, très serrés sur toute la face supérieure et dans la région inframarginale, un peu plus espacés aux approches du péristome. Granulation intermédiaire fine, égale, abondante. Péristome excentrique en avant, pentagonal, stelliforme, granuleux sur les bords, entouré d'un floscelle très prononcé. Périprocte longitudinal, ovale, s'ouvrant au sommet d'une aréa bien distincte qui entame sensiblement le bord postérieur. Appareil apical un peu saillant; pores génitaux très ouverts, les deux antérieurs plus rapprochés que les deux autres; plaque madréporiforme très développée; pores ocellaires petits, groupés autour de la plaque madréporiforme.

Cette espèce varie dans sa forme et dans quelques-uns de ses caractères : le type est un peu allongé et toujours fortement déprimé en dessous; sa face supérieure est renflée en forme de toit. Chez certains exemplaires, la forme générale est plus dilatée, presque circulaire; la face supérieure quelquefois est régulièrement bombée et à peine saillante au milieu. Les aires ambulacraires varient aussi, et dans quelques exemplaires, elles sont plus étroites et plus allongées que dans d'autres. Le périprocte lui-même est plus ou moins ouvert, mais il est toujours accompagné d'un sillon qui entame un peu le bord postérieur et se prolonge, très atténué, sur une partie de l'aire interambulacraire inférieure.

Nous rapportons à cette espèce, mais avec quelque doute, un exemplaire recueilli à Arthon (Loire). Nous ne connaissons que la face inférieure qui est déprimée dans le sens du diamètre antéro-postérieur et présente assez bien les caractères de l'*E. issyaviensis;* il en diffère cependant un peu par sa taille plus forte et relativement plus allongée.

Hauteur, 24 millimètres; diamètre antéro-postérieur, 54 millimètres; diamètre transversal, 46 millimètres.

Variété dilatée : hauteur, 22 millimètres; diamètre antéro-postérieur, 49 millimètres; diamètre transversal, 45 millimètres.

Individu jeune : hauteur, 20 millimètres; diamètre antéro-postérieur, 37 millimètres; diamètre transversal, 34 millimètres.

Rapports et différences. — Tout en lui réunissant les diverses variétés que nous avons indiquées, l'*E. issyaviensis* forme un type bien caractérisé et qui sera toujours facile à reconnaître à sa face supérieure renflée, plus ou moins déclive sur les côtés, à sa face inférieure très déprimée dans le sens du diamètre antéro-postérieur, à son sommet apical très excentrique en avant, à ses aires ambulacraires larges, courtes, très effilées à leur extrémité, à son périprocte stelliforme, rejeté en avant et muni d'un floscelle bien accentué, à son périprocte placé assez haut, accompagné d'une aréa profonde et qui entame sensiblement l'ambitus.

Histoire. — Placée successivement dans les genres *Echinanthus, Scutum, Clypeaster, Echinolampas* et *Py-*

gorhynchus, cette espèce peut être considérée comme un des types les mieux caractérisés du genre *Echinanthus*, tel qu'il a été admis et circonscrit par Desor. Dès 1734, cette espèce avait reçu de Klein, avec une indication précise de localité, le nom d'*issyaviensis* (Issy). Aucun des auteurs qui sont venus ensuite n'a tenu compte de cette dénomination, et le nom de *Cuvieri*, donné en 1846, par Munster *in* Goldfuss, a toujours été adopté jusqu'ici. Quel que soit le regret que nous ayons d'abandonner cette dénomination sous laquelle l'espèce a été si souvent citée, nous devons revenir au nom le plus ancien, ainsi que M. Munier-Chalmas l'a fait dans la collection de la Sorbonne.

Localités. — Issy, Vaugirard (Seine); Meudon, Saint-Gervais près Magny, Charmont, Grignon (Seine-et-Oise); Reilly, Chaumont, Henonville (Oise); Gisors (Eure). Assez commun. Éocène moyen, calcaire grossier.

École des mines de Paris, collection de la Sorbonne, muséum de Paris (coll. d'Orbigny), Institut catholique, coll. Hébert, Sorignet, Gauthier, Peron, Lambert, ma collection.

Localités autres que la France. — Stœckweid près Yberg, Blangg (Schwytz); Flybach près Weesen (Saint-Gall), Suisse. — Kressemberg, Allemagne. — San Giovanni Ilarione (Vicentin).

Explication des figures. — Pl. 154, fig. 1, *E. Issyaviensis*, de Grignon, de ma collection, vu de côté; fig. 2, face supérieure; fig. 3, face inférieure; fig. 4, face postérieure; fig. 5, pores ambulacraires et tubercules de la face supérieure, grossis; fig. 6, appareil apical grossi. — Pl. 155, fig. 1, péristome pris sur le même échantillon, grossi; fig. 2, autre exemplaire, type de l'espèce (Agassiz), d'Issy, de la collection de l'École des mines de Paris, vu de côté; fig. 3, face supérieure; fig. 4, face inférieure. — Pl. 156, fig. 1, autre exemplaire plus jeune, de Grignon, de ma collection, vu de côté; fig. 2, face supérieure; fig. 3, face inférieure; fig. 4, face postérieure; fig. 5, tubercules pris à la face inférieure, grossis; fig. 6, autre exemplaire, variété à aires ambulacraires moins larges, d'Issy, de ma collection, vu sur la face supérieure; fig. 7, autre exemplaire jeune, à aires ambulacraires très étroites, de Saint-Gervais près Magny, de la collection de l'Institut catholique (abbé Sorignet), vu sur la face supérieure; fig. 8, aire ambulacraire postérieure grossie. — Pl. 157, fig. 1, exemplaire de grande taille, attribué à cette espèce, d'Arthon, de la collection de la Sorbonne (M. Vasseur), vu sur la face inférieure.

N° 141. — **Echinanthus Bonissenti**, Cotteau, 1888.

Pl. 158, fig. 4 et 5, pl. 159 et pl. 160.

Espèce de taille moyenne, allongée, ovale, arrondie et un peu rétrécie en avant et en arrière, légèrement dilatée dans la région postérieure. Face supérieure uniformément bombée, déprimée au sommet, renflée et vaguement carénée entre l'appareil apical et le périprocte. Face inférieure presque plane, subpulvinée sur les bords, plus ou moins concave autour du péristome. Face postérieure étroite, subverticalement tronquée. Sommet ambulacraire excentrique en avant. Aires ambulacraires assez larges, médiocrement étendues, pétaloïdes, rétrécies, mais ouvertes à leur extrémité, inégales, les aires postérieures un peu plus longues que les autres; l'aire antérieure est plus étroite, plus droite, plus ouverte. Zones porifères bien développées, subdéprimées, formées de pores inégaux, les internes arrondis, les externes plus étroits, allongés, unis par un sillon, disposés par paires obliques que sépare une bande granuleuse. Dans chaque aire ambulacraire, les zones porifères sont de même longueur, seulement la zone antérieure, dans les aires ambulacraires paires antérieures, est un peu moins large. Les pores diminuent de volume aux approches du sommet et deviennent presque simples. A quelque distance de l'ambitus, les zones porifères cessent brusquement d'être pétaloïdes et sont remplacées par des pores simples, microscopiques, dont les paires espacées, à peine visibles au milieu des tubercules, se resserrent, se multiplient et deviennent plus apparentes dans le floscelle qui entoure le péristome. Zone interporifère très légèrement bombée et relativement assez large. Tubercules petits, perforés, scrobiculés, ne paraissant pas crénelés, abondants et serrés à la face supérieure et dans la région marginale, un peu plus développés autour du péristome. Granulation intermédiaire fine et abondante. L'aire interambulacraire présente, à la face inférieure, entre le péristome et le bord postérieur, quelques traces plus ou moins apparentes de la bande lisse ou plutôt finement granuleuse, qui caractérise les *Pygorhynchus*. Péristome excentrique en avant, pentagonal, stelliforme, granuleux sur les bords, placé dans une dépression de la face inférieure. Périprocte ovale, longitudinal, s'ouvrant au sommet d'une aréa déprimée, atténuée sur les bords qui entame légèrement l'ambitus et disparaît en arrivant à la face inférieure ; le périprocte est situé à une assez grande distance du bord. Appareil apical muni de quatre pores génitaux, les deux pores antérieurs plus rapprochés que les deux autres.

Hauteur, 23 millimètres; diamètre antéro-postérieur, 55 millimètres; diamètre transversal, 46 millimètres?

Autre exemplaire : hauteur, 26 millimètres; diamètre antéro-postérieur, 53 millimètres; diamètre transversal, 40 millimètres.

Rapports et différences. — Cette espèce, dont nous ne connaissons qu'un petit nombre d'exemplaires, est assez variable dans sa forme plus ou moins dilatée, quelquefois subcylindrique; elle ne saurait être réunie à l'*E. Michelini*, avec laquelle on la rencontre associée, mais dont elle diffère par sa forme moins étroite, moins allongée, moins acuminée en arrière, par sa face supérieure plus déprimée, par ses aires ambulacraires moins longues, par ses tubercules moins serrés autour du péristome, par la présence, à la face inférieure, d'une bande granuleuse plus ou moins distincte, qui n'existe pas ordinairement chez les *Echinanthus*, par son péristome plus régulièrement pentagonal, par son périprocte moins étendu, placé plus haut et accompagné d'une aréa apparente bien qu'atténuée.

Nous rapportons à l'*E. Bonissenti* un moule intérieur que M. Vasseur a recueilli dans le terrain éocène d'Arthon ; il s'en rapproche certainement beaucoup par sa taille, par sa forme générale allongée, uniformément bombée en dessus, un peu renflée et rétrécie en arrière, par sa face inférieure plane, concave seulement autour du péristome, par la position de son périprocte un peu élevé au-dessus du bord. Malheureusement le test manque, et nous ne pouvons avoir une certitude absolue sur l'identité des deux espèces. Associé à ce moule intérieur, M. Vasseur a recueilli à Arthon un autre exemplaire, dont la face inférieure, garnie de son test, est seule conservée ; il paraît également identique à l'espèce qui nous occupe.

Localités. — Fresville, Orglandes (Manche) ; Arthon (Loire-Inférieure). Assez rare. Éocène moyen.

Institut catholique, coll. de la Sorbonne (MM. Velain et Vasseur); musée de Cherbourg, coll. Bigot.

Explication des figures. — Pl. 158, fig. 4, *E. Bonissenti,* de Fresville, de la collection de l'Institut catholique, vu sur la face supérieure ; fig. 5, face postérieure. — Pl. 159, fig. 1, le même exemplaire, vu de côté; fig. 2, autre exemplaire, de Fresville, de la collection de la Sorbonne, vu de côté ; fig. 3, face inférieure; fig. 4, face postérieure; fig. 5, péristome et portion de la face inférieure, grossis. — Pl. 160, fig. 1, autre exemplaire, moule intérieur, d'Arthon, de la collection de la Sorbonne (M. Vasseur), vu de côté; fig. 2, face inférieure ; fig. 3, face postérieure; fig. 4, autre exemplaire, de la même localité, de la collection de la Sorbonne (M. Vasseur), vu sur la face inférieure; fig. 5, péristome et portion de la face inférieure, grossis.

N° 142. — **Echinanthus Ducrocqui**, Cotteau, 1883.

Pl. 161.

Echinanthus Ducrocqui, Cotteau, *Échin. jurass., crétacés, éocènes du sud-ouest de la France,* p. 119, Ann. de la Soc. des sc. nat. de la Rochelle, 1883.

Echinanthus Ducrocqui, Cotteau, *Échin. du terrain éocène de Saint-Palais*, p. 14, pl. III, fig. 42-44, Ann. des sc. géol., t. XVI, art. n° 2, 1884.

— — Cotteau, *Sur les Échin. du terrain éocène de Saint-Palais*, Comptes rendus des séances de l'Académie des sciences, 1884.

Espèce de taille assez forte, arrondie en avant, dilatée et subtronquée en arrière. Face supérieure haute, renflée, subhémisphérique, ayant sa plus grande élévation un peu en arrière du sommet apical. Face inférieure plane, arrondie et subpulvinée sur les bords, déprimée longitudinalement en dessous, notamment autour du péristome. Face postérieure très courte, subtronquée verticalement. Sommet ambulacraire excentrique en avant. Aires ambulacraires pétaloïdes, superficielles, se rétrécissant d'une manière sensible à leur extrémité, tout en demeurant ouvertes, inégales, l'aire ambulacraire impaire plus droite et plus étroite que les aires ambulacraires paires postérieures qui sont plus effilées et descendent plus bas vers l'ambitus. Zones porifères non déprimées, de médiocre largeur, formées de pores inégaux, les internes arrondis, les externes allongés, étroits, unis par un sillon et disposés par paires obliques. Dans chacune des aires ambulacraires, les zones porifères sont d'égale étendue et de même largeur. Zone interporifère bien développée, très légèrement bombée. Tubercules petits, serrés, scrobiculés, paraissant partout très abondants. Péristome étroit, subpentagonal, transverse, entouré d'un floscelle apparent, s'ouvrant dans une dépression très sensible de la face inférieure. Périprocte petit, allongé, elliptique, placé assez haut à la face postérieure, au sommet d'une aréa très vague, à peine indiquée. Appareil apical carré, granuleux, superficiel, muni de quatre pores génitaux, les deux antérieurs beaucoup plus rapprochés que les deux autres; plaques ocellaires très petites.

Hauteur, 31 millimètres; diamètre antéro-postérieur, 58 millimètres; diamètre transversal, 47 millimètres.

Rapports et différences. — Cette espèce offre quelque ressemblance avec l'*E. Des Moulinsi* que nous décrivons plus loin ; elle s'en distingue cependant par sa taille beaucoup moins forte, par sa forme plus étroite et moins dilatée en arrière, par ses aires ambulacraires plus superficielles, par son péristome plus étroit et entouré d'un floscelle moins prononcé, par son périprocte placé plus bas, au sommet d'une aréa plus atténuée. Les deux espèces sont remarquables par la petitesse de leur périprocte; elles sont assurément très voisines; nous avons cru devoir, quant à présent, les maintenir l'une et l'autre dans la méthode.

Localité. — Saint-Palais (Charente-Inférieure). Très rare. Éocène moyen.

Collections Hébert, Ducrocq, Faculté des sciences de Nancy (coll. Delbos), ma collection.

Explication des figures. — Pl. 161, fig. 1, *E. Ducrocqui*, de ma collection, vu de côté ; fig. 2, face supérieure ; fig. 3, face inférieure; fig. 4, face postérieure.

N° 143. — **Echinanthus Des Moulinsi** (Delbos), Desor, 1857.

Pl. 162-164.

Pygorhynchus Des Moulinsi, Delbos in Agassiz et Desor, *Catal. rais. des Échin.*, p. 103, 1846

Pygorhynchus Des Moulinsi d'Orbigny, *Prod. de pal. strat.*, t. II, p. 399, 1850.

— — Pictet, *Traité de paléont.*, 2e édit., t. III, p. 213, 1857.

Echinanthus Des Moulinsi, Desor, *Synopsis des Échin. foss.*, p. 295, 1857.

— — Dujardin et Hupé, *Hist. nat. des zooph. Échinod.*, p. 583, 1862.

— — Matheron, *Note sur les dépôts tertiaires du Médoc et des environs de Blaye*, Bull. Soc. géol. de France, 2e sér., t. XXIV, p. 200, 1867.

— — Benoist, *Descript. géol. et paléont. des communes de Saint-Estèphe et de Vertheuil*, p. 52. Actes de la Société linn. de Bordeaux, 1885.

T. 6.

Espèce de grande taille, arrondie et rétrécie en avant, un peu plus large et subtronquée en arrière. Face supérieure très haute, renflée, hémisphérique, ayant sa plus grande élévation en arrière du sommet. Face inférieure plane, arrondie et subpulvinée sur les bords, déprimée longitudinalement, notamment en dessous. Face postérieure courte, verticalement tronquée. Sommet ambulacraire excentrique en avant. Aires ambulacraires pétaloïdes, plus ou moins renflées, médiocrement développées, se rétrécissant d'une manière sensible à leur extrémité, tout en demeurant ouvertes, inégales, l'aire ambulacraire impaire plus droite et plus étroite que les autres, les aires ambulacraires antérieures un peu moins longues que les aires postérieures. Zones porifères déprimées, assez larges, formées de pores inégaux, les internes arrondis, les externes allongés, étroits, unis par un sillon, disposés par paires obliques que sépare une bande granuleuse. Dans chacune des aires ambulacraires, les zones porifères sont de même étendue et de même largeur. Zone interporifère assez large, plus ou moins bombée. Tubercules petits, serrés, scrobiculés, paraissant partout très abondants, un peu plus espacés à la face inférieure, aux approches du péristome. Granulation intermédiaire fine et serrée. Péristome relativement étroit, pentagonal, étoilé, entouré d'un floscelle très apparent, sensiblement excentrique en avant. Périprocte petit, allongé, ovale, en partie recouvert par une expansion du test, placé assez haut à la face postérieure, au sommet d'une aréa faiblement prononcée, subnoduleuse sur les bords et entamant à peine l'ambitus.

Hauteur, 44 millimètres; diamètre antéro-postérieur, 80 millimètres; diamètre transversal, 76 millimètres.

Exemplaire de forme plus déprimée : Hauteur, 34 millimètres; diamètre antéro-postérieur, 70 millimètres; diamètre transversal, 60 millimètres.

Rapports et différences. — Cette espèce, variable dans sa forme plus ou moins renflée, dans sa face inférieure plus ou moins déprimée, dans ses aires ambulacraires quelquefois superficielles, souvent légèrement bombée, mentionnée, dès 1846, dans le *Catalogue raisonné des Échinides,* n'a jamais été décrite ni figurée. Elle sera toujours reconnaissable à sa grande taille, à sa face supérieure haute, renflée, subhémisphérique, à sa face inférieure déprimée, à sa face postérieure tronquée, à son péristome excentrique en avant, muni d'un floscelle apparent sans être très prononcé, à son périprocte petit, aigu au sommet, placé à la partie supérieure d'un sillon vague, atténué, à peine visible à l'ambitus. Cette espèce est voisine de l'*E. tumidus;* elle nous a paru cependant en différer par sa taille plus forte, par sa forme plus épaisse et plus renflée, tronquée plus verticalement en arrière, par sa face inférieure moins déprimée autour du péristome, par son périprocte plus aigu et un peu plus élevé. L'*E. Munsteri* est de taille plus petite; sa face inférieure est plus plane, ses aires ambulacraires plus développées et plus bombées. La variété déprimée de l'espèce qui nous occupe se rapproche un peu de l'*E. scutella*, mais ce dernier *Echinanthus* est toujours moins élevé ; sa face inférieure est moins plane, ses aires ambulacraires sont plus développées, et son périprocte s'ouvre plus bas, dans un sillon beaucoup plus prononcé.

LOCALITÉS. — Blaye, Plassac (Gironde), carrière de la Douane (commun), carrière de la Citadelle (très rare); route de Nice à Vence (Alpes-Maritimes). Assez rare. Éocène moyen.

Coll. de l'École des mines de Paris, de l'Institut catholique, coll. de M. Hébert, faculté des sciences de Bordeaux, coll. Croizier, de Degrange-Touzin, Deserces, Daleau, Boreau, Gauthier, Lambert, ma collection.

EXPLICATION DES FIGURES. — Pl. 162, fig. 1, *E. Des Moulinsi*, de la collection de M. Degrange-Touzin, vu de côté; fig. 2, face supérieure. — Pl. 163, fig. 1, le même exemplaire, vu sur la face inférieure; fig. 2, face postérieure. — Pl. 164, fig. 1, autre exemplaire, variété surbaissée, de ma collection, vu de côté; fig. 2, exemplaire provenant de Vence, de la coll. de M. Hébert, vu de côté; fig. 3, face postérieure.

N° 144. — **Echinanthus nicensis**, Cotteau, 1888.

Pl. 168.

Espèce de taille moyenne, ovale, globuleuse, un peu allongée, arrondie en avant, légèrement rétrécie et subacuminée en arrière. Face supérieure haute, renflée, convexe, ayant sa plus grande épaisseur en arrière du sommet apical. Face inférieure plane, arrondie et pulvinée sur les bords, à peine un peu déprimée autour du péristome. Face postérieure courte, paraissant obliquement tronquée. Sommet ambulacraire très excentrique en avant. Aires ambulacraires larges, pétaloïdes, ouvertes à leur extrémité, inégales, les aires antérieures impaires paraissant plus droites et plus courtes que les autres, et les aires postérieures plus longues. Zones porifères déprimées, peu développées, formées de pores inégaux, sans que cependant cette inégalité soit très sensible, les internes arrondis et les externes étroits et allongés, unis par un sillon très court, disposés par paires obliques. Les zones porifères paraissent, dans chaque aire ambulacraire, de même dimension et de même étendue; elles cessent brusquement d'être pétaloïdes à une assez grande distance de l'ambitus. Tubercules perforés, scrobiculés, très petits surtout à la face supérieure, augmentant un peu de volume aux approches du péristome. Granulation intermédiaire fine et abondante. Péristome un peu rejeté en avant, beaucoup moins cependant que l'appareil apical, pentagonal, transverse, entouré d'un floscelle apparent. Périprocte supramarginal, assez grand, arrondi, descendant tout près du bord qu'il entame légèrement, muni d'un sillon très court.

Hauteur, 35 millimètres; diamètre antéro-postérieur, 56 millimètres; diamètre transversal, 47 millimètres.

Rapports et différences. — Nous ne connaissons de cette espèce qu'un seul exemplaire assez mal conservé, mais comme il présente des caractères qui le distinguent très nettement, nous n'avons pas hésité à en faire le type d'une espèce nouvelle, parfaitement reconnaissable à sa forme subglobuleuse, très élevée, arrondie en avant et rétrécie en arrière, à sa face inférieure plane, à son sommet fortement excentrique en avant, à ses aires ambulacraires larges et très ouvertes, à ses zones porifères étroites et déprimées, à son péristome transverse et presque central, à son périprocte grand, arrondi, descendant très bas, entamant sensiblement l'ambitus.

Localité. — Vence sur la route de Nice (Alpes-Maritimes). Très rare. Éocène inférieur.

Coll. de M. Hébert.

Explication des figures. — Pl. 168, fig. 1, *E. nicensis*, vu de côté; fig. 2, face supérieure; fig. 3, face inférieure; fig. 4, face postérieure.

N° 145. — **Echinanthus elegans**, Pavay, 1871.

Pl. 165-167.

Echinanthus elegans, Pavay, *Kolozsvar s. Környekenck geologiaja*. A. Magyar kiralyi foldtani intezet evkonyves, p. 79, pl. XI, fig. 10-13, 1871.

— — Pavay, *Geologie Klausenburgs und seiner umgebung*, p. 50, pl. XI, fig. 10-13, 1873.

Echinanthus elegans, Linder, *Observations sur la constit. du terrain tertiaire inf. de l'Aquitaine occidentale, déduite des sondages effectués dans la Gironde et le Lot-et-Garonne*, procès-verbaux des séances de la Société linn. de Bordeaux, p. CI et CXV, 1874.

— — Benoist, *Descript. géol. et paléont. des communes de Saint-Estèphe et de Vertheuil*, p. 52, Actes de la Soc. linnéenne de Bordeaux, 1884.

Espèce de grande taille, allongée, un peu étroite et arrondie en avant, légèrement dilatée dans la région postérieure. Face supérieure haute, renflée, subdéprimée à la partie supérieure, ayant sa plus grande épaisseur, un peu en arrière du sommet apical. Face inférieure arrondie et pulvinée sur les bords, déprimée en avant et autour du péristome, tout à fait plane dans l'aire interambulacraire impaire. Face postérieure assez haute, subtronquée, émarginée vers l'ambitus. Sommet ambulacraire excentrique en avant. Aires ambulacraires larges, bombées, pétaloïdes, bien ouvertes à leur extrémité, inégales, l'aire antérieure de même largeur mais plus droite que les autres, les aires postérieures plus longues que les aires ambulacraires paires antérieures. Zones porifères très développées, subdéprimées, composées de pores inégaux, les internes arrondis, les externes allongés, unis par un sillon étroit, flexueux, étendu, disposés par paires obliques et serrées que sépare une petite bande granuleuse. Dans chacune des aires ambulacraires, les zones porifères sont de même longueur et de même largeur; elles cessent brusquement d'être pétaloïdes à une certaine distance de l'ambitus, et sont remplacées par de petits pores qui disparaissent au milieu des tubercules, puis se montrent de nouveau dans le floscelle entourant le péristome. Zone interporifère renflée, saillante. Tubercules perforés, scrobiculés, abondants, très petits et serrés à la face supérieure, un peu plus gros et plus espacés à la face inférieure, surtout aux approches du péristome. Granulation intermédiaire fine et homogène. Péristome excentrique en avant, stelliforme, subpentagonal, transverse, s'ouvrant dans une dépression plus ou moins prononcée de la face inférieure, entouré d'un floscelle très accusé. Périprocte allongé, placé assez haut, au sommet d'un sillon qui s'évase, s'atténue en se rapprochant du bord et entame un peu l'ambitus. Appareil apical large, remarquable par le développement de la plaque madréporiforme qui occupe le centre de l'appareil, muni de quatre pores génitaux, les deux antérieurs plus rapprochés que les deux autres; plaques ocellaires très petites.

Cette espèce, bien qu'elle soit assez constante dans sa forme, présente certaines variations que nous devons signaler : la face supérieure, presque toujours surbaissée, est quelquefois légèrement bombée au milieu; les aires ambulacraires, toujours larges et saillantes, sont cependant plus ou moins développées, et chez quelques exemplaires jeunes, tout en étant très renflées, elles paraissent relativement plus étroites. Le sillon qui accompagne le périprocte est plus ou moins atténué, mais il entame toujours un peu l'ambitus.

Hauteur, 47 millimètres; diamètre antéro-postérieur, 75 millimètres; diamètre transversal, 62 millimètres.

Variété surbaissée : hauteur, 37 millimètres; diamètre antéro-postérieur, 67 millimètres; diamètre transversal, 54 millimètres.

Rapports et différences. — Cette espèce présente bien les caractères donnés par Pavay à son *E. elegans*, et il nous a paru que les deux espèces devaient être réunies. Peut-être les aires ambulacraires et leurs zones porifères sont-elles plus larges encore dans quelques-uns de nos échantillons, mais cette différence n'est pas constante et ne suffit pas, en tous cas, pour établir une espèce distincte. L'*E. elegans* ne saurait être confondu avec l'*E. Des Moulinsi;* il nous paraît en différer par sa taille un peu moins forte, par sa face supérieure moins élevée, moins gibbeuse, plus surbaissée, par ses aires ambulacraires beaucoup plus larges, plus longues, plus saillantes, plus ouvertes à l'extrémité, par ses zones porifères plus développées, par sa face inférieure un peu moins déprimée, par son floscelle plus prononcé. Certains exemplaires de l'*E. elegans* ont assurément beaucoup de ressemblance avec le moule en plâtre, T. 98, que Desor, dans le *Synopsis des Échinides fossiles*, rapporte à l'*E. Munsteri* (*Nucleolites testudinarius*, Munster in Goldfuss, non *Nucleolites testudinarius*, Brong). Ces caractères sont tellement voisins que nous n'aurions pas hésité à donner à l'espèce qui nous occupe le nom beaucoup plus ancien de *Munsteri*, si nous avions été certain que le moule en plâtre T. 98 représentât un des types de l'espèce de Goldfuss ; mais rien n'est moins sûr. Ce moule en plâtre n'est pas inscrit dans le Catalogue d'Agassiz de 1840 (*Catalogus systematicus Ectyporum*); il est évidemment postérieur et Desor n'en indique pas l'origine. Ce moule diffère du reste par sa taille et le développement de ses aires ambulacraires de l'échantillon de Baireuth, figuré par Goldfuss. Il se pourrait que l'exemplaire qui a servi à établir le moule T. 98 ait été envoyé par Des Moulins et provînt de la Gironde, comme les échantillons d'*E. elegans* que nous venons de décrire et dont il est si voisin.

Localités. — Tromploup près Pauillac, Vertheuil, Saint-Cien, Cienesse, en face le château de Montroze, Marmisson, Moulis, les Tendrons près Berson (Gironde). Assez commun. Éocène moyen.

Musée de Bordeaux (Coll. Des Moulins); Faculté des sciences de Bordeaux (Coll. Croizier), Coll. Benoist, Linder, Degrange-Touzin, Boreau, Daleau, Deserces, ma collection.

Localités autres que la France. — Szasz-Fenes près Clausenbourg (Transylvanie). Éocène.

Explication des figures. — Pl. 165, fig. 1, *E. elegans*, de Tromploup près Pauillac, de la coll. de M. Linder, vu de côté; fig. 2, face supérieure. — Pl. 166, fig. 1, le même exemplaire, vu sur la face inférieure ; fig. 2, face postérieure. — Pl. 167, fig. 1, autre exemplaire, de Vertheuil, de la collection de M. Deserces, vu de côté; fig. 2, face postérieure; fig. 3, pores ambulacraires pris sur la face supérieure, grossis; fig. 4, autre exemplaire, de la coll. de M. Croizier, vu sur la face inférieure; fig. 5, portion inférieure de l'aire ambulacraire (phyllode), grossie.

N° 146. — **Echinanthus Michelini**, Desor, 1857.

Pl. 157, fig. 2-4 et pl. 158, fig. 1-3.

Echinanthus Michelini, Desor, *Synopsis des Échin. foss.*, p. 292, 1857.

— — Dujardin et Hupé, *Hist. nat. des zooph. Échinod.*, p. 583, 1862.

Espèce de taille moyenne, allongée, ovale, arrondie et un peu rétrécie en avant, légèrement acuminée en arrière. Face supérieure uniformément bombée, ayant sa plus grande hauteur en arrière du sommet et paraissant subcarénée dans la région postérieure. Face inférieure plane, fortement concave autour du péristome, pulvinée sur les bords. Face postérieure étroite, un peu rentrante. Sommet ambulacraire excentrique en avant. Aires ambulacraires pétaloïdes, assez longues, ouvertes, bien que se rétrécissant à l'extrémité, inégales, les aires postérieures plus longues que les autres. Zones porifères bien développées, subdéprimées, formées de pores inégaux, les internes arrondis, les externes étroits, allongés, unis par un sillon, disposés par paires obliques. Dans chaque aire ambulacraire, les zones porifères sont de même étendue; les pores diminuent de volume aux approches du sommet et deviennent presque simples; un peu au-dessus de l'ambitus, ils cessent brusquement d'être pétaloïdes et sont remplacés par des pores simples, microscopiques dont les paires espacées sont à peine visibles au milieu des tubercules. Les pores se resserrent, se multiplient et deviennent plus apparents dans le floscelle qui entoure le péristome. Zone interporifère un peu bombée et relativement assez large. Tubercules petits, perforés, scrobiculés, abondants et très serrés partout, ne paraissant pas crénelés; l'intervalle étroit qui les sépare est garni de fins granules. Péristome excentrique en avant, pentagonal, stelliforme, légèrement transverse, finement granuleux sur les bords, placé dans une dépression profonde de la face inférieure. Périprocte relativement très étendu, ovale, longitudinal, sans trace de sillon, occupant une grande partie de la face postérieure et descendant très bas. Appareil apical mun de quatre pores génitaux, les deux antérieurs plus rapprochés que les deux autres.

Hauteur, 25 millimètres; diamètre antéro-postérieur, 52 millimètres; diamètre transversal, 40 millimètres.

Rapports et différences. — Cette espèce, signalée par Desor dès 1857, n'a jamais été ni décrite ni figurée; elle ne saurait être confondue avec aucune de ses congénères : sa taille la rapproche de l'*E. issyaviensis*, du bassin de Paris, mais elle s'en distingue, d'une manière positive, par sa forme plus ovale et plus allongée, plus acuminée en arrière, par sa face supérieure plus régulièrement bombée, par sa face inférieure plus concave au milieu, par ses aires ambulacraires plus longues, par son péristome plus transverse, par son périprocte plus étendu, sans aucune trace de sillon et descendant plus bas. En décrivant plus loin l'*E. Bonissenti*, avec lequel on la rencontre associée, nous indiquerons les caractères qui distinguent les deux espèces.

Localité. — Le Houque près Orglandes (Manche). Très rare. Éocène moyen.

Collection de M. Hébert.

Explication des figures. — Pl. 157, fig. 2, *E. Michelini*, vu sur la face supérieure; fig. 3, face inférieure; fig. 4, région postérieure. — Pl. 158, fig. 1, le même exemplaire, vu de côté; fig. 2, aire ambulacraire postérieure, grossie; fig. 3, péristome et tubercules de la face inférieure, grossis.

N° 147. — **Echinanthus Delbosi**, Desor, 1857.

Pl. 169, fig. 1-3.

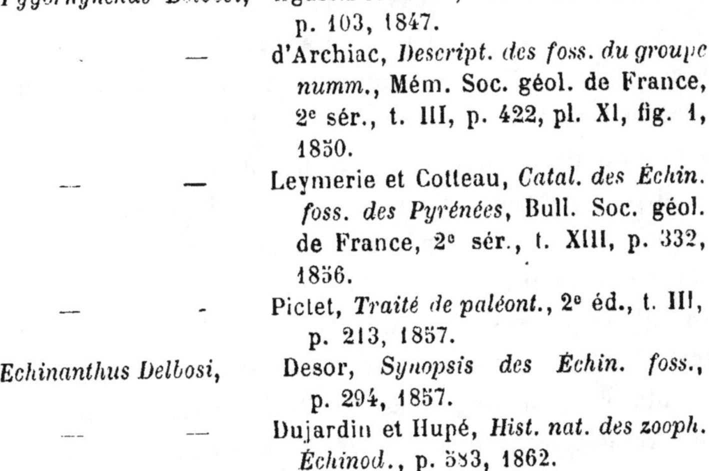

Pygorhynchus Delbosi, Agassiz et Desor, *Catal. rais. des Échin.*, p. 103, 1847.

— — d'Archiac, *Descript. des foss. du groupe numm.*, Mém. Soc. géol. de France, 2e sér., t. III, p. 422, pl. XI, fig. 1, 1850.

— — Leymerie et Cotteau, *Catal. des Échin. foss. des Pyrénées*, Bull. Soc. géol. de France, 2e sér., t. XIII, p. 332, 1856.

— — Pictet, *Traité de paléont.*, 2e éd., t. III, p. 213, 1857.

Echinanthus Delbosi, Desor, *Synopsis des Échin. foss.*, p. 294, 1857.

— — Dujardin et Hupé, *Hist. nat. des zooph. Échinod.*, p. 583, 1862.

L'exemplaire qui a servi de type à cette espèce n'a pu être retrouvé; il était indiqué comme faisant partie de la collection Delbos, appartenant aujourd'hui à la Faculté des sciences de Nancy. Cette collection nous a été très obligeamment communiquée, mais l'*E. Delbosi* ne s'y trouvait pas, et nous devons nous borner, quant à présent, à reproduire la description et les figures données par d'Archiac.

« Corps ovalaire, régulièrement convexe et bombé en dessus, très arrondi sur les côtés et concave en dessous. Sommet subcentral d'où rayonnent cinq ambulacres subpétaloïdes, ouverts intérieurement, mais dont les branches convergent vers les cinq trous oculaires. Dans chaque branche, les pores de la rangée intérieure sont ronds, ceux de l'autre rangée fort allongés. Ambulacre impair presque égal aux ambulacres antérieurs, et ceux-ci un peu plus courts que les postérieurs. Quatre pores génitaux grands. Bouche opposée au sommet, grande, ovale, arrondie, transverse. Anus au-dessus du bord, dans une dépression qui se prolonge au-dessous. Toute la surface du test est couverte de granulations fines, égales, équidistantes, entourées d'un cercle concave. Cinq empreintes pétaloïdes porifères sont disposées autour de la bouche, mais les tubercules qui les séparent sont à peine sensibles. »

« Grand diamètre, 60 millimètres; petit diamètre, 50 millimètres; plus grande épaisseur en arrière du sommet, 28 millimètres. »

« Rapports et différences. — Cette belle espèce diffère du *P. scutella* (*Nucleolites id.*, Goldf., pl. XLIII, fig. 14; Des Moulins, *Cassidulus id.*, Lamk., de Blainv.; *Clypeus id.*, Agass., Prodr.) en ce qu'elle est moins élevée, plus régulièrement courbe en dessus, un peu moins élargie en arrière et que la bouche, plus rapprochée du bord, n'offre point les cinq tubercules si prononcés dans le *Pygorynchus* des couches tertiaires de Westphalie. Le *P. Cuvieri*, Ag. (*Clypeaster id.*, Goldf., pl. XLII, fig. 2), est beaucoup plus large et les ambulacres sont plus courts; enfin le *P. sopitianus nobis* (*Mém. de la Soc. géol.*, 2e sér., vol. II, pl. VI, fig. 5) est plus conoïde et caractérisé par le relief des aires ambulacraires. »

« Localité. — Fontaine de Christian près Montfort (Landes). Très rare. Étage supérieur de M. Delbos. »

Explication des figures. — Pl. 169, fig. 1, *E. Delbosi*, vu de côté; fig. 2, face supérieure; fig. 3, face inférieure. Ces trois figures sont la reproduction des figures 1 *a-b* de la pl. XI du tome III, 2e série, des *Mémoires de la Société géologique de France.* Ainsi que le fait remarquer Desor (*Synopsis*, p. 295), l'absence de bourrelets autour du péristome, que d'Archiac indique comme un caractère de cette espèce, n'est sans doute qu'accidentelle.

N° 148. — **Echinanthus scutella** (Lamarck), Desor, 1857.

Pl. 169, fig. 4; pl. 170, 171 et 172.

Echinanthus,	Breynius, *Schediasma de Echinis*, p. 59, pl. IV, fig. 3, 1734.
—	Knorr, *Nat. Gesch.*, t. II, pl. E, fig. 3, 1768.
Cassidulus scutella,	Lamarck, *Animaux sans vertèbres*, t. III, p. 35, 1816.
— —	Defrance, *Cassidulus*, Dict. des sc. nat., t. VII, p. 226.
— *veronensis*,	Defrance, *id.*, p. 226.
— *scutella*,	Deslongchamps, *Hist. nat. des Zooph.*, t. II, p. 174, 1824.
Nucleolites scutella,	Goldfuss, *Petrefacta Mus. univers. reg. borruss. rhen. bonn.*, t. I, p. 144, pl. XCIII, fig. 14, 1826.
Cassidulus scutella,	Blainville, *Zoophytes*, Dict. sc. nat., t. LX, p. 192, 1830.
Clypeus scutella,	Agassiz, *Prodrome d'une monog. des radiaires*, Mém. de la Soc. d'hist. nat. de Neutchâtel, t. I, p. 186, 1834.
Nucleolites scutella,	DesMoulins, *Études sur les Échinides*, p. 354, 1836.
Clypeus scutella,	Agassiz, *Prodrome d'une monog. des radiaires*, Ann. des sc. nat., Zoologie, t. VII, p. 279, 1837.
Pygorhynchus scutella,	Agassiz, *Catal. syst. ectyp. foss. Echinod. Mus. neoc.*, p. 4, 1840.

Cassidulus scutella,	Deshayes *in* Lamarck, *Hist. nat. des animaux sans vert.*, 2e édit., t. III, p. 332, 1840.
Pygorhynchus scutella,	Sismonda, *Echin. foss. del contado di Nizza*, p. 37, 1843.
— —	Agassiz et Desor, *Catal. rais. des Échinides*, p. 102, 1847.
— —	Bronn, *Index paléont.*, t. I, p. 1067, 1848.
— —	Bellardi, *Foss. numm. du comté de Nice*, Mém. Soc. géol. de France, 3e sér., t. IV, p. 265, 1851.
— —	Bronn, *Lethea geognostica*, t. III, p. 332, 1852.
— —	Leymerie et Cotteau, *Catal. des Échin. foss. des Pyrénées*, Bull. Soc. géol. de France, 2e sér., t. XIII, p. 332, 1856.
Echinanthus scutella,	Desor, *Synopsis des Échin. foss.*, p. 293, 1857.
— —	Dujardin et Hupé, *Hist. nat. des zooph. Échinod.*, p. 583, 1862.
— —	Cotteau, *Échin. foss. des Pyrénées*, p. 89, 1863.
— *bericus,*	Schauroth, *Verzeichniss der Versteinerungen im herzogl. Naturalien cab. zu Coburg*, p. 190, pl. IX, fig. 4, 1865.
— *veronensis,*	Schauroth, *id.*, p. 191, pl. X, fig. 1, 1865.
— *scutella,*	Laube, *Ein Beitrag zur Kenntniss der Echinod. des vicent. tertiäregebietes*, p. 6, 1867.
Echinanthus pyrenaicus, (non Cotteau),	Laube, *id.*, p. 5, 1867.
Echinanthus scutella,	Laube, *Echinod. des vicent. tertiäregebietes*, p. 41, 1868.
— *pyrenaicus,* (non Cotteau),	Laube, *id.*, p. 21, 1868.
Echinanthus scutella,	Pavay, *Kolozsvdr s Környékének Geologiája*, A Magyar Kiralgi földtani intézet evkönyves, p. 78, 1871.

Echinanthus scutella,	Manzoni, *Il monte Titano*, p. 8, 1873.
— —	Pavay, *Geologie Klausenburgs und seiner Umgeb.*, p. 61, 1873.
— —	Taramelli, *Di alcuni Echinidi eocenici dell' Istria*, Istituto veneto di scienze, lettere ed arte, p. 15, 1873-1874.
Cassidulus scutella,	Quenstedt, *Deutchlands Petrefacten, Echinodermen*, p. 469, pl. LXXIX, fig. 14, 1874.
Echinanthus scutella,	Dames, *Die Echiniden der vicent. und veron. tertiärablag.*, p. 29, 1877.
— —	Bittner, *Beiträge zur Kenntniss alttertiärer Echiniden Faunen der Südalpen*, p. 7, 1880.
— —	Leymerie, *Descript. géol. et paléont. des Pyrénées de la Haute-Garonne*, p. 817, pl. Z[4], fig. 2, *a*, *b*, *c*, 1881.
— —	Koch, *Die alttertiaren Echiniden siebenburgens*, p. 33, 1885.

M. 22.

Espèce de grande taille, allongée, arrondie en avant, dilatée et subtronquée en arrière. Face supérieure haute, renflée, légèrement conique, déclive sur les côtés, ayant sa plus grande hauteur un peu en arrière du sommet apical. Face inférieure arrondie et pulvinée sur les bords, concave autour du péristome. Face postérieure très courte. Sommet apical excentrique en avant. Aires ambulacraires médiocrement développées, fortement pétaloïdes, rapprochées et presque fermées à leur extrémité, inégales, l'aire antérieure plus longue et sensiblement plus étroite que les autres, les aires antérieures un peu moins développées que les aires postérieures. Zones porifères formées de pores inégaux, les internes arrondis, les externes étroits et allongés, unis par un sillon, disposés par paires obliques que sépare une bande de test finement granuleux. Zone interporifère un peu bombée, beaucoup plus large dans les aires ambulacraires paires que dans l'aire ambulacraire antérieure. Sur chacune des aires, les zones porifères sont de même largeur et de même étendue. Aux approches du sommet, les pores deviennent plus petits, inégaux et presque simples; à une assez grande distance de l'ambitus, ils cessent brusquement d'être pétaloïdes et sont remplacés par de petits pores simples, très espacés, à peine visibles au milieu des tubercules, mais qui se resserrent, se multiplient dans le floscelle entourant le péristome. Tubercules petits, perforés, scrobiculés, homogènes et très abondants sur toute la surface du test, un peu moins serrés et plus apparents dans la région inférieure et notamment en se rapprochant du péristome. Granulation intermédiaire fine et serrée. Péristome excentrique en avant, pentagonal, stelliforme, muni d'un floscelle placé dans une dépression de la face inférieure. Périprocte supramarginal, longitudinal, relativement assez grand, s'ouvrant au sommet d'un sillon plus ou moins prononcé qui entame un peu l'ambitus, sans se prolonger cependant à la face inférieure. Appareil apical pourvu de quatre pores génitaux, les deux antérieurs plus rapprochés que les deux autres.

Cette espèce varie dans sa taille et dans sa forme plus ou moins élevée. Dans les exemplaires du Vicentin, la face supérieure est ordinairement subconique, un peu déclive sur les côtés. L'exemplaire que nous avons décrit présente bien ces caractères, mais il est de taille beaucoup plus forte. Nous rapportons à cette même espèce un échantillon plus allongé que M. Potier a recueilli à Saint-Vallier (Var), et qui, malgré sa face inférieure moins déprimée, ne nous paraît pas devoir être séparé de l'*E. scutella*. Un des types les mieux caractérisés de cette espèce est celui que M. Roussel a recueilli à Baulou (Ariège). Il est de taille moyenne et parfaitement semblable au moule en plâtre T. 84, type de l'espèce, par son aspect général, par sa face supérieure subconique et déclive en forme de toit, par sa face inférieure déprimée, par ses aires ambulacraires bien développées, par son périprocte s'ouvrant dans un sillon anal très prononcé.

Nous réunissons également à l'*E. scutella*, à titre de variété, un échantillon que possède la collection de la Sorbonne, indiqué, sans localité précise, comme provenant du Midi de la France : sa taille est plus déprimée, sa forme plus régulièrement ovale, son sommet moins excentrique en avant, son périprocte plus aigu; il ne nous a pas paru, malgré ces différences, devoir être séparé de l'*E. scutella*.

Hauteur, 41 millimètres; diamètre antéro-postérieur, 85 millimètres; diamètre transversal, 76 millimètres.

Exemplaire de taille moyenne, identique au type : hauteur, 29 millimètres; diamètre antéro-postérieur, 61 millimètres; diamètre transversal, 55 millimètres.

Var. allongée : hauteur, 32 millimètres; diamètre antéro-postérieur, 79 millimètres; diamètre transversal, 66 millimètres.

Individu plus déprimé : hauteur, 26 millimètres; diamètre antéro-postérieur, 62 millimètres; diamètre transversal, 50 millimètres.

Rapports et différences. — L'*E. scutella* est remarquable par sa grande taille, par sa forme allongée, renflée, subconique, arrondie en avant, dilatée en arrière, par ses aires ambulacraires médiocrement développées, très pétaloïdes, inégales, l'aire antérieure plus longue et plus étroite que les autres, par sa face inférieure ordinairement très déprimée, par son périprocte longitudinal, assez grand, placé très bas, muni d'un sillon bien prononcé. Sa face supérieure subconique, déclive en forme de toit et dilatée en arrière, le distingue nettement des *E. Des Moulinsi*, *tumidus*, *Munsteri* et *elegans*, dont la forme est plus également renflée, plus convexe, plus hémisphérique. Par sa face supérieure, l'espèce qui nous occupe se rapproche davantage de l'*E. sopitianus*, espèce de grande taille et subconique qu'on rencontre dans l'Éocène supérieur. En décrivant plus loin cette espèce, nous indiquerons les caractères qui l'éloignent de l'*E. scutella*.

Histoire. — Cette espèce, très anciennement connue, a été figurée pour la première fois, en 1734, par Breynius, qui la considérait comme un des types de son genre *Echinanthus*. C'est Lamarck qui lui a donné, en 1816, le nom de *scutella*, en la plaçant dans le genre *Cassidulus*. Depuis, elle a été réunie successivement aux genres *Nucleolites*, *Clypeus*, *Pygorhynchus*, jusqu'en 1857, époque à laquelle Desor l'a désignée sous le nom d'*Echinanthus scutella*, que presque tous les auteurs ont adopté.

Localités. — Saint-Martory, Frechet (Haute-Garonne); Anot (Basses-Alpes); Saint-Vallier (Var); Malo près Schio (Alpes-Maritimes); Midi de la France. Rare. Éocène moyen.

Musée de Toulouse (coll. Leymerie), collection de la Sorbonne, Hébert, Gauthier, ma collection.

Localités autres que la France. — Herford en Westphalie. — Sarcgo, Lonigo, Mossano, Monte Viale, Val

Scaranto, Lione près Zovenado (Vicentin). — Monte-Baldo près Vérone.

Explication des figures. — Pl. 169, fig. 4, *E. scutella*, exemplaire de grande taille, d'Anot (Basses-Alpes), de la collection de M. Gauthier, vu de côté. — Pl. 170, fig. 1, le même exemplaire, vu sur la face supérieure; fig. 2, face postérieure. — Pl. 171, fig. 1, le même exemplaire, vu sur la face inférieure; fig. 2, autre exemplaire, variété plus étroite et plus plane, du Midi de la France, de la collection de la Sorbonne, vu sur la face supérieure; fig. 3, portion des aires ambulacraires, grossie. — Pl. 172, fig. 1, le même exemplaire, vu de côté; fig. 2, tubercules pris sur la face supérieure, grossis; fig. 3, péristome et tubercules pris sur la face inférieure, grossis; fig. 4, autre exemplaire, de Baulou, de la collection de M. Roussel, vu sur la face postérieure; fig. 5, face supérieure.

N° 149. — **Echinanthus subrotundus** (Cotteau), Desor, 1857.

P. 173, 174 et 175, fig. 1, 2 et 3.

Pygorhynchus subrotundus,	Leymerie et Cotteau, *Catal. des Échin. foss. des Pyrénées*, Bull. Soc. géol. de France, 2e sér., t. XIII, p. 334, 1856.
Echinanthus subrotundus,	Desor, *Synopsis des Échin. foss.*, p. 293, 1857.
— —	d'Archiac, *Note sur les foss. recueillis par M. l'abbé Pouech dans le terr. tert. du dép. de l'Ariège*, 2e sér., t. XIII, p. 798 et 807, 1859.

Pygorhynchus subrotundus, Dujardin et Hupé, *Hist. nat. des Zooph. Échinod.*, p. 585, 1862.

Echinanthus subrotundus, Cotteau, *Échin.*, *foss. des Pyrénées*, p. 91, pl. III, fig. 6-9, 1863.

— — Leymerie, *Descript. géol. et paléont. des Pyrénées de la Haute-Garonne*, p. 817, 1881.

— — Hébert, *Groupe numm. du Midi de la France*, Bull. Soc. géol. de France, 3e sér., t. X, p. 385, 1882.

— — Hébert, *Note sur la géologie du départ. de l'Ariège*, Bull. Soc. géol. de France, 3e sér., t. XI, p. 655, 1882.

V. 92, type de l'espèce.

Espèce de taille assez grande, subcirculaire, épaisse sur les bords, arrondie en avant et en arrière, un peu plus dilatée cependant dans la région postérieure. Face supérieure peu élevée, uniformément bombée. Face inférieure presque plane, légèrement concave au milieu. Face postérieure très courte, presque nulle. Sommet ambulacraire excentrique en avant. Aires ambulacraires pétaloïdes, allongées, très ouvertes à leur extrémité, inégales, l'aire antérieure plus droite, plus courte, plus ouverte que les autres et souvent un peu moins large, les aires postérieures plus longues que les aires paires antérieures. Zones porifères médiocrement développées, formées de pores inégaux, les internes arrondis, les externes plus allongés, unis par un sillon subflexueux, disposés par paires obliques que sépare une petite bande granuleuse. Dans chacune des aires ambulacraires, les zones porifères sont de même longueur et d'égale étendue. A une certaine distance de l'ambitus, elles cessent brusquement d'être pétaloïdes; les pores deviennent simples, très petits, espacés et sont à peine visibles au milieu des tubercules; ils se resserrent, se multiplient et sont beaucoup plus apparents dans le floscelle qui entoure le péristome. Zone interporifère assez large et superficielle. Tubercules perforés, scrobiculés, très petits et serrés à la face supérieure, un peu plus gros et plus espacés à la face inférieure. Granulation intermédiaire fine et abondante. Péristome excentrique en avant, pentagonal, stelliforme, transversalement allongé, entouré d'un floscelle très apparent. Périprocte largement ouvert, longitudinal, presque marginal et à fleur de test, placé au sommet d'un sillon très atténué qui descend jusqu'à l'ambitus et l'échancre à peine. Appareil apical presque carré, remarquable par le développement de la plaque madréporiforme et la petitesse des plaques ocellaires, muni de quatre pores génitaux bien ouverts, les deux pores antérieurs plus rapprochés que les deux autres.

L'*E. subrotundus* varie dans sa taille, dans sa face supérieure plus ou moins renflée et aussi dans la largeur de ses aires ambulacraires, plus étroites dans certains individus que dans d'autres; mais ces différentes variétés se rencontrent associées, présentent plusieurs caractères communs et se relient par des passages insensibles.

Hauteur, 25 millimètres; diamètre antéro-postérieur, 56 millimètres; diamètre transversal, 55 millimètres.

Individu de grande taille : hauteur, 30 millimètres; diamètre antéro-postérieur, 69 millimètres; diamètre transversal, 67 millimètres.

Individu jeune : hauteur 20 millimètres; diamètre antéro-postérieur, 46 millimètres; diamètre transversal, 41 millimètres.

Rapports et différences. — Cette espèce, malgré les variations qu'elle éprouve dans sa taille et même quelquefois dans sa forme générale, sera toujours reconnaissable à son ambitus subcirculaire, presque aussi large que long, à sa face supérieure épaisse, médiocrement renflée, régulièrement bombée, arrondie sur les bords, à son sommet ambulacraire excentrique en avant, à ses aires ambulacraires presque droites, inégales, allongées, les aires postérieures surtout, largement ouvertes à leur extrémité, à son péristome transverse, à son périprocte longitudinal, assez grand, marginal, muni d'un très faible sillon.

Localités. — Martres, Saint-Marcet, Aurignac, Montbrun, Marsoulas (Haute-Garonne); Sabarat, le Mas d'Azil, Campagne, Montardit, Camarade, Saint-Jean de Verges (Ariège). Assez commun. Éocène moyen.

Musée de Toulouse (coll. Leymerie); coll. Pouech, Gauthier, Hébert, Roussel, ma collection.

Explication des figures. — Pl. 173, fig. 1, *E. subrotundus*, d'Aurignac, de la collection de M. Gauthier, vu sur la face supérieure; fig. 2, face postérieure; fig. 3, autre exemplaire, de Fabas, du musée de Toulouse, vu sur la face supérieure; fig. 4, face inférieure. — Pl. 174, fig. 1, *E. subrotundus*, variété de grande taille, de Sabarat, de la collection de M. l'abbé Pouech, vu de côté; fig. 2, face supérieure; fig. 3, péristome grossi. — Pl. 175, fig. 1, *E. subrotundus*, variété du musée de Toulouse, vue sur la face supérieure; fig. 2, face postérieure; tige 3, appareil apical, grossi

N° 150. — **Echinanthus Pouechi**, Cotteau, 1863.

Pl. 175, fig. 3 et pl, 176.

Echinanthus Pouechi, Cotteau, *Échin. foss. des Pyrénées*, p. 94, pl. IV, fig. 9 et 10, 1863.
— — Hébert, *Groupe numm. du Midi de la France*, Bull. Soc. géol. de France, 3e sér., t. X, p. 386, 1882.
— — Hébert, *Note sur la géologie du dép. de l'Ariège*, Bull. Soc. géol. de France, 3e sér., t. X, p. 655, 1882.

Espèce de grande taille, plus longue que large, assez régulièrement ovale, arrondie et un peu rétrécie en avant, subdilatée et légèrement rostrée en arrière. Face supérieure déprimée, à peine bombée, épaisse sur les bords. Face inférieure presque plane. Face postérieure très courte. Sommet ambulacraire excentrique en avant. Aires ambulacraires pétaloïdes, allongées, relativement étroites, largement ouvertes à leur extrémité, inégales, les aires postérieures plus longues que les aires antérieures et sensiblement recourbées, l'aire antérieure plus droite et un peu plus étroite. Zones porifères médiocrement développées, formées de pores inégaux, les internes arrondis, les externes allongés, unis par un sillon et disposés par paires obliques. Dans chacune des aires ambulacraires les zones porifères sont de même longueur et d'égale étendue. Zone interporifère superficielle, assez large. Tubercules perforés, scrobiculés, très petits, serrés à la face supérieure, un peu plus développés, mais toujours abondants et serrés à la face inférieure, aux approches du péristome. Granulation intermédiaire fine, inégale. Péristome pentagonal, étoilé, sensiblement transverse, muni d'un floscelle apparent. Périprocte elliptique longitudinal, supramarginal, échancrant l'ambitus. Appareil apical muni de quatre pores génitaux.

Hauteur, 19 millimètres; diamètre antéro-postérieur, 66 millimètres; diamètre transversal, 57 millimètres.

Exemplaire de grande taille : hauteur, 23 millimètres; diamètre antéro-postérieur, 83 millimètres; diamètre transversal, 78 millimètres.

Rapports et différences. — Cette espèce, telle que nous l'avons établie et telle que nous croyons devoir la maintenir dans la méthode, est fort rare, et nous ne connaissons qu'un très petit nombre d'exemplaires pouvant lui être réunis. Elle se distingue de ses congénères par sa forme allongée, un peu ovale, par sa face inférieure tout à fait plane, non pulvinée sur les bords, à peine un peu déprimée autour du péristome, par sa face supérieure peu élevée, par ses aires ambulacraires longues, très ouvertes à leur extrémité; par ses aires postérieures plus développées que les autres et ayant la zone porifère postérieure interne sensiblement recourbée. Voisin de l'*E. subrotundus*, l'*E. Pouechi* s'en distingue par sa forme plus ovale, plus déprimée, par sa face inférieure plus plane et moins renflée sur les bords, par ses aires ambulacraires plus longues et relativement plus étroites, par ses zones porifères postérieures recourbées.

Localités. — Mas-d'Azil, Rayssac, Sabarat (Ariège). Rare. Éocène moyen.

Coll. Pouech, Hébert, Roussel, ma collection.

Explication des figures. — Pl. 175, fig. 3, *E. Pouechi*, exemplaire de grande taille, de Sabarat, de la collection de l'abbé Pouech, vu sur la face supérieure. — Pl. 176, fig. 1, *E. Pouechi*, de Mas-d'Azil, de la collection de l'abbé Pouech, vu sur la face postérieure; fig. 2, face supérieure; fig. 3, face inférieure; fig. 4, tubercules pris sur la face inférieure près du bord, grossis; fig. 5, autres tubercules pris sur la face inférieure près du péristome, grossis.

N° 151. — **Echinanthus arizensis**, Cotteau, 1888.

Pl. 177, 178 et 179, fig. 1-4.

Espèce de grande taille, plus longue que large, rétrécie et arrondie en avant, dilatée et subrostrée en arrière. Face supérieure élevée, subconique, rapidement déclive sur les côtés et en avant, un peu plus oblique dans la région postérieure; face inférieure presque plane, subpulvinée. Face postérieure très courte, légèrement échancrée par le sillon anal. Sommet ambulacraire excentrique en avant. Aires ambulacraires pétaloïdes, allongées, très ouvertes à leur extrémité, inégales, l'aire antérieure plus droite et les aires postérieures plus longues que les autres. Zones porifères bien développées, formées de pores inégaux, les internes arrondis, les externes étroits, allongés, unis par un sillon subflexueux, disposés par paires obliques; dans chacune des aires ambulacraires les zones porifères sont de même longueur et de même étendue. Dans les aires postérieures, la zone porifère postérieure, au lieu d'être droite, est sensiblement recourbée. Zone interporifère superficielle, assez étroite, plus large cependant que l'une des zones porifères. Tubercules perforés, scrobiculés, très petits à la face postérieure, un peu plus gros, mais toujours serrés à la face inférieure et jusqu'au péristome. Granulation intermédiaire fine, abondante, reléguée entre les scrobicules, visible principalement à la face inférieure. Péristome excentrique en avant, pentagonal, stelliforme, légèrement transverse, entouré d'un floscelle apparent. Périprocte ovale, longitudinal, largement ouvert, presque marginal, au sommet d'un sillon très court et très atténué qui entame cependant le bord. Appareil apical presque carré, avec plaque madréporiforme très développée et plaques ocellaires très petites, muni de quatre pores génitaux, les deux antérieurs plus rapprochés que les deux autres.

Hauteur, 30 millimètres; diamètre antéro-postérieur, 77 millimètres; diamètre transversal, 76 millimètres.

Rapports et différences. — Cette espèce m'avait semblé d'abord une simple variété de l'*E. Pouechi*, dont elle se rapproche par quelques-uns de ses caractères, notamment par ses aires ambulacraires postérieures longues, très ouvertes et recourbées, ainsi que par son périprocte longitudinal et presque marginal; elle nous a paru s'en distinguer par sa forme moins ovale, plus rétrécie en avant, plus dilatée en arrière, par sa face supérieure beaucoup plus élevée, presque conique, par sa face inférieure moins plane et légèrement pulvinée sur les bords, par ses aires ambulacraires plus larges et sa zone porifère plus développée. Cette espèce offre également quelque ressemblance avec l'*E. subrotundus*, mais cette dernière espèce sera toujours reconnaissable à sa forme plus ovale, à sa face supérieure moins élevée et plus régulièrement convexe, à ses aires ambulacraires postérieures plus droites, à sa face inférieure plus pulvinée sur les bords. Sa face supérieure, renflée et subconique, rapproche un peu l'*E. arizensis* de l'*E. scutella*, qui s'en éloigne cependant d'une manière positive par ses aires ambulacraires plus courtes, plus pétaloïdes, plus effilées et beaucoup moins ouvertes à leur extrémité, par sa face inférieure plus concave et plus pulvinée, par son périprocte situé plus haut, au sommet d'un sillon plus distinct.

Localités. — Mas-d'Azil, Campagne (Ariège). Assez rare. Éocène moyen.

Collections de l'abbé Pouech, Roussel, ma collection.

Explication des figures. — Pl. 177, fig. 1, *E. arizensis*, de Mas-d'Azil, de la collection de M. l'abbé Pouech, vu sur la face postérieure; fig. 2, face supérieure; fig. 3, phyllode pris sur la face inférieure du même exemplaire; fig. 4, tubercules pris sur la face inférieure, grossis. — Pl. 178, fig. 1, même exemplaire, vu sur la face inférieure; fig. 2, autre exemplaire, de Campagne, de la collection de M. Roussel, vu sur la face supérieure. — Pl. 179, fig. 1, même exemplaire, vu de côté; fig. 2, face postérieure; fig. 3, pores ambulacraires pris sur le même exemplaire à la face supérieure, grossis; fig. 4, plaques ambulacraires prises à la face inférieure sur l'exemplaire figuré pl. 178, fig. 1, grossies.

N° 152. — **Echinanthus latus** (Cotteau), Desor, 1857.

Pl. 179, fig. 5 et pl. 180.

Pygorhynchus latus, Leymerie et Cotteau, *Catal. des Échin. foss. des Pyrénées*, Bull. Soc. géol. de France, 2e sér., t. XIII, p. 334, 1876.

Echinanthus latus, Desor, *Synop. des Échin. foss.*, p. 294, 1857.
Pygorhynchus latus, Dujardin et Hupé, *Hist. nat. des zooph. Échinod.*, p. 589, 1862.
Echinanthus latus, Cotteau, *Échin., foss. des Pyrénées*, p. 93, 1863.

V. 91.

Espèce de taille assez forte, subcirculaire, plus longue que large, arrondie et un peu étroite en avant, dilatée et subtronquée en arrière. Face supérieure renflée, déclive sur les côtés, subcarénée dans la région postérieure. Face inférieure plane, subpulvinée sur les bords, légèrement concave au milieu. Face postérieure courte, tronquée, rentrante. Sommet ambulacraire excentrique en avant. Aires ambulacraires pétaloïdes, ouvertes à leur extrémité, relativement étroites, inégales, l'aire antérieure impaire plus droite et moins longue, les aires postérieures plus étendues que les autres. Zones porifères bien développées, formées de pores inégaux, les internes arrondis, les externes étroits, allongés, unis par un sillon, disposés par paires obliques que sépare une bande finement granuleuse. Dans les aires ambulacraires postérieures, les zones porifères postérieures sont sensiblement plus étroites que les autres; cette différence n'existe pas dans les aires ambulacraires paires antérieures. Zone interporifère étroite, plus large cependant que l'une des zones porifères, légèrement bombée. Tubercules crénelés, scrobiculés, très petits, abondants et serrés à la face supérieure, un peu plus gros et plus espacés aux approches du péristome. Granulation intermédiaire fine, homogène. Péristome excentrique en avant, peu développé, pentagonal, anguleux, muni d'un floscelle apparent s'ouvrant dans une dépression de la face inférieure. Périprocte supramarginal, aigu au sommet, placé au-dessous de la carène ambulacraire, à la partie supérieure d'un sillon qui s'élargit et échancre sensiblement le pourtour. Appareil apical subcirculaire, muni de quatre pores génitaux, les deux antérieurs plus rapprochés que les deux autres ; plaque madréporiforme très développée ; plaques ocellaires très petites et subtriangulaires.

Le type de cette espèce fait partie du musée de Toulouse et appartenait à la collection de M. Leymerie, qui, dans l'origine, nous l'a communiqué comme provenant de l'Éocène des Pyrénées, mais sans indication précise de localité. Depuis, aucun exemplaire identique n'a été rencontré, et ce n'est pas sans quelque doute que nous lui rapportons certains échantillons recueillis par M. l'abbé Pouech et M. Roussel. Tout en se rapprochant du type décrit et figuré, ils en diffèrent un peu par leur forme moins allongée, par leur face supérieure moins déclive en forme de toit, moins carénée dans la région postérieure, par leurs aires ambulacraires moins grêles, par leur périprocte moins aigu à sa partie supérieure ; peut-être ne sont-ils que des variétés de l'*E. Pouechi*, et alors l'*E. latus* ne serait représenté que par l'exemplaire unique qui lui a servi de type ?

Hauteur, 24 millimètres ; diamètre antéro-postérieur, 58 millimètres ; diamètre transversal, 54 millimètres.

Rapports et différences. — Cette espèce se rapproche un peu de l'*E. issyaviensis*, mais elle s'en distingue d'une manière positive par sa taille plus forte, par sa forme plus circulaire et plus dilatée, par sa face supérieure plus déclive sur les côtés, par son sillon postérieur moins prononcé, par ses aires ambulacraires moins larges, plus grêles, plus allongées, par ses zones porifères inégales dans les aires ambulacraires postérieures. Voisine également de l'*E. Pouechi,* notre espèce s'en distingue par sa forme plus dilatée, par sa face supérieure renflée en forme de toit, par ses aires ambulacraires plus grêles et plus bombées, par son périprocte plus aigu à sa partie supérieure, par son péristome moins développé.

Localités. — Type (origine inconnue); variétés, Sabarat, Montardit (Ariège); Le Carla (Aude). Très rare. Éocène moyen.

Musée de Toulouse (coll. Leymerie), coll. de l'abbé Pouech, Roussel.

Explication des figures. — Pl. 179, fig. 1. *E. latus*, du musée de Toulouse, vu de côté. — Pl. 180, le même exemplaire, vu sur la face postérieure ; fig. 2, face supérieure ; fig. 3, face inférieure.

N° 153. — **Echinanthus Rousseli**, Cotteau, 1888.

Pl. 181, 182 et 183.

Espèce de taille moyenne, subcirculaire, arrondie en avant et en arrière, un peu rétrécie cependant dans la région postérieure. Face supérieure renflée, quelquefois subconique et très légèrement carénée dans l'aire interambulacraire impaire. Face inférieure plane, pulvinée sur les bords, subconcave au milieu. Face postérieure courte, à peine émarginée. Sommet ambulacraire excentrique en avant. Aires ambulacraires pétaloïdes, médiocrement développées, à fleur de test, ouvertes à leur extrémité, inégales, l'aire impaire un peu plus courte et plus étroite que les autres, aires postérieures sensiblement plus longues. Zones porifères assez larges, composées de pores inégaux, les internes arrondis, les externes étroits, allongés, unis par un sillon, disposés par paires obliques que sépare une bande granuleuse. Dans chacune des aires, les zones porifères sont de même longueur et de même étendue. Les zones porifères internes des aires ambulacraires postérieures paraissent un peu arrondies. Zone interporifère superficielle, plus large que l'une des zones porifères. Tubercules perforés, scrobiculés, très petits, serrés, abondants et épars à la face supérieure, un peu plus gros et plus espacés à face inférieure, aux approches du péristome. Granulation intermédiaire fine et homogène. Péristome déprimé, pentagonal, stelliforme, subtransverse, muni d'un floscelle apparent. Périprocte elliptique, un peu élevé au-dessus du bord, au sommet d'un sillon à peine visible qui entame légèrement l'ambitus. Appareil apical assez grand, muni de quatre pores génitaux, les deux antérieurs plus rapprochés que les deux autres ; plaque madréporiforme largement développée ; plaques ocellaires très petites.

Nous rapportons à cette même espèce un exemplaire recueilli par Roussel dans la même localité; il ne diffère du type que nous venons de décrire que par sa face supérieure plus uniformément bombée, moins élevée au sommet, ne présentant, dans l'aire interambulacraire postérieure, aucune trace de carène, et par son aire ambulacraire antérieure relativement plus courte.

Hauteur, 31 millimètres; diamètre antéro-postérieur, 51 millimètres ; diamètre transversal, 47 millimètres.

Variété moins élevée : hauteur, 25 millimètres; diamètre antéro-postérieur, 48 millimètres; diamètre transversal, 47 millimètres et demi.

Rapports et différences. — Cette espèce nous a paru former un type à part au milieu des nombreux *Echinanthus* de l'Ariège et de la Haute-Garonne. Voisine de l'*E. subrotundus*, avec lequel on serait tenté de la confondre, elle s'en distingue par son sommet plus excentrique en avant, par ses aires ambulacraires relativement moins développées, par ses zones porifères plus étroites, par son périprocte de même forme, mais s'élevant plus haut sur la face postérieure. Voisine également de l'*E. Archiaci*, l'espèce que nous venons de décrire s'en éloigne par sa face supérieure moins élevée, moins déclive en forme de toit, par sa face inférieure plus pulvinée, par ses aires ambulacraires plus courtes et moins larges, par son périprocte placé plus haut.

Localité. — Montbrun (Haute-Garonne). Rare. Éocène moyen.

Musée de Toulouse (coll. Leymerie), coll. Roussel.

Explication des figures. — Pl. 181, fig. 1. *E. Rousseli*, de Montbrun, du musée de Toulouse, vu de côté; fig. 2, face supérieure; fig. 3, face inférieure; fig. 4, face postérieure; fig. 5, aire ambulacraire antérieure, grossie; fig. 6, pores ambulacraires pris à la face supérieure, grossis. — Pl. 182, fig. 1, autre exemplaire, de Montbrun, de la collection de M. Roussel, vu de côté; fig. 2, face supérieure; fig. 3, face inférieure; fig. 4, face postérieure. — Pl. 183, fig. 1, autre exemplaire, du musée de Toulouse, vu sur la face postérieure; fig. 2, péristome et floscelle, fortement grossis.

N° 154. — **Echinanthus pyrenaicus**, Cotteau, 1863.

Pl. 184.

Echinanthus pyrenaicus, Cotteau, *Échin. foss. des Pyrénées*, p. 96, pl. V, fig. 1-3, 1863.

Espèce de taille moyenne, plus longue que large, assez régulièrement ovale, arrondie en avant, un peu dilatée et subrostrée en arrière. Face supérieure uniformément renflée, épaisse sur les bords. Face inférieure presque plane, subpulvinée. Face postérieure courte, subtronquée, légèrement rentrante. Sommet ambulacraire excentrique en avant. Aires ambulacraires pétaloïdes, assez larges, ouvertes à leur extrémité, inégales, l'aire ambulacraire impaire plus courte, plus droite, plus large, les aires postérieures plus longues que les autres, un peu recourbées. Zones porifères de médiocre largeur, formées de pores inégaux, les internes arrondis, les externes étroits, allongés, unis par un sillon subflexueux, disposés par paires obliques. Zone interporifère beaucoup plus développée que l'une des zones porifères. Tubercules perforés, scrobiculés, très petits, abondants et serrés à la face supérieure, un peu plus gros et plus espacés à la face inférieure, surtout aux approches du péristome. Granulation intermédiaire fine et homogène. Périprocte pentagonal, étroit, transverse, excentrique en avant, tout en étant relativement rapproché du bord, muni d'un floscelle apparent. Périprocte supramarginal, étroit, aigu au sommet, s'ouvrant à la partie supérieure d'un sillon anal très apparent, subcaréné sur les bords, entamant légèrement l'ambitus.

Hauteur, 23 millimètres ; diamètre antéro-postérieur, 46 millimètres ; diamètre transversal, 40 millimètres.

RAPPORTS ET DIFFÉRENCES. — Cette espèce, qu'on rencontre associée à l'*E. subrotundus*, s'en distingue par sa forme plus allongée, par sa face supérieure plus renflée, par sa face inférieure plus plane et légèrement pulvinée, par son sommet ambulacraire moins excentrique en avant, par son périprocte plus étroit, plus aigu au sommet, s'ouvrant dans un sillon anal plus apparent, subcaréné sur les bords et entamant plus sensiblement l'ambitus.

LOCALITÉ. — Sabarat (Ariège). Très rare. Éocène.

Coll. de M. l'abbé Pouech.

EXPLICATION DES FIGURES. — Pl. 184, fig. 1, *E. pyrenaicus*, vu de côté ; fig. 2, face supérieure ; fig. 3, face inférieure ; fig. 4, face postérieure ; fig. 5, portion de l'aire ambulacraire postérieure montrant l'inégalité des zones porifères, grossie.

N° 155. — **Echinanthus ataxensis**, Cotteau, 1863.

Pl. 185 et pl. 186, fig. 1-3.

Echinanthus ataxensis, Cotteau, *Échin. foss. des Pyrénées*, p. 97, pl. V, fig. 8-11, 1863.

— — Leymerie, *Descript. géol. et paléont. des Pyrénées de la Haute-Garonne*, p. 817, 1881.

— — Hébert, *Groupe numm. du Midi de la France*, Bull. soc. géol. de France, 3e sér., t. X, p. 370, 1882.

Espèce de taille moyenne, subcirculaire, presque aussi large que longue, arrondie et un peu rétrécie en avant, légèrement dilatée et subrostrée en arrière. Face supérieure médiocrement renflée, subcarénée dans la région postérieure. Face inférieure plane, subpulvinée sur les bords, déprimée au milieu. Face postérieure très courte. Sommet ambulacraire excentrique en avant. Aires ambulacraires pétaloïdes, étroites, effilées, ouvertes à leur extrémité, inégales, les aires postérieures un peu plus longues que les autres. Zones porifères peu développées, formées de pores inégaux, les internes arrondis, les externes plus étroits, unis par un sillon et disposés par paires obliques. Dans les aires ambulacraires paires postérieures, les zones porifères antérieures sont toujours un peu plus larges que les zones postérieures; ce caractère existe chez un certain nombre d'*Echinanthus*, mais nulle part il n'est aussi apparent que dans l'espèce qui nous occupe. Dans chacune des aires ambulacraires, les zones porifères sont d'égale longueur; chez quelques exemplaires cependant, la zone antérieure des aires ambulacraires paires présente à l'extrémité une ou deux paires de pores de moins; il en est de même des zones porifères de l'aire ambulacraire impaire. Tubercules perforés, scrobiculés, très petits, serrés à la face supérieure, un peu plus gros et plus espacés aux approches du péristome. Granulation intermédiaire fine et homogène. Péristome excentrique en avant, pentagonal, stelliforme, relativement assez grand, subtransverse, muni d'un floscelle très apparent. Périprocte longitudinal, assez grand, presque marginal, placé dans un sillon bien prononcé, subcaréné sur les bords, entamant légèrement l'ambitus. Appareil apical subcirculaire, muni de quatre pores génitaux, les deux antérieurs plus rapprochés que les deux autres; plaque madréporiforme très développée; plaques ocellaires petites, subtriangulaires.

Cette espèce, dont nous connaissons un assez grand nombre d'exemplaires, varie dans sa forme, plus ou moins forte. La face supérieure, très régulièrement bombée, est le plus souvent marquée, dans l'aire interambulacraire postérieure, d'une carène très atténuée. Le périprocte, toujours longitudinal et presque marginal, est plus ou moins ouvert. Les aires ambulacraires varient un peu dans leur largeur ; elles sont en général étroites ; cependant, chez quelques exemplaires qui ne sauraient être distingués du type, elles s'élargissent ainsi que les zones porifères qui les circonscrivent.

Hauteur, 20 millimètres; diamètre antéro-postérieur, 45 millimètres ; diamètre transversal, 41 millimètres.

Exemplaire plus large et plus déprimé : hauteur, 19 millimètres; diamètre antéro-postérieur, 53 millimètres; diamètre transversal, 50 millimètres.

Rapports et différences. — L'*E. ataxensis*, tel que nous l'avons établi en 1863, rappelle un peu par sa forme générale l'*E. issyaviensis*, du bassin parisien; il en diffère cependant par sa forme plus large et plus dilatée, par sa face supérieure moins élevée, marquée d'une carène moins apparente, par sa face postérieure tronquée plus verticalement, par ses aires ambulacraires plus étroites, plus effilées, toujours à fleur de test, par l'inégalité des zones porifères antérieures des aires ambulacraires paires postérieures, par son périprocte plus grand, plus ovale, plus marginal, par la disposition de son étoile ambulacraire. L'*E. ataxensis* offre quelques rapports avec l'*E. Rousseli*, que nous avons décrit précédemment; il s'en éloigne par sa forme moins renflée, par son périprocte plus grand, plus ovale, placé beaucoup plus bas. L'ensemble de ses caractères rapproche également notre espèce des individus jeunes de l'*E. subrotundus*, mais cette dernière espèce sera toujours reconnaissable à sa forme plus circulaire, à sa face supérieure plus épaisse, à sa face inférieure plus pulvinée, à son sommet ambulacraire moins excentrique en avant, à ses aires ambulacraires plus larges, à son aire interambulacraire postérieure non carénée.

Localités. — Sabarat, Rayssac (Ariège); Montbrun, Boussan, Aurignac, Marsoulas (Haute-Garonne); chemin de la Rougeanne à Alzonne (Aude). Assez commun, Éocène.

Musée de Toulouse (coll. Leymerie); coll. Hébert, abbé Pouech, Roussel, Maurice Gourdon, ma collection.

Explication des figures. — Pl. 185, fig. 1, *E. ataxensis*, de Montbrun, de la collection de M. Roussel, vu de côté; fig. 2, face supérieure; fig. 3, face postérieure; fig. 4, autre exemplaire, de taille un peu plus forte, de Montbrun, de la collection de M. Roussel, vu sur la face supérieure ; fig. 5, face inférieure ; fig. 6, face postérieure. — Pl. 186, fig. 1, autre exemplaire de grande taille, de Marsoulas, de la collection de M. Maurice Gourdon; fig. 2, face postérieure ; fig. 3, péristome grossi.

N° 156. — **Echinanthus rayssacensis**, Cotteau, 1863.

Pl. 186, fig. 4 et 5 et pl. 187.

Echinanthus rayssacensis, Cotteau, *Échin. foss. des Pyrénées*, p. 98, 1863.

— — Hébert, *Groupe numm. du Midi de la France*, Bull. Soc. géol. de France, 3e sér., t. X, p. 370, 1882.

Espèce de taille moyenne, subcirculaire, un peu plus

longue que large, rétrécie et arrondie en avant, dilatée, subtronquée et quelquefois subrostrée en arrière. Face supérieure plus ou moins renflée, uniformément bombée, épaisse et arrondie sur les bords, présentant souvent, dans l'aire interambulacraire postérieure, les traces d'une carène atténuée. Face inférieure plane, subpulvinée, un peu concave au milieu. Face postérieure courte, verticalement subtronquée. Sommet ambulacraire excentrique en avant. Aires ambulacraires pétaloïdes, médiocrement développées, effilées, ouvertes à leur extrémité, inégales, les aires postérieures sensiblement plus longues que les autres. Zones porifères plus ou moins larges, formées de pores inégaux, les internes arrondis, les externes étroits et allongés, unis par un sillon, disposés par paires obliques. Les zones porifères sont d'inégale largeur : dans les aires ambulacraires paires antérieures, c'est la zone porifère placée en avant qui est la plus étroite; dans les aires ambulacraires paires postérieures, c'est au contraire la zone porifère postérieure qui est la moins large; la différence n'est pas très sensible, mais elle existe cependant dans tous nos exemplaires, comme du reste chez plusieurs autres espèces d'*Echinanthus*, où elle est encore moins apparente. Les zones porifères paraissent de même longueur dans chacune des aires ambulacraires. Zone interporifère plus ou moins large, en général assez étroite, superficielle, quelquefois légèrement bombée. Tubercules perforés et scrobiculés, petits, serrés, très abondants à la face supérieure, un peu plus gros et plus épais à la face inférieure, surtout dans l'aire interambulacraire impaire, aux approches du péristome. Granulation intermédiaire fine, homogène. Péristome excentrique en avant, pentagonal, étoilé, granuleux sur les bords, entouré d'un floscelle apparent. Périprocte elliptique, arrondi, un peu élevé au-dessus du bord, s'ouvrant au sommet d'un sillon qui entame faiblement l'ambitus. Appareil apical subcirculaire, assez grand, muni de quatre pores génitaux, les deux pores antérieurs plus rapprochés que les deux autres ; plaque madréporiforme très développée ; plaques ocellaires très petites.

Cette espèce varie dans sa taille plus ou moins développée : sa forme, en général subcirculaire, est quelquefois un peu allongée ; les aires ambulacraires, presque toujours grêles et superficielles, sont, dans certains exemplaires, plus larges et légèrement bombées. Le périprocte, de médiocre étendue, est toujours un peu élevé au-dessus de l'ambitus.

Hauteur, 21 millimètres ; diamètre antéro-postérieur, 41 millimètres; diamètre transversal, 40 millimètres.

Rapports et différences. — L'*E. rayssacensis*, que nous avons décrit pour la première fois dans nos *Échinides fossiles des Pyrénées*, n'avait pas encore été figuré. Sa taille, sa forme circulaire, son sommet ambulacraire excentrique en avant, la structure de ses aires ambulacraires, l'inégalité en largeur de ses aires ambulacraires paires, le rapprochent de l'*E. ataxensis ;* mais il s'en distingue nettement par la forme et la position de son périprocte qui est moins étendu, moins allongé et toujours placé plus haut au-dessus de l'ambitus. L'aspect de son périprocte rapproche cette espèce de l'*E. Rousseli*, mais cette dernière espèce sera toujours reconnaissable à sa taille plus forte, à sa face supérieure beaucoup plus élevée, à son sommet ambulacraire encore plus excentrique en avant, à ses zones porifères postérieures plus égales, à ses zones interporifères relativement plus développées.

Localités. — Rayssac, Clarac (Ariège); Belbèze, Montbrun, Aurignac (Haute-Garonne); le Carlat (Aude). Assez rare. Éocène moyen.

Institut catholique; coll. de l'abbé Pouech, Maurice Gourdon, Roussel, ma collection.

Explication des figures. — Pl. 186, fig. 4, *E. rayssacensis*, de Montbrun, de la collection de M. Roussel, vu sur la face supérieure; fig. 5, face postérieure. — Pl. 187, fig. 1, autre exemplaire, du Carlat, de la collection de M. Roussel, vu sur la face supérieure; fig. 2, face inférieure; fig. 3, face postérieure; fig. 4, appareil apical et aire ambulacraire postérieure, pris sur un exemplaire de la collection de l'abbé Pouech, grossis; fig. 5, autre exemplaire, de grande taille, d'Aurignac, de la collection de l'Institut catholique, vu sur la face supérieure.

N° 157. — **Echinanthus carinatus**, Cotteau, 1888.

Pl. 188 et pl. 189, fig. 1-3.

Espèce de taille assez grande, allongée, arrondie et rétrécie en avant, dilatée en arrière. Face supérieure renflée surtout dans la région antérieure, déclive sur les côtés, oblique et subcarénée dans l'aire interambulacraire postérieure. Face inférieure arrondie sur les bords, tout à fait plane et légèrement concave en se rapprochant du péristome. Face postérieure très courte, tronquée. Sommet ambulacraire excentrique en avant. Aires ambulacraires longues, étroites, ouvertes à l'extrémité, inégales, l'aire impaire plus droite et plus ouverte que les autres, les aires postérieures un peu plus longues, plus effilées et légèrement recourbées. Zones porifères peu développées, formées de pores inégaux très petits, les internes arrondis, les externes allongés, unis par un sillon, disposés par paires obliques et serrées. Dans les aires ambulacraires postérieures, les zones porifères postérieures paraissent un peu plus étroites que les autres. Zone interporifère relativement large, à fleur de test. Lorsque les zones porifères cessent d'être pétaloïdes, elles sont remplacées par des pores très petits qui s'ouvrent à la base des plaques, sur la suture même. A la face inférieure les pores sont très espacés et s'ouvrent à la base de plaques plus hautes que larges ; ils se resserrent et se multiplient autour du péristome et forment un floscelle aux phyllodes allongés. Le test est un peu usé à la face supérieure, et les tubercules, perforés, scrobiculés, ne sont visibles qu'à la face inférieure ; petits, abondants et serrés dans la région inframarginale, ils s'espacent en se rapprochant du péristome, notamment dans l'aire interambulacraire impaire. Péristome très excentrique en avant, pentagonal, peu développé, muni d'un floscelle apparent. Périprocte longitudinal étroit, supramarginal, placé à peu de distance du bord, dans un sillon qui entame à peine l'ambitus.

Hauteur, 23 millimètres ; diamètre antéro-postérieur, 65 millimètres ; diamètre transversal, 60 millimètres.

Rapports et différences. — Nous ne connaissons de cette espèce qu'un seul exemplaire, mais il ne saurait être confondu avec aucun des nombreux *Echinanthus* recueillis dans l'Aude et dans l'Ariège ; il sera toujours facilement reconnaissable à sa forme allongée, étroite en avant, dilatée, subrostrée en arrière, à sa face supérieure renflée en avant, obliquement déclive et subcarénée dans la région postérieure ; à sa face inférieure très plane et subconcave au milieu ; à son sommet fortement excentrique en avant ; à ses aires ambulacraires étroites, effilées, inégales, remarquables par l'étroitesse des zones porifères et la largeur relative de la zone interporifère ; à ses tubercules espacés à la face inférieure, autour du péristome et notamment dans l'aire interambulacraire postérieure ; à son péristome pentagonal, peu étendu, et muni de phyllodes allongés.

Localité. — Ariège. Très rare. Éocène moyen.

Coll. de M. l'abbé Pouech.

Explication des figures. — Pl. 188, fig. 1, *E. carinatus*, vu de côté; fig. 2, face supérieure ; fig. 3, face postérieure. — Pl. 189, fig. 1, le même exemplaire, vu sur la face inférieure; fig. 2, aire ambulacraire postérieure, grossie; fig. 3, péristome grossi.

N° 158. — **Echinanthus Heberti**, Cotteau, 1888.

Pl. 189, fig. 4 et pl. 190.

Espèce de taille assez grande, subcirculaire, à peine un peu plus longue que large, dilatée, arrondie en avant, très légèrement rostrée en arrière. Face supérieure peu élevée, déprimée, épaisse et arrondie sur les bords, présentant, dans l'aire ambulacraire postérieure, les traces d'une carène très atténuée. Face inférieure plane, subpulvinée sur les bords, légèrement déprimée autour du péristome, un peu renflée à l'extrémité de l'aire interambulacraire impaire. Face postérieure courte, subrostrée, émarginée. Sommet ambulacraire excentrique en avant. Aires ambulacraires pétaloïdes, allongées, relativement étroites, ouvertes à leur extrémité, inégales, les aires postérieures plus longues que les autres. Zones porifères peu développées, formées de pores inégaux, les internes arrondis, les externes allongés, étroits, unis par un sillon, disposés par paires obliques, se prolongeant jusqu'à peu de distance de l'ambitus. Dans chacune des aires ambulacraires, les zones porifères paraissent de même largeur et d'égale étendue. Zone interporifère à fleur de test, bien plus large que l'une des zones porifères. Tubercules perforés, scrobiculés, épars et peu abondants à la face supérieure, plus serrés vers l'ambitus et dans la région inframarginale, s'espaçant de nouveau et devenant plus gros aux approches du péristome. Granulation intermédiaire fine, abondante, inégale. Péristome excentrique en avant, presque à fleur de test, pentagonal, sensiblement transverse, muni d'un floscelle apparent. Pores nombreux dans les phyllodes. Périprocte grand, longitudinal, situé dans un sillon qui entame le bord, occupant presque toute la face postérieure. Appareil apical subcirculaire, muni de quatre pores génitaux ; plaque madréporiforme très grande.

Hauteur, 17 millimètres ; diamètre antéro-postérieur, 63 millimètres ; diamètre transversal, 62 millimètres 1/2.

Rapports et différences. — Nous ne connaissons de cette espèce qu'un seul exemplaire bien conservé et qu'il ne nous a pas été possible de rapporter d'une manière positive à l'un des nombreux *Echinanthus* que nous avons étudiés. Cette espèce offre assurément quelque ressemblance avec certains exemplaires très déprimés de l'*E. Pouechi ;* elle nous a paru cependant s'en éloigner par sa forme plus circulaire, presqu'aussi large que haute, par son sommet plus excentrique en avant, par ses aires ambulacraires plus droites, surtout les aires postérieures, plus longues, moins larges, par sa face inférieure plus plane, par son périprocte plus ouvert et entamant plus fortement l'ambitus. Les mêmes caractères distinguent cette espèce de l'*E. subrotundus*, dont la forme est plus renflée que celle de l'*E. Pouechi*, et dont les aires ambulacraires sont encore plus larges.

Localité. — Biholoup (Landes). Très rare. Éocène moyen.

Coll. de M. Hébert.

Explication des figures. — Pl. 189, fig. 4, *E. Heberti*, vu de côté. — Pl. 190, fig. 1, le même exemplaire, vu sur la face supérieure; fig. 2, face inférieure; fig. 3, face postérieure; fig. 4, péristome avec phyllode, grossi; fig. 5, tubercules grossis, pris sur la face inférieure, aux approches du péristome.

N° 159. **Echinanthus Archiaci**, Cotteau, 1863.

Pl. 191, fig. 1-3.

Echinanthus Archiaci, Cotteau, *Échin. foss. des Pyrénées*, p. 93, pl. IV, fig. 7-8, 1863.

Espèce de taille moyenne, subcirculaire, arrondie et un peu rétrécie en avant, très légèrement dilatée en arrière. Face supérieure renflée, subconique, ayant sa plus grande épaisseur un peu en arrière du sommet apical, fortement déclive dans la région antérieure et sur les côtés, plus renflée et subcarénée en arrière. Face inférieure tout à fait plane, arrondie sur les bords. Face postérieure courte, subtronquée. Sommet ambulacraire un peu excentrique en avant. Aires ambulacraires pétaloïdes, allongées, presques droites, largement ouvertes à leur extrémité, l'aire antérieure impaire un peu plus courte que les autres, les aires ambulacraires paires postérieures plus longues. Zones porifères relativement étroites, formées de pores inégaux, les internes arrondis, les externes plus allongés et plus ovales que les autres, unis par un sillon et disposés par paires obliques. Les zones porifères paraissent à peu près égales en longueur et en largeur. Zones interporifères assez développées, légèrement bombées. Tubercules non distincts dans l'exemplaire unique que nous avons sous les yeux. Péristome excentrique en avant, s'ouvrant presque à fleur de test, pentagonal, étoilé. Périprocte ovale, supramarginal, placé très bas.

Hauteur, 28 millimètres; diamètre antéro-postérieur, 32 millimètres et demi; diamètre transversal, 30 millimètres.

Rapports et différences. — Cette espèce, dont nous ne connaissons qu'un seul exemplaire, ne saurait être confondue avec aucune de ses congénères. Si, par la structure et la disposition de ses aires ambulacraires, elle se rapproche un peu de l'*E. subrotundus*, elle s'en distingue très nettement par sa face supérieure beaucoup plus renflée, subconique, déclive sur les côtés et en avant, subcarénée dans la région postérieure, par sa face inférieure presque plane, par sa face postérieure plus verticalement tronquée, par son sommet ambulacraire moins excentrique, par son ambitus moins arrondi, par son péristome plus régulièrement pentagonal.

Localité. — Lieurac (Ariège). Très rare. Eocène moyen. Collection de M. l'abbé Pouech.

Explication des figures. — Pl. 191, fig. 1, *E. Archiaci*, vu de côté; fig. 2, face supérieure; fig. 3, face postérieure.

N° 160. **Echinanthus Cotteaui**, Hébert, 1882.

Pl. 191, fig. 4-7, 192 et 193, fig. 1-5.

Echinanthus testudinarius, (non Brongniart, non Desor),	d'Archiac, *Note sur les foss. recueillis par M. l'abbé Pouech*, Bull. Soc. géol. de France, 2e sér., t. XVI, p. 804, 1859.
— —	Cotteau, *Échin. foss. des Pyrénées*, p. 95, pl. IV, fig. 11-14, 1863.
— —	Leymerie, *Descript. géol. et paléont. des Pyrénées de la Haute-Garonne*, p. 817, 1881.
Echinanthus Cottaldi,	Hébert, *Groupe numm. du midi de la France*, Bull. Soc. géol. de France, 3e sér., t. X, p. 386, 1882.

Espèce de taille petite et moyenne, ovale, un peu étroite en avant, subdilatée en arrière. Face supérieure médiocrement renflée, régulièrement convexe, ayant sa plus grande épaisseur dans la région postérieure qui est légèrement carénée. Face inférieure presque plane, pulvinée sur les bords, subconcave autour du péristome. Face postérieure courte, verticalement tronquée. Sommet ambulacraire excentrique en avant. Aires ambulacraires pétaloïdes, à fleur de test, ouvertes à leur extrémité, presque égales entre elles, les aires postérieures à peine un peu plus longues que les autres. Zones porifères étroites, formées de pores inégaux, les internes arrondis, les externes plus ovales, plus allongés, unis par un sillon, disposés par paires obliques. Les zones porifères cessent brusquement d'être pétaloïdes à une assez grande distance de l'ambitus et sont continuées par de petits pores simples, espacés, qui disparaissent au milieu des tubercules et se montrent de nouveau, plus serrés et plus apparents, dans le floscelle entourant le péristome. Sur chacune des aires ambulacraires, les zones porifères paraissent de même largeur et de même étendue. Zone interporifère superficielle, relativement étroite, plus large cependant que l'une des zones porifères. Tubercules perforés et scrobiculés, serrés, abondants, épars à la face supérieure, un peu plus gros et plus espacés à la face inférieure, en se rapprochant du péristome. Granulation intermédiaire fine, souvent inégale. Une bande longitudinale vaguement circonscrite, irrégulière, d'apparence lisse, en réalité granuleuse, s'étend du péristome au bord postérieur. Péristome excentrique en avant, largement développé, pentagonal, subtransverse, chagriné sur les bords, muni d'un floscelle atténué. Périprocte supramarginal, grand, elliptique, arrondi à sa partie supérieure, s'ouvrant au sommet d'un sillon qui disparaît sur le bord. Appareil apical petit, pourvu de quatre pores génitaux, les deux antérieurs plus développés que les deux autres; plaque madréporiforme bien développée; plaques ocellaires très petites.

Cette espèce varie un peu dans sa taille, dans sa forme plus ou moins bombée, mais tous les exemplaires présentent ce caractère commun d'avoir l'étoile ambulacraire relativement peu développée, le périprocte grand, ovale, au sommet d'un sillon bien accusé.

Hauteur, 11 millimètres; diamètre antéro-postérieur,

25 millimètres; diamètre transversal, 22 millimètres.

Individu de grande taille : hauteur, 20 millimètres ; diamètre antéro-postérieur, 32 millimètres; diamètre transversal, 30 millimètres.

Individu jeune à aires ambulacraires très étroites : hauteur, 9 millimètres et demi; diamètre antéro-postérieur, 22 millimètres; diamètre transversal, 21 millimètres.

Rapports et différences. — Dans les *Echinides fossiles des Pyrénées*, nous avions cru devoir rapporter cette espèce à l'*E. testudinarius*, Desor (*Cassidulus*, Brongniart). Aujourd'hui nous revenons sur cette opinion, et l'espèce qui nous occupe, bien qu'elle offre quelques rapports avec le *C. testitudinarius*, nous en paraît bien distincte. Déjà M. Hébert, en 1882, avait cru devoir séparer les deux espèces, et dans une note publiée au compte rendu de la réunion extraordinaire de la Société géologique dans l'Ariège, il donne à l'espèce des Pyrénées le nom d'*E. Cottaldi* (*Cotteaui*), que nous lui avons conservé. L'*E. Cotteaui* se distingue du *C. testudinarius* par sa forme plus régulièrement ovale, plus dilatée, par sa face postérieure tronquée verticalement, au lieu d'être oblique, par la forme différente de son péristome, par son périprocte ovale, arrondi au sommet, s'ouvrant dans un sillon beaucoup moins étroit. La position un peu élevée de son périprocte rapproche cette espèce de l'*E. rayssacensis*, mais cette dernière espèce sera toujours reconnaissable à sa taille plus forte, à sa forme moins ovale, à son étoile ambulacraire plus restreinte, à ses zones porifères plus étroites et d'égale largeur.

Localités. — Cassaigne (Haute-Garone) ; Sabarat, Saint-Jean-de-Vergues, Le Frechet, Camarade, Lezères,

Campagne, Montolieu, Fabas, Villeneuve-du-Bosc (Ariège). Assez rare. Éocène moyen.

Musée de Toulouse (coll. Leymerie), collection Hébert, abbé Pouech, Roussel, Gauthier, ma collection.

Explication des figures. — Pl. 191, fig. 4, *E. Cotteaui*, de Fabas, de la collection de M. l'abbé Pouech, vu de côté; fig. 5, face supérieure; fig. 6, face inférieure; fig. 7, face postérieure. — Pl. 192, fig. 1, autre exemplaire, de la collection de M. Hébert, vu de côté; fig. 2, face supérieure; fig. 3, face inférieure; fig. 4, face postérieure; fig. 5, portion de la face supérieure, grossie; fig. 6, portion de la face inférieure, grossie; fig. 7, autre exemplaire de taille plus forte, de Camarade, de la collection de M. Roussel, vu de côté; fig. 8, face supérieure; fig. 9, face postérieure. — Pl. 193, fig. 1, autre exemplaire, variété plus sensiblement carénée, de Campagne, de la collection de M. l'abbé Pouech, vu de côté; fig. 2, face supérieure; fig. 3, face postérieure; fig. 4, pores ambulacraires pris sur la face supérieure, grossis; fig. 5, tubercules ambulacraires, pris sur la face supérieure, grossis.

N° 161. **Echinanthus gracilis**, Cotteau, 1888.

Pl. 193, fig. 6-8.

Espèce oblongue, arrondie en avant, dilatée et subtronquée en arrière. Face supérieure déprimée, un peu saillante, et subcarénée dans la région postérieure. Face inférieure plane, subpulvinée sur les bords, très excavée autour du péristome. Sommet ambulacraire excentrique en avant. Aires ambulacraires pétaloïdes, grêles, allongées, très ouvertes à l'extrémité, inégales, les aires postérieures sensiblement plus longues que les autres, l'aire impaire plus droite, plus courte, plus ouverte. Zones porifères très étroites, formées de pores petits, inégaux, les internes arrondis, les externes allongés, étroits, disposés par paires obliques, au nombre de cinquante-deux ou cinquante-trois dans l'aire ambulacraire impaire, au nombre de cinquante-cinq ou cinquante-six dans les aires paires antérieures, de soixante-deux ou soixante-trois dans les aires paires postérieures. Dans chacune des aires, les zones porifères sont entre elles d'égale étendue et de même longueur. Zone interporifère large et légèrement bombée. Tubercules perforés, scrobiculés, petits, serrés, abondants à la face supérieure, un peu plus gros et plus espacés à la face inférieure, aux approches du péristome. Péristome excentrique en avant, pentagonal, enfoncé, muni d'un floscelle apparent. Périprocte supramarginal, très aigu au sommet, situé à la partie supérieure d'un sillon subcaréné sur les bords, profond, évasé, entamant un peu l'ambitus. Appareil apical peu distinct, paraissant muni de quatre pores génitaux.

On rencontre, associé à l'individu que nous venons de décrire, un autre exemplaire également incomplet et déformé, mais dont la taille est plus forte et les zones porifères plus larges relativement au développement de la zone interporifère. Malgré cette petite différence, les deux individus ne sauraient être séparés.

Hauteur, 13 millimètres ? diamètre antéro-postérieur, 42 millimètres; diamètre transversal, 29 millimètres.

Rapports et différences. — Nous ne connaissons de cette espèce que deux individus assez mal conservés, cependant, les caractères qu'ils présentent paraissent suffisants pour les distinguer des autres *Echinanthus* que nous avons décrits : ils seront toujours reconnaissables à leur taille moyenne, à leur face supérieure naturellement très déprimée en dehors de la dépression accidentelle qu'ils ont subie, à leur sommet très excentrique en avant, à leurs aires ambulacraires grêles, allongées, très ouvertes à leur extrémité, à leurs zones porifères étroites, à leur zone interporifère bombée et relativement bien développée, à leur péristome pentagonal assez grand, très enfoncé, à leur périprocte supramarginal, aigu, placé au sommet d'un sillon très évasé.

LOCALITÉ. — Mancioux (Haute-Garonne). Rare. Eocène moyen.

Coll. Roussel.

EXPLICATION DES FIGURES. — Pl. 193, fig. 6, *E. gracilis*, vu sur la face supérieure ; fig. 7, face postérieure ; fig. 8, autre exemplaire de taille plus grande, vu sur la face supérieure.

N° 162. — **Echinanthus Wrighti**, Cotteau, 1863.

Pl. 194

Pygorhynchus Wrighti, Leymerie et Cotteau, *Catal. des Échin. foss. des Pyrénées*, Bull. Soc. géol. de France, 2e sér., t. XIII, p. 333, 1856.

— — Leymerie, *Consid. géognost. sur les Échin. des Pyrénées*, Bull. Soc. géol. de France, 2e série, t. XIII, p. 362, 1856.

— — Desor, *Synopsis des Échin. foss.*, p. 299, 1857.

— — Dujardin et Hupé, *Hist. nat. des Zooph. échinod.*, p. 585, 1862.

Echinanthus Wrighti,	Cotteau, *Échinides foss. des Pyrénées*, p. 90, pl. V, fig. 4-7, 1863.
Échinanthus Oosteri, (non P. de Loriol)	Hébert, *Groupe numm. du midi de la France*, Bull. géol. de France, 3e sér., t. X, p. 384 et 387, 1882.
— —	Hébert, *Notes sur la géol. du dép. de l'Ariège*, Bull. soc. géol. de France. 3e sér., t. X, p. 656, 1882.

Espèce de petite taille, épaisse, renflée, courte, un peu plus longue que large, arrondie en avant, très légèrement dilatée en arrière. Face supérieure régulièrement convexe, ayant sa plus grande hauteur vers le point qui correspond au sommet apical. Face inférieure plane, pulvinée sur les bords, déprimée au milieu. Face postérieure élevée, un peu oblique, subverticalement tronquée. Sommet ambulacraire excentrique en avant. Aires ambulacraires larges, pétaloïdes, à peine ouvertes à leur extrémité, presque égales. Zones porifères formées de pores à peu près semblables, les pores externes un peu plus longs et plus étroits que les autres, les internes arrondis, unis par un sillon et disposés par paires très obliques. Dans chacune des aires ambulacraires, les zones porifères paraissent d'égale largeur et de même étendue. Zone interporifère légèrement bombée, plus large que l'une des zones porifères. Tubercules perforés, scrobiculés, petits, abondants et serrés à la face supérieure, un peu plus gros et plus espacés à la face inférieure aux approches du péristome. Péristome excentrique en avant, s'ouvrant dans une dépression du test, régulièrement pentagonal, muni d'un floscelle atténué, mais cependant distinct. Périprocte subcirculaire, un peu allongé, placé assez haut sur la face postérieure. Appareil apical bien développé, muni de quatre pores génitaux, les deux antérieurs plus rapprochés que les deux autres; plaque madréporiforme occupant une grande partie de l'appareil; plaques ocellaires très petites.

L'E. Wrighti varie un peu dans sa forme générale, plus ou moins allongée, tantôt assez régulièrement ovale, tantôt courte et ramassée. La face supérieure est convexe ou quelquefois un peu aplatie, comme dans l'exemplaire qui a servi de type à l'espèce.

Hauteur, 14 millimètres; diamètre antéro-postérieur, 23 millimètres; diamètre transversal, 21 millimètres.

Exemplaire plus ovale et plus convexe : Hauteur, 15 millimètres; diamètre antéro-postérieur, 24 millimètres; diamètre transversal, 22 millimètres.

Rapports et différences. — *L'E. Wrighti* sera toujours facilement reconnaissable à sa petite taille, à sa forme oblongue, épaisse et renflée, à la largeur de ses aires ambulacraires presque égales, à sa face inférieure pulvinée : sa taille et quelques-uns de ses caractères rapprochent cette espèce de l'*E. Oosteri*, de Loriol, du terrain nummulitique de Blangg, près Yberg, auquel certains auteurs ont cru devoir la rapporter. Elle nous paraît, ainsi qu'à M. de Loriol, s'en distinguer d'une manière positive par plusieurs caractères : sa face supérieure, moins élevée et moins déclive, est plus verticalement tronquée en arrière; sa face inférieure est plus pulvinée, plus arrondie sur les bords; ses aires ambulacraires sont plus courtes et plus larges; son périprocte un peu moins arrondi est situé plus haut.

Localités. — Conques, Alaric, Montagne-Noire (Aude). Assez rare. Éocène moyen.

Musée de Toulouse (coll. Leymerie); coll. Hébert, Roussel, Gauthier, ma collection.

Explication des figures. — Pl. 194, fig. 1, *E. Wrighti*, d'Alaric, du musée de Toulouse, vu de côté; fig. 2, face supérieure; fig. 3, face inférieure; fig. 4, face postérieure; fig. 5, portion de la face supérieure, grossie; fig. 6, autre exemplaire de petite taille, de Montolieu, de la collection de M. Gauthier, vu sur la face supérieure; fig. 7, face postérieure; fig. 8, autre exemplaire, de Conques, de la collection de M. Hébert, vu de côté; fig. 9, face supérieure; fig. 10, face postérieure.

N° 163. — **Echinanthus sopitianus** (d'Archiac), Desor, 1857.

Pl. 195, 196 et 197.

Pygorhynchus sopitianus, d'Archiac, *Descript. des foss. recueillis par M. Thorent dans les couches numm. des environs de Bayonne*, Mém. Soc. géol. de France, 2e sér., t. II, p. 203, pl. vi, fig. 5, 1846.

— — Agassiz et Desor, *Catal. rais. des Échin.*, p. 102, 1847.

— — D'Orbigny, *Prod. de paléont. strat.*, t. II, p. 331, 1850.

— — Delbos, *Essai d'une descript. géol. du bassin de l'Adour*, p. 315, 1855.

— — Leymerie et Cotteau, *Catal. des Échin. foss. des Pyrénées*, Bull. Soc. géol. de France, 2e sér., t. XIII, p. 333, 1856.

— — Leymerie, *Consid. géognost. sur les Échin. des Pyrénées*, Bull. Soc. géol. de France, 2e sér., t. XIII, p. 363, 1856.

— — Pictet, *Traité de paléont.*, 2e édit., t. IV, p. 213, 1857.

Echinanthus sopitianus,	Desor, *Synopsis des Échin. foss.*, p. 294, 1857.
— —	Dujardin et Hupé, *Hist. nat. des Zooph. échinod.*, p. 583, 1862.
— —	Cotteau, *Échinides foss. des Pyrénées*, p. 90, 1863.
— —	Pellat, *Note sur les falaises de Biarritz,* Bull. Soc. géol. de France, 2e série, t. XX, p. 678, 1863.
— —	Cotteau, *Note sur les Échin. des couches numm. de Biarritz,* Bull. Soc. géol. de France, 2e sér., t. XXI, p. 85, 1863.
Pygorhynchus sopitianus,	Comte de Bouillé, *Paléont. de Biarritz et de quelques autres localités des Basses-Pyrénées,* p. 15, 1873.
— —	Comte de Bouillé, *Paléont. de Biarritz*, p. 70, Soc. des sc., lettres et arts de Pau, 1876.
Echinanthus sopitianus,	Dames, *Die Echiniden der vicent. und veron. tertiärablagerungen*, p. 32, 1877.
— —	Bittner, *Beitrage zur Kenntniss alttertiärer Echiniden Faunen der Sudalpen*, p. 68, 1880.
— —	Enrico Nicolis, *Note illust. alla carta geol. della prov. di Verona*, p. 99, 1882.
— —	Enrico Nicolis, *Breve illust. degli spaccati geol. della Prealpi settentr.*, p. 26, 1888.

T. 84.

Espèce de grande taille, plus longue que large, arrondie et rétrécie en avant, légèrement rostrée en arrière. Face supérieure élevée, subconique, rapidement déclive sur les côtés, ayant sa plus grande épaisseur un peu en arrière du sommet apical, renflée, subcarénée et obliquement déclive dans la région postérieure. Face inférieure plane, pulvinée, fortement creusée au milieu, sensiblement déprimée dans l'aire interambulacraire impaire, surtout vers le bord. Face postérieure très courte, tronquée, un peu rentrante. Sommet ambulacraire excentrique en avant. Aires ambulacraires relativement peu développées, pétaloïdes, effilées, et cependant ouvertes à leur extrémité, inégales, les aires postérieures un peu plus longues que les autres, l'aire ambulacraire impaire plus étendue, plus étroite et plus droite que les aires ambulacraires paires. Zones porifères déprimées, médiocrement développées, composées de pores inégaux, les uns arrondis, les autres étroits, allongés, unis par un sillon, disposés par paires obliques que sépare une bande saillante et granuleuse. Zone interporifère assez large, bombée. Dans les aires ambulacraires postérieures, la zone porifère postérieure est moins large que l'autre, mais dans chaque aire ambulacraire, les zones porifères sont de même longueur. Tubercules perforés, scrobiculés, très petits, abondants et serrés à la face supérieure, un peu plus gros et plus espacés à la face inférieure, aux approches du péristome; granulation intermédiaire fine, homogène. Péristome excentrique en avant, pentagonal, muni d'un floscelle apparent. Périprocte allongé, aigu au sommet, situé au-dessus du bord, à la partie supérieure d'un sillon profond qui s'évase un peu et échancre assez fortement l'ambitus. Appareil apical paraissant muni de quatre pores génitaux.

Cette espèce varie un peu dans sa forme plus ou moins allongée, plus ou moins saillante à la partie supérieure. Nous lui réunissons un exemplaire provenant de Cauneille (Landes), et que Tournouër, dans sa collection qui fait aujourd'hui partie de celle de l'Institut catholique, avait désigné sous le nom de d'*E. subdelbosi*. Cet exemplaire, que nous avons fait figurer, est tellement voisin par l'ensemble de ses caractères de l'*E. sopitianus*, qu'il ne nous paraît pas devoir en être séparé.

Exemplaire de Biarritz, type de l'espèce (moule en plâtre T. 84) : hauteur, 36 millimètres ; diamètre antéro-postérieur, 68 millimètres ; diamètre transversal, 58 millimètres.

Variété plus étroite et plus allongée : hauteur, 36 millimètres ; diamètre antéro-postérieur, 70 millimètres ; diamètre transversal, 56 millimètres.

Exemplaire de la collection Tournouër, type de l'*E. subdelbosi* : hauteur, 37 millimètres ; diamètre antéro-postérieur, 72 millimètres ; diamètre transversal, 61 millimètres.

Rapports et différences. — Cette espèce est remarquable par sa grande taille, par sa face supérieure élevée et subconique, déclive sur les côtés, subcarénée, dans la région postérieure, par son sommet ambulacraire très peu excentrique en avant, par ses aires ambulacraires relativement peu étendues, effilées, bombées, par sa face inférieure très déprimée, par son périprocte s'ouvrant au sommet d'un sillon évasé et bien prononcé. Elle offre quelques rapports avec l'*E. scutella*, dont elle diffère, cependant, ainsi que Desor l'a reconnu depuis longtemps, par sa forme conique, par ses aires ambulacraires moins longues, moins larges, plus éloignées de l'ambitus et circonscrites par des zones porifères plus déprimées et plus développées, par son périprocte placé un peu plus bas, par sa face inférieure moins déprimée.

Localités. — Biarritz, Lou Cachaou, moulin de Sopite (Basses-Pyrénées) ; Canneille (Landes). Rare. Éocène supérieur.

Coll. Pellat, Comte de Bouillé, Institut catholique (M. Tournouër), ma collection.

Explication des figures. — Pl. 195, fig. 1, *E. sopitianus*, de Canneille, de la collection de l'Institut catholique, vu de côté; fig. 2, face supérieure; fig. 3, portion de la zone porifère postérieure des aires ambulacraires postérieures, grossie; fig. 4, portion correspondante de la zone porifère antérieure des aires ambulacraires postérieures, grossie. — Pl. 196, fig. 1, le même exemplaire, vu sur la face postérieure; fig. 2, autre exemplaire, de Biarritz, de la collection de l'École des mines, vu de côté; fig. 3, face supérieure. — Pl. 197, le même exemplaire, vu sur la face supérieure; fig. 2, tubercules grossis, pris sur la face supérieure; fig. 3, tubercules grossis, pris sur la face inférieure; fig. 4, autre exemplaire, de la collection du comte de Bouillé, vu sur la face inférieure.

N° 164. — **Echinanthus Pellati**, Cotteau, 1863.

Pl. 198.

Echinanthus Pellati, Cotteau, *Échin. foss. des Pyrénées*, p. 99, pl. IX, fig. 1, 1863.

— — Pellat, *Note sur les falaises de Biarritz*, Bull. Soc. géol. de France, 2e sér., t. XX, p. 678, 1863.

— Cotteau, *Note sur les Échin. des couches numm. de Biarritz*. Bull. Soc. géol de France, 2e sér., t. XXI, p. 83, 1863.

— — Jacquot, *Description géol. des falaises de Biarritz, Bidart*, Actes de la Soc. linnéenne de Bordeaux, t. XXV, 1864.

Echinanthus bidrritzensis, Ooster, *Synopsis des Échinod. des Al-*

pes suisses, p. 73, pl. XII, fig. 5 (excl. fig. 4), 1865.

Echinanthus Pellati, P. de Loriol, *Descript. des Échin. tertiaires de la Suisse*, p. 58, pl. VI et pl. VII, fig. 3, 1875.

— — Comte de Bouillé, *Paléont. de Biarritz*, p. 39, Soc. des sc. et arts de Pau, 1876.

Espèce de grande taille, allongée, ovale, à peu près également arrondie en avant et en arrière, ayant la plus grande largeur vers le milieu de son étendue. Face supérieure médiocrement renflée, présentant dans la région postérieure les traces atténuées d'une carène. Face inférieure plane, déprimée, subconcave, très mal conservée dans l'exemplaire unique que nous avons sous les yeux. Sommet ambulacraire presque central, un peu rejeté en avant. Aires ambulacraires pétaloïdes, assez longues, effilées, presque fermées à leur extrémité, à l'exception de l'aire ambulacraire antérieure, qui est plus droite, plus aiguë au sommet et un peu plus ouverte vers la base. Zones porifères assez développées, formées de pores inégaux, les internes arrondis, les externes étroits, allongés, unis par un sillon et disposés par paires obliques. Dans chacune des aires ambulacraires, les zones porifères sont de même longueur, mais dans les aires paires postérieures les zones porifères postérieures sont un peu plus étroites que les autres. Zone interporifère large, bombée, effilée. Tubercules perforés et scrobiculés, très petits et serrés à la face supérieure, un peu plus gros et plus espacés à la face inférieure aux approches du péristome. Périprocte ovale, à fleur de test, supramarginal. Appareil apical petit, subcirculaire, muni de quatre pores génitaux, les deux antérieurs très rapprochés, les deux autres beaucoup plus écartés; plaque madréporiforme largement développée.

Hauteur, 28 millimètres; diamètre antéro-postérieur, 95 millimètres; diamètre transversal, 72 millimètres.

Rapports et différences. — Cette espèce, la plus grande que renferme le genre *Echinanthus*, se distingue de ses congénères par sa taille, par sa forme allongée et déprimée, par son sommet central, par ses aires ambulacraires bien développées, effilées, presque fermées à leur extrémité, par son périprocte supramarginal s'ouvrant à fleur de test. L'*E. Pellati*, par quelques-uns de ses caractères et notamment par son sommet ambulacraire presque central et la structure de ses aires ambulacraires, se rapproche de l'*E. sopitianus*, qu'on rencontre dans la même région; elle nous a paru s'en distinguer cependant d'une manière positive par sa taille plus forte et sa face supérieure toute différente, plane, uniformément bombée, au lieu d'être élevée, subconique et fortement déclive sur les côtés, sans que cette différence puisse être attribuée, nous le croyons du moins, à une dépression accidentelle. C'est avec raison, suivant nous, que M. de Loriol a rapporté à l'*E. Pellati* certains *Echinanthus*, du canton de Schwytz, remarquables par leur forme régulièrement ovale, très déprimée et relativement très plate en dessous, par leurs grandes aires ambulacraires et par leur sommet presque central. C'est également à cette espèce que se rapporte l'Echinide figuré par Ooster sous le nom d'*E. biarritzensis*. M. de Loriol serait tenté de voir, dans cette dernière espèce, un individu jeune de notre *E. Pellati*; nous ne le croyons pas. Les *E. Pellati et biarritzensis*, lorsque nous les avons établis dans nos *Échinides fossiles des Pyrénées*, nous ont paru bien distincts.

Nous indiquons plus loin, en décrivant l'*E. biarritzensis*, les motifs qui nous engagent à conserver les deux espèces qui, en dehors de la différence très grande de taille, présentent des caractères qui ne permettent pas de les réunir.

Localités. — Biarritz (la Gourèpe) (Basses-Pyrénées). Très rare. Éocène supérieur.

Collection Pellat.

Localités autres que la France. — Stœckweid, Gitzischrœtli, Blangg, Gschwend, environs d'Yberg (Schwytz). Eocène sup. Musée de Zurich, musée de Berne.

Explication des figures. — Pl. 198, fig. 1, *E. Pellati*, vu de côté; fig. 2, face supérieure.

N° 165. — **Echinanthus biarritzensis**, Cotteau, 1863.

Pl. 199.

Echinanthus biarritzensis, Cotteau, *Échin. foss. des Pyrénées*, p. 98. pl. IX, fig. 2 et 3, 1863.

— — Cotteau, *Note sur les Échin. des couches numm. de Biarritz*, Bull. Soc. géol. de France, 2e sér., t. XXI, p. 83, 1863.

— — Jacquot, *Descript. géol. des falaises de Biarritz, Bidart*, etc., p. 26. Actes de la Société linnéenne de Bordeaux, t. XXV, 1864.

Espèce de taille moyenne, ovale, allongée, étroite et arrondie en avant, un peu dilatée et subrostrée en arrière. Face supérieure très médiocrement renflée, déprimée, épaisse et arrondie sur les bords, présentant, dans la région postérieure, les traces atténuées d'une carène. Face inférieure plane, pulvinée sur les bords, déprimée autour du péristome. Face postérieure courte, verticalement tronquée. Sommet ambulacraire excentrique en avant. Aires ambulacraires pétaloïdes, assez larges, se rétrécissant un peu, mais bien ouvertes à leur extrémité, inégales, les aires postérieures un peu plus longues que les autres. Zones porifères étroites, formées de pores presque égaux, les pores externes cependant sont toujours un peu plus allongés que les autres, unis par un sillon et disposés par paires obliques. Les zones porifères sont partout de même longueur, mais dans les aires ambulacraires postérieures, les zones porifères postérieures sont plus étroites que les autres. Zone interporifère relativement assez développée, sensiblement bombée. Tubercules perforés, scrobiculés, très petits et serrés à la face supérieure, plus gros et plus espacés aux approches du péristome. Péristome excentrique en avant, enfoncé, pentagonal, muni d'un floscelle apparent. Périprocte ovale, supramarginal, situé au sommet d'un sillon très atténué. Appareil apical subcirculaire, muni de quatre pores génitaux; plaque madréporiforme bien développée.

Nous réunissons à cette espèce un exemplaire incomplet qui présente bien les caractères du type, mais dont la taille est plus forte et dont la face supérieure, plus épaisse, est plus régulièrement convexe.

Hauteur, 17 millimètres; diamètre antéro-postérieur, 40 millimètres; diamètre transversal, 32 millimètres.

Individu de taille plus forte : hauteur, 22 millimètres? diamètre antéro-postérieur, 50 millimètres? diamètre transversal, 40 millimètres.

Rapports et différences. — Cette espèce présente quelques rapports avec l'*E. pyrenaicus*; elle en diffère par sa forme plus déprimée, par sa face postérieure plus sensiblement rostrée, par sa face inférieure plus pulvinée sur les bords et plus concave au milieu. L'espèce qui nous occupe ne saurait être considérée comme un individu jeune de l'*E. Pellati* qu'on rencontre en Suisse, à différents âges. La confusion ne nous paraît pas possible, et l'*E. biarritzensis* sera toujours facilement reconnaissable, sans tenir compte de la taille, à sa forme plus ovale, plus sensiblement rostrée en arrière, à sa face inférieure moins déprimée et cependant plus concave au milieu, à son sommet ambulacraire plus excentrique en arrière, à ses aires ambulacraires plus étroites, plus longues, à peine effilées et largement ouvertes à leur extrémité, à sa face postérieure plus verticale, à son périprocte paraissant plus étroit.

Localité. — Biarritz, extrémité sud de la falaise (Basses-Pyrénées). Très rare. Éocène supérieur.

Faculté des sciences de Nancy (coll. Delbos).

Explication des figures. — Pl. 199, fig. 1, *E. biarritzensis*, vu de côté; fig. 2, face supérieure; fig. 3, face inférieure; fig. 4, face postérieure; fig. 5, aire ambulacraire antérieure, grossie, fig. 6, aire ambulacraire postérieure, grossie; fig. 7, péristome, grossi.

N° 166. — **Echinanthus Badinskii**, Pomel, 1885.

Pl. 200.

Echinanthus Badinskii, Pomel, *Échin. éocènes du Kef Ighoud*, matériaux pour la carte de l'Algérie,

1re sér., p. 24, pl. II, fig. 10, pl. III, fig. 3, 1885.

Echinanthus Badinskii, Cotteau, Peron et Gauthier, *Échinides foss. de l'Algérie*, 9e fascicule, Étage éocène, p. 75, pl. VII, fig. 1-3, 1885.

Espèce de taille médiocre, ovale, plus longue que large, arrondie en avant, un peu rétrécie et subrostrée en arrière. Face supérieure plus ou moins renflée, mais toujours convexe, également déclive des deux côtés, ayant sa plus grande épaisseur dans l'aire interambulacraire postérieure, en arrière du sommet apical. Face inférieure fortement pulvinée, marquée d'un sinus atténué à l'endroit où passent les quatre aires ambulacraires paires et d'une dépression autour du péristome. Face postérieure étroite, subverticalement tronquée. Sommet ambulacraire excentrique en avant. Aires ambulacraires pétaloïdes, assez larges, à peine ouvertes à leur extrémité, inégales, les aires postérieures et l'aire ambulacraire impaire un peu plus longues que les autres. Zones porifères bien développées, larges, formées de pores inégaux, les internes arrondis, les externes plus allongés, unis par un sillon, disposés par paires obliques, au nombre de vingt dans les aires ambulacraires paires antérieures, au nombre d'environ vingt-quatre dans l'aire ambulacraire impaire et dans les aires ambulacraires paires postérieures. Dans chacune des aires ambulacraires, les zones porifères sont partout de même largeur et de même longueur. Zone interporifère plus étroite que l'une des zones porifères. Tubercules peu distincts dans les exemplaires que nous avons sous les yeux, épars, petits, scrobiculés à la face supérieure, un peu plus gros et plus espacés aux approches du péristome. Péristome excentrique en avant, déprimé, pentagonal, médiocrement développé, muni d'un floscelle apparent. Périprocte elliptique, vertical, occupant une partie de la troncature postérieure, placé environ à moitié de la hauteur postérieure et recouvert par une légère saillie du test. Appareil apical compacte, étroit, muni de quatre pores génitaux; plaque madréporiforme bien développée.

Hauteur, 20 millimètres; diamètre antéro-postérieur, 31 millimètres; diamètre transversal, 27 millimètres.

Autre exemplaire : hauteur, 19 millimètres; diamètre antéro-postérieur, 33 millimètres; diamètre transversal, 27 millimètres.

Rapports et différences. — L'*E. Badinskii*, bien caractérisé par sa forme étroite, épaisse, renflée, par sa face inférieure profondément pulvinée, par ses aires ambulacraires fortement développées, par son périprocte elliptique et placé très haut au sommet d'un sillon bien accusé, ne saurait être réuni à aucun de ses congénères. Par sa taille médiocre et sa forme ovale, il se rapproche de l'*E. Oosteri*, P. de Loriol; il s'en distingue par sa face supérieure plus élevée, par sa face inférieure plus pulvinée, par ses aires ambulacraires plus développées, par son périprocte plus allongé et placé plus haut. L'*E. Badinskii* a également quelques rapports avec une petite espèce des Pyrénées que nous venons de décrire, *E. Wrighti*, mais cette dernière espèce sera toujours facilement reconnaissable à sa forme plus courte, plus ramassée, à ses aires ambulacraires moins développées, tout en ayant cependant une zone interporifère plus large, à son périprocte plus étroit et dépourvu d'un sillon anal.

Localité. — Kef Iroud (département d'Alger). Assez rare. Étage éocène.

Collections Pomel, Gauthier, le Mesle, ma collection.

Explication des figures. — Pl. 200, fig. 1, *E. Badinskii*, de la collection de M. Gauthier, vu de côté; fig. 2, face supérieure; fig. 3, face inférieure; fig. 4, face postérieure; fig. 5, portion de la face supérieure, grossie; fig. 6, autre exemplaire, de ma collection, vu de côté; fig. 7, face supérieure; fig. 8, face inférieure.

N° 167. — **Echinanthus heptagonus** (Grateloup), Desor.

Nucleolites heptagonus,	de Grateloup, *Mém. de géo-zoologie sur les oursins foss.*, p. 80, pl. II, fig. 20, Actes de la Soc. linnéenne de Bordeaux, 1836.
— —	Des Moulins, *Études sur les Échin., tableaux synon.*, p. 362, 1837.
Pygorhynchus heptagonus,	Agassiz et Desor, *Catal. rais. des Échin.*, p. 103, 1847.
— —	Bronn, *Index paléont.*, p. 818, 1848.
— —	d'Orbigny, *Prod. de paléont. strat.*, t. II, p. 331, 1850.
— —	d'Archiac, *Descript. des foss. du groupe numm.*, Mém. Soc. géol. de France, 2e sér., t. III, p. 420, 1850.
— —	Leymerie et Cotteau, *Catal. des Échin. foss. des Pyrénées*, Bull. Soc. géol. de France, 2e sér., t. XIII, p. 333, 1856.
— —	Leymerie, *Consid. géognost. sur les Échinod. des Pyrénées*, Bullet. Soc. géol. de France, 2e sér., t. XIII, p. 365, 1856.
Echinanthus heptagonus,	Desor, *Synops. des Échin. foss.*, p. 295, 1857.
Pygorhynchus heptagonus,	Pictet, *Traité de paléont.*, 2e édit., t. IV, p. 213, 1857.

Echinanthus heptagonus, Dujardin et Hupé, *Hist. nat. des Zooph. échinod.*, p. 583, 1862.
— — Cotteau, *Échin. foss. des Pyrénées*, p. 90, 1863.

Nous ne connaissons cette espèce que par la description très incomplète donnée, en 1836, par Grateloup et les figures bien médiocres qui l'accompagnent. Aucun autre exemplaire n'a été signalé depuis, et il nous a été de toute impossibilité de nous procurer l'échantillon de la collection Grateloup qui avait servi de type à l'espèce. Nous devons nous borner à reproduire la diagnose latine, et la description faite par l'auteur.

« N. elliptico-ovatâ, subconvexâ, antice depressiusculâ : ambitu subheptagono. Ambulacris quinis, oblongis, ad latera transversim striatis ; ano dorsali, in sulcum excurrente. »

« Cette espèce nouvelle a l'aspect d'un Clypéastre ; elle a près d'un pouce de hauteur et environ 2 pouces dans son grand diamètre ; sa forme est elliptique, subpentagonale, convexe, légèrement déprimée dans la partie antérieure. Bouche subcentrale, réniforme. Anus supra-marginal, ovale. Tubercules miliaires sur la face inférieure. »

Les dessins que Grateloup donne à l'appui de la description sont réellement trop frustes pour qu'il me paraisse utile de les reproduire.

« Localités. — Carrière de Bazin à Montfort (Landes). Craie de Nousse (Éocène). »

Résumé géologique sur les Echinanthus.

Le terrain éocène de la France renferme vingt-huit espèces d'*Echinanthus*.

Vingt-trois espèces appartiennent à l'Éocène moyen : *E. issyaviensis, Bonissenti, Ducrocqui, Des Moulinsi, nicensis, elegans, Michelini, scutella, subrotundus, Pouechi, arizensis, latus, Rousseli, pyrenaicus, ataxensis, rayssacensis, heptagonus, carinatus, Heberti, Archiaci, Cotteaui, gracilis, Wrighti.* Cinq espèces proviennent de l'Éocène supérieur : *E. Delbosi, sopitianus, Pellati, biarritzensis* et *Badinskii.*

Dans le *Synopsis des Échinides fossiles*, Desor mentionne seize espèces d'*Echinanthus* éocènes ; neuf espèces, *E. issyaviensis* (sous le nom d'*E. Cuvieri*), *latus, Michelini, subrotundus, scutella, sopitianus, Delbosi, des Moulinsi* et *heptagonus*, sont décrites et figurées dans la *Paléontologie française.* Les sept autres espèces sont étrangères à la France : l'une d'elles, *E. testudinarius*, nous a paru appartenir au genre *Cassidulus*, dans lequel Agassiz et Desor l'avaient placée, en 1847, et nous en avons donné la synonymie et la diagnose, en décrivant le genre *Cassidulus.* L'*E. Mortonis*, provenant du terrain nummulitique de l'Inde, a servi de type au genre *Hardouinia*, et nous n'avons pas à nous en occuper ici. Restent cinq espèces étrangères à la France, *E. bavaricus, depressus, Munsteri, tumidus* et *Brongniarti.*

Voici la diagnose de ces espèces et de celles que les auteurs ont fait connaître depuis la publication du *Synopsis* :

Echinanthus bavaricus, Desor, 1847, *Synopsis des Échin. foss.*, p. 293. Suivant Desor, cette espèce se rapproche de l'*E. Cuvieri* (*E. issyaviensis*), mais elle s'en distingue par sa taille beaucoup plus petite, moins onduleuse, plus renflée surtout en arrière du sommet. Aires ambulacraires petites, non renflées. Périprocte entièrement marginal, placé de manière à n'être que très imparfaitement visible d'en haut. Par ses dimensions cette espèce se rapproche également de l'*E. testudinarius ;* elle en diffère certainement par l'absence d'un sillon anal. Kressemberg. Rare. Éocène. Coll. Mœsch.

Echinanthus depressus, Desor, 1857, *Synopsis des Échin. foss.*, p. 293. Espèce très déprimée, à peine élargie en arrière. Sommet ambulacraire très excentrique en avant. Aires ambulacraires étroites, renflées, les postérieures sensiblement plus longues que les autres. Périprocte marginal, occupant tout le bord postérieur. Face inférieure très concave. N'était, dit Desor, la position marginale de son périprocte, on serait plutôt tenté de rapporter cette espèce au genre *Echinolampas.* Kressemberg. Rare. Éocène. Coll. Mœsch.

Echinanthus Munsteri (des Moulins), Desor, 1857. — *Nucleolites testudinarius*, Munster in Goldfuss, *Petref. mus. univers. reg. borruss. rhen. bonn.*, p. 143, pl. XLIII, fig. 13 (Non *nucleolites testudinarius*, Brongniart), 1829. — *Clypeus testudinarius* (non *Nucleolites testudinarius*, Brongniart), Agassiz, *Prodrome d'une monog. des radiaires*, Mém. Soc. hist. nat. de Neuchâtel, t. I, p. 186, 1834. — *Nucleolites Munsteri*, Des Moulins, *Études sur les Échin.*, *Tabl. synony.*, p. 360, 1836. — *Pygorhynchus scutella*, var. *inflata*, Agassiz et Desor, *Catal. rais. des Échin.*, p. 102, 1847. — *Clypeus testudinarius*, Bronn, *Index paléont.*, p. 314, 1848. — *Echinanthus Munsteri*, Desor, *Synopsis des Échin. foss.*, p. 294, 1858. — id., Dujardin et Hupé, *Hist. nat. des zooph. Échinod.*, p. 583, 1862. Espèce ovoïde, renflée, arrondie en avant, un peu dilatée et subtronquée en arrière. Face inférieure subpulvinée, arrondie sur les bords, légèrement déprimée autour du péristome. Aires ambulacraires médiocrement développées, très peu larges, effilées, ouvertes à leur extrémité. Zones porifères relativement étroites. Péristome excentrique en avant, entouré d'un floscelle très apparent. Périprocte longitudinal, supramarginal, visible en entier d'en haut. Confondue par quelques auteurs avec l'*E. scutella*, cette espèce en diffère, d'après les figures de Goldfuss, par sa forme moins allongée, par ses aires ambulacraires moins développées, moins effilées, par ses zones porifères moins larges. Desor, *loc. cit.*, donne comme type de cette espèce le moule en plâtre, T. 98. En décrivant l'*E. elegans*, Pavay, nous avons indiqué les motifs qui nous engageaient à réunir à cette dernière espèce le moule en plâtre, T. 98. Baireuth (Bavière). Très rare. Eocène. Musée de Munich, Coll. Munster.

Echinanthus tumidus (Agassiz), Desor, 1857. *Pygorhynchus tumidus*, Agassiz, *Catal. syst. Ectyp. Echinod. foss. mus. neoc.*, p. 5, 1840. — *Pygorhynchus crassus*, id., p. 5, 1840. — *Pygoryhnchus tumidus*, Agassiz et Desor, *Catal. rais. des Échin.*, p. 103, 1847. — *Pygorhynchus crassus*, *id.*, p. 103, 1847. — *Id.*, Bronn, *Index paléont.*, p. 1066, 1848. — *Pygorhynchus tumidus*, *id.*, p. 1067, 1848. — *Echinanthus tumidus*, Desor, *Synops. des Échin. foss.*, p. 294, 1857. — *Id.*, Dujardin et Hupé, *Hist. nat. des zooph. Échinod.*, p. 583, 1862. — *Id.*, Laube, *Ein Beitrag zur Kenntniss Echinod. des Vicent. tertiär.*, p. 22, 1868. — *Id.* Dames, *Die Echiniden vicent. und veron. tertiär.*, p. 33, pl. VIII, fig. 1, 1877. — *Id.*, Enrico Nicolis, *Note illust. alla carta geol. della prov. di Verona*, p. 99, 1882. — *Id.*, Enrico Nicolis, *Breve illust. degli spacati geol. delle Prealpi settentr.*, p. 26, 1888. Espèce de grande taille, haute, renflée, arrondie en avant, obliquement déclive en arrière. Sommet ambulacraire excentrique en avant. Aires ambulacraires larges, effilées, ouvertes à leur extrémité, inégales, les aires postérieures un peu plus longues que les autres; zones porifères bien développées. Zone interporifère légèrement bombée. Péristome pentagonal, subtransverse, muni d'un floscelle. Périprocte petit, longitudinal, situé un peu haut, s'ouvrant au sommet d'un sillon apparent. Cette espèce, par sa forme épaisse et renflée, rappelle l'*E. Des Moulinsi;* elle s'en distingue par sa face postérieure plus obliquement déclive, par ses aires ambulacraires plus développées et plus effilées, par son périprocte situé au sommet d'un sillon plus apparent. Brendola, Senago (Vérone). Éocène. École des mines de Paris.

Echinanthus Brongniarti (Munster), Desor, 1857. — *Clypeaster Brongniarti*, Munster in Goldfuss, *Petrif. Mus. univers. reg. borruss. rhen. bonn.*, p. 133, pl. XLII, fig. 3, 1829. — *Echinolampas Brongniarti*, Agassiz, *Prod. d'une monog. des radiaires*, Mém. Soc. sc. nat. de Neuchâtel, . I. p. 187, 1836. — *Pygorhynchus Brongniarti*, Agassiz et Desor, *Catal. rais. des Échin.*, p. 103, 1847. — *Echinolampas Brongniarti*, Bronn, *Index paléont.*, p. 445, 1848. — *Echinanthus Brongniarti*, Desor, *Synops. des Échin. foss.*, p. 295, 1857. — Id. Dujardin et Hupé, *Hist. nat. des zooph. Échinod*, p. 583, 1862. —*Id.* Ooster *Synopsis des Échin. foss., des Alpes Suisses*, p. 74, pl. XIII, fig, 1-3, 1865. — *Id.*, P. de Loriol, *Desc. des Échin. tert. de la Suisse*, p. 68, 1875. Espèce de grande taille, circulaire, très médiocrement renflée, arrondie, et un peu dilatée en avant, légèrement rétrécie en arrière. Sommet ambulacraire subexcentrique en avant. Aires ambulacraires largement développées, les aires ambulacraires postérieures sensiblement plus longues que les autres. Zone interporifère non renflée. Périprocte petit, longitudinal, entamant la face postérieure. C'est avec beaucoup de doute que M. de Loriol rapporte à cette espèce quelques exemplaires assez mal conservés recueillis à Kattigstœke et Sulzbach, dans le terrain nummulitique des Alpes bernoises et figurés par Ooster, dans le *Synopsis des Alpes suisses*. Kressemberg. Rare. Éocène. Musée de Munich (coll. Munster).

Echinanthus Oosteri, P. de Loriol, 1875. — *Echinanthus Wrighti*, Ooster (non Cotteau), *Synopsis des Échin. fossiles des Alpes suisses*, p. 37, pl. XII, fig. 3, 1865. Espèce de petite taille, allongée, ovale, arrondie et rétrécie en avant, un peu étroite également en arrière, renflée en dessus, ayant sa plus grande hauteur au point qui correspond à l'appareil apical, déclive dans la région postérieure, plane en dessous, légèrement déprimée autour du péristome. Sommet ambulacraire très excentrique en avant. Aires ambulacraires pétaloïdes, allongées, très ouvertes à l'extrémité, inégales, les aires postérieures plus étendues que les autres. Zones porifères étroites. Péristome pentagonal, très excentrique en avant. Périprocte subcirculaire, assez grand, s'ouvrant au bas de la face postérieure, sans trace de sillon. Confondue par Ooster avec l'*E. Wrighti*, que nous avons décrit plus haut, cette espèce s'en distingue nettement par sa face inférieure déclive en arrière, par son pourtour non renflé, par son périprocte circulaire et placé beaucoup plus bas. Steinberg près Gross, Blangg près Yberg (Schwytz). Éocène. Musée de Berne. Coll. P. de Loriol.

Echinanthus bufo, Laube, 1868, *Ein Beitrag zur Kenntniss Echinod. des Vicent. tertiär.*, p. 22, pl. IV, fig. 1. —

Id., Taramelli, *Di alcuni Echinidi eocenici dell'Istria*, p. 15, Istituto veneto de sc. litt. ed arti, t. III, 1873-1874. — *Id.*, Dames, *Die Echiniden vicent. und veron. Tertiär*, p. 33, 1877. — *Id.*, Bittner, *Beit zur Kenntniss altert. Echiniden Faunen der Südälpen*, p. 9, 1880. — *Id.*, Enrico Nicolis, *Note illust. alla carta geol. della prov. di Verona*, p. 99, 1882. — *Id.*, Enrico Nicolis, *Breve illust. degli spacati geol. della Prealpi settent.*, p. 25, 1888. Espèce de taille moyenne, allongée, arrondie et un peu étroite en avant, se rétrécissant également en arrière, médiocrement renflée, ayant sa plus grande hauteur dans la région postérieure, qui est subgibbeuse en arrière du sommet apical, plane, subpulvinée en dessous, déprimée autour du péristome. Sommet ambulacraire excentrique en avant. Aires ambulacraires larges, pétaloïdes, ouvertes à l'extrémité, l'aire antérieure plus étroite que les autres. Péristome excentrique en avant, muni d'un floscelle très accusé. Périprocte marginal, échancrant le bord postérieur. Monte Magre (Vicentin) ; Albona (Istrie). Rare. Éocène.

Echinanthus placenta, Dames, 1877, *Die Echiniden der vicent. und veron. tertiär.*, p. 31, pl. VI, fig. 1. — *Id.*, Enrico Nicolis, *Note illlust. alla carta geol. della prov. di Verona*, p. 99, 1882. — *Id.*, Enrico Nicolis, *Breve illust. degli spacati geol. della Prealpi settent.*, p. 25, 1888. Espèce de grande taille, allongée, arrondie en avant, rétrécie et subtronquée en arrière, subdéprimée et légèrement convexe en dessus, plane en dessous et un peu concave autour du péristome. Sommet ambulacraire excentrique en avant. Aires ambulacraires à peu près égales, pétaloïdes, effilées, ouvertes à leur extrémité. Zone interporifère relativement assez large, bombée. Péristome excentrique en avant, pentagonal, subtransverse, muni d'un floscelle apparent. Périprocte petit, supramarginal, placé au sommet d'un sillon qui échancre le bord postérieur. Voisine de l'*E. scutella*, cette espèce s'en distingue par sa face supérieure plus déprimée et plus régulièrement convexe, par sa face inférieure plus plane, par ses aires ambulacraires moins effilées et plus longues, par son péristome plus petit. Monte Felice près Vérone. Rare. Éocène.

Echinanthus bathypygus, Bittner, 1880, *Beiträge zur Kenntniss alttertiärer Echiniden Faunen der Südälpen*, p. 7, pl. II, fig. 1 et 2. — Espèce de grande taille, allongée, dilatée, arrondie en avant, un peu rétrécie en arrière, plus ou moins haute et renflée en dessus, plane et subpulvinée en dessous. Sommet ambulacraire subexcentrique en avant. Aires ambulacraires bien développées, longues, effilées, ouvertes à leur extrémité. Zones porifères relativement étroites. Zone interporifère légèrement bombée. Péristome excentrique en avant, pentagonal, muni d'un floscelle apparent. Périprocte ovale, longitudinal, presque marginal, non visible de la face supérieure, échancrant à peine le bord postérieur. Nugla, Pedena (Vicentin). Eocène. Reichanstalt.

Echinanthus Zitteli, P. de Loriol, 1881, *Eocaene Echinod. aus Ægypten und der libyschen Wüste*, p. 19, pl. III, fig. 1 et 2. — Espèce de taille moyenne, ovale, allongée, arrondie en avant et en arrière, médiocrement renflée, régulièrement convexe en dessus, plane en dessous, subpulvinée sur les bords, légèrement concave autour du péristome. Sommet ambulacraire excentrique en avant. Aires ambulacraires pétaloïdes, effilées et cependant largement ouvertes à leur extrémité, inégales, les aires postérieures un peu plus longues que les autres. Zones porifères relativement étroites. Zone interporifère large.

Péristome excentrique en avant, muni d'un floscelle bien accusé. Périprocte longitudinal, supramarginal, placé au sommet d'un sillon qui se prolonge, en s'atténuant, jusqu'au bord qu'il échancre faiblement. Minieh (Mokatam-Stufe), Siuah. Éocène.

Echinanthus libycus, P. de Loriol, 1881, *Eocaene Echinod. aus Ægypten und der libyschen Wüste*, p. 21, pl. III, fig. 1 et 2. — Espèce de taille moyenne, allongée, étroite et arrondie en avant, un peu plus dilatée et également arrondie en arrière, renflée et régulièrement convexe en dessus, plane en dessous, pulvinée sur les bords, légèrement concave autour du péristome. Sommet ambulacraire excentrique en avant. Aires ambulacraires pétaloïdes, ouvertes à leur extrémité. Zones porifères médiocrement développées. Zone interporifère large. Péristome petit, pentagonal, excentrique en avant, mais très éloigné du bord, entouré d'un floscelle apparent. Périprocte longitudinal, aigu au sommet, très petit, placé à la partie supérieure d'un sillon assez prononcé qui s'atténue et disparaît avant d'arriver vers le bord ; voisin de l'espèce précédente, cet *Echinanthus* s'en distingue par sa taille un peu plus forte, par sa face supérieure plus renflée, par son péristome moins développé et moins excentrique en avant, par son périprocte plus petit et situé plus haut. Ulliah et Sittrah, Siuah (Mokattam-Stufe). Éocène.

Echinanthus pumilus, Duncan et Sladen, 1882, *Monog. of the foss. Echinoidea of West. Sind*, p. 13, pl. II et III. — Espèce de petite taille, allongée, arrondie en avant, subtronquée en arrière, uniformément bombée en dessus, plane en dessous, légèrement concave autour du péristome. Sommet ambulacraire excentrique en avant. Aires ambulacraires étroites, effilées, ouvertes à leur extrémité, les aires postérieures un peu plus longues que les autres. Zones porifères formées de pores arrondis, presque égaux, unis par un sillon. Péristome très excentrique en avant, subpentagonal, ovale, placé à l'extrémité de la face postérieure, au-dessus du bord, de manière à n'être pas visible de la face inférieure. Cette espèce, par sa taille et la structure de son péristome, se rapproche des *Ilarionia* et devrait peut-être être réunie à ce dernier genre. Bark-Nala, au nord de Ranikot. Éocène.

Echinanthus enormis, Duncan et Sladen, 1882, *Monog. of the foss. Echinodea of West. Sind*, p. 64, pl. XVII, fig. 5-10. — Espèce de petite taille, un peu allongée, arrondie en avant, subtronquée en arrière, très renflée en dessus surtout dans la région antérieure, obliquement déclive en arrière, légèrement bombée en dessous. Sommet ambulacraire très excentrique en avant. Aires ambulacraires pétaloïdes, effilées, presque fermées à leur extrémité, inégales, l'aire antérieure beaucoup plus ouverte et les aires postérieures beaucoup plus longues que les autres. Zones porifères formées de pores arrondis, presque égaux, unis par un sillon. Péristome excentrique en avant, pentagonal, transverse, entouré d'un bourrelet granuleux et d'un floscelle peu développé. Périprocte élevé, longitudinal, placé au sommet d'un sillon très atténué. Comme la précédente, cette espèce se rapproche beaucoup du genre *Ilarionia*, auquel elle devrait peut-être être réunie. A l'est de Lyngam, au nord-est de Bando-Vero. Série de Ranikot. Éocène.

Echinanthus intermedius, Duncan et Sladen, 1884, *Monog. of the foss. Echinodea of West. Sind*, p. 177, pl. XXXII, fig. 4-8. — Espèce de taille moyenne, allongée, arrondie en avant, subrostrée en arrière, médiocrement renflée en dessus, subcarénée et un peu élevée dans la région postérieure, plane en dessous, concave autour de la bouche et pulvinée sur les bords. Aires ambulacraires pétaloïdes, effilées, ouvertes à leur extrémité, l'aire impaire plus droite et plus ouverte que les autres. Zones porifères étroites, composées de pores petits, arrondis, presque égaux, unis par un sillon. Péristome excentrique en avant, elliptique dans le sens du diamètre transversal, entouré d'un bourrelet et muni d'un floscelle à peine apparent. Périprocte longitudinal, un peu élevé au dessus du bord, s'ouvrant à l'extrémité du rostre postérieur qu'il entame légèrement. Baili, à l'est de Tong. Khirthar Séries. Éocène.

Les études que nous venons de faire sur les Échinides éocènes de la province d'Alicante nous ont fait connaître cinq espèces nouvelles d'*Echinanthus* qui seront prochainement décrites et figurées et dont nous croyons devoir, dès à présent, donner la diagnose.

Echinanthus hispanicus, Cotteau, 1889. — Espèce de taille moyenne, arrondie en avant, étroite et un peu subrostrée en arrière, uniformément bombée en dessus, un peu plus élevée dans la région postérieure, plane en dessous, concave autour du péristome, pulvinée sur les bords, tronquée et un peu rentrante en arrière. Sommet apical excentrique en avant. Aires ambulacraires pétaloïdes, effilées et cependant ouvertes à leur extrémité, les aires postérieures plus longues que les autres. Dans chacune des aires, les zones porifères sont de même étendue; dans les aires postérieures, la zone porifère placée en avant est un peu plus large que l'autre. Péristome excentrique en avant, pentagonal, subtransverse, muni d'un floscelle très prononcé, granuleux sur les bords. Périprocte supramarginal, longitudinal, placé au sommet d'un sillon très atténué, entamant faiblement le bord postérieur. Callosa (province d'Alicante). Muséum de Paris (coll. paléont.), ma collection (M. Marty).

Echinanthus Vilanovæ, Cotteau, 1889. — Espèce de taille assez grande, arrondie en avant, légèrement rétrécie en arrière, à peine renflée en dessus, un peu plus épaisse dans la région postérieure, plane en dessous, arrondie sur les bords, s'abaissant autour du péristome. Sommet apical excentrique en avant. Aires ambulacraires bien développées, pétaloïdes, effilées, presque entièrement fermées à leur extrémité, l'aire antérieure un peu plus étroite, et les aires postérieures un peu plus longues que les autres. Dans les aires ambulacraires paires postérieures, la zone porifère placée en avant est un peu plus large que l'autre ; partout les deux zones porifères sont de même longueur. Péristome excentrique en avant, relativement éloigné du bord antérieur, pentagonal, non transverse, muni d'un floscelle apparent. Périprocte marginal, longitudinal, dépourvu de sillon, s'ouvrant sous le rostre postérieur, entamant à peine l'ambitus et visible seulement de la face inférieure. Cette espèce, par la position inframarginale de son périprocte, s'éloigne un peu des véritables *Echinanthus*, et devra probablement faire partie d'un genre particulier. Callosa (province d'Alicante). Très rare. Éocène. Ma collection (M. Marty).

Echinanthus stelliferus, Cotteau, 1889. Espèce de taille moyenne, subcirculaire, un peu plus longue que large, légèrement dilatée dans la région postérieure, peu élevée et uniformément bombée en dessus, plane en dessous, à peine déprimée autour du péristome. Sommet ambulacraire excentrique en avant. Aires ambulacraires bien développées, pétaloïdes, effilées, fermées à leur extrémité, presque égales, les aires postérieures paraissant cependant un peu plus longues que les autres. Les zones porifères sont partout de même longueur, mais dans les aires ambulacraires postérieures, la zone porifère placée en avant est un peu plus large que l'autre. Péristome excentrique en avant, pentagonal, subtransverse, granuleux sur les bords, muni d'un floscelle bien prononcé. Périprocte supramarginal, longitudinal, placé au sommet d'un sillon très atténué, entamant à peine le bord postérieur. Cette espèce offre quelque ressemblance avec l'*E. rayssacensis;* elle en diffère par sa face supérieure plus uniformément bombée, ne présentant, dans la région postérieure, aucune trace de carène, par sa face inférieure plus plane, par ses aires ambulacraires plus larges et plus effilées, par son périprocte plus élevé. Callosa (province d'Alicante). Très rare. Éocène. Ma collection (M. Marty).

Echinanthus dorsalis, Cotteau, 1889. — Espèce de taille assez forte, allongée, arrondie en avant, un peu rétrécie en arrière, haute et renflée en dessus, marquée dans l'aire interambulacraire impaire d'une carène atténuée, plane en dessous, arrondie sur les bords et légèrement bombée à l'extrémité de la région postérieure. Sommet ambulacraire subcentral, un peu rejeté en avant. Aires ambulacraires bien développées, pétaloïdes, plus ou moins ouvertes à leur extrémité, les aires postérieures un peu plus longues que les autres. Dans chacune des aires, les zones porifères sont d'égale étendue et d'égale largeur. Zone interporifère médiocrement développée et non saillante. Dans l'exemplaire unique qui a servi de type à l'espèce, les aires ambulacraires paires antérieures présentent ce singulier caractère que l'aire ambulacraire de droite est presque fermée à l'extrémité, tandis que celle de gauche est largement ouverte. Péristome excentrique en avant, pentagonal, anguleux, presque à fleur de test, muni d'un floscelle apparent. Callosa (province d'Alicante). Très rare. Éocène. Ma collection (M. Marty).

Echinanthus minor, Cotteau, 1889. — Espèce de petite taille, oblongue, arrondie en avant, un peu rétrécie en arrière, renflée, uniformément convexe en dessus, plane en dessous et subconcave autour du péristome, étroite et subtronquée verticalement en arrière. Sommet ambulacraire très excentrique en avant. Aires ambulacraires pétaloïdes, médiocrement développées, effilées, à peine ouvertes à l'extrémité, égales, à l'exception de l'aire ambulacraire impaire qui est plus étroite, moins longue et un peu plus ouverte que les autres. Dans chacune des aires ambulacraires, les zones porifères sont de même étendue et de même largeur. Zone interporifère relativement étroite, à peu près de même dimension que l'une des zones porifères. Péristome excentrique en avant, un peu enfoncé, pentagonal, entouré d'un bourrelet incomplet et granuleux, muni d'un floscelle très atténué. Périprocte longitudinal, vertical, s'ouvrant à la face postérieure, sans trace de sillon et sans échancrer le bord. Callosa (province d'Alicante). Très rare. Éocène. Muséum de Paris (coll. d'Orbigny); ma collection (M. Marty).

Dix-neuf espèces étrangères ajoutées aux vingt-huit espèces françaises que nous avons décrites et figurées élèvent à quarante-sept le nombre des *Echinanthus* éocènes que nous connaissons.

TABLE

ALPHABÉTIQUE & SYNONYMIQUE

DES

FAMILLES, GENRES ET ESPÈCES D'ÉCHINIDES

DÉCRITS DANS CE VOLUME

A

M

O

P

R

S

FIN DE LA TABLE ALPHABÉTIQUE ET SYNONYMIQUE.

TABLE DES MATIÈRES

CONTENUES DANS CE VOLUME

FIN DE LA TABLE DES MATIÈRES

ERRATA

Page 12, ligne 25, au lieu de *Cassiludées*, lisez *Cassidulidées*.
— 17, — 27, — *Sarcella*, — *Sarsella*.
— 40, — 14, — *integer*, — *integra*.
— 42, — 21, — *pendulus*, — *pendula*.
— 77, — 22, — jurassique, — éocène.
— 91, — 7, — *eximior*, — *eximia*.
— 92, — 7, — vingt et une — vingt-deux.
8, — trente-quatre, lisez trente-cinq.
— 98, — 12, — Kock, lisez Koch.
— 130, — 26, — *Verbeekia*, lisez *Werbeckia*.
— 132, — 25, — *Trachiaster*, lisez *Trachyaster*.
— 133, — 1, — *Opisaster*, lisez *Opissaster*.
— 142, — 3, c'est à tort que le *Macropneustes subovatus*, Sorignet, est porté comme synonyme du *Macr. Deshayesi*, cette espèce forme le type de l'*Euspatangus subovatus*, décrit p. 61.
— 260, — 17, au lieu de *orbicularis*, lisez *suborbicularis*.
— 261, — 8, 9 et 11, au lieu de *scarabœus*, lisez *scarabæus*.
— 270, — 19, au lieu de seize, lisez dix-sept.
— — 20, — trente-cinq, lisez trente-six.
— 336, — 21, — Puvay, lisez Pavay.
— 361, — 11, — vingt-six, lisez vingt-sept.
— — 20, ajoutez *alaxensis*.
— 365, — 11, au lieu de *Antillarium*, lisez *Antillarum*.
— 427, — 8 et suiv., cette espèce avec sa synonymie et sa description doit être supprimée et fait double emploi avec *Trachyaster branderianus*, mentionné p. 406, ligne 25 et suiv.
— 440, — 24, au lieu de *Periscomus*, lisez *Pericosmus*.
— 445, — 1, 3 et 10, au lieu de *declivus* et *decliva*, lisez *declivis*.
— 446, — 28, au lieu de bathonien, *lisez* bartonien.
— 447, — 1 et 2, au lieu de *declivus*, lisez *declivis*.

Page 447, ligne 18, au lieu de en dessus, lissz en dessous.
— 463, — 2, — *Pygopystes*, lisez *Pygopistes*.
— 464, — 12, — Clellande, lisez Clelland.
— 514, — 6, la synonymie de cette espèce doit être reportée p. 514, ligne 12, à la synonymie du *Cassidulus Sorigneti*.
— 555, — 3, les nos des planches 154, 155, 156 et 157 ont été oubliés.
— 618, — 17, au lieu de face postérieure, lisez le même, vu de côté.
— 625, — 14, au lieu de face supérieure, lisez face postérieure.

4895-85. — Corbeil. Imprimerie Crété.

www.ingramcontent.com/pod-product-compliance
Lightning Source LLC
LaVergne TN
LVHW021917170726
843501LV00001BA/56